深层油气藏

Deep Oil & Gas

2021年 第2期

中国石油塔里木油田分公司 编

石油工業出版社

内 容 提 要

本书以油气藏的地质研究、油气开发和工程技术为主题，重点介绍了深层油气的勘探、开发和工艺技术，涉及深层油气藏的地质研究、油藏描述、数值模拟、增产技术和动态监测技术等内容，具有较强的参考价值和现实意义。

本书可供石油行业科研及生产单位的勘探开发技术研究人员、石油院校地质勘探、开发与工程等相关专业的师生阅读和参考。

图书在版编目（CIP）数据

深层油气藏. 2021年. 第2期/中国石油塔里木油田分公司编. -- 北京 ：石油工业出版社，2021.12
ISBN 978-7-5183-5170-1

Ⅰ. ①深⋯ Ⅱ. ①中⋯ Ⅲ. ①油气藏-深层开采-研究 Ⅳ. ①P618.13

中国版本图书馆CIP数据核字（2021）第277495号

出版发行：石油工业出版社
（100011 北京安定门外安华里2区1号楼）
网 址：www.petropub.com
电　　话：（010）64523722
经　　销：全国新华书店
印　　刷：北京晨旭印刷厂

2021年12月第1版　2021年12月第1次印刷
880×1230毫米　开本：1/16　印张：11
字数：320千字

定价：60.00元
（如发现印装质量问题，我社图书营销中心负责调换）

《深层油气藏》编委会

深层油气藏

2021年　第2期（总第8期）

目 次

深层油气勘探

深层油气开发

工程技术与综合研究

DEEP OIL & GAS

Contents

Issue 2, December 2021 (Total No.8)

Deep oil and gas exploration

Deep oil and gas development

Engineering technology and comprehensive study

塔里木盆地断裂系统分布与演化

朱永峰[1] 谢 舟[1] 邬光辉[2] 郑多明[1] 黄少英[1]

（1. 中国石油塔里木油田分公司勘探开发研究院 新疆库尔勒 841000；2. 西南石油大学 四川成都 510600）

摘 要：前人对不同地区的断裂系统进行细致的构造解析，揭示了断裂复杂多样与形成演变各异的差异性，但缺少宏观的断裂分布与演化规律总结。通过古构造恢复结合区域构造背景，综合分析塔里木盆地断裂系统的演化。结果表明，受控区域构造背景演变，塔里木盆地下古生界断裂经历 6 阶段差异发育的演化史：新元古代晚期强伸展断裂—弱挤压断裂发育阶段、寒武纪—奥陶纪局部弱伸展—强挤压逆冲断裂发育阶段、晚奥陶世—中泥盆世走滑—冲断断裂发育阶段、石炭纪—二叠纪末北部压扭断裂发育阶段、印支—燕山期塔东—塔北继承断裂发育阶段、喜马拉雅晚期周缘与巴楚地区断裂发育阶段，不同于典型克拉通盆地。塔里木盆地断裂演化既有多期发育的继承性，也有断裂作用的改造性及分布的迁移性。断裂构造的演化为盆地古构造恢复与成藏地质研究提供了基础。

关键词：断裂系统；构造演化；古构造恢复；板块背景；塔里木盆地

断裂是油气运聚成藏与保存的重要控制要素[1]，一直是石油地质研究的热点。相对裂谷盆地与前陆盆地，克拉通盆地内部断裂较少，多为大隆大坳构造格局[2]。随着地震资料品质的提高，发现塔里木克拉通内广大范围内分布多类、多期断裂系统，不同于典型克拉通盆地。塔里木盆地不仅库车与塔西南山前发育大型的逆冲断裂系统[3]，而且在克拉通内部发育逆冲断裂[4]，近年来克拉通内部发现一系列走滑断裂[5]，并对油气成藏与分布具有明显控制作用[6]。这些断裂复杂多样，形成演变各异。

本文在新的地震资料及其区域构造解释的基础上，结合区域构造背景与近年研究成果，进行塔里木盆地奥陶系碳酸盐岩顶面古构造与断裂系统恢复，综合分析塔里木盆地断裂演化，为盆地构造研究与勘探开发提供基础。

1 地质背景

塔里木盆地是中国西北最大的含油气盆地，面积约 56×10^4km^2，显生宙地层发育比较齐全，构造单元划分为“三隆四坳”（图 1），是大型的叠合盆地。塔里木盆地具有太古宙—新元古代早期结晶基底，上覆厚度逾 15000m 的南华系—第四系沉积盖层，经历多期构造 沉积演化，记录新元古代晚期超大陆裂解，南部原特提斯洋—古特提斯洋于早古生代—中生代的开启与闭合，南天山洋古生代的开启—闭合，以及新生代印度板块碰撞[7]。

在前南华纪克拉通基底之上，随着罗迪尼亚超大陆的裂解，盆地底部发育新元古代晚期火山—沉积地层[8]。在东北库鲁克塔格露头地区，南华系底部碎屑岩中发育大量的双峰火山岩，为裂陷期沉积[8]。在盆地内部，新的地震资料显示，新元古代晚期裂谷坳陷厚度逾 3000m，而且寒武系和前寒武系有广泛不整合，北部坳陷裂谷系统分开塔中与塔北古隆起。

寒武纪—早奥陶世，塔里木地体已与罗迪尼亚超大陆分离，位于原特提斯洋北岸[9]。塔里木西部发育大型碳酸盐岩台地，厚度大于 2000m，塔里木东部发育弱伸展背景下的内盆地相泥岩与泥

收稿日期：2021-04-13
基金项目：国家科技重大专项（2016ZX05004001）和国家自然科学基金（91955204）。
第一作者简介：朱永峰（1978—），男，新疆库尔勒人，2005 年毕业于中国石油大学（华东）石油地质学专业。
E-mail：zhuyongf-tlm@petrochina.com.cn Tel：0996-2173624

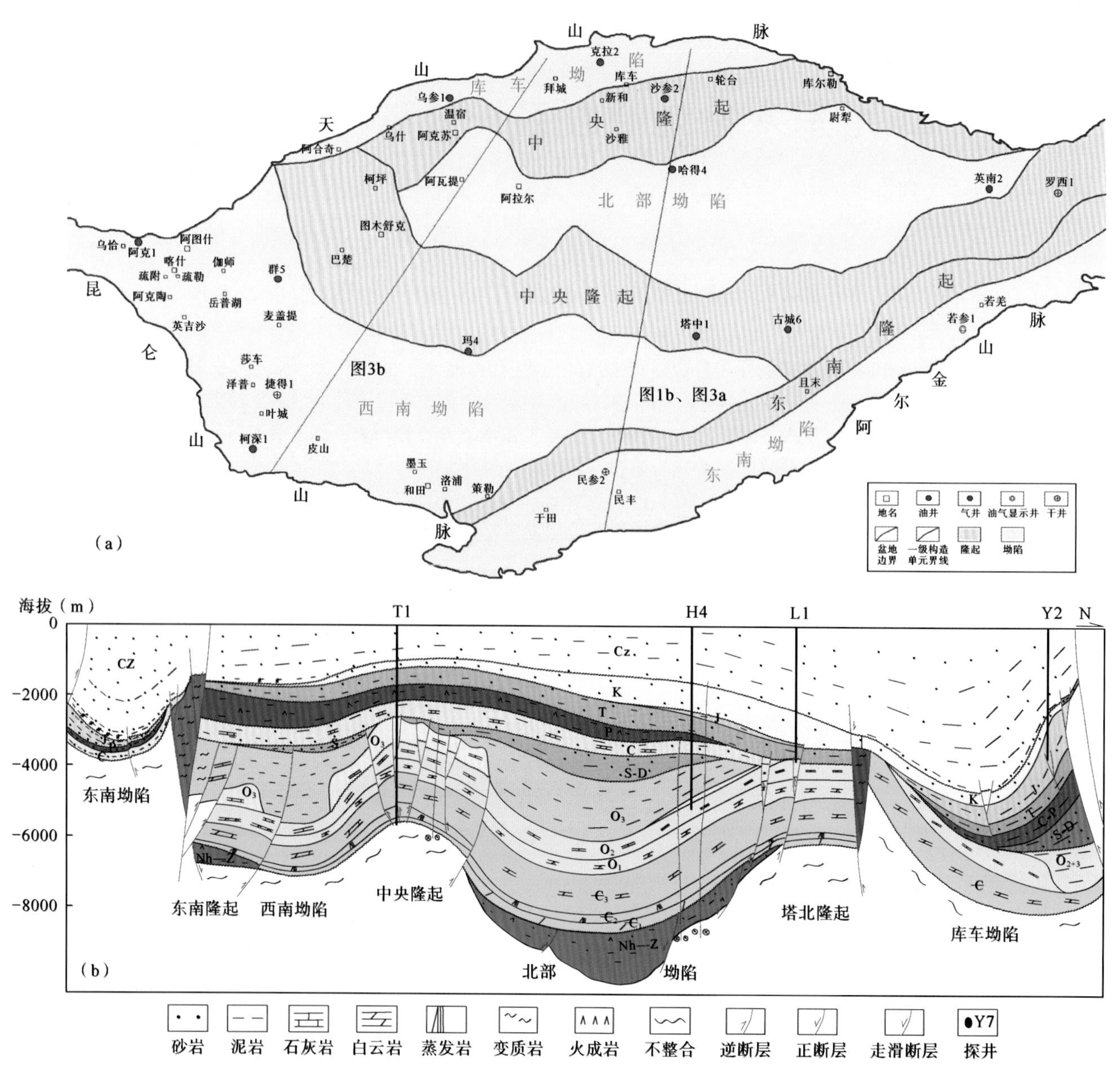

图 1 塔里木盆地构造区划（a）与地质大剖面（b）

质碳酸盐岩。早奥陶世末期，南部古特提斯洋开始俯冲[9]，受南部区域挤压作用在盆地内形成东西走向古隆起。志留纪—泥盆纪，随着南部古昆仑洋—东部阿尔金海的闭合，盆地出现大面积的隆升与剥蚀。这导致了盆地内巨大的侵蚀厚度和多个广泛分布的不整合面，以及一系列冲断层和走滑断层的发育[4]。

石炭纪又开始发生自西南向东北方向的海侵[3, 9]，克拉通内盆地存在广泛的浅海沉积。早二叠世塔里木克拉通及其外围发育大火成岩省[10]。盆地大部分地区都有火山岩，厚度从几十米到 200 多米不等。二叠纪南天山洋完全闭合，塔里木盆地北部存在较大的外围隆升和逆冲，海水几乎退出塔里木盆地，并转向陆源碎屑岩沉积[3]。以四个隆起、五个坳陷为特征的构造格局基本定型。

从中生代开始，塔里木演化受南部特提斯海开合的影响，导致了羌塘和拉萨地体对塔里木克拉通的多次碰撞事件。盆地内陆相沉积变化强烈，广泛发育不整合。喜马拉雅期印度板块与欧亚板块碰撞对塔里木克拉通早期产生了巨大的影响。塔里木板块南缘和北缘前陆盆地发育，巴楚隆起形成，中部台盆区也发生深埋藏。因此，塔里木盆地是多期构造旋回形成的新生代前陆盆地与古生代—中生代拉通内盆地的叠加盆地[3]。受多期构造作用，塔里木盆地发育一系列逆断层，同时也有大规模走滑断层，不同于稳定的大型克拉通盆地。

2 断裂分布

通过地震—地质解释与区域构造成图，塔里木盆地断裂系统平面上可分为 7 套断裂系统：塔中逆冲与走滑断裂系统、塘古冲断系统、巴楚压扭断裂与逆冲断裂系统、库车—塔北逆冲断裂系统、塔西南逆冲断裂系统、塔北扭压断裂与走滑断裂系统，以及塔东走滑—压扭断裂系统（图 2、图 3）。

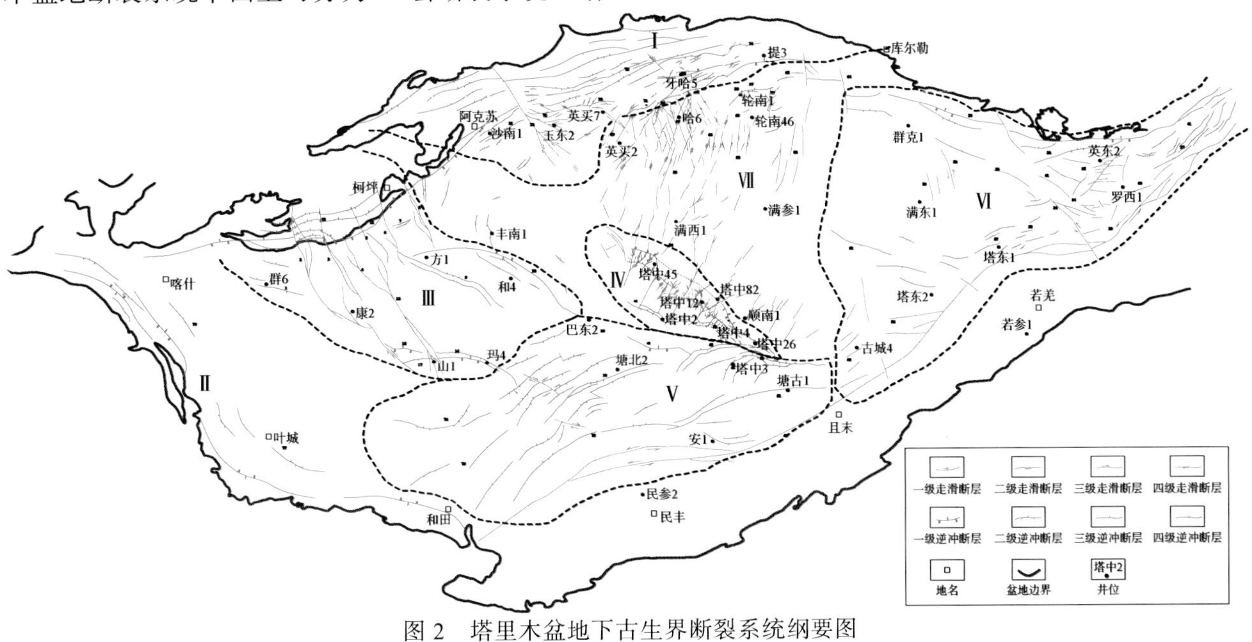

图 2　塔里木盆地下古生界断裂系统纲要图

Ⅰ—库车—塔北逆冲断裂系统；Ⅱ—塔西南逆冲断裂系统；Ⅲ—巴楚压扭断裂与逆冲断裂系统；Ⅳ—塔中逆冲与走滑断裂系统；Ⅴ—塘古冲断系统；Ⅵ—塔东走滑—压扭断裂系统；Ⅶ—塔北扭压断裂与走滑断裂系统

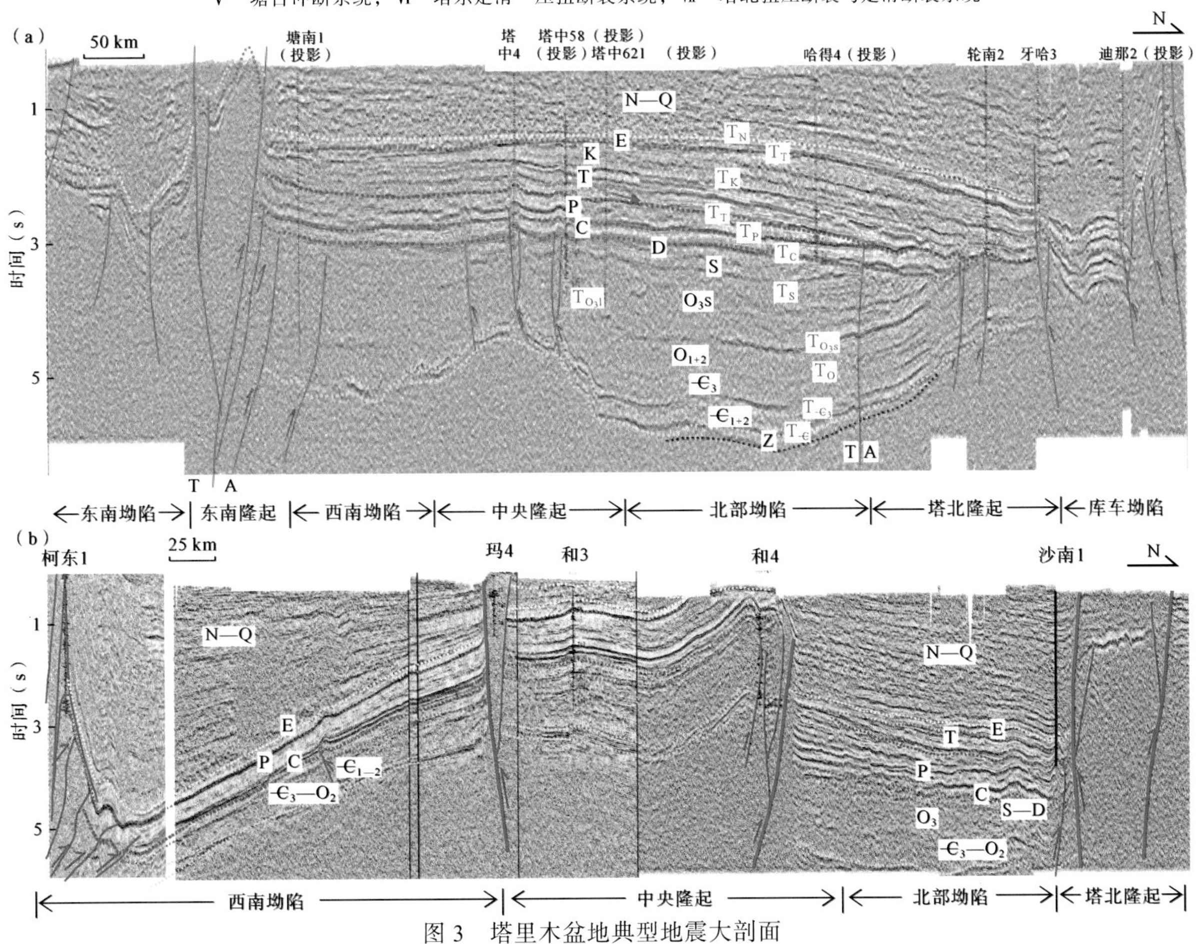

图 3　塔里木盆地典型地震大剖面

库车—塔北发育一系列大型的北东东向逆冲断裂系统（图 2）。研究认为，塔北隆起发育晚海西期走滑—逆冲断裂系统[11]，并向北延伸到库车坳陷内部。塔北西部冲断作用强烈，也具有走滑分量。库车地区发育一系列新生代逆冲推覆断裂，形成新生界前陆盆地[12]，并改造了海西期的断裂系统。塔西南山前也发育新生代逆冲断裂系统，形成塔西南前陆盆地。同时，很多古生界地层也卷入了断裂变形，断裂分布与北西向新生代断裂一致，而前新生代断裂难以识别。在麦盖提前缘斜坡上，发育一系列逆冲断裂，并有多期次走滑断裂[13]。

巴楚隆起发育一系列北西向、北西西向断裂带，是新生代冲断系统[14]。塔中地区主要发育挤压断裂与走滑断裂系统[13]，主要位于石炭系以下。塘古地区发育一系列的北东向条带状冲断带，断裂成排出现[15]。塔东地区发育多组方向断裂（图 2），呈北西走向为主。研究认为塔东地区断裂主要形成于晚海西期，在印支—燕山期也有活动，山前断裂带新近纪仍在活动[16]。南部为受车尔臣断裂带控制的压扭断裂系统，北东向、北西向分布为主。车尔臣断裂带是盆地东南部地区的主控断裂带，控制了东南坳陷的构造格局与中—新生代沉积，并对盆地东部的构造具有重要的控制作用。

新的地震与地质资料研究表明，塔北南部—满西地区发育一系列走滑断裂[4]（图 2）。在塔北南部以共轭走滑断层为主，一直延伸到满西地区，并逐渐转为北东向走滑断裂为主。这套走滑断裂规模一般较小，但分布范围广，并向南延伸与塔中北东向走滑断裂合并。这套走滑断裂形成于加里东晚期，塔北南部晚海西期—喜马拉雅早期有继承性活动，塔中加里东末期—早海西期有继承性活动。

3 断裂演化

结合前人研究成果，在区域构造解释与断裂系统地震—地质解释基础上，识别出 6 个阶段 15 期断裂演化过程（图 4）。

3.1 新元古代晚期强伸展断裂—弱挤压断裂发育阶段

3.1.1 南华纪区域伸展断裂发育期

塔里木盆地具有太古宇—元古宇结晶基底，发生由诸多块体经历多期、多种作用的基底拼合作用过程，在新元古代早期形成统一的陆壳基底[7]。

南华纪中晚期，塔里木板块周边进入区域裂陷时期，发育与 Rodinia 超大陆裂解同期的裂谷，尤其以东北部库鲁克塔格地区最明显。钻井发现南华纪火成岩，盆地内碎屑锆石测年也显示有此期构造—热事件，表明南华纪盆地内部具有广泛的强拉张活动。在塔东地区与塔中新三维剖面上，发现有保存较好的南华系正断层，断距逾 500m，形成规模不等的小型断陷[13]。塔中 I 号断裂带中部南华系—震旦系具有明显的自北向南超覆减薄的趋势，形成“北断南超”的箕状断陷（图 1b）。

3.1.2 寒武纪沉积前弱挤压断裂活动期

塔里木盆地周边与内部发现寒武系与震旦系之间普遍有不整合存在，寒武系与震旦系之间发育与“泛非运动”相对应的大规模构造挤压。

前寒武纪的构造活动主要发生的盆地南缘，寒武纪沉积前的冲断作用可能强度较小，该期断裂识别很少，在塔中基底普遍发现有前寒武纪挤压现象，顶部被寒武系削蚀夷平，盐下寒武系厚度较薄，自北向南超覆，形成明显的角度不整合。寒武系沉积前具有复杂古地貌特征，寒武系超覆地层在塔中东部变化大，虽然受后期构造的强烈改造作用，但残存前寒武纪挤压断裂的形迹。

3.2 寒武纪—奥陶纪局部弱伸展—强挤压逆冲断裂发育阶段

3.2.1 寒武纪—早奥陶世局部小型正断层发育期

寒武系地层分布稳定、沉积稳定，缺少断陷活动。塔里木板块在寒武纪处于克拉通内浅水沉积，发育稳定的碳酸盐岩台地，塔中与塔北地区连为一体[17]。仅在局部地区早—中寒武世可能发育小型正断层，在塔东地区也存在一些正断层，规模较塔中大，但也延伸不远，分布局限。

寒武纪塔里木盆地周缘虽然发生较强烈的伸展，但板块边缘已裂开，是拉张的集中区，板内整体处于克拉通内弱伸展背景[4]，早—中寒武世以局部小型的正断层为主。

3.2.2 中奥陶世大规模冲断系统发育期

中奥陶世塔中地区北西向的主要挤压断裂形成，上奥陶统波组连续平直，断裂较少；而内幕碳酸盐岩变形较强，波组杂乱，地层横向变化大，

发育期		断裂模式	断裂特征	分布
新元古代	南华纪	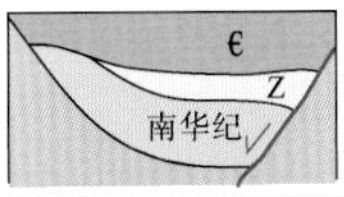	为裂陷正断裂系统，基底地层自北向南减薄，形成箕状断陷；顶部被寒武系削蚀夷平，盐下寒武系厚度较薄，自北向南超覆，形成明显的角度不整合	塔中85井区
	寒武纪沉积前	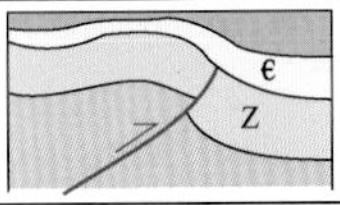	主要由伸展作用之后的挤压抬升作用形成的断裂系统，断裂伴随基底挤压隆升，形成于寒武系沉积前，规模不大，分布较局限，无继承性基底断裂	塔中东部
寒武纪—早奥陶世		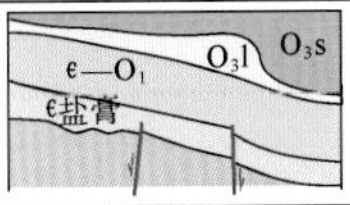	主要发育在弱伸展背景下形成的小规模正断层，断距一般不超过50m，断面高陡平直，向下断至基底、向上断至上寒武统,没有形成控制沉积与构造的规模	塔中I号构造带
早奥陶世末—奥陶纪末	早奥陶世末	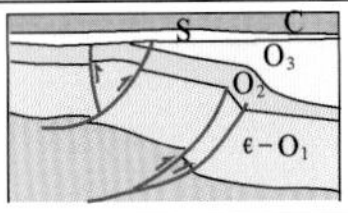	发育大规模挤压逆冲断裂系统，上奥陶统地层稳定，断裂较少；而内幕碳酸盐岩变形较强，断裂较多，有少数主断裂继承性发育至上奥陶统，寒武系—下奥陶统内部的断裂系统比奥陶系石灰岩顶面更为发育	塔中Ⅰ号构造带 塔中主垒带
	桑塔木组沉积前	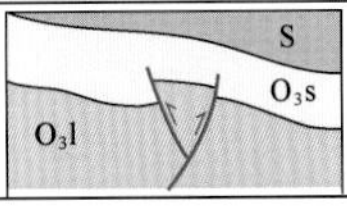	局部地区发育小型挤压断裂，无继承性断裂发育，断裂在台缘礁滩体中发生，向下消失在奥陶系内部，向上在桑塔木组底部停止活动	塔中Ⅰ号构造带
	奥陶纪晚期	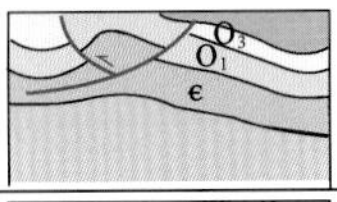	发育挤压逆冲断层，表现为向北逆冲的铲式冲断裂，上陡下缓，向上断至下奥陶统，向下断开基底，断裂带较宽，上盘地层发生褶皱，形成狭窄的断层传播褶皱，下盘地层产生牵引，形成拖曳挠曲	塔中主垒带 塔中10号带
志留纪—中泥盆世早期	志留纪末	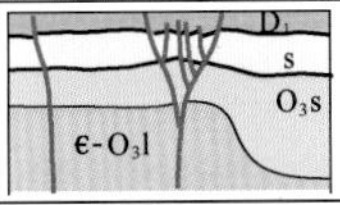	发育左旋走滑断裂系统，主断面陡立，断入基底，主干断裂在奥陶系碳酸盐岩形成二个分支断裂向上撒开，在碳酸盐岩顶部形成反向下掉的断堑，类似正断层，具有明显的负花状构造特征	塔中北斜坡
	早—中泥盆世	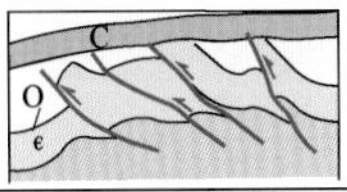	发育一系列北东向逆冲叠瓦断裂体系，形成一系列成排成带的冲断构造，断裂均发生石炭系以下地层，奥陶系碳酸盐岩出露地表，遭受大量剥蚀	塔中东南缘 塘古坳陷
石炭系—二叠纪末	石炭纪末	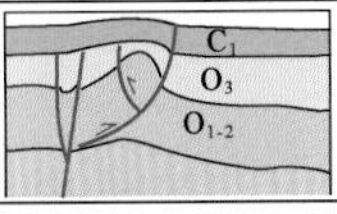	发育继承性挤压断裂，造成石炭系顶部小海子组石灰岩地层发育不全，横向变化较大。但断层活动规模较小、影响范围有限，整体以受先期构造影响产生褶皱作用为主	塔中中部断垒带
	二叠纪末	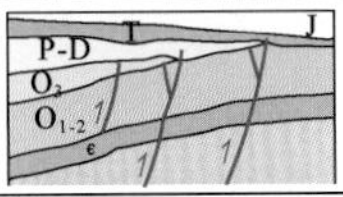	火成岩沿断至基底的走滑断裂带、逆冲断层产出，在火成岩周边形成小型断裂，先期走滑断裂再次活动，或改造前期断裂，在原有断裂的基础上继续发育	塔中西部
印支—燕山期	三叠纪末	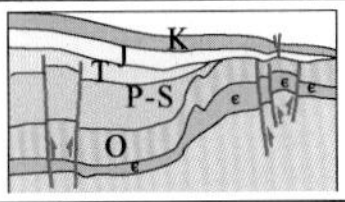	三叠纪之后塔中基本没有新的断裂活动，在火成岩发育区，可能有断裂活动至三叠系，其规模很小，表现为走滑断裂、高角度逆冲断裂，具有继承性的特点	局部火成岩区
	侏罗纪末	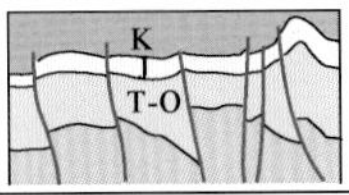	发育一系列由压扭作用形成的走滑断裂，断裂呈多组方向交错,是在晚侏罗世—早白垩世早期，受拉萨地体的碰撞作用所形成	塔东地区
	白垩纪晚期	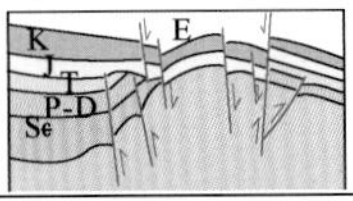	发育继承性断裂，同时有碰撞继后的局部伸展作用，形成一些断裂的反转，三叠系、侏罗系遭受剥蚀，形成白垩系与下古生界直接接触，出现断裂的继承性逆冲发育	塔北地区
喜马拉雅期	喜马拉雅运动Ⅰ幕	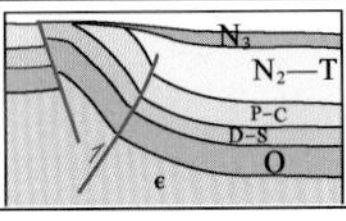	山前构造活动期次多、构造作用不断加强，冲断构造发育，同时发育走滑构造、盐构造、伸展构造等，形成山前逆冲断裂系统，以及走滑—挤压断裂系统；下古生界碳酸盐岩的断裂系统以高陡的走滑断裂与扭压断裂发育为主，均为基底卷入	塔北，塔西南，塔南地区
	喜马拉雅运动Ⅱ幕	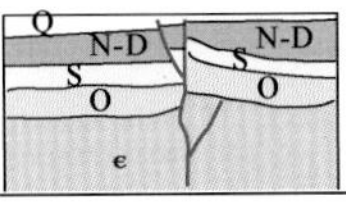	断裂的发生始自深部然后向上扩展，下部断裂收敛狭窄高陡，向上发散形成半花状构造或是花状构造，沿断裂走向出现断层转向，断面陡立、断入基底，在剖面上有贯穿整个构造带的走滑主断层	塔中地区 巴楚地区

图 4　塔里木盆地台盆区断裂发育期次与特征

出现较多的断裂，有少数主断裂继承性发育至上奥陶统。

此期断裂主要分布在塔中地区（图 5），呈北西走向，形成了塔中隆起的基本构造格局，控制了后期断裂带的继承性发育。

3.2.3 桑塔木组沉积前弱挤压断裂

良里塔格组碳酸盐岩沉积后转向桑塔木组碎屑岩沉积，标志盆地下古生界海相碳酸盐岩沉积的结束[17]，这期大型的沉积转换面也有伴生断裂活动。塔中地区晚奥陶世良里塔格组沉积后出现

图 5 塔里木盆地中加里东期断裂分布

短暂的暴露剥蚀，塔中Ⅰ号构造带东部发生抬升，在局部地区发生小型的挤压断裂活动，以调节塔中Ⅰ号构造带构造变形。本期断裂没有继承塔中Ⅰ号断裂向上发育，而是派生次级断裂，向下消失在奥陶系内部，向上在桑塔木组底部停止活动，可能发生应力场的转变。

3.2.4 奥陶纪晚期继承性挤压断裂发育

奥陶纪末期塔里木盆地发生大规模的构造隆升，塔中、塔北的逆冲断裂系统形成（图 6），挤压断裂主要是在该时期发育，下古生界海相碳酸盐岩的构造特征基本形成。

塘古坳陷地震剖面见志留系向奥陶系断裂带上超覆，结合志留系碎屑锆石测年对比分析，奥陶纪晚期塔中隆起东南部北东向断裂带与塘古坳陷冲断带已开始活动。奥陶纪末塔中隆起大规模抬升，塔中主垒带、10 井断裂带构造抬升较大，断裂活动最强烈，北西向断裂多产生斜向冲断。同时，产生一系列北东向变换断层调节冲断的构造位移与应变。

新的资料表明，塔北隆起在奥陶纪末也已形成，哈拉哈塘地区北部发现志留系覆盖在奥陶系碳酸盐岩之上，其间巨厚的桑塔木组遭受剥蚀。

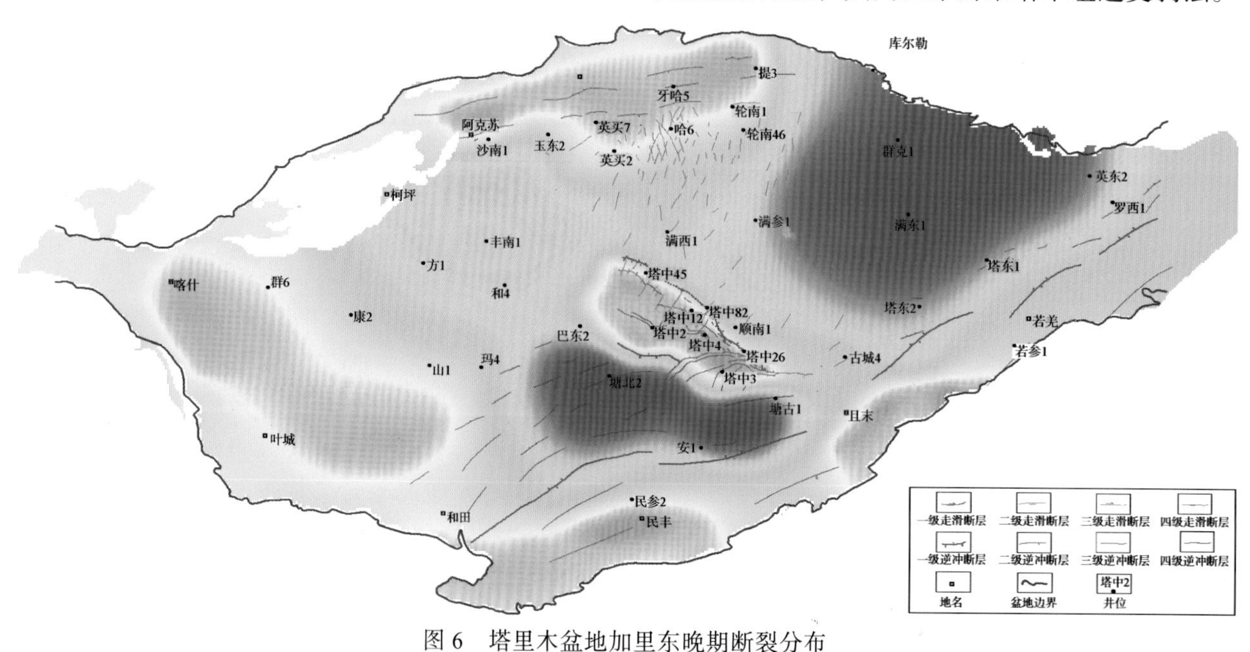

图 6 塔里木盆地加里东晚期断裂分布
底图为奥陶纪末奥陶系碳酸盐岩顶面古构造形态

3.3 晚奥陶世—中泥盆世走滑—冲断断裂发育阶段

3.3.1 奥陶纪中晚期走滑断裂发育

奥陶纪中晚期，在来自东南方向的斜向构造挤压作用下，在塘古—塔中南部产生一系列北东向冲断叠瓦断裂，均终止于石炭系。奥陶系碳酸盐岩出露地表，遭受大量剥蚀，为大规模板内应力作用的效应。

在塔中北斜坡区由于受北西向先期构造影响，与来自东南方向挤压应力呈斜交，产生北东向的走滑应力，发育一系列左旋走滑断裂带（图 2）。地震剖面上寒武系—奥陶系与志留系变形特征相似、断距相当，走滑带上奥陶系的变形范围较志留系窄，更为高陡狭长，地层与志留系整体升降，表明与志留系同期发生，其活动时间的上限应是在奥陶纪之后，走滑活动主要发生在中—晚志留世。

3.3.2 早中泥盆世冲断—走滑继承性发育期

早海西期台盆区走滑断裂带进一步发育（图 7）。塔中东部缺失中—下泥盆统，走滑断裂向上主要发育在志留系，未断至上泥盆统东河砂岩段，由此可见塔中走滑断裂主要发生在上泥盆统东河砂岩沉积前。西部塔中 45 井区走滑断裂向上发育在下泥盆统，上奥陶统—泥盆系下部卷入了强烈的构造变形，志留系与中—下泥盆统的断距相当，表明走滑活动主要发生在泥盆纪早中期。由此可见塔中走滑断裂在早—中泥盆世有继承性活动，并向西部推进。

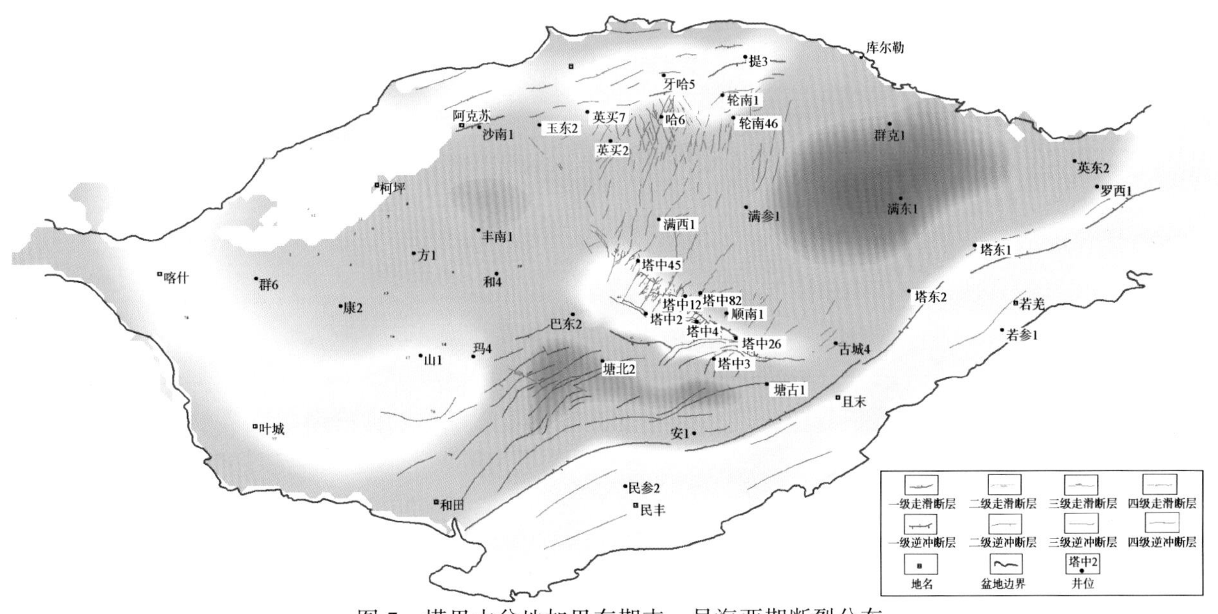

图 7　塔里木盆地加里东期末—早海西期断裂分布

底图为石炭系沉积前奥陶系碳酸盐岩顶面古构造形态

中泥盆世，随着北西向冲断作用向隆起内部传递，塔中大型走滑断裂带又有继承性活动。断裂向上发散扩展发育至中—下泥盆统。塔北隆起在强烈的隆升背景下，也发育一系列逆冲断裂，轮台断裂开始呈现控制南北分异的规模活动，北东向的轮南、英买力等构造带形成，轮南断裂带、桑塔木断裂带开始活动。塔北南缘走滑断裂也开始发育，主要发育在石炭系以下。

3.4 石炭纪—二叠纪末北部压扭断裂发育阶段

3.4.1 石炭纪—早二叠世局部断裂继承性活动

石炭系沉积后塔里木盆地以整体升降为主，在塔中中部高垒带断裂又有继承性活动[4]，但断层活动规模较小。塔南隆起民丰凹陷钻探表明石炭系地层不全，为二叠系削蚀，可能存在该期的断裂活动。

塔里木盆地中西部广泛发育早二叠世火成岩[12]，塔中断裂活动存在两种形式：一种类型是走滑断裂先期发育，后期火成岩沿着走滑断裂发育；另一种表现形式是先期走滑断裂再次活动，或改造前期断裂。巴楚地区火成岩发育，多呈局部的点状喷发，奥陶系也存在侵入岩墙，可能存在火成岩相关断裂，以及控制火成岩喷发的早期断裂的复活。

3.4.2 二叠纪末北部压扭断裂发育

二叠纪末断裂活动迁移到北部地区（图 8）。

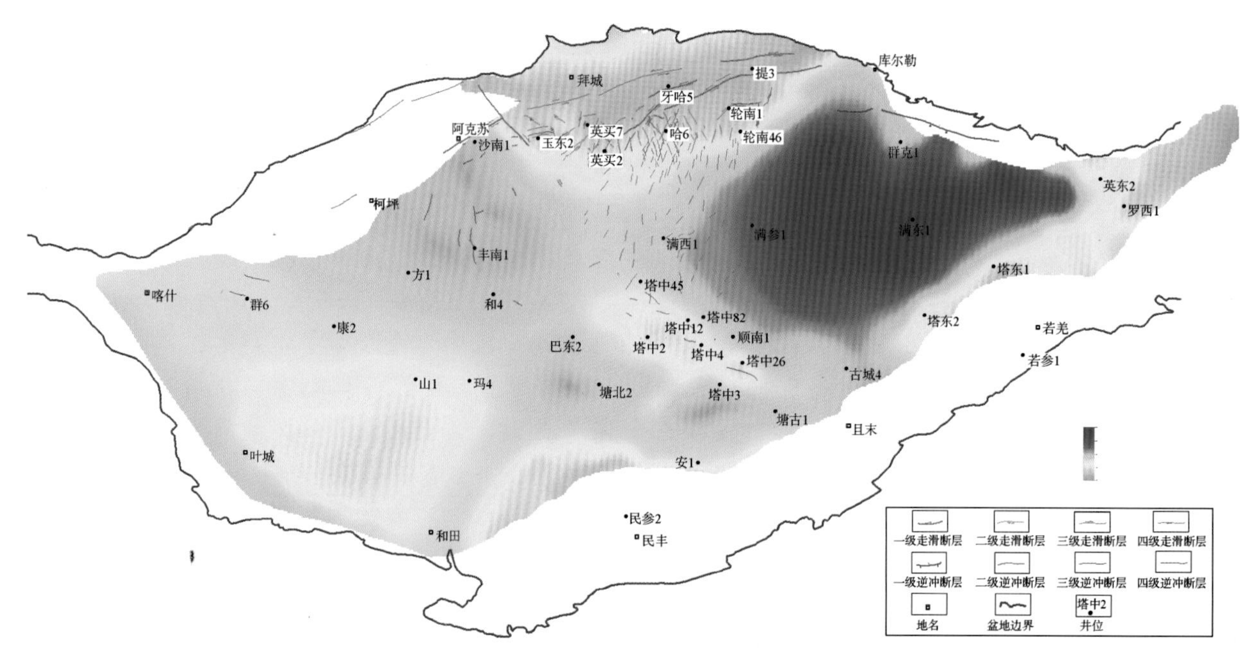

图 8　塔里木盆地晚海西期断裂系统分布

底图为三叠系沉积前奥陶系碳酸盐岩顶面古构造形态

塔北古隆起遭受斜向强烈冲断作用，全区压扭性构造活动强烈，形成北东东向左行压扭断裂。由于强烈的走滑作用，造成轮台断隆强烈抬升剥蚀，前寒武纪基底出露。西部英买力低凸起向南挤压隆升的过程中，在斜向冲断作用下，形成北西向喀拉玉尔衮走滑断裂带，调节其与温宿断隆的构造变形。孔雀河斜坡大型边界断裂开始发育，并造成古生代地层向北隆升，遭受剥蚀。

3.5 印支—燕山期塔东—塔北继承断裂发育阶段

中生界以后塔里木盆地进入陆内演化阶段，主要受远程挤压应力的影响，断裂活动主要集中在塔北、塔东—塔东南构成的向东北突出的弧形带（图 9）。

3.5.1 三叠纪末走滑继承性发育期

印支期东南隆起发生强烈断裂活动。车尔臣

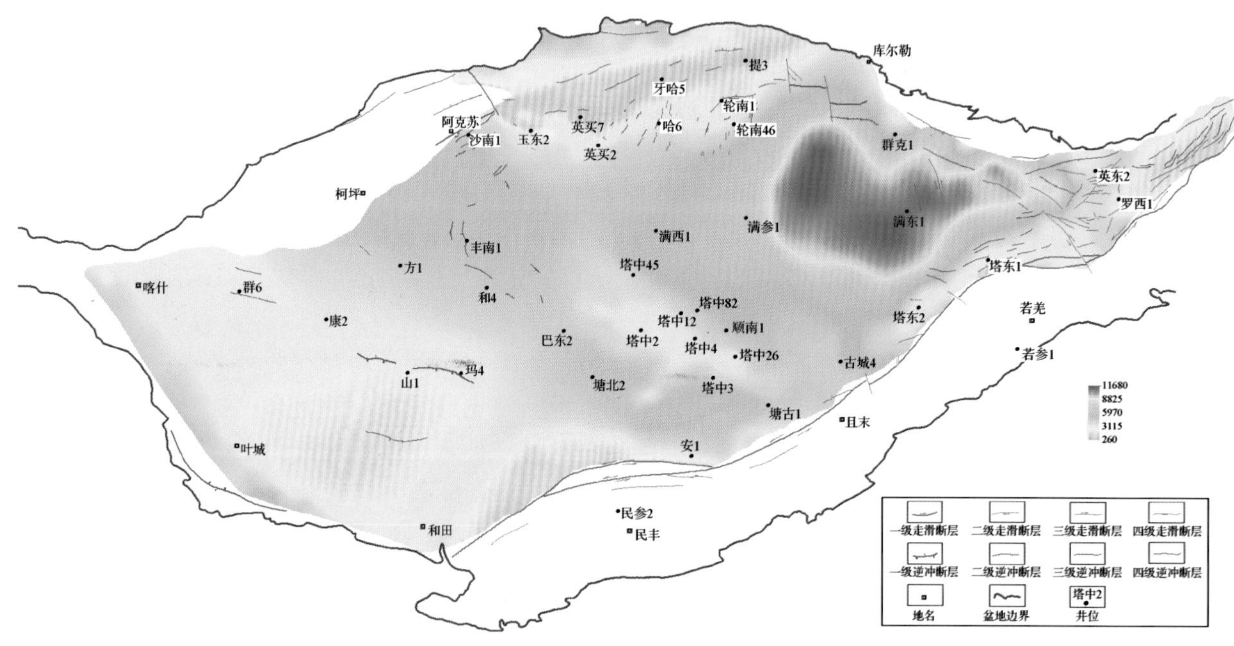

图 9　塔里木盆地印支期断裂系统分布

底图为侏罗系沉积前奥陶系碳酸盐岩顶面古构造形态

断裂此时已形成，断裂陡倾、错断基底，缺失三叠系，造成塔东隆起与塔南隆起构造特征明显不同。东南隆起侏罗系凹陷呈斜列分布特征，塔东地区孔雀河斜坡—库鲁克塔格地区断裂活动加剧，造成地层强烈掀斜抬升与剥蚀。

塔北隆起发生强烈隆升，构造特征继承了晚海西期的面貌，形成侏罗系与下伏石炭系—二叠系、奥陶系的不整合。巴楚地区三叠系自塔中向巴楚方向追踪为剥蚀缺失，在三叠纪后发生强烈的构造隆升，吐木休克断裂等可能已开始活动。

三叠纪之后塔中基本没有新的断裂活动，在火成岩发育区，可能有断裂活动至三叠系。

3.5.2 侏罗纪末塔东压扭—走滑断裂发育期

晚侏罗世—早白垩世早期，东南隆起断裂活动强烈，侏罗系剥蚀严重，残留局部断陷。塔东走滑断裂发育，断裂多终止于侏罗系，表明在侏罗纪晚期已有大规模的走滑构造活动，断裂未断穿白垩系，早白垩世是构造定形期。

盆地内部侏罗系局限，仅分布在塔北—塔东地区，剥蚀严重，塔中—巴楚广大地区发生隆升。塔北地区仅保留下侏罗统不足 100m，中—上侏罗统缺失，在整体隆升的背景下，塔北的轮台断隆、温宿凸起可能有断裂的继承性活动，断裂带缺失侏罗系。

3.5.3 白垩纪末塔东—塔北局部断裂继承性发育期

白垩纪末，塔北地区出现继承性断裂活动，同时有碰撞后的局部伸展作用，形成一些断裂的反转。沿轮台断垒带—温宿凸起一线，三叠系、侏罗系遭受大量剥蚀，白垩系与下古生界直接接触，出现断裂的继承性逆冲发育。温宿凸起上古木别兹等断裂带活动强烈，形成巨大隆升的断隆，北部基底断至地表，与南部阿瓦提凹陷的地层落差大于 3000m。

柯坪—巴楚地区缺失白垩系，从阿瓦提凹陷白垩系向西逐层削截分析，可能是古近纪前剥蚀的结果。麦盖提斜坡的巴什托普构造带在中生代活动，新生界披覆在该断背斜之上，北西西向断裂可能还有分布，推断巴楚地区北西西向断裂开始出现雏形。东南隆起断裂发生继承性活动，车尔臣断裂西部仍有明显断裂隆升，断裂带附近二叠系—白垩系因剥蚀缺失。

3.6 喜马拉雅晚期周缘与巴楚地区断裂发育阶段

喜马拉雅晚期，塔里木盆地周缘以陆内造山运动与山前冲断带发育为特征，山前断裂活动期次多[12]，在南天山山前、西昆仑山前形成一系列向盆地推进的前展式冲断系统。新构造运动造成冲断构造发育，同时发育走滑构造、盐构造、伸展构造等，形成塔西南山前、南天山山前逆冲断裂系统，以及塔东南冲断—走滑断裂系统、巴楚走滑—挤压断裂系统（图 10）。断裂主要围绕盆地

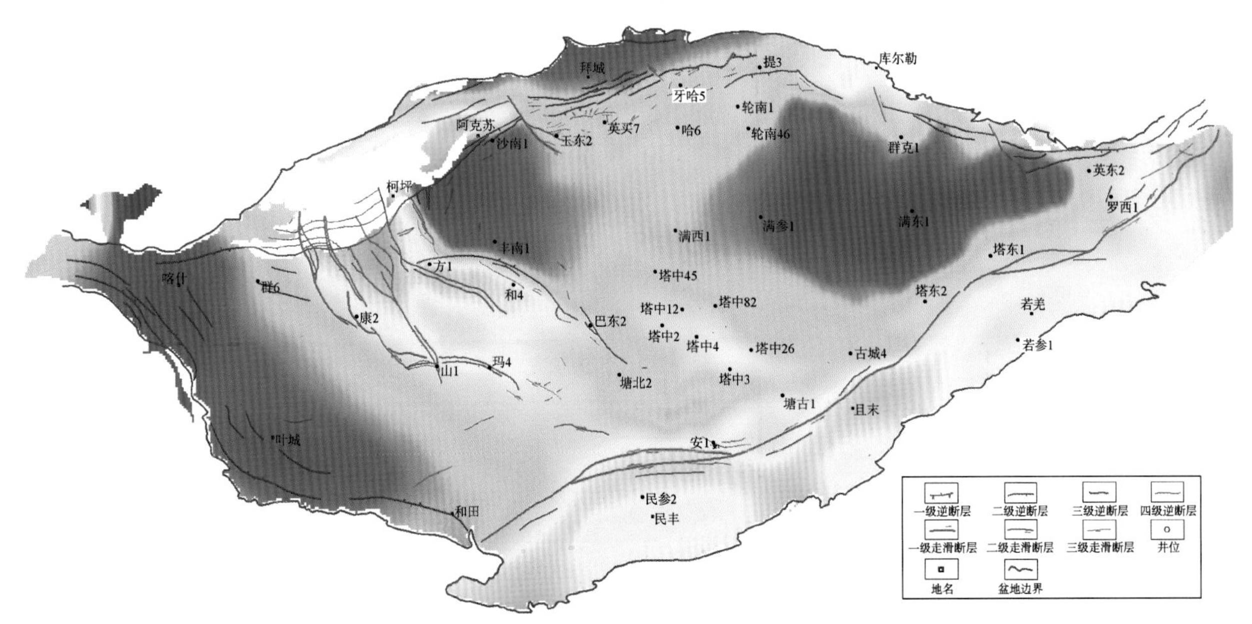

图 10　塔里木盆地喜马拉雅期断裂分布

底图为奥陶系碳酸盐岩顶面构造形态，东南地区为变质基底顶面

边缘分布，盆地内部下古生界碳酸盐岩的断裂系统主要发生在巴楚地区，以高陡的走滑断裂与扭压断裂发育为主，是该区断裂活动的关键时期，均为基底卷入。

因此可见，塔里木盆地经历多期多类型断裂发育，以逆冲断裂为主，同时有加里东末期—早海西期、晚海西期、燕山期与喜马拉雅晚期等时期的压扭—走滑断裂发育。

4 结　论

塔里木盆地发育多种类型的断裂系统，以挤压断裂为主，同时发育走滑断裂，伸展断裂欠发育。塔里木盆地下古生界断裂经历新元古代晚期强伸展断裂—弱挤压断裂发育阶段、寒武纪—奥陶纪局部弱伸展—强挤压逆冲断裂发育阶段、晚奥陶世—中泥盆世走滑断裂发育阶段、石炭纪—二叠纪末北部压扭断裂发育阶段、印支—燕山期塔东—塔北继承断裂发育阶段、喜马拉雅晚期周缘与巴楚地区断裂发育阶段等6阶段15期差异发育的演化史。断裂演化既有多期发育的继承性，也有断裂演化的改造作用，以及不同阶段断裂平面分布的迁移性。

参考文献

[1] Hubbert M K. Entrapment of petroleum under hydrodynamic condition[J]. AAPG Bulletin，1953，37（8）：1954-2026.

[2] Levorsen A I. Geology of petroleum. 2nd ed. Tulsa[J]. The AAPG Foundation，2001：1-700.

[3] 贾承造. 中国塔里木盆地构造特征与油气[M]. 北京：石油工业出版社，1997.

[4] 邬光辉，庞雄奇，李启明，等. 克拉通碳酸盐岩构造与油气——以塔里木盆地为例[M]. 北京：科学出版社，2016.

[5] Deng S，Li H，Zhang Z，et al. Structural characterization of intracratonic strike-slip faults in the central Tarim Basin[J]. AAPG Bulletin，2019，103（1）：109-137.

[6] Neng Y，Yang H J，Deng X L. Structural patterns of fault damage zones in carbonate rocks and their influences on petroleum accumulation in Tazhong Paleo-uplift，Tarim Basin，NW China[J]. Petroleum Expoloration and Development，2018（45）：43-54.

[7] Zhang C L，Zou H B，Li H K，et al. Tectonic framework and evolution of the Tarim block in NW China[J]. Gondwana Research，2013（23）：1306-1315.

[8] Xu B，Xiao S H，Zou H B，et al. SHRIMP zircon U–Pb age constraints on Neoproterozoic Quruqtagh diamictites in NW China[J]. Precambrian Research，2009（168）：247-258.

[9] Li S Z，Zhao S J，Liu X，et al. Closure of the Proto-Tethys Ocean and Early Paleozoic amalgamation of microcontinental blocks in East Asia[J]. Earth-Science Reviews，2018（186）：37-75.

[10] Xu Y G，Wei X，Luo Z Y，et al. The Early Permian Tarim Large Igneous Province：main characteristics and a plume incubation model[J]. Lithos，2014（204）：20-35.

[11] 安海亭，李海银，王建忠，等. 塔北地区构造和演化特征及其对油气成藏的控制[J]. 大地构造与成矿学，2009，33（1）：142-147.

[12] 贾承造. 塔里木盆地板块构造与大陆动力学[M]. 北京：石油工业出版社，2004.

[13] 邬光辉，杨海军，屈泰来，等. 塔里木盆地塔中隆起断裂系统特征及其对海相碳酸盐岩油气的控制作用[J]. 岩石学报，2012，28（2）：793-805.

[14] 陈汉林，李康，李勇，等. 西昆仑山前冲断带的分段变形特征及控制因素[J]. 岩石学报，2018，34（7）：1933-1942.

[15] 云金表，宁飞，宋海明，等. 塔里木盆地塔中及周边地区下古生界构造样式与成因演化[J]. 地质科学，2019，54（2）：319-329.

[16] 韩长伟，马培领，朱斗星，等. 塔里木盆地东部地区构造特征及其演化[J]. 大地构造与成矿学，2009，33（1）：131-135.

[17] 杜金虎. 塔里木盆地寒武—奥陶系碳酸盐岩油气勘探[M]. 北京：石油工业出版社，2010：1-174.

塔中凸起三叠系张性断裂特征及其油气勘探意义

申银民 张海祖 石 磊 蒋 俊 刘 鑫 夏伟杰 康婷婷

（中国石油塔里木油田分公司勘探开发研究院 新疆库尔勒 841000）

摘　要：塔中凸起三叠系长期以来被当作非目的层，缺乏系统深入研究。利用三维地震资料详细研究了塔中凸起三叠系典型张性断裂的发育特征及其成因机理。研究发现：塔中凸起三叠系发育张性断裂。张性断裂在地震剖面上多呈对称或近对称“Y”形，断层向下断穿三叠系，向上断至三叠系顶。张性断裂的发育与加里东期、海西期断裂以及二叠系火山机构发育有明显的正相关性。二叠系岩浆沿加里东期、海西期断裂喷发，形成高大火山锥，三叠系披覆其上。印支期塔中地区构造应力松弛，早期断块下掉、二叠系火山机构垮塌，导致其上三叠系发育张性断裂。张性断裂与下伏先存断裂纵向上连为一体，共同构成加里东—海西—印支期继发性多期复杂断裂系统。该断裂系统从基底贯穿至古地表（白垩系沉积前），导致塔中深部油气（或油气藏）在印支期大规模调整、破坏并向上运移，甚至散失；但同时也使塔中三叠系油气成藏成为可能：为深部油气在喜马拉雅期向上运聚提供了通道，并可形成与断层相关的圈闭。塔中三叠系碎屑岩具备油气成藏条件，是今后塔中凸起油气精细勘探的一个新领域。

关键词：张性断裂；继发性断裂；断裂系统；火山机构；勘探新领域；三叠系；塔中凸起

塔中凸起是塔里木盆地中央隆起油气勘探的主要阵地之一。多年来，其勘探目的层多集中在下古生界碳酸盐岩和石炭系—志留系碎屑岩[1-4]。而三叠系一直没有油气发现，长期以来被当作非目的层，在生产和研究中未得到重视，缺乏系统深入研究[5-7]。

张性断裂与油气关系密切，可形成各类构造圈闭，是油气垂向运移的重要通道[8-11]。塔里木盆地以挤压、压扭性断裂为主，张性断裂不显著，规模一般较小。前人在阿瓦提凹陷周缘晚新生代、塔北隆起中—新生代以及晚志留世—石炭纪报道发育有张性断裂[12-14]，而塔中凸起三叠系张性断裂未见报道。

利用三维地震资料研究塔中凸起三叠系的张性断裂，详细描述了典型张性断裂的剖面、平面发育特征，发现其发育与下伏加里东期、海西期断裂以及二叠系火山机构具有相关性。在此基础上，详细分析了三叠系张性断裂的发育机理，提出了继发性多期复杂断裂系统的概念和发育模式；明确指出继发性多期复杂断裂系统极大影响了塔中油气运聚和富集分布规律，塔中三叠系碎屑岩具备油气成藏条件，是今后塔中凸起油气精细勘探的一个新领域。

1 地质背景

塔中凸起位于塔里木盆地腹部的中央隆起带中部，东与古城低凸起、西与巴楚凸起相邻，南接西南坳陷的玛东构造带和塘古凹陷，北临北部坳陷的阿瓦提凹陷和阿满过渡带，面积约 $2.75\times10^4km^2$（图 1）。塔中凸起是一个加里东期定型的稳定古隆起，海西期构造活动影响较小，基本上为稳定的整体升降，到中新生代构造活动微弱，沉降稳定[15-17]。

塔中凸起三叠系为典型陆相河流—三角洲—湖泊体系碎屑岩沉积，沉积厚度较稳定，为 400～600m，研究程度低，大致分为克拉玛依组和俄霍

收稿日期：2021-06-10

第一作者简介：申银民（1968—），男，四川省犍为县人，博士，2011 年毕业于北京大学构造地质专业，高级工程师，主要从事沉积学和石油地质研究。
E-mail：shenym-tlm@petroChina.com.cn　　Tel：0996-2172874

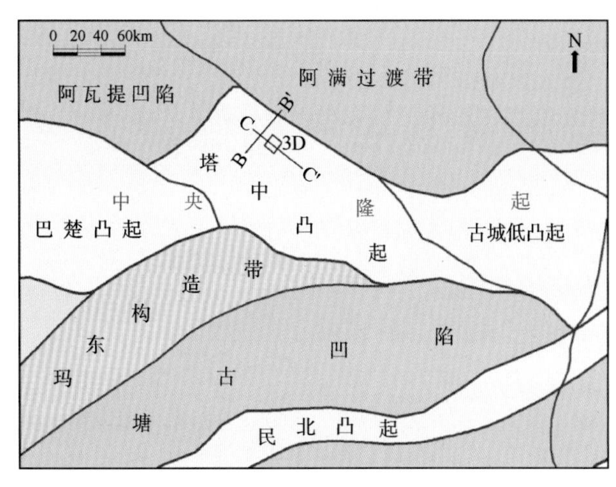

图 1 塔中凸起构造位置

布拉克组，缺失中—上三叠统。岩性主要为厚层深灰色、棕色及紫色泥岩夹中厚层浅灰色粉砂岩及灰色、灰白色细砂岩、中砂岩和含砾砂岩，构成多个自下而上由粗变细的正旋回。砂体厚度较大，一般为 30 ~ 50m，与厚层湖相泥岩可构成 4 套有利储盖组合[6]。

2 三叠系张性断裂

塔中凸起三叠系张性断裂特征明显，构造样式相对简单，其分布具有明显分区性。

2.1 “Y”形构造样式

塔中凸起三叠系典型张性断裂在地震剖面上表现为对称或近对称“Y”形（图 2）。图 2 中断层 F_1、F_2 均向下断穿三叠系，F_1 在二叠系上部地层交会于 F_2，形成“Y”形，F_2 向下逐渐消失；F_1、F_2 向上断至三叠系顶部，未明显断至白垩系。断层倾角 50° ~ 55°，断距 20 ~ 60m，其中 F_2 为主断裂，倾向北西，断距稍大；F_1 倾向南东，二者夹持而形成的断堑顶部宽约 1.6km。

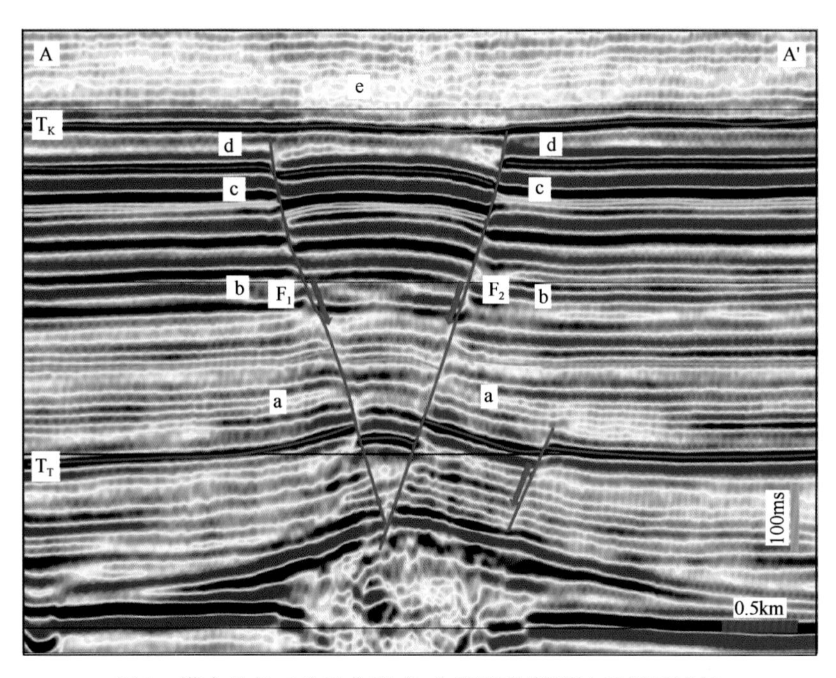

图 2 塔中凸起三叠系典型“Y”形张性断裂地震剖面特征
（测线 AA′位置见图 3）

在地震相干属性图上该张性断裂表现为近平行的两条断层，断面沿走向略有摆动（图 3）。断层走向北东—南西向，其中主断层 F_2 延伸长度约 4.0km，F_1 延伸长度约 2.6km；断层中部断距大，向两端断距逐渐变小直至消失。

2.2 塔中张性断裂分布具有明显分区性

塔中凸起三叠系张性断裂发育与其下伏加里东期、海西期断裂以及二叠系火山机构有明显的正相关性，特别是在二叠系火山喷发形成高大火山锥的区域（图 4）。由于塔中凸起火山活动由北西向南东方向减弱[18]，三叠系张性断裂发育整体也由北西向南东方向减少，表现出明显的分区性。

3 发育机理和成因模式

3.1 三叠系张性断裂的发育期

利用生长断层的生长指数分析张性断裂的

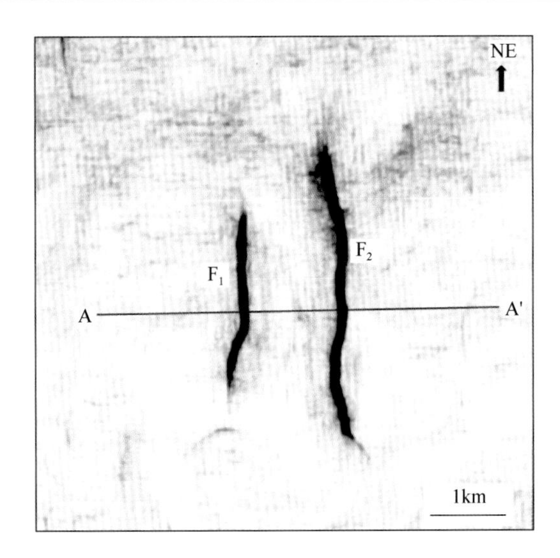

图 3　塔中凸起三叠系典型张性断裂平面特征相干图
（3D 位置参见图 1）

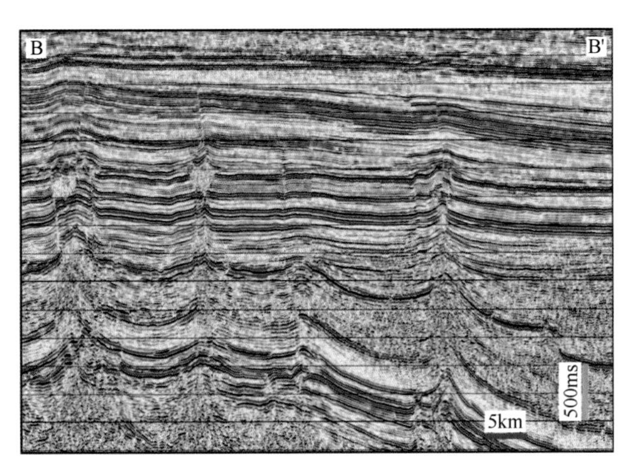

图 4　塔中凸起三叠系张性断裂发育与下伏断裂及二叠系火山机构明显相关
（测线 BB′位置参见图 1）

主要发育时期是一种成熟的技术方法[12-14, 19-21]。图 5 利用断层 F_1、F_2 的上下盘地层的厚度，计算了 a、b、c、d 等各层的生长指数，d 层生长指数分别为 1.20 和 1.57，其余各层生长指数在 0.96 ~ 1.06 之间，表明断层 F_1、F_2 均在 d 层沉积时的较短时间内发育形成，对应地质年代为中—晚三叠世。

3.2 三叠系张性断裂是继发性断裂

从图 5、图 6 可以看到，塔中凸起三叠系张性断裂是一种继发性断裂，其发育受下伏加里东期、海西期断裂以及二叠系火山机构的控制。下伏先存断裂作为构造薄弱带，在后期区域应力场作用下容易沿先存断裂带附近产生破裂，这是塔中凸起三叠系张性断裂发育的物质基础。

上升盘	下降盘	生长系数
e		1.00
d	d	1.20
c	c	1.05
b	b	0.96
a	a	1.06

（a）断层F_1

生长系数	下降盘	上升盘
1.00	e	
1.57	d	d
1.06	c	c
0.96	b	b
1.04	a	a

（b）断层F_2

图 5　地震剖面 AA′上张性断裂 F_1、F_2 的生长系数

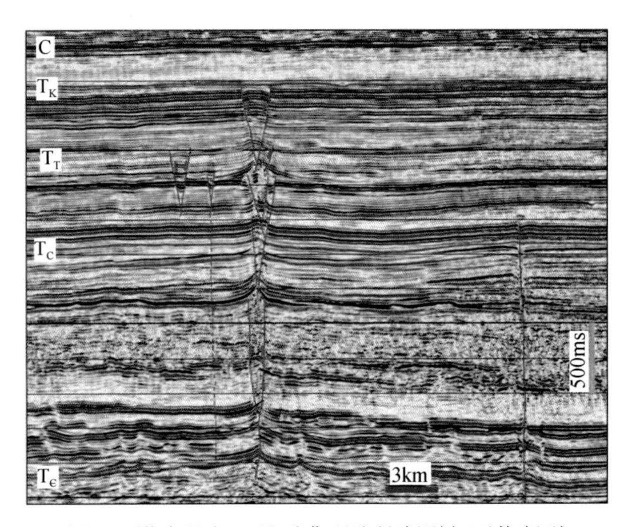

图 6　塔中凸起三叠系典型张性断裂与下伏断裂及二叠系火山机构的关系
（测线 CC′位置参见图 1）

3.3 继发性多期复杂断裂系统的发育模式

塔中凸起三叠系张性断裂和下伏先存断裂构成了继发性多期复杂断裂系统，具有明显的发育特征：即后期断裂受先期断裂影响而相继发生，具有成因和空间上的密切关系，从下向上依次分期发育，构成统一的断裂系统，但不同期的断裂性质、规模可以完全不同。

塔中继发性多期复杂断裂系统的发育经历了三个主要阶段（图 7）。第一阶段加里东期，形成压扭型走滑断裂，主断裂向下断至基底，向上断穿奥陶系。第二阶段海西期，在先存断裂之上发育压扭型走滑断裂，主断裂向下断至奥陶系，向上断至二叠系中上部，随后岩浆沿断裂强烈喷发，形成高大火山锥，火山锥高度可达几百米，晚期地层披覆其上。第三阶段印支期，塔中地区处于克拉通坳陷发展阶段[15-17]，区域构造应力松弛，下伏海西期断块下掉、火山机构垮塌，导致其上

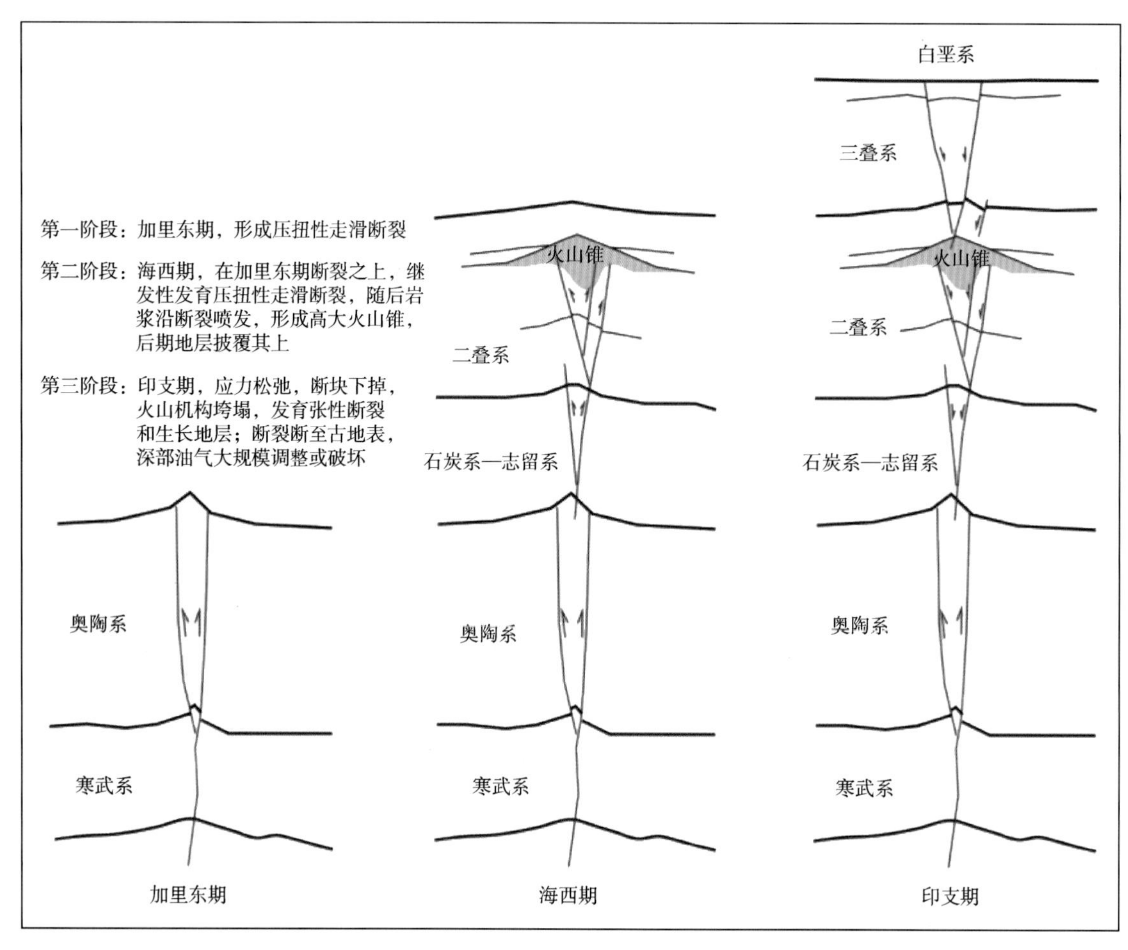

图 7 塔中凸起继发性多期复杂断裂系统的发育模式

三叠系局部形成张性断裂，在三叠系中上部形成明显生长地层。到白垩系沉积前，三叠系整体抬升遭受剥蚀、夷平，缺失三叠系上部地层，断裂系统基本定型。燕山—喜马拉雅期相对稳定。

4 油气地质意义

继发性多期复杂断裂系统的发育极大影响了塔中凸起油气运聚和富集分布规律，导致塔中深部油气（或油气藏）在印支期大规模调整、破坏并向上运移，甚至散失。如果单看三叠系张性断裂，其纵横向发育规模较小，很容易忽略其地质作用和影响。事实上，由于三叠系张性断裂站在了“巨人的肩膀上”，与下伏加里东期、海西期断裂连为一体，贯穿基底，直达古地表（白垩系沉积前），形成了规模庞大的断裂系统，因此这期断裂导致的油气破坏规模可能远超想象，深刻改变了塔中凸起的油气分布。

三叠系张性断裂的发育也为塔中三叠系晚期油气成藏提供了可能。塔中三叠系与轮南三叠系相似，均为典型陆相河流—三角洲—湖泊体系沉积，具有多套良好碎屑岩储盖组合，可以形成岩性—地层圈闭以及断层相关构造圈闭[22]，而继发性多期复杂断裂系统构成的油源通道，为三叠系获得喜马拉雅期等晚期油气来源提供了良好通道，使塔中三叠系油气成藏成为可能。

5 结论和建议

（1）塔中凸起三叠系普遍发育张性断裂，张性断裂的发育与加里东期、海西期断裂以及二叠系火山机构有明显的正相关性。张性断裂与下伏先存断裂连为一体，共同构成加里东—海西—印支期继发性多期复杂断裂系统，由下向上贯穿基底直至三叠系。

（2）继发性多期复杂断裂系统极大影响了塔中油气运聚和富集分布规律，导致塔中深部油气（或油气藏）在印支期大规模调整、破坏并向上运移，甚至散失，但同时也为塔中三叠系的油气成藏提供了可能。塔中三叠系碎屑岩具备油气成藏条件，是今后塔中凸起碎屑岩油气精细勘探的一个新领域，有可能发现岩性地层圈闭和与断层相关的构造圈闭油气藏。

（3）塔中凸起是一个长期稳定的富油气古隆起。三叠系具备良好储盖组合和油气成藏条件，但长期以来未得到应有重视，录井资料相对匮乏，研究程度低。建议在今后探井钻井中适当增加三叠系的录井和测井工作，组织科研力量加强塔中三叠系地质基础研究和油气评价，推动塔中三叠系油气勘探。

参考文献

[1] 翟光明，王建君. 对塔中地区石油地质条件的认识[J]. 石油学报，1999，20（4）：1-7.

[2] 吕修祥，胡轩. 塔里木盆地塔中低凸起油气聚集与分布[J]. 石油与天然气地质，1997，18（4）：288-293.

[3] 梁狄刚. 塔里木盆地九年油气勘探历程与回顾[J]. 勘探家，1999，4（3）：57-62.

[4] 贾承造. 塔里木盆地构造特征与油气聚集规律[J]. 新疆石油地质，1999，20（3）：177-183.

[5] 吕雪雁，朱筱敏，申银民，等. 塔里木盆地台盆区三叠系层序地层研究和有利勘探区预测[J]. 石油勘探与开发，2002，29（1）：32-35.

[6] 祝贺，刘家铎，田景春，等. 塔北—塔中地区三叠纪岩相古地理特征及油气地质意义[J]. 断块油气田，2011，18（2）：183-186.

[7] 王家豪，陈红汉，云露，等. 塔里木盆地台盆区三叠纪大型挤压坳陷湖盆层序地层及构造响应[J]. 地球科学（中国地质大学学报），2012，37（4）：735-742.

[8] 冯有良，徐秀生. 同沉积构造坡折带对岩性油气藏富集带的控制作用——以渤海湾盆地古近系为例[J]. 石油勘探与开发，2006，33（1）：22-25.

[9] 李震. 同沉积构造发育特征及其油气地质意义[J]. 断块块油气田，2008，15（4）：1-4.

[10] 邹东波，吴时国，刘刚，等. 渤海湾盆地桩海地区 NNE 方向断层性质及其对油气的影响[J]. 天然气地球科学，2004，15（5）：503-507.

[11] 崔晓玲，张晓宝，马素萍，等. 同沉积构造研究进展[J]. 天然气地球科学，2013，24（4）：747-754.

[12] 魏国齐，贾承造，施央申，等. 塔北隆起北部中新生界张扭性断裂系统特征[J]. 石油学报，2001，22（1）：19-24.

[13] 李曰俊，孙龙德，杨海军，等. 塔里木盆地阿瓦提凹陷周缘的晚新生代张扭性断层带[J]. 地质科学，2013，48（1）：109-123.

[14] 赵岩，李曰俊，孙龙德，等. 塔里木盆地塔北隆起中—新生界伸展构造及其成因探讨[J]. 岩石学报，2012，28（8）：2557-2568.

[15] 贾承造，魏国齐，姚慧君，等. 中国塔里木盆地构造特征与油气[M]. 北京：石油工业出版社，1997：1-438.

[16] 张振生，李明杰，刘社平. 塔中低凸起的形成和演化[J]. 石油勘探与开发，2002，29（1）：28-31.

[17] 李本亮，管树巍，李传新，等. 塔里木盆地塔中低凸起古构造演化与变形特征[J]. 地质评论，2009，55（4）：521-530.

[18] 苌衡，张新艳，彭鑫岭. 塔里木盆地塔中地区火成岩对油气勘探的影响[J]. 断块油气田，2003，10（1）：5-8.

[19] 陈刚，戴俊生，叶兴树，等. 生长指数与断层落差的对比研究[J]. 西南石油大学学报，2007，29（3）：20-23.

[20] 李勤英，罗凤芝，苗翠芝. 断层活动速率研究方法及应用探讨[J]. 断块块油气田，2000，7（2）：15-17.

[21] 赵勇，戴俊生. 应用落差分析生长断层[J]. 石油勘探与开发，2003，30（3）：13-15.

[22] 申银民，李越，孙玉善，等. 塔里木轮南油田三叠系层序与岩性圈闭[J]. 地层学杂志，2013，37（1）：45-53.

塔里木盆地阿满过渡带 F_I17 走滑断裂分段差异控储控藏特征分析

杨凤英 李世银 关宝珠 赵龙飞 吴江勇 汪 鹏 沈春光 刘瑞东 丁肇媛 刘 博

（中国石油塔里木油田公司勘探开发研究院 新疆库尔勒 841000）

摘 要：塔里木盆地勘探实践证实，走滑断裂对奥陶系缝洞型碳酸盐岩储层分布和油气运聚成藏具有明显控制作用。主体发育在阿满过渡带的 F_I17 走滑断裂为典型的克拉通内走滑断裂。目前，对 F_I17 断裂带整体解剖和控储控藏作用研究较少，本次研究基于多块高精度三维地震资料，利用相干属性对 F_I17 走滑断裂进行几何学、运动学精细解剖，进一步结合缝洞储层敏感属性和已钻井资料开展走滑断裂控储控藏作用分析。研究表明，F_I17 走滑断裂主要活动期为中加里东期—早海西期，平面上具有明显分段性，表现为线性段、斜列段、辫状段多段式相间分布。其中，辫状段断裂活动强度大，破碎带宽度及地层形变程度大，缝洞储层发育规模大。F_I17 走滑断裂带中段为凝析气藏、南北段为油藏，走滑断裂活动强度及油气成藏期次差异造就了沿走滑断裂带油气差异分布格局。

关键词：塔里木盆地；走滑断裂；奥陶系；碳酸盐岩；控储控藏

塔里木盆地下古生界奥陶系碳酸盐岩勘探经历了潜山构造—礁滩相控—层间岩溶—断控缝洞体四个勘探历程[1]。随着奥陶系油气勘探的不断深入，进一步明确了盆地北部坳陷区走滑断裂控大油气田的勘探方向[2]。目前，北部坳陷阿满过渡带发现多条大型走滑断裂，沿一系列走滑断裂带的碳酸盐岩勘探相继获得成功。尤其是 F_I17 走滑断裂带上的 MS3 井、SB42X 井测试获千吨高产，证实了超深层坳陷区可以形成走滑断裂断控大油气田[3, 4]。国内许多学者对塔里木盆地多条典型走滑断裂带做了大量研究，探讨了走滑断裂识别刻画技术与描述方法[5, 6]、走滑构造解析[7, 8]、走滑断裂差异控储控藏作用[9, 10]、断控缝洞储层形成机理及刻画等[11, 12]，明确了走滑断裂对奥陶系碳酸盐岩储层发育和分布、油气运移和成藏富集具有明显控制作用。目前，对 F_I17 断裂带整体解剖和控储控藏作用研究较少，本文以 F_I17 走滑断裂为研究对象，基于多块高精度三维地震资料，利用相干属性对 F_I17 走滑断裂进行几何学、运动学精细解剖，进一步结合缝洞储层敏感属性和已钻井资料开展走滑断裂控储控藏作用分析，为下一步井位部署提供依据，也为阿满过渡带碳酸盐岩走滑断裂带的勘探提供参考。

1 地质背景

塔里木盆地为大型复合叠合盆地，面积 $56\times10^4km^2$。盆地中部下古生界沉积碳酸盐岩厚度逾 3000m，在下古生界奥陶系内部发育多套储盖组合与含油气层段[13]。在中央隆起北斜坡及塔北隆起南斜坡相继发现及开发了塔中Ⅰ号、轮古、哈拉哈塘及塔河等大中型碳酸盐岩油气田群，随着走滑断裂控储成藏理论认识的推动，当前的油气勘探工作向北部坳陷转移[14, 15]。北部坳陷位于塔里木盆地北部，为南北连接中央隆起与塔北隆

收稿日期：2021-09-22
基金项目：本项目由《塔里木盆地深层油气高效勘探开发理论及关键技术研究》（ZD2019-183）支持。
第一作者简介：杨凤英（1988—），女，四川内江人，硕士，2015 年毕业于中国石油大学（华东）地球物理专业，工程师，从事海相碳酸盐岩油气勘探开发工作。
E-mail：yangfy-tlm@petrochina.com.cn Tel：0996-2172344

起的桥梁，是塔北隆起与塔中隆起的过渡带，主要包含阿瓦提凹陷、阿满过渡带、满加尔凹陷三个二级构造单元（图 1）。北部坳陷阿满过渡带紧邻东西生烃凹陷，油气资源丰富，先后发现了顺北、富满等大中型下古生界碳酸盐岩油气田群。其中，断穿阿满过渡带向南延伸到中央隆起北斜坡上的 F_{I}17 走滑断裂相继发现了塔中 86 井区、满深井区和顺北 4 井区等多个碳酸盐岩高产井区。北部坳陷沉积地层较为完整，自上而下发育新生界第四系、新近系、古近系，中生界白垩系、侏罗系、三叠系，古生界二叠系、石炭系、泥盆系、志留系、奥陶系、寒武系。奥陶系细分为上奥陶统的铁热克阿瓦提组、桑塔木组、良里塔格组及吐木休克组，中奥陶统的一间房组、中—下奥陶统的鹰山组和下奥陶统的蓬莱坝组。

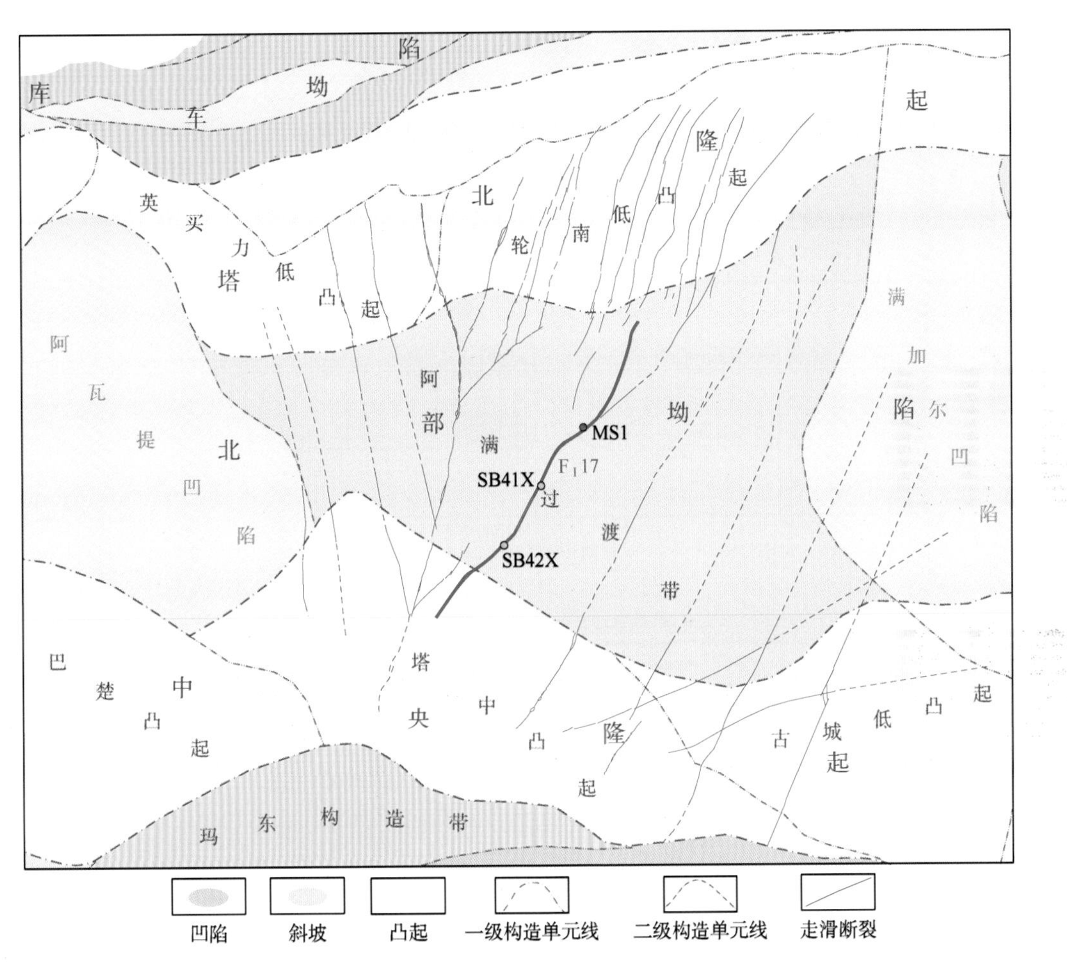

图 1　塔里木盆地北部坳陷与周缘构造单元划分及走滑断裂纲要图

2 走滑断裂精细解剖及分段特征

2.1 活动期次及运动学特征

F_{I}17 走滑断裂整体为北东走向，南北横跨塔中凸起、阿满过渡带、轮南低凸起三个二级构造单元，已采三维地震资料显示 F_{I}17 断裂平面延伸长度约 165km。从中奥陶统碳酸盐岩顶面相干图上可以看到塔中Ⅰ号逆冲断裂被 F_{I}17 走滑断裂切割（图 2a），由此判断走滑断裂活动时间晚于逆冲断裂活动时间，而北西走向的塔中Ⅰ号逆冲断裂形成期为中奥陶世[17, 18]。地震剖面解释结果显示，走滑断裂大多终止于石炭系（图 3），综合分析认为 F_{I}17 走滑断裂的主要活动期为中加里东期—早海西期。

运动学特征方面，从塔中Ⅰ号逆冲断裂错断情况判断中加里东期 F_{I}17 走滑断裂为左旋运动。而 F_{I}17 走滑断裂在浅层志留系和石炭系相干均表现为右阶雁列展布特征指示左旋运动（图 2b、c）。上述证据揭示 F_{I}17 走滑断裂在中加里东期—早海西期均为左旋运动特征。

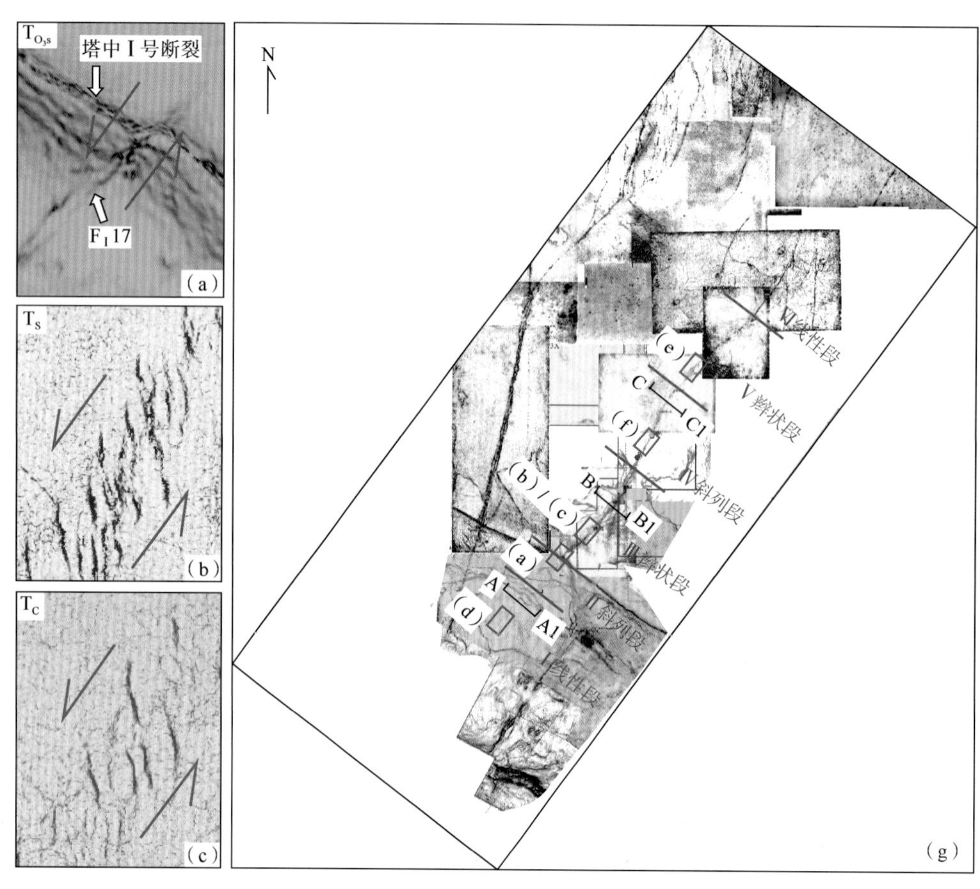

图2 F_I17走滑断裂相干属性及分段示意图

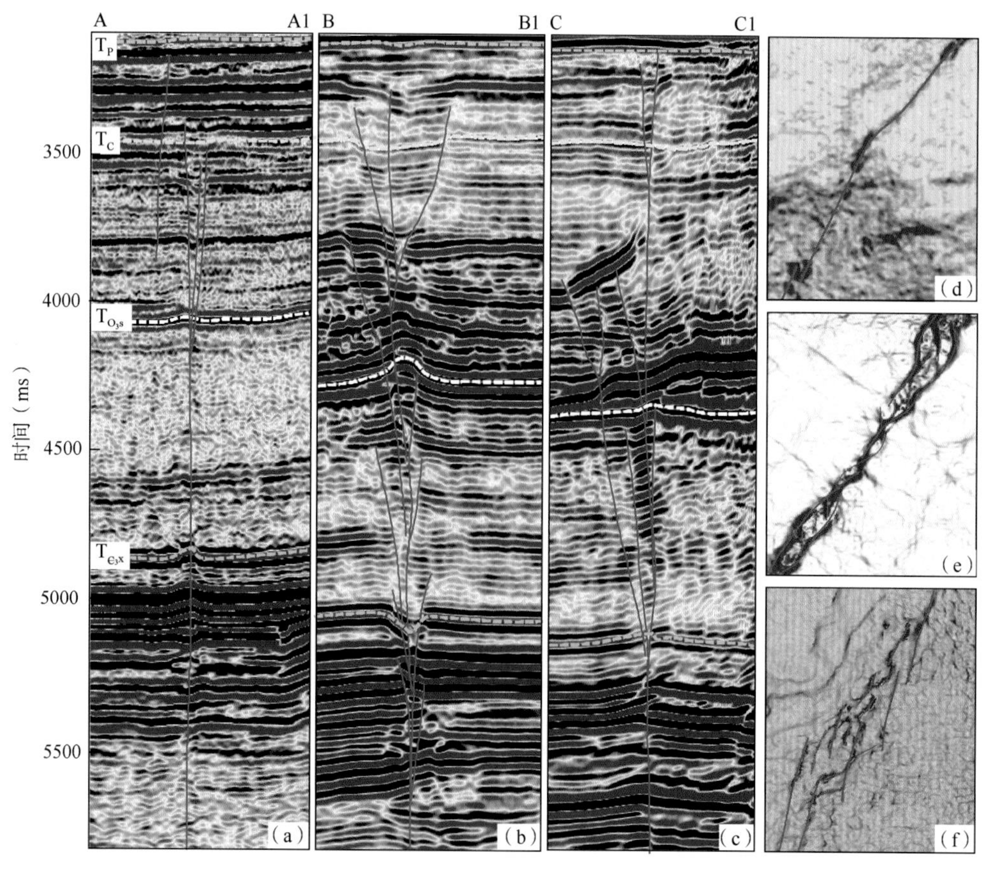

图3 F_I17断裂不同段典型地震剖面及局部相干图（平面位置参见图2g所示）

2.2 走滑断裂分段特征

根据 F_I17 走滑断裂中奥陶统顶面平面几何学特征及运动学基本原理，结合可以代表地层变形程度的中奥陶统顶面高差沿断裂走向的变化[19]，将 F_I17 走滑断裂自南向北分为6段：Ⅰ线性段—Ⅱ斜列段—Ⅲ辫状段—Ⅳ斜列段—Ⅴ辫状段—Ⅵ斜列段（图2g、表1）。线性段平面上表现为线性特征无分支断裂，断裂破碎带宽度小，分支断裂欠发育（图3d）；斜列段平面上表现为多条近似平行的断裂斜列排列特征，断裂破碎带宽度大（图3e）；辫状段断裂破碎带宽度变化较大，辫状段地垒、地堑构造带断裂破碎宽度带宽度大，地垒、地堑过渡区断裂破碎宽度变小（图3f）。地震剖面上，F_I17 走滑断裂自寒武系向上断至石炭系，终止于二叠系底。下覆寒武系—奥陶系断面陡峭、倾角多在 80°～90°之间，上覆志留系—石炭系表现为花状构造。不同段之间剖面特征差异较大：线性段走滑断裂在寒武系至奥陶系石灰岩顶之间发育孤立主干断裂，分支断裂欠发育，碳酸盐岩顶面无明显构造变化（图3a）；辫状段寒武系至奥陶系碳酸盐岩顶面之间表现为断面复杂、分支断裂发育特征，碳酸盐岩顶发育明显挤压地垒或拉分地堑（图3b）；斜列段在寒武系以主干断裂为主，在奥陶系内幕主干断裂较为直立，沿主干断裂发育分支断裂，分支断裂呈花状撒开特征（图3c）。

表1　F_I17 走滑断裂分段特征统计

编号	Ⅰ	Ⅱ	Ⅲ	Ⅳ	Ⅴ	Ⅵ
分段几何特征	线性段	斜列段	辫状段	斜列段	辫状段	斜列段
段长（km）	21	31	23	32	25	33
活动层位	ε-D	ε-C	ε-C	ε-P	ε-D	ε-D
应力特征	压扭	压扭	压扭夹张扭	压扭	压扭夹张扭	压扭
中奥陶统顶面最大高差（m）	95	258	132/-156	129/-186	148/-187	64/-98

3 分段差异控储控藏特征分析

3.1 分段差异控储特征

F_I17 走滑断裂带奥陶系碳酸盐岩缝洞型储层发育，地震资料上表现为“串珠”状强反射、杂乱反射等振幅异常特征，结构张量属性能精细刻画与断裂溶蚀相关的缝洞型储层[20]。在钻井过程中通常钻至缝洞型储层发育区易发生钻具放空、钻井液井漏等钻井工程异常，说明储层发育区裂缝、孔洞、洞穴十分发育。由于走滑断裂不同段应力应变存在差异，与断裂相关的缝洞型储层平面分布范围和纵向发育特征存在差异[21]，主要存在以下三种储层发育模式。（1）线性段—线性分布模式：沿断裂破碎带线状单一发育，由于断裂活动的强度相对较小、破碎带规模不大，缝洞型储层紧邻断裂破碎带发育，形成一系列近断裂的线状展布储层发育区（图4a、b）；（2）斜列段—条带状分布模式：在次级断裂发育区，主断裂与一系列次级断裂形成宽度较大的条带状破碎带，其中不均匀发育大型的缝洞储层，由于断裂两侧的构造活动差异，一般以一侧破碎带发育为特征，大规模缝洞体储层也集中在一侧（图4c、d）；（3）辫状段—板状分布模式：沿断裂带组成的断裂—裂缝网络形成较大范围的有利岩溶储层发育区，储集体规模较大，平面上有一定的宽度范围，在断裂破碎带周围呈板状分布（图4e、f）。对比分析发现，整体上辫状段储层平面展布规模最大、斜列段次之、线性段储层平面展布规模最小。

3.2 分段差异控藏特征

满加尔凹陷下寒武统玉尔吐斯组为目前塔里木盆地奥陶系碳酸盐岩主力烃源岩，向下断穿寒武系的深大走滑断裂为深部油气垂向输导提供有利通道[22]。通过统计沿 F_I17 走滑断裂带单井气油比和中奥陶统顶面高差数据发现，气油比与中奥陶统顶面高差数据之间有较好的正相关关系（图5）。满加尔凹陷中—下寒武统烃源岩在晚加里东期达到生油高峰，在晚海西期干酪根大量裂解达到生气高峰，奥陶系油气充注期次主要有三期：加里东晚期、海西晚期和喜马拉雅期[23, 24]。气油比的变化可以反映喜马拉雅期过成熟油气沿断裂系统充注强度的变化。因此，气油比与中奥陶统

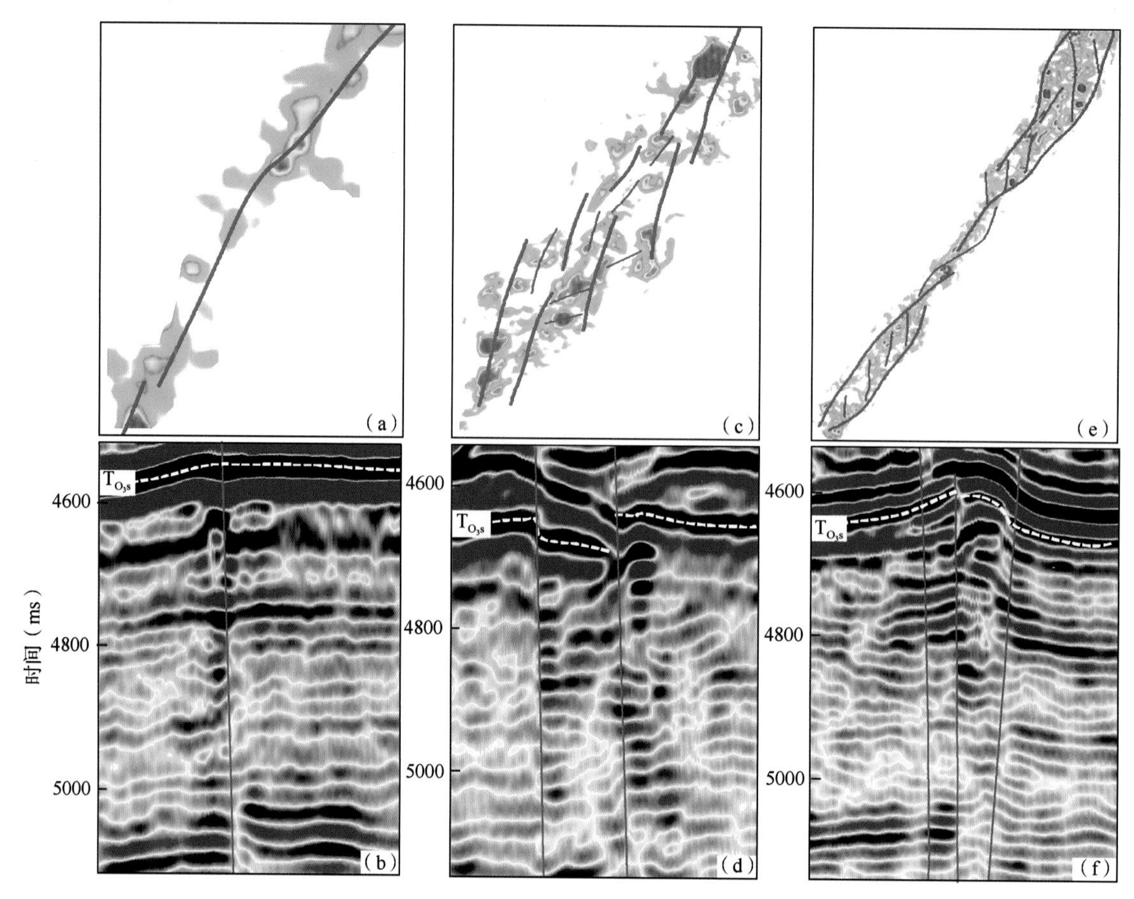

图 4 $\mathrm{F_{I}}$17 走滑断裂不同段典型储层平面及剖面分布特征

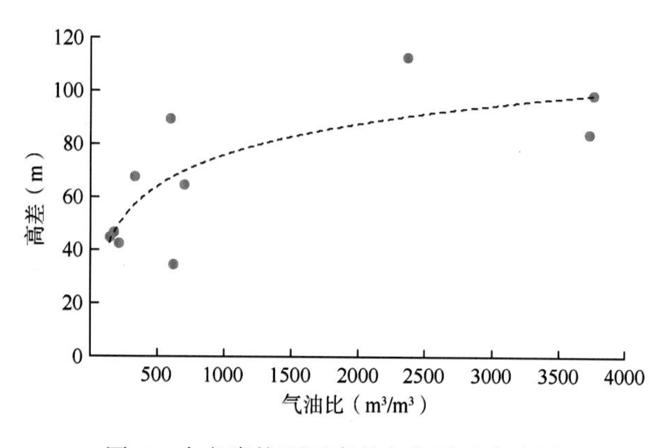

图 5 中奥陶统顶面高差与气油比交会图

顶面高差的相关性可以表明走滑断裂变形程度大、断裂多期活动强，更有利于油气沿走滑断裂垂向油气输导和多期油气充注。

通过统计沿 $\mathrm{F_{I}}$17 走滑断裂带单井气油比和原油密度发现（表 2），整体上在走滑断裂带中段单井气油比高、原油密度小，表现为凝析气藏特征；而南段和北段单井气油比降低、原油密度增大，表现为油藏特征。$\mathrm{F_{I}}$17 断裂带中段气油比高、原油密度小，指示走滑断裂中段与南北两段相比整体上接受晚期高成熟油气充注更强。

表 2 沿 $\mathrm{F_{I}}$17 走滑断裂带已钻井油气藏性质统计

位置	Ⅰ线性段			Ⅱ斜列段		Ⅲ辫状段		Ⅴ辫状段		Ⅵ线性段
井名	Z296	Z16-H1	Z162	Z172	T86	SB42	SB41	MS1	MS3	H32
气油比（m^3/m^3）	174	142	619	697	2367	3756	3724	594	326	214
原油密度（g/cm^3）	0.8094	0.8124	0.7949	0.8118	0.7686	0.7650	0.7500	0.7931	0.7899	0.8213

4 结　论

（1）$\mathrm{F_{I}}$17 走滑断裂为塔里木盆地北部坳陷阿满过渡带大型控储控藏断裂，平面上具有明显分段性，表现为线性段、斜列段、辫状段多段式相间分布，纵向上向下断至寒武系，为油气垂向运移提供通道，向上大多终止于石炭系，具有多期继承性活动特征，主要活动期为中加里东期—早海西期，活动期均为左旋运动。

（2）走滑断裂各段间缝洞型储层展布特征存在差异，整体上辫状段断裂活动强度大，破碎带宽度及地层形变程度大，缝洞型储层横向展布规模及纵向发育程度最大，斜列段次之，线性段储层规模最小。

（3）已钻井油气性质统计表明，$F_1 17$ 走滑断裂带中段为凝析气藏、南北段为油藏。单井气油比与走滑断裂带中奥陶统顶面高差数据正相关，表明走滑断裂变形程度大、断裂多期活动强，更有利于油气沿走滑断裂垂向输导和多期油气充注。

参考文献

[1] 田军，王清华，杨海军，等. 塔里木盆地油气勘探历程与启示[J]. 新疆石油地质，2021，42（3）：272-282.

[2] 王清华，杨海军，汪如军，等. 塔里木盆地超深层走滑断裂断控大油气田的勘探发现与技术创新[J]. 中国石油勘探，2021，26（4）：58-71.

[3] 杨学文，田军，王清华，等. 塔里木盆地超深层油气地质认识与有利勘探领域[J]. 中国石油勘探，2021，26（4）：17-28.

[4] 杨海军，邓兴梁，张银涛，等. 塔里木盆地满深 1 井奥陶系超深断控碳酸盐岩油气藏勘探重大发现及意义[J]. 中国石油勘探，2020，25（3）：13-23.

[5] 杨威，周刚，李海英，等. 碳酸盐岩深层走滑断裂成像技术[J]. 新疆石油地质，2021，42（2）：246-252.

[6] 马德波，赵一民，张银涛，等. 最大似然属性在断裂识别中的应用——以塔里木盆地哈拉哈塘地区热瓦普区块奥陶系走滑断裂的识别为例[J]. 天然气地球科学，2018，29（6）：817-825.

[7] 韩俊，况安鹏，能源，等. 顺北 5 号走滑断裂带纵向分层结构及其油气地质意义[J]. 新疆石油地质，2021，42（2）：152-160.

[8] 杨海军，邬光辉，韩剑发，等. 塔里木克拉通内盆地走滑断层构造解析[J]. 地质科学，2020，55（1）：1-16.

[9] 韩剑发，苏洲，陈利新，等. 塔里木盆地台盆区走滑断裂控储控藏作用及勘探潜力[J]. 石油学报，2019，40（11）：1296-1310.

[10] 云露. 顺北东部北东向走滑断裂体系控储控藏作用与突破意义[J]. 中国石油勘探，2021，26（3）：41-52.

[11] 云露. 顺北地区奥陶系超深断溶体油气成藏条件[J]. 新疆石油地质，2021，42（2）：136-142.

[12] 刘军，李伟，龚伟，黄超. 顺北地区超深断控储集体地震识别与描述[J]. 新疆石油地质，2021，42（2）：238-245.

[13] 孙东，杨丽莎，陈娟，等. 塔里木盆地深层碳酸盐岩缝洞储集层地震响应特征[J]. 新疆石油地质，2018，39（6）：633-642.

[14] 贾承造，孙龙德，顾家裕，等. 塔里木盆地板块构造与大陆动力学[M]. 北京：石油工业出版社，2004.

[15] 何治亮，徐宏节，段铁军. 塔里木多旋回盆地复合构造样式初步分析[J]. 地质科学，2005，40（2）：153-166.

[16] 贾承造. 中国塔里木盆地构造特征与油气[M]. 北京：石油工业出版社，1997.

[17] 李国会，李世银，李会元，等. 塔里木盆地中部走滑断裂系统分布格局及其成因[J]. 天然气工业，2021，41（3）：30-37.

[18] 张仲培，王璐瑶，邓尚，等. 塔里木盆地塔中Ⅰ号构造带分段变形的运动学特征与成因探讨[J]. 地质评论，2020. 66（4）：881-891.

[19] 刘宝增. 塔里木盆地顺北地区油气差异聚集主控因素分析——以顺北 1 号、顺北 5 号走滑断裂带为例[J]. 中国石油勘探，2020，25（3）：83-95.

[20] 王震，文欢，邓光校，等. 塔河油田碳酸盐岩断溶体刻画技术研究与应用[J]. 石油物探，2019，58（1）：149-154.

[21] 苑雅轩. 顺北 5 号北段走滑断裂特征及其控储作用研究[D]. 北京：中国地质大学（北京），2020.

[22] 汪如军，王轩，邓兴梁，等. 走滑断裂对碳酸盐岩储层和油气藏的控制作用——以塔里木盆地北部坳陷为例[J]. 天然气工业，2021，41（3）：10-20.

[23] 田军. 塔里木盆地油气勘探成果与勘探方向[J]. 新疆石油地质，2019，40（1）：1-11.

[24] 陈强路，席斌斌，韩俊，等. 塔里木盆地顺托果勒地区超深层油藏保存及影响因素：来自流体包裹体的证据[J]. 中国石油勘探，2020，25（3）：121-133.

大北 3 井区断层封闭性评价

王孝彦 杨风来 白晓佳 付 莹 朱正俊 孟令烨 闫炳旭 李海明

（中国石油塔里木油田分公司勘探开发研究院 新疆库尔勒 841000）

摘 要：大北 3 井区生产井产能差异较大，利用现有资料对大北 3 井区内断层进行分析，研究断层封闭性对油气分布差异的控制作用。通过对断层封闭性定性评价确定大北 3 井区内 F_5 断层和 F_8 断层封闭性最好，进一步的定量评价对大北 3 井区断层进行深入剖析，计算泥岩断层泥比从而确定封烃高度的大小。研究结果认为 F_5 断层与 F_6 断层所控制的断块封烃能力更强，适合作为下一步大北 3 井区优选开发区域。

关键词：大北 3 井区；断层封闭性；泥岩涂抹因子；泥岩断层泥比；封烃高度

断层对于油气的运移聚集具有十分重要的影响，这种影响主要表现在两方面：（1）断层作为沟通砂体之间的油气运移的通道[1]，（2）断层作为遮挡层阻滞砂体之间的油气运移[2]。这种阻止油气运移的能力称为断层侧向封闭性。大北 3 区块主要是受断层控制形成的圈闭，断层的侧向封闭性对于大北 3 区块现存油气的聚集具有十分重要的影响。笔者通过对大北 3 区块断层的定性评价和定量评价，确定大北 3 区块各断层对油气聚集的具体影响，为大北 3 区块下一步开发提供优选目标。

1 地质背景

1.1 构造特征

大北气田大北 3 井区位于塔里木盆地库车前陆冲断带克拉苏构造带克深区带大北段。为三条北倾逆冲断裂所夹持的长轴状断背斜，构造走向近北东东向，区块受褶皱冲断变形作用影响形成逆冲叠瓦状断块，断块内主要发育北倾的逆冲断层，呈北东东—北东向延伸，延伸距离 3～24km。其中 F_1 断层、F_3 断层、F_7 断层具有良好的继承性和延展性且断距较大，三条边界断层控制了大北 3 井区的构造展布，断层的平面和剖面展布形态如图 1 和图 2 所示。

1.2 地层特征

大北 3 井区的储层为白垩系巴什基奇克组褐色细砂岩，储层厚度较厚，一般为 180～260m，上覆古近系库姆格列木群膏盐岩层、膏泥岩层是一套 500～1000m 的优质盖层，盖层分布连续且全区范围内发育，与白垩系巴什基奇克组发育的巨厚砂岩储层构成良好的储盖组合。

2 断层封闭性评价

大北 3 井区目前生产井单井日产气 3×10^4～$42\times10^4m^3$。区块有良好的储层及优质盖层究竟是什么原因造成这种产能差异呢？分析认为这种差异受制于两方面问题：一是断层是否具有封闭性，二是断层封闭能力的大小。前期的构造研究表明，大北 3 井区是一个由三条断层控制的圈闭（图 1），研究断层的封闭性是解决以上两方面问题的关键所在。笔者主要通过计算泥岩涂抹因子（SSF）和泥岩断层泥比（SGR）两个参数来判断大北 3 井区断层的封闭性，并在此基础上计算封烃高度。

2.1 断层封闭性评价机理

断层对油气的聚集既有输导作用又有遮挡作

收稿日期：2021-07-12

第一作者简介：王孝彦（1989—），女，辽宁省凤城市人，硕士，2015 年毕业于东北石油大学油气田开发，工程师，从事石油地质研究。
E-mail：921944925@qq.com Tel：0996-2172303

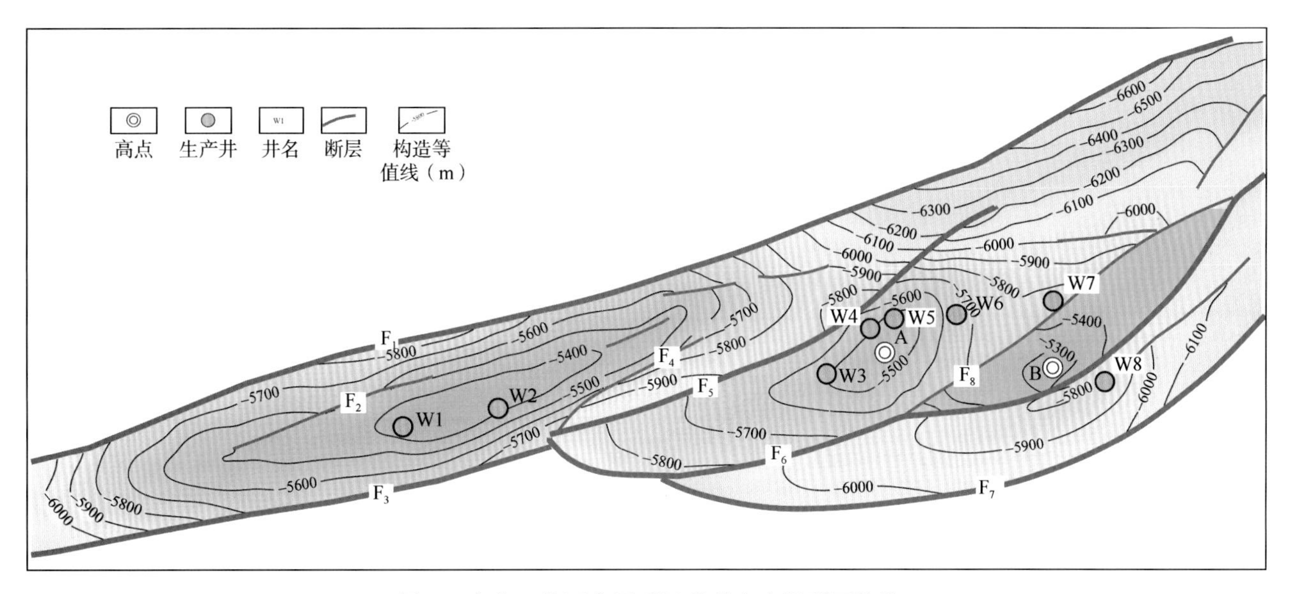

图 1　大北 3 井区白垩系巴什基奇克组顶面构造

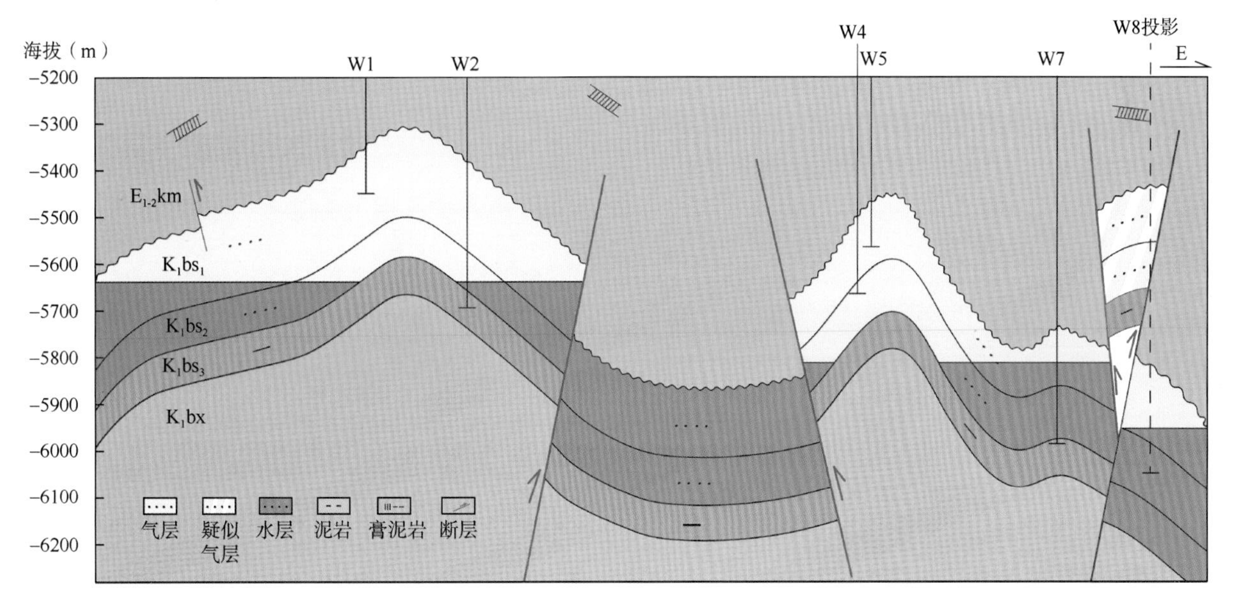

图 2　大北 3 井区白垩系巴什基奇克组气藏剖面

用[3, 4]。由于断层两盘对接关系和断层岩岩性的差异，断层封闭的方式也不尽相同。断层封闭主要分为五类：对接封闭[5-7]、泥岩涂抹封闭[8-11]、碎裂岩封闭[6, 12, 13]、层状硅酸盐—框架断层岩封闭[6, 8]和胶结封闭[6, 8, 9]。由于英买 9 区块巴什基奇克组属于碎屑岩沉积，且泥岩层较为发育，不存在岩性对接封闭，因此，本文主要研究泥岩涂抹对断层的封堵作用。所谓泥岩涂抹是指，含有泥岩的地层在断裂带发育的过程中，围岩中的泥岩层卷入断裂带后，沿着滑动面形成薄层断层泥[14]。在砂泥岩互层的地层中，沿着断层分布的致密断层泥侧向遮挡物性相对较好的砂岩，从而对油气的聚集形成侧向遮挡，因而泥岩涂抹具有封闭能力。

泥岩涂抹是否连续直接决定断层对油气的封闭能力[15]，评价断层封闭性可以根据泥岩涂抹的连续性进行判定，泥岩涂抹连续性越好，断层泥与砂岩产生的毛细管力差越大，断层封闭性就越强，反之断层封闭性越弱。评价泥岩涂抹封闭能力的方法主要有两种：泥岩涂抹因子（SSF）[9, 16, 17]和泥岩断层泥比（SGR）[5]。

所谓泥岩涂抹因子是指断距与泥岩厚度的比值[5]，通过泥岩涂抹因子的大小可以判断泥岩涂抹的连续性[13]。泥岩涂抹连续性受很多因素影响，不同深度、不同温度、不同埋藏条件以及成岩程度的不同等都会影响泥岩涂抹因子临界值的大小[14]。砂泥岩互层的地层中，泥岩涂抹因子小于4时[9]，认为泥岩涂抹连续分布。

通过计算泥岩涂抹因子的大小定性评价断层的封闭性，用泥岩断层泥比定量计算断层的封烃高度。

2.2 控藏断层封闭性定性评价

在大北 3 井区对断层封闭性定性评价的过程中，本文主要通过计算泥岩涂抹因子（SSF）值，判断泥岩涂抹是否连续进而确定断层岩封闭能力[9]。

笔者分别计算了大北 3 井区内五条断层（F_2 断层、F_4 断层、F_5 断层、F_6 断层、F_8 断层）的泥岩涂抹因子。其中，F_2 断层的断距是取过 W1 井垂直于 F_2 断层的断距，泥岩厚度为 12m，泥岩涂抹因子为 5.83；F_4 断层的断距是取过大北 304 井垂直于 F_5 断层的断距，泥岩厚度为 27m，泥岩涂抹因子为 7.41；F_5 断层的断距分别取过 W3 井、W4 井、W5 井、W6 井垂直于 F_5 断层的断距，泥岩厚度对应分别为 56.5m、37m、45m、21.5m，泥岩涂抹因子基本小于 4；F_6 断层的断距是取过 W8 井垂直于 F_6 断层的断距，泥岩厚度为 91.7m，泥岩涂抹因子为 5.02；F_8 断层的断距分别取过 W4 井、W5 井、W7 井垂直于 F_8 断层的断距，泥岩厚度对应分别为 56.5m、37m、45m、21.5m，泥岩涂抹因子为 4 左右，具体结果见表 1。

表 1 泥岩涂抹因子计算结果

井名	涂抹因子				
	F_2 断层	F_4 断层	F_5 断层	F_6 断层	F_8 断层
W1 井	5.83	—	—	—	—
W2 井	—	7.41	—	—	—
W3 井	—	—	3.01	—	—
W4 井	—	—	3.78	—	3.33
W5 井	—	—	2.89	—	5.78
W6 井	—	—	8.84	—	—
W7 井	—	—	—	—	4.14
W8 井	—	—	—	5.02	—

从上述结果中可以看出，F_5 断层和 F_8 断层的泥岩涂抹因子小于 4，封闭性相对较好；F_2 断层、F_6 断层和 F_8 断层具有封闭性，但相对较差。

2.3 断层封闭能力定量评价

断层圈闭要成藏，除了控制圈闭的断层要有封闭性外，能够成为多大规模油气藏取决于断层封烃的高度。Bretan 提出了泥岩断层泥比（SGR）与烃柱高度（H）之间的关系[公式（1）][18]。根据泥岩断层泥比与断层岩封烃高度的关系可知，断层岩封烃高度与泥岩断层泥比和 d 值有着一定的关系，烃柱高度的计算实际上就是泥岩断层泥比和 d 值的确定。

$$H = \frac{10^{\frac{SGR}{d} - C}}{g\left(\rho_w - \rho_o\right)} \quad (1)$$

式中 H——断层面某点可支撑的最大烃柱高度，m；

SGR——断层面上某点的泥质含量，取值为 0 ~ 100%；

d——与地层沉积特征有关的参数，取值为 0 ~ 200；

ρ_w——为气藏中水的密度，kg/m^3；

ρ_o——为气藏中油的密度，kg/m^3；

g——重力加速度，9.8m/s^2；

C——常数，根据文献调研，埋深超过 3500m 取值为 0[19]。

2.3.1 确定泥岩断层泥比值

泥岩断层泥比（SGR）与断距、地层厚度和地层的泥质含量具有一定的关系，关系如公式（2）所表述[9]，而地层中的泥质含量可以通过泥质含量公式计算得出[公式（3）和公式（4）][20]。自然伽马测井曲线是每一深度对应有一个自然伽马值，因此，公式（2）中的地层厚度（Δz）可以直接通过自然伽马测井曲线读出来（图3）[5]；公式（2）中的断距 L 采用过单井垂直于断层的断距。

$$SGR=\frac{\sum\left(V_{\mathrm{sh}}\times\Delta z\right)}{L} \tag{2}$$

式中 L——断距，m；

Δz——某一地层厚度，m；

V_{sh}——Δz 地层中的泥质含量，%。

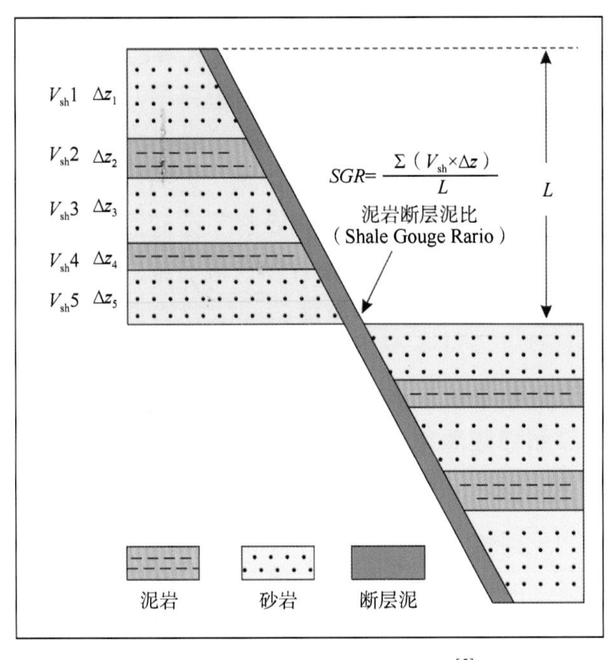

图3　泥岩断层泥比计算模式[5]

公式（2）中的泥质含量 V_{sh} 与自然伽马值之间存在一定的关系[公式（3）和公式（4）]，公式（3）中的希尔奇指数（GCUR）与地质年代有关，古近系—新近系地层一般取3.7[20]。公式（4）中的自然伽马值可以通过断层周边井的自然伽马测井曲线获得。其中，纯砂岩层自然伽马值（$GR_{\min}$）为自然伽马测井曲线中白垩系巴什基奇克组的砂岩基线值，纯泥岩层的自然伽马值（$GR_{\max}$）为自然伽马测井曲线中白垩系巴什基奇克组的泥岩基线值。

$$V_{\mathrm{sh}}=\frac{2^{GCUR\cdot I_{\mathrm{GR}}}-1}{2^{GCUR}-1} \tag{3}$$

$$I_{\mathrm{GR}}=\frac{GR-GR_{\min}}{GR_{\max}-GR_{\min}} \tag{4}$$

式中 V_{sh}——某一地层中的泥质含量，%；

$GCUR$——希尔奇指数，与地质年代有关，白垩系巴什基奇克组取3.7；

I_{GR}——泥质含量指数；

GR——目的层自然伽马值；

$GR_{\min}$——纯砂岩层自然伽马值；

$GR_{\max}$——纯泥岩层自然伽马值。

泥岩断层泥比的确定可以根据已钻井测井相关数据带入公式（2）计算得到。

2.3.2 确定 *d* 值

d 值与烃柱高度和泥岩断层泥比（SGR）有关，公式（1）中大北3井区中水和油的密度分别为1.1g/cm^3 和0.8g/cm^3，g 为重力加速度取9.8m/s^2，若公式中泥岩断层泥比（SGR）确定，则 d 值与断层封烃高度 H 呈指数关系。由于大北3井区 F_1 断层、F_3 断层和 F_7 断层是区块的边界断层，并且大北3井区2007年至今已开发十余年，因此这三条边界断层必然是具有较强封闭能力的断层。通过全区的封烃高度再结合泥岩断层泥比即可确定全区的 d 值，即采用W2井与 F_1 断层、F_3 断层之间的关系和W8井与 F_7 断层之间的关系确定全区 d 值，根据测井曲线中自然伽马值查找出W2井和W8井的泥岩基线值和砂岩基线值，将其分别作为两口井的 $GR_{\max}$ 和 $GR_{\min}$，运用公式（4）计算出两口井的泥质含量指数（I_{GR}）；将泥质含量指数代入公式（3）计算出两口井地层中的泥质含量（V_{sh}）；在已知泥质含量指数和地层中的泥质含量两个参数的情况下，结合每段地层中的泥质含量所对应的厚度（Δz），过W2井垂直于 F_1 断层、F_3 断层的断距和过W8井垂直于 F_7 断层的断距，即可确定出三条断层的泥岩断层泥比（SGR）分别为46.38%、48.82%、53.55%；由于 F_1 断块的构造幅度差为213.50m，即可计算出 d 值分别为0.16、0.17和0.19，取其平均值为0.17，即全区 d 值为0.17。

2.3.3 封闭能力定量评价

根据上述原理对大北3井区内井周附近较大断层封闭能力进行定量评价，计算 F_2 断层、F_4 断层、F_5 断层、F_6 断层、F_8 断层总计五条断层的封烃高度，以此确定大北 3 井区内断层的封闭能力的大小。

读取全区 8 口井的自然伽马砂岩基线值和泥岩基线值，运用公式（4）和公式（3）计算出泥质含量指数和地层中泥质含量；结合过每口井垂直于断层处的断距，代入公式（2）计算出每条断层的泥岩断层泥比，从而计算出每条断层的封烃高度。通过计算发现，F_5 断层封闭能力最强，F_2 断层、F_8 断层、F_6 断层封闭能力稍差，F_4 断层封闭能力最差，结果见表 2。

由于大北 3 井区已投入开发多年，A 点周边 W3、W4、W5、W6 四口井日产气 14×10^4 ~ $42\times10^4 m^3$，而 A 点相较于周边井处于构造更高部位，且封闭性较好，因而属于有利区。从表 2 可知，F_5 断层和 F_6 断层与 F_6 断层和 F_8 断层所构成的断块均属于有利区。图 4 中两个断块内的构造高部位处 A 点和 B 点都是较为有利的位置，其中 F_5 断块—F_6 断块封烃能力更强，下一步部署开发井可优先选择 A 点处。

表 2　大北 3 井区泥岩断层泥比及封烃高度统计

井名	泥岩断层泥比 SGR（%）					封烃高度 H（m）				
	F_2 断层	F_4 断层	F_5 断层	F_6 断层	F_8 断层	F_2 断层	F_4 断层	F_5 断层	F_6 断层	F_8 断层
W1 井	47.32	—	—	—	—	206.62	—	—	—	—
W2 井	—	24.98	—	—	—	—	10.02	—	—	—
W3 井	—	—	48.35	51.23	—	—	—	237.56	350.89	—
W4 井	—	—	56.73	—	—	—	—	739.11	—	—
W5 井	—	—	51.45	—	45.19	—	—	361.51	—	154.84
W6 井	—	—	43.94	—	—	—	—	130.72	—	—
W7 井	—	—	—	—	42.51	—	—	—	—	107.71
W8 井	—	—	—	40.49	—	—	—	—	81.93	—

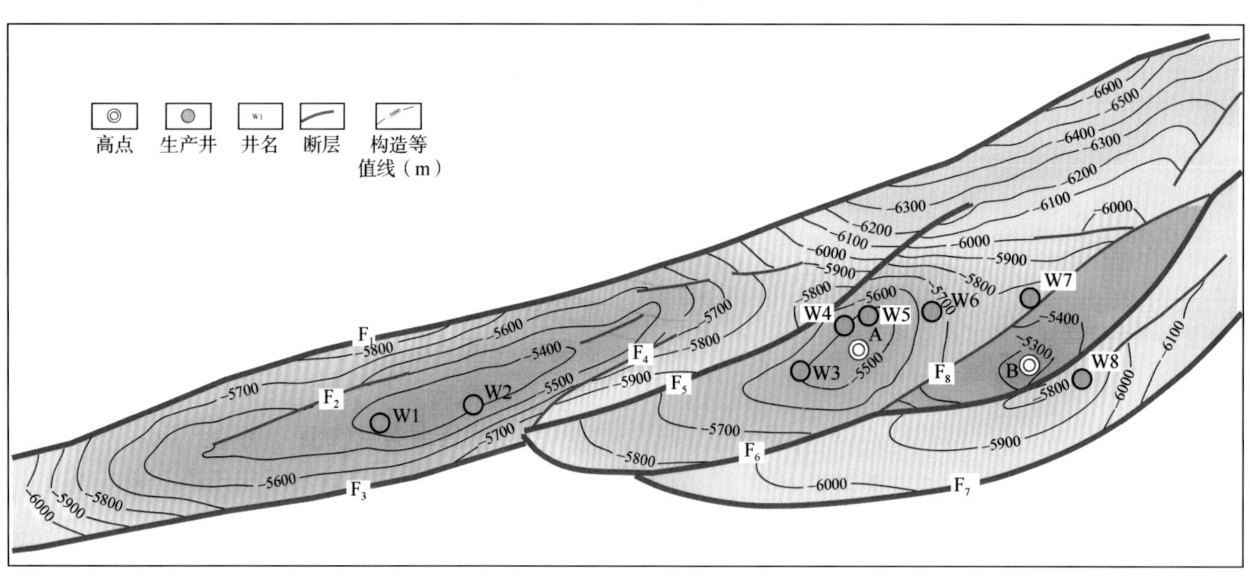

图 4　大北 3 井区有利区预测

3 结　论

大北 3 井区发育良好的储盖组合，不同位置的井位生产情况主要受断层的影响，由于断层错断了巴什基奇克组上覆的泥岩层，因此存在泥岩涂抹作用。在大北 3 井区内不同主控断层的封烃能力并不相同，因此造成井区内产能存在差异：

（1）定性评价大北 3 井区断层封闭性，确定

F_5断层和 F_8断层具有良好的封闭性，F_2断层、F_6断层和 F_8断层封闭性相对较差；

（2）定量评价大北 3 井区断层封闭性，确定大北 3 井区 d 值为 0.17，计算泥岩断层泥比得出 F5 断块—F6 断块封烃能力较强，适合进一步开发。

参考文献

[1] 李丕龙，张善文，宋国奇，等. 断陷盆地隐蔽油气藏形成机制——以渤海湾盆地济阳坳陷为例[J]. 石油实验地质，2004，（1）：3-10.

[2] 吕延防，王帅. 断层封闭性定量评价[J]. 大庆石油学院学报，2010（5）：35-41.

[3] 付晓飞. 库车坳陷逆掩断层封闭性及流体运移[D]. 大庆石油学院，2002.

[4] 王孝彦，高强，孟令东，等. 低—非孔隙岩石中走滑断裂带内部结构的形成演化[J]. 断块油气田，2015，22（6）：681-685.

[5] Yielding G，Freeman B，Needham D T. Quantitative fault seal prediction[J]. AAPG bulletin，1997，81（6）：897-917.

[6] Knipe R J. Juxtaposition and seal diagrams to help analyze fault seals in hydrocarbon reservoirs[J]. AAPG bulletin，1997，81(2)：187-195.

[7] Smith D A. Theoretical considerations of sealing and non-sealing faults[J]. AAPG Bulletin，1966，50（2）：363-374.

[8] Knipe R J. Faulting processes and fault seal[C]//Larsen R M. Structural and tectonic modelling and its application to petroleum geology. Stavanger：Norwegian Petroleum Society，1992（1）：325-342.

[9] Lindsay N G，Murphy F C，Walsh J J，et al. Outcrop studies of shale smears on fault surfaces[J]. International Association of Sedimentologists Special Publication，1993（15）：113-123.

[10] Gibson R G. Fault-zone seals in siliciclastic strata of the Columbus Basin，offshore Trinidad[J]. AAPG bulletin，1994，78（9）：1372-1385.

[11] Lehner F K，Pilaar W F. The emplacement of clay smears in synsedimentary normal faults：inferences from field observations near Frechen，Germany[J]. Norwegian Petroleum Society Special Publications，1997（7）：39-50.

[12] Aydin A，Johnson A M. Development of faults as zones of deformation bands and as slip surfaces in sandstone[J]. Pure and Applied Geophiscs，1978，116（4-5）：931-942.

[13] Gabrielsen R H，Aarland R K，Alsaker E. Identification and spatial distribution of fractures in porous，siliciclastic sediments[J]. Geological Society，London，Special Publications，1998，127（1）：49-64.

[14] 付晓飞，郭雪，朱丽旭，等. 泥岩涂抹形成演化与油气运移及封闭[J]. 中国矿业大学学报，2012，41（1）：52-63.

[15] Bense V F，Person M A. Faults as conduit-barrier systems to fluid flow in siliciclastic sedimentary aquifers[J]. Water Resources Research，2006，42（5）：277-286.

[16] Bouvier J D，Kaars-Sijpesteijn C H，Kluesner D F，et al. Three-dimensional seismic interpretation and fault sealing investigations，Nun River Field，Nigeria[J]. AAPG Bulletin，1989，73（11）：1397-1414.

[17] Doughty P T. Clay smear seals and fault sealing potential of an exhumed growth fault，Rio Grande rift，New Mexico[J]. AAPG bulletin，2003，87（3）：427-444.

[18] Bretan P，Yielding G，Jones H. Using calibrated shale gouge ratio to estimate hydrocarbon column heights[J]. AAPG bulletin，2003，87（3）：397-413.

[19] 孟令东. 塔南凹陷断层封闭性综合定量评价[D]. 大庆：东北石油大学，2012.

[20] 赵军龙，测井方法原理[M]. 西安：陕西人民教育出版社，2008.

一种基于凌乱性搜索的碳酸盐岩断裂检测技术应用研究

李鹏飞　肖　文

（中国石油塔里木油田分公司勘探开发研究院 新疆库尔勒 841000）

摘　要：对于碳酸盐岩储层，无论是“串珠”状，还是非“串珠”状储层，断裂识别都显得非常重要。随着碳酸盐岩勘探开发的不断深入，对断裂检测精度的要求越来越高，因此，有效的断层检测对碳酸盐岩储层的勘探开发具有十分重要的意义。传统几何属性对断层和地层等构造信息及河道等层序特征均较敏感，这些信息经常混杂在一起，难以单独区分断层。基于传统几何属性的断层解释通常是在水平或地层切片上进行，垂直剖面上可解释性较差。基于振幅梯度矢量凌乱性搜索的断裂检测技术假设断层在三维空间的局部区域是一个面，通过在三维空间里各个方向搜索地震振幅梯度向量的凌乱性，找出凌乱性最强的方向便是断层位置。该技术消除了地层信息及噪声影响，只对断裂敏感，在改善切片断裂清晰度的同时，垂直剖面可解释性强。并且该方法可以实现多尺度断裂检测，为高精度三维断裂解释提供数据基础，该方法应用于塔里木盆地塔中地区碳酸盐岩区块，取得了较好效果。

关键词：碳酸盐岩储层；振幅梯度矢量；凌乱性搜索；多尺度；断裂检测；塔中地区

近年来，碳酸盐岩断裂检测一直是专家、学者研究的热点，也是碳酸盐岩油气藏勘探和开发最为关心的关键问题。塔里木盆地奥陶系海相碳酸盐岩发育，碳酸盐岩油气藏资源量约占塔里木盆地油气资源总量的三分之一，其中塔北、塔中地区奥陶系发育的碳酸盐岩地层是塔里木油田主要的勘探与开发层系。虽该地区资源量丰富，但同时也伴随有埋藏深、新区探井风险大、初期高产稳不住的难点问题。

研究发现深大走滑断裂对于塔里木盆地碳酸盐岩储层发育、油气成藏、高产井分布具有明显的控制作用。屈泰来等（2011）以新疆塔里木盆地柯坪露头为例，对碳酸盐岩断裂相进行了分类[1]，邬光辉等（2012）分析了塔里木盆地走滑带碳酸盐岩断裂特征及其与油气的关系[2]。如何利用已有的地质、钻井、地震等资料去有效检测断裂，找出优质规模储层，一直是科研人员的努力方向。针对断裂检测，前人做了很多工作，其中，以相干、曲率、方差等技术最为常用。例如，Gersztenkorn 等（1996）提出了一种基于多道特征分解技术的相干计算方法[3]；Marfurt 等（1998）提出了一种更具稳定性的多道相干算法，该算法适用于对信噪比不高的地震数据可以进行稳定的断裂分析[4]；Randen 等（2000）基于地震数据利用几种新的三维纹理属性辅助断裂自动解释[5]。这些方法为描述断裂系统和盐丘等构造以及碳酸盐岩礁滩、砂道和扇体等地层特征提供了有效措施。然而，以上方法技术在水平或地层切片上解释断层具有较好的实用价值，在垂直剖面上进行断裂解释的能力较差。随着对断裂检测精度的要求越来越高，一些常规断裂检测技术满足不了需求，除了在原有算法上进行改进外，一些新的对断裂

收稿日期：2021-02-01
基金项目：国家重点研发计划（2019YFC0605503）资助。
第一作者简介：李鹏飞（1990—），男，四川资阳人，硕士，2015 年毕业于长江大学地球探测与信息技术专业，工程师，现从事油气藏地球物理研究工作。
E-mail：295196232@qq.com　　Tel：0996-2172191

检测更加敏感的方法应运而生，如蚂蚁体、AFE（Automatic Fault Extraction）等。Pedersen 等（2002）提出了一种利用人工蚂蚁进行三维地震断层提取的新方法[6]；Qi 等（2016）提出了一种基于特征结构方法的三维断裂识别方法流程[7]；Machado 等（2016）应用高斯算子来锐化相干体内的断层特征[8]。同时，随着近年来高密度、宽方位地震资料的采集，地震叠前各向异性信息也被越来越多的应用到断裂识别中，断裂识别精度随着技术的发展也在不断的提高。

本文采用的是一种基于叠后地震数据的断裂检测方法，是在 Donial 等（2007）提出的于三维地震数据空间中搜索振幅梯度矢量无序性方法基础上开展的断裂检测[9]。该方法总体思路是首先从地震资料的解释性处理入手，通过基于构造导向和边界保护的滤波技术，提高地震资料信噪比，并改善断裂的剖面特征，断点更为清晰，实现断层增强效果，为下一步断裂识别提供优质的地震资料[10-15]。然后针对碳酸盐岩大型走滑断裂，采用基于振幅梯度矢量凌乱性搜索的断裂检测技术，实现对大尺度断裂（同相轴明显错断）和小尺度断裂（同相轴轻微错断或褶曲）的识别。通过在塔里木盆地塔中地区碳酸盐岩走滑断裂识别中的应用，最终取得了较好的效果，断裂预测结果剖面可解释性强，平面规律性较好，统计结果表明检测结果与实钻吻合率高，实践证明该方法技术对于指导碳酸盐岩断裂解释具有较好的适用性。

1 方法原理

1.1 断裂增强方法原理

为实现断裂显示增强，采用基于构造导向和边界保护的滤波技术，整体思路是沿着地震资料获取的构造方向进行主分量分析和滤波，有效提高地震资料信噪比，并在相干体等不连续性检测结果约束的基础上达到对断裂面的高清晰成像。该技术关键步骤有以下三步：（1）构造方位分析：通过地震倾角和方位角确定反射同相轴的方位；（2）断点检测：计算相干体，确定断点位置；（3）在构造和断点检测结果约束下展开主分量分析和保留边界的平滑（Kuwahara）滤波。

1.2 多尺度断裂识别方法原理

为实现多尺度断裂识别，采用基于振幅梯度矢量凌乱性搜索的断裂检测技术，其实现步骤有以下三个方面：（1）方位 GST 凌乱性计算；（2）三维空间各方向相关；（3）搜索断裂面方位，沿着断裂面扩散能量。

假如想找到反射层的倾角，最简单的方式是线性回归。其目标函数可以表示为

$$f\left(\vec{p}\right)=\vec{p}\cdot\nabla Q\geqslant 0 \tag{1}$$

如果：

$$\begin{cases} p\cos\theta = p_1 \\ p\sin\theta = p_2 \end{cases} \tag{2}$$

$$\nabla Q = \frac{\partial Q}{\partial x} + i\frac{\partial Q}{\partial y} \tag{3}$$

则

$$\begin{aligned} f\left(\vec{p}\right) &= f(p_1, p_2) \\ &= \sum_{i=1}^{N}\left[\frac{p_1}{\sqrt{p_1^2+p_2^2}}\frac{\partial Q}{\partial x} + \frac{p_2}{\sqrt{p_1^2+p_2^2}}\frac{\partial Q}{\partial y}\right]^2 \\ &= \sum_{i=1}^{N}\frac{\left[p_1\frac{\partial Q}{\partial x} + p_2\frac{\partial Q}{\partial y}\right]^2}{p_1^2+p_2^2} \end{aligned} \tag{4}$$

做如下变换：

$$\boldsymbol{V} = \begin{bmatrix} p_1 \\ p_2 \end{bmatrix} \tag{5}$$

则

$$p_1^2 + p_2^2 = \boldsymbol{V}^T\boldsymbol{V} \tag{6}$$

$$\boldsymbol{M} = \nabla^T Q = \begin{bmatrix} \left.\frac{\partial Q}{\partial x}\right|_{(x_1,y_1)} & \left.\frac{\partial Q}{\partial y}\right|_{(x_1,y_1)} \\ \left.\frac{\partial Q}{\partial x}\right|_{(x_1,y_1)} & \left.\frac{\partial Q}{\partial y}\right|_{(x_1,y_1)} \\ \cdots\cdots & \\ \left.\frac{\partial Q}{\partial x}\right|_{(x_N,y_N)} & \left.\frac{\partial Q}{\partial y}\right|_{(x_N,y_N)} \end{bmatrix} \tag{7}$$

则

$$M^T M = A \tag{8}$$

得到：

$$f = \frac{[\boldsymbol{MV}]^T\boldsymbol{MV}}{\boldsymbol{V}^T\boldsymbol{V}} = \frac{\boldsymbol{V}^T\boldsymbol{M}^T\boldsymbol{MV}}{\boldsymbol{V}^T\boldsymbol{V}} = \frac{\boldsymbol{V}^T\boldsymbol{AV}}{\boldsymbol{V}^T\boldsymbol{V}} \tag{9}$$

$\boldsymbol{A}$ 就是 Rayleigh 商。上述方程的解就是矩阵 $\boldsymbol{A}$ 的最小特征向量。

$$C=1-\frac{3}{2}\frac{\lambda_2+\lambda_3}{\lambda_1+\lambda_2+\lambda_3} \quad (10)$$

从式（10）中可以看出，在断层和其他原因造成地震振幅出现异常变化的地方，三个特征值非常接近，表征凌乱性特征的值 C 接近于 0。对层状介质，同相轴连续的区域，最大特征值远远大于其他两个特征值，表征凌乱性特征的值 C 接近于 1。

2 应用效果

2.1 研究区地质概况

塔中地区位于塔里木盆地中央隆起的中段部位，呈北西向走势，油气勘探面积大，为盆地主要的油气生产基地，本区发生过多次构造运动，历经加里东早期、加里东中晚期、印支—喜马拉雅等五期构造运动，存在多期断裂活动，从断裂的级别上，主要可分为Ⅰ级断裂、Ⅱ级断裂及伴生的Ⅲ级断裂。

本次研究区域位于塔中地区中古 43 区块Ⅱ期开发三维（图 1 中黑色框）。东部一条北东向的大断裂上，满覆盖面积 100km^2（图 1 中蓝色框）。研究区内主干断裂及分支断裂均较发育，断裂为油气运移、聚集提供了便捷运输通道，断裂的发育也为验证振幅梯度矢量凌乱性搜索技术方法的有效性提供了方便。同时该区近年新采集了高密度地震资料，处理后的成果也得到了广泛认可，本次研究所用叠后地震资料为 Kirchhoff 叠前深度偏移资料，资料信噪比较高，整体品质较好，符合断裂检测的需求。综上，选择该研究区采用振幅梯度矢量凌乱性搜索技术进行断裂检测，具有检验测试该方法技术适用性及解决实际地质问题需求的价值意义。

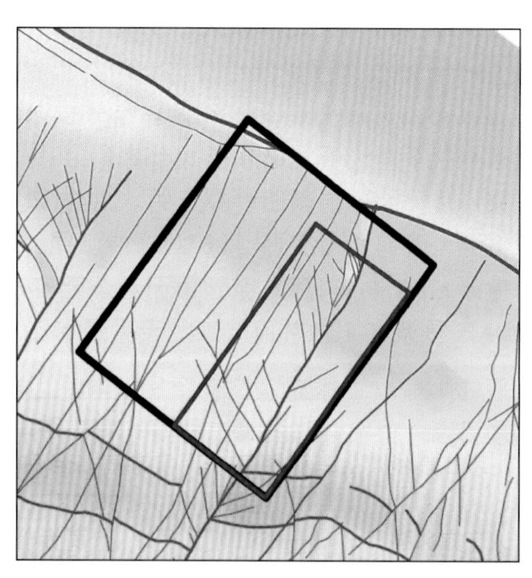

图 1 研究区位置

2.2 解释性处理

为了突出地震同相轴的不连续性，便于进行振幅梯度矢量凌乱性搜索，同时使断裂识别结果的信噪比提高，首先沿着地震资料获取的构造方向进行主分量分析和滤波，有效提高地震资料信噪比，然后在相干体等不连续性检测结果约束的基础上达到对断裂面的高清晰成像。图 2a 是解释性处理前的原始地震数据，图 2b 是经过主分量分析和保护边界滤波后的地震数据。可以看出解释性处理后剖面的信噪比明显提升，同时断裂更加清晰。

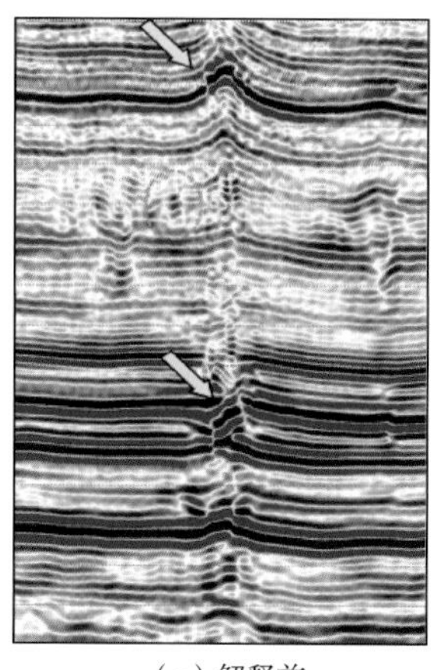

（a）解释前

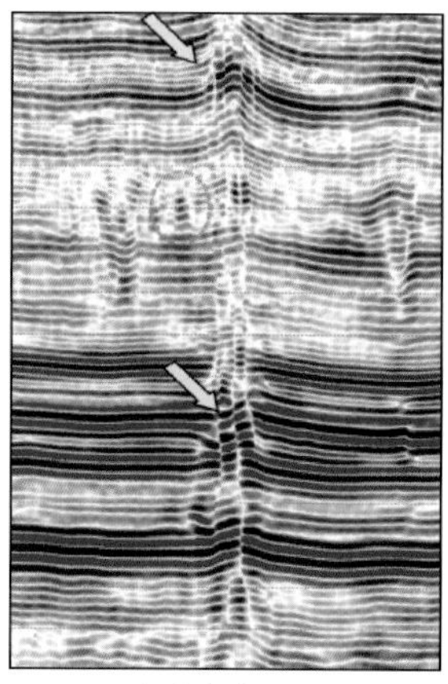

（b）解释后

图 2 解释性处理前后地震剖面对比

2.3 多尺度断裂凌乱性检测

在解释性处理基础上开展基于振幅梯度矢量凌乱性搜索的断裂检测，从而实现对大、小尺度的断裂识别，识别结果如图 3 所示。其中图 3a 为解释性处理后剖面，图 3b 为常规相干显示在剖面上的结果。可以看到常规相干对于在剖面上的断裂识别连续性不强，并且识别精度较低。图 3c 是大尺度凌乱性检测显示在剖面上的结果，图 3d 是小尺度凌乱性检测显示在剖面上的结果，可以看到凌乱性检测对于多尺度断裂的识别较为精确，垂直剖面可解释性强，对于在剖面上的断裂解释具有一定的指导意义。小尺度凌乱性检测所检测出的断裂在地震剖面上大都可以找到一些较为明显的错断或者挠曲。同时还可以发现，大尺度断裂发育的部位一般小尺度断裂也较为发育，大、小尺度断裂分布规律在剖面上具有较好的一致性。结合振幅梯度矢量凌乱性搜索的大、小尺度断裂检测结果来看，从图中可以清晰看到深大油源断裂自寒武系断至奥陶系，为奥陶系碳酸盐岩成藏提供了条件。

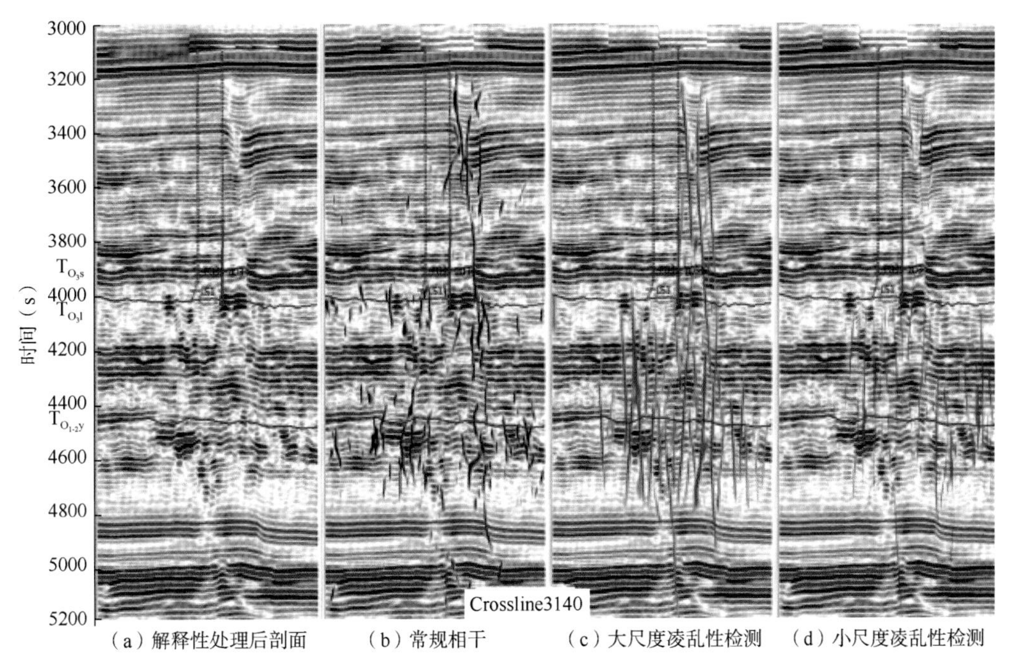

（a）解释性处理后剖面　（b）常规相干　（c）大尺度凌乱性检测　（d）小尺度凌乱性检测

图 3　不同尺度断裂检测剖面

基于计算得到的相干、振幅梯度矢量凌乱性搜索的不同尺度断裂检测数据体结果，分别沿寒武系底、中寒武统底、桑塔木组底提取沿层平面属性，图 4 为沿中寒武统底提取的常规相干和大、小尺度的凌乱性检测沿层切片对比图。图 4a 为常规相干的沿层切片，图 4b 为大尺度凌乱性检测结果沿层切片，图 4c 为小尺度凌乱性检测结果沿层切片。可以看出对于北东向的主干断裂大尺度凌乱性检测结果要更加连续，并且北段“马尾状”断裂内部一些较小的断裂也能清晰刻画出来。此外，还发现基于振幅梯度矢量凌乱性搜索的不同尺度断裂检测结果相对于相干结果还清晰地识别出了一组北东向的油源断裂，识别能力得到改善，如图 4 中黑色虚线框所示，其识别结果也符合该区的地质认识。从刻画精度来说，多尺度凌乱性检测的视觉分辨率相对于常规相干来说要更高，刻画的断裂更清楚，细节更丰富。

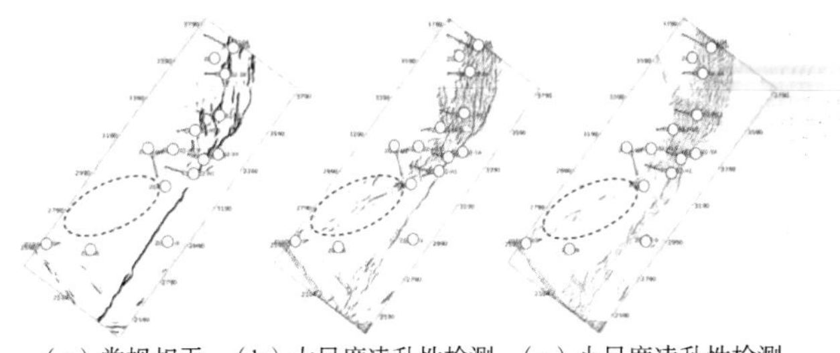

（a）常规相干　（b）大尺度凌乱性检测　（c）小尺度凌乱性检测

图 4　不同尺度断裂检测平面

研究区内走滑断裂从早寒武世至晚奥陶世持续活动，北段活动强度大于南段，有效沟通寒武系烃源岩，是油气输导重要通道。结合已钻井证实断裂活动强度大、通源性越好的位置油气显示越活跃，目前持续量产的井 70%以上都分布在沟通寒武系的深大断裂带内。结合走滑断裂的分段模式，根据断裂剖面特征和本次断裂检测结果，在平面上对检测的走滑断裂进行分段，分为不同的拉分、平移、挤压段（图 5）。结合钻井认识发现，拉分段、断裂端部受张力作用较强，内部裂缝发育密度高，储集体规模大，油气显示活跃，平移段和挤压段油气显示相对较弱。

2.4 钻井验证

研究区内共有已钻井 10 余口，而其中几乎没有电成像资料，所以，断裂检测结果的正确与否，

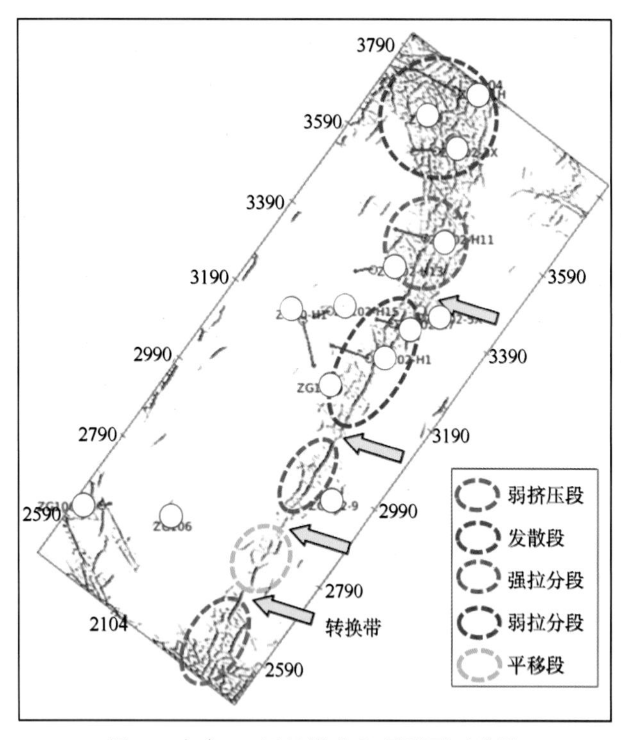

图 5 中古 43 区桑塔木组顶裂平面分段

需要结合实际钻井过程中的工程异常去验证，一般认为碳酸盐岩在钻井过程中钻遇断裂或裂缝会发生放空、漏失现象。图 6 为 A 井区断裂检测结果叠加实际地震剖面，该井钻至 6512m 时，当日漏失压井液 52m^3，之后一直有漏失，至测井时累计漏失钻井液 6296.19m^3。漏失点位置正好是凌乱性检测断裂的位置处，之后井眼轨迹一直在断裂发育区穿梭，遇到断裂检测位置处也都发生了相应的放空或漏失。以往的认识发生放空、漏失等工程异常一般是发生在溶洞型储层在地震上形成的强“串珠”状反射附近，而这口井开始漏失的位置离强“串珠”反射还有一定距离，且漏失位置正好与凌乱性检测所检测到的断裂位置一致，在一定程度上说明凌乱性检测结果的正确性。同样的方法对 B 井区进行了验证，断裂检测结果显示该井附近断裂不发育，实钻证实本井钻井过程中奥陶系无漏失现象，吻合性较好（图 7）。

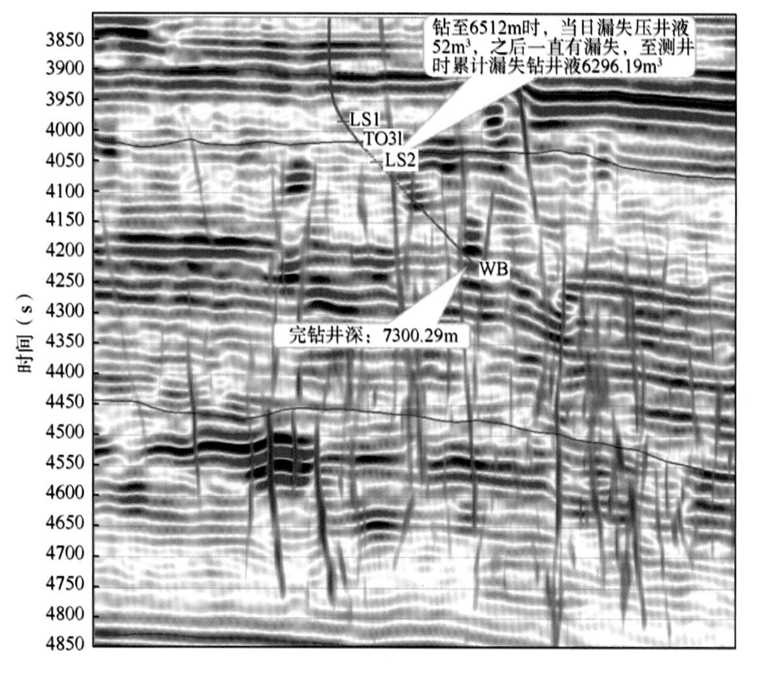

图 6 A 井区大、小尺度凌乱性检测与地震叠合图

（绿色大尺度、蓝色小尺度）

3 结 论

采用基于振幅梯度矢量凌乱性搜索技术分尺度开展断裂检测，在实际碳酸盐岩断裂检测工作中取得了较好效果，并形成了以下几点认识：

（1）断裂检测前解释性处理是关键，本文介绍的解释性处理是沿着地震资料获取的构造方向进行主分量分析和滤波，有效提高了地震资料信噪比，并在相干体等不连续性检测结果约束的基础上对断裂面高清晰成像，为多尺度断裂检测提供了可靠的基础数据。

（2）断裂检测时，空间搜索半径大小决定了

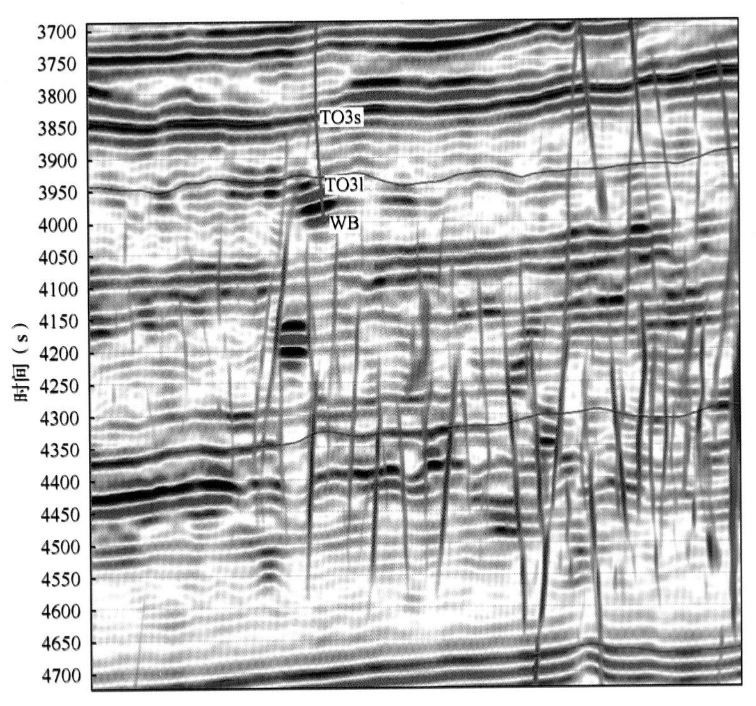

图 7　B 井区大、小尺度凌乱性检测与地震叠合图
（绿色大尺度、蓝色小尺度）

检测的断裂大小尺度，断裂凌乱性检测的结果相较于常规相干的结果在断裂刻画精度上有所提高，对断裂的细节刻画更为丰富、精确。

（3）断裂凌乱性检测可以对一些断距或者挠曲不明显的断裂进行检测，一些在常规相干上检测不到的断裂可以尝试使用该方法进行检测。

（4）常规相干在剖面上连续性以及规律性较差，制约了断裂解释，凌乱性检测结果对于指导断裂在剖面上的解释具有更好的效果。

当然在实际应用中还需要通过地质、测井等对断裂检测结果进行综合评估，验证检测结果的有效性，使得断裂检测结果真实可信、服务于生产。

参考文献

[1] 屈泰来，邬光辉，刘加良，等. 碳酸盐岩断裂相分类特征——以新疆塔里木盆地柯坪露头为例[J]. 地球学报，2011，32（5）：541-548.

[2] 邬光辉，陈志勇，曲泰来，等.塔里木盆地走滑带碳酸盐岩断裂相特征及其与油气关系[J].地质学报，2012，86（2）：219-227.

[3] Gersztenkorn A，Marfurt K J. Eigenstructure based coherence computations：66th Ann[J]. Internat. Mtg.，Soc. Expl. Geophys.，Expanded Abstracts，1996：328-331.

[4] Marfurt K J，Kirlin R L，Farmer S L，et al. 3-D seismic attributes using a running window semblance algorithm[J]. Geophysics，1998（63）：1150-1165.

[5] Randen T，Monsen E，Abrahamsen A，et al. Three-Dimensional Texture Attributes for Seismic Data Analysis：70th Ann[J]. Internat. Mtg.，Soc. Expl. Geophys.，Expanded Abstracts，2000.

[6] Pedersen S I，Skov T. Automatic fault extraction using artificial ants[J]. SEG Technical Program Expanded Abstracts，2002（21）：512-515.

[7] Qi J，Li F，Lyu B，et al. Seismic fault enhancement and skeletonization：76th Ann[J]. Internat. Mtg.，Soc. Expl. Geophys.，Expanded Abstracts，2016：1966-1969.

[8] Machado G，A Alali，B Hutchinson，et al. Display and enhancement of volumetric fault image[J]. Interpretation（Tulsa），2016（4）：SB51–SB61.

[9] Donial M，David C，Berthoumieu Y，et al. New fault attribute based on robust directional scheme[J]. Geophysics，2007（72）：39-46.

[10] Bahorich M S，Farmer S L. 3-D seismic coherency for faults and stratigraphic features[J]. The Leading Edge，1995：1053–1058.

[11] Richard J Lisle. Detection of Zones of Abnormal Strains in Structures Using Gaussian Curvature Analysis[J]. AAPG Bulletin，1994，78（2）：185-200.

[12] Roberts A. Curvature attributes and their application to 3D interpreted horizons[J]. First Break，2001，19（2）：285-300.

[13] 陶洪辉，秦国伟，徐文波，等. 地层主曲率在研究储层裂缝发育中的应用[J]. 新疆石油天然气，2005，1（2）：85-100.

[14] 杜文风，彭苏萍，黎咸威. 基于地震层曲率属性预测煤层裂隙[J]. 煤炭学报，2006，31（增刊）：30-33.

[15] Rektory K. Survey of Applicable Mathematic[M]. MIT Press，1966.

轮南东斜坡区块东河砂岩—角砾岩段层序特征及充填模式

易珍丽[1] 张 巧[2] 刘 艳[1] 高登宽[1] 崔 巍[3] 王宇鹏[2] 刘 岩[2] 石 放[1]

（1. 中国石油塔里木油田分公司勘探开发研究院 新疆库尔勒 84100；2. 中国石油塔里木油田分公司英买油气开发部 新疆库尔勒 84100；3. 中国石油塔里木油田分公司油气合资合作事业部 新疆库尔勒 84100）

摘 要：为了解决轮南东斜坡区块东河砂岩—角砾岩段地层接触关系不明确、层序充填过程争议大等难题，利用岩心、测井、地震等资料，应用层序地层学的研究方法，分别建立了上泥盆统—石炭系的三级、四级层序格架，并结合沉积微相和空间展布研究，提出了东河砂岩—角砾岩段地层的层序充填模式。研究认为：东河砂岩—角砾岩段对应一个完整的四级层序 SQC-1A，可划分出海侵体系域和高水位体系域。东河砂岩段、角砾岩段的岩性地层单元的分界面与海侵、海退作用转换面并不对应，代表东河砂岩段岩性地层的细砂岩、含砾砂岩和代表角砾岩段岩性地层的角砾岩在海侵体系域和高水位体系域中均有沉积，平面上细砂岩、角砾岩呈“同期异相”的渐变关系。SQC-1A 层序的海侵体系域以浪控滨岸相的前滨、临滨亚相砂体充填为主；高水位体系域早期，冲积扇相的角砾岩开始大规模充填，浪控滨岸相向凹陷方向迁移，至高水位体系域晚期，冲积扇、砾质海滩微相才基本覆盖轮南东大部分地区。

关键词：轮南地区；石炭系；东河砂岩段；角砾岩段；层序地层；充填模式；沉积微相

东河砂岩—角砾岩段碎屑岩地层是塔里木油田重要的含油层系之一，已发现哈得 4、东河塘、轮南 59 等油气田[1]。在轮南东斜坡区块，该套地层向奥陶系大型岩溶潜山超覆沉积，形成较多地层—岩性圈闭，一些钻探奥陶系的井在该地层也已见到较好油气显示并获得工业油流，表明该地层系的勘探开发潜力巨大。

前人研究表明，东河砂岩—角砾岩段隶属于上泥盆统至下石炭统的巴楚组[2-4]。其中，东河砂岩段为持续海侵背景下的一套底砂岩沉积，具有穿时沉积的特点[5]；角砾岩段是叠覆于东河砂岩段之上的一套砾岩、石灰岩和粉砂岩地层[6]，年代上与巴楚—塔中地区的生屑灰岩段地层基本相当。然而，这两套地层的接触关系及演化过程尚存在较大争议。一些学者认为东河砂岩段与角砾岩段之间存在沉积间断，为不整合接触关系[7-9]；另一些学者则认为角砾岩段与东河砂岩段为连续沉积，认为角砾岩段是东河砂岩段在盆地不同部位的不同岩性表现[5, 10]。笔者认为，上述争议正是沉积充填的复杂性导致的岩性界面、等时界面混淆所致。在东河砂岩—角砾岩段沉积时期，轮南东斜坡区块位于盆地边缘，沉积充填、旋回变化特征较为典型，本文以之为例，开展了深入的层序特征及充填模式研究，以期为问题的解决和该区的油气勘探提供指导。

1 区域地质概况

上泥盆统—石炭系沉积前，轮南地区整体为北东—南西走向的大型古隆起，受轮南、桑塔木两排逆断层夹持，在隆起中部发育中部平台区，而其他四个方向主要呈向中部平台区缓慢抬高的单斜地貌（图 1）。伴随泥盆纪晚期开始的海侵作用，由围斜向古隆起高部位依次呈“围裙”式超覆沉积了东河砂岩段、角砾岩段及卡拉沙依组的

收稿日期：2021-05-15

第一作者简介：易珍丽（1987—），女，四川宜宾人，硕士，2013 年毕业于西南石油大学开发地质专业，工程师，从事油气田开发地质工作。

E-mail：yilzh-tlm@petrochina.com.cn Tel：0996-2174477

中泥岩段、标准灰岩段、上泥岩段、砂泥岩段和含灰岩段地层，至石炭系沉积晚期，轮南古隆起最终被完全覆盖。

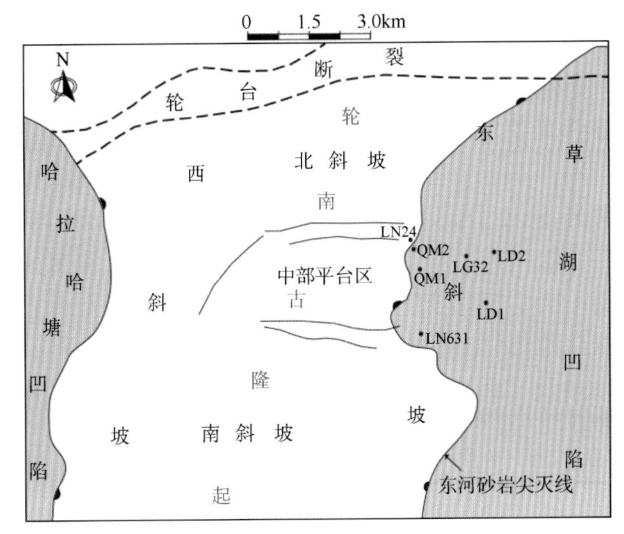

图 1　轮南东地区构造位置及古地貌特征

轮南东斜坡区块位于轮南古隆起的东部斜坡区。东河砂岩—角砾岩段沉积时期，该区处于盆地边缘，沉积充填、旋回变化特征丰富。东河砂岩段主要为一套细砂岩夹粉砂岩、含砾砂岩的沉积地层（图 2），测井响应为低自然伽马、低电阻的特征；角砾岩段岩性较为混杂，但以厚层、巨厚层的砾岩、砂砾岩、薄层石灰岩沉积为主，测井响应为低自然伽马、高电阻率的特征，因此在岩性地层划分中多将电阻率曲线的突变面作为角砾岩段与东河砂岩段的界面。

2 层序特征

2.1 层序地层划分

结合岩心、钻测井和地震资料，对层序特征进行详细划分。上泥盆统至石炭系可识别出 2 个不整合面（SB1、SB3）、1 个假整合面（SB2）和 2 个海泛面（MFS1、MFS2），划分为 SQC-1、SQC-2 共两个三级层序（图 2）。SB1 位于东河砂岩段与下伏奥陶系之间，SB3 位于石炭系与上覆三叠系之间，均表现为明显的下削上超特征。SB2 位于石炭系的上部，界面之下发育厚层状三角洲平原亚相的砂砾岩沉积，反映海退范围达到最大[11-13]，界面之上砂砾岩含量逐渐减小，反映海平面不断上升的特征。

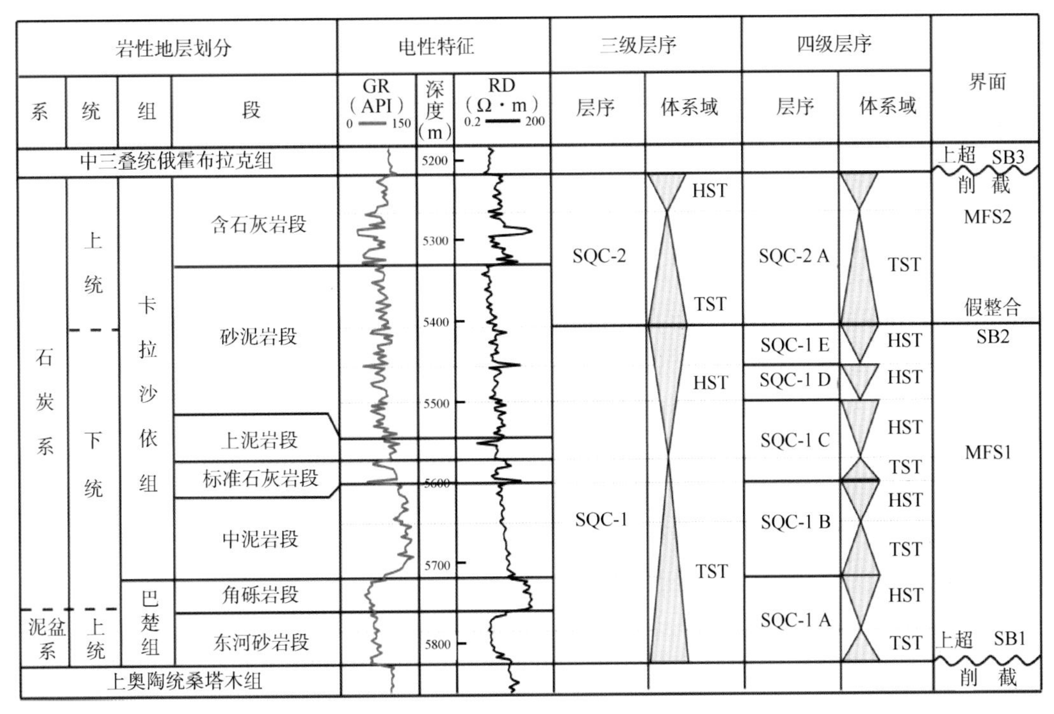

图 2　轮南东地区上泥盆统—石炭系层序地层划分柱状图

三级层序内，依据旋回变化特征，进一步划分出 6 个四级层序。东河砂岩—角砾岩段地层对应 SQC-1A 层序，地震上表现为“两波谷夹一波峰”的反射特征（图 3），发育海侵和高水位两个体系域，包含一个完整的海平面升降旋回。SQC-1A 层序的底界面与三级界面 SB1 重合，表现为东河砂岩段向奥陶系桑塔木组泥岩、轮南潜山的逐层超覆；顶界面对应波谷的上零相位，表

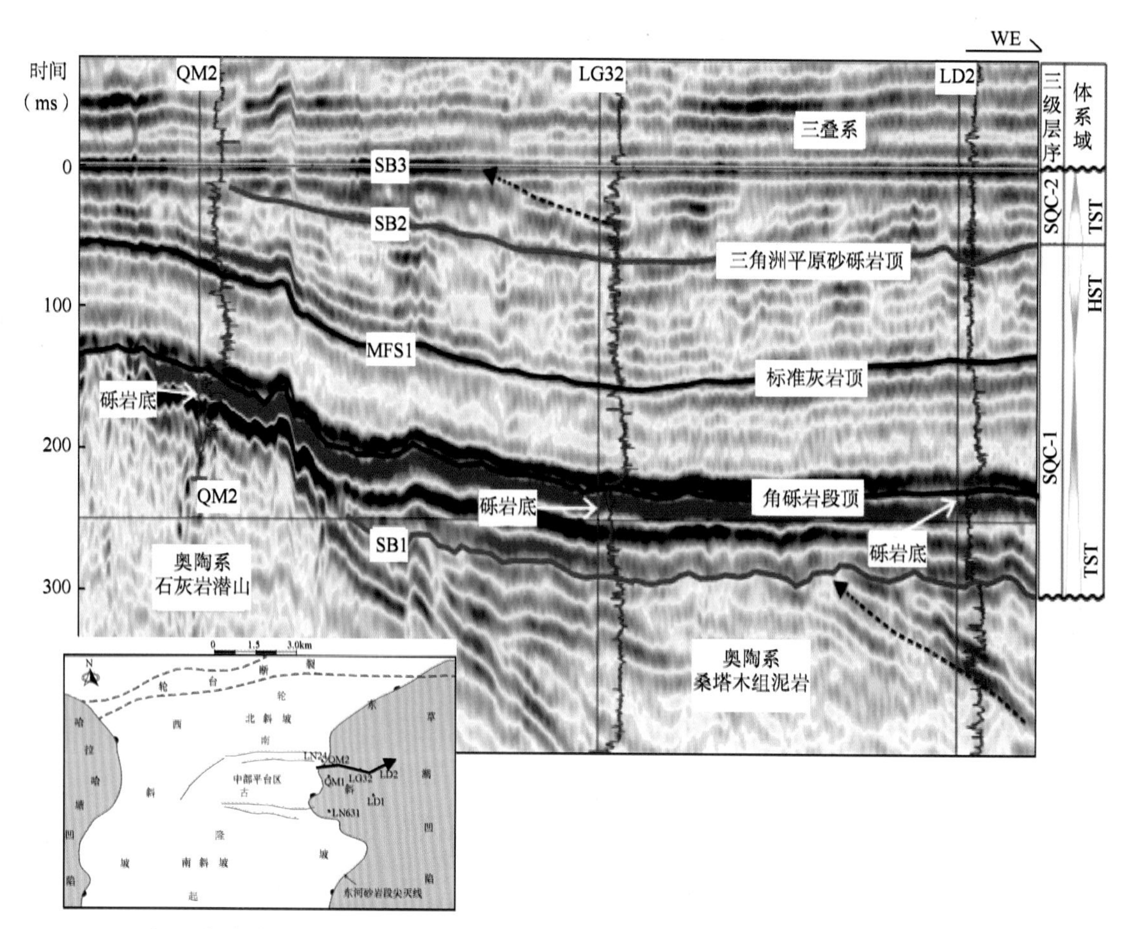

图 3 轮南东地区上泥盆统—石炭系地震层序划分剖面（剖面沿石炭系顶拉平）

现为厚层角砾岩、砾岩与上覆高钙质泥岩、泥岩的突变接触。

2.2 层序内部结构

对 SQC-1A 四级层序进行了体系域和准层序划分（图 4）。海侵体系域对应下波谷和波峰反射，自然伽马曲线呈“钟”形，准层序呈退积叠加样式；高水位体系域对应上波谷反射，准层序多呈向上变粗的进积或加积式叠置样式。需要说明的是，东河砂岩段、角砾岩段地层依据“高电阻”“低电阻”区分的岩性地层单元的界面与体系域界面并不完全统一，为非等时面（图 1、图 3、图 4）。在靠近物源区（QM2 井），东河砂岩段、角砾岩段的岩性界面与体系域界面重合，地震上对应波谷的下零相位（白色箭头位置）。在远离物源区（LD1、LD2 井区），角砾岩段砾岩底标定的位置也不断升高至波谷内部，砾岩厚度逐渐减小；相反，部分东河砂岩段地层实际发育于高水位体系域时期，且越向凹陷方向，砂岩厚度、砂地比增加越多，对应的准层序也由单一的退积式叠加，转变为下部退积式叠加、上部进积—加积式叠加的组合方式。

3 沉积微相及充填特征

3.1 沉积微相类型

依据岩心、粒度、层理构造特征，SQC-1A 层序主要发育冲积扇相和浪控滨岸相。

冲积扇相以泥石流微相和砾质辫状河道微相为主，主要发育在 SQC-1A 高水位体系域；前者以大套杂色泥质砾岩为主，颗粒粗细混杂，分选极差，砾石多呈棱角状，泥质杂基支撑，呈块状层理（图 5a）；后者以砾岩、砂质砾岩为主，砾石分选差，次棱角状磨圆，长轴略具定向性排列，砾石间由砂质碎屑支撑，泥质成分较少，呈块状层理（图 5b）。

浪控滨岸相主要发育前滨砾质海滩、砂质海滩微相和临滨上临滨微相，在 SQC-1A 海侵、高水位体系域均有发育；砾质海滩以经波浪改造的砾岩沉积为主，砾石磨圆度和分选性好（图 5c）；

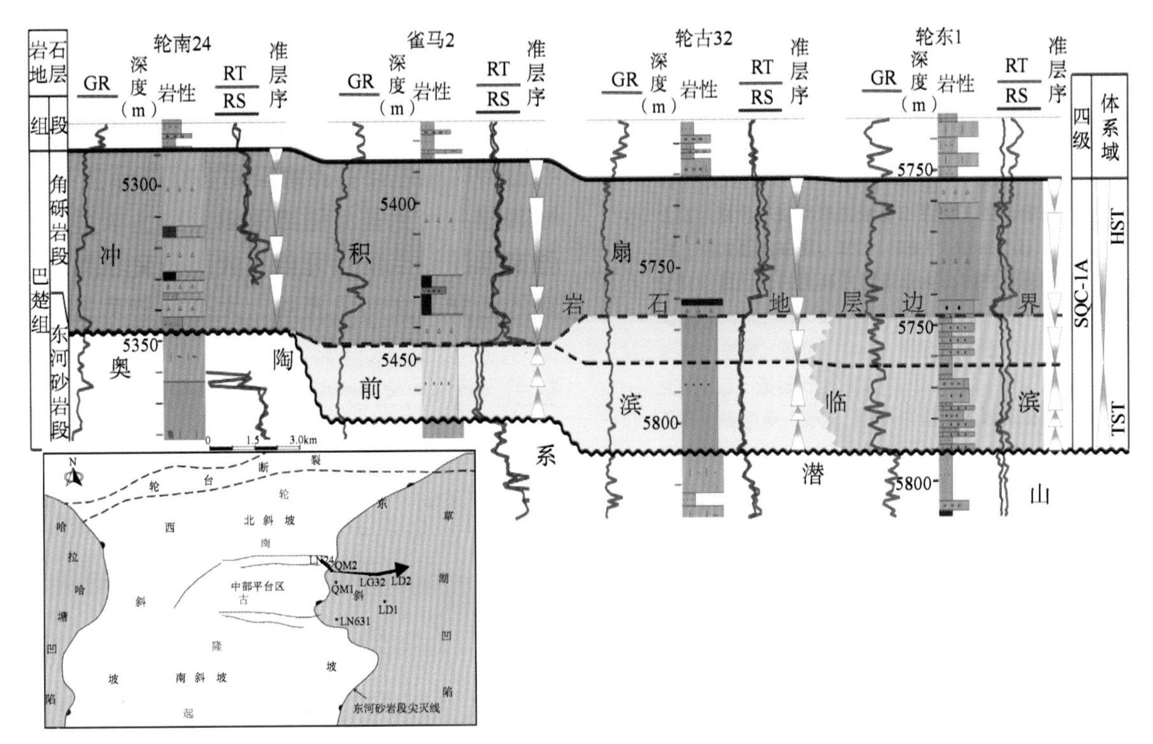

图 4　轮南东地区石炭系 SQC-1A 层序体系域及准层序划分剖面

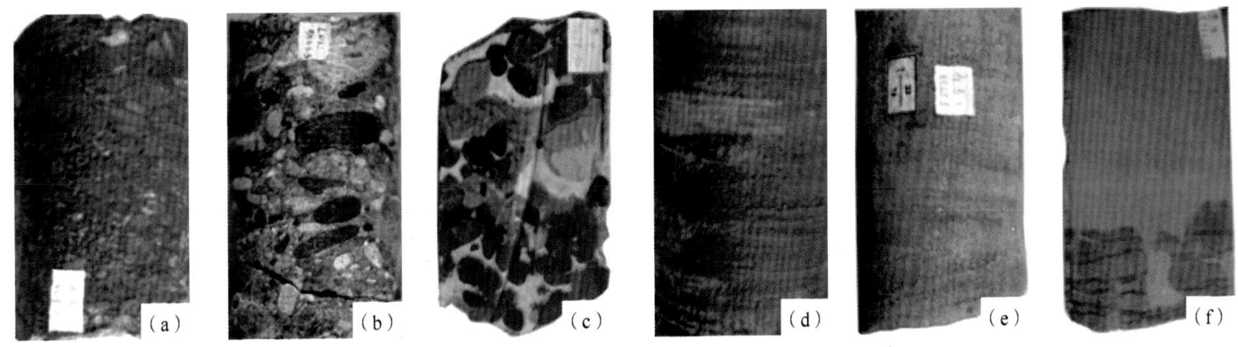

图 5　轮南东斜坡地区东河砂岩—角砾岩段沉积构造类型

（a）褐色砾岩，雀马 1 井，5519.0m，角砾岩段；（b）褐色砾岩，轮南 62 井，5544.2m，角砾岩段；（c）褐色砾岩，草 4 井，5678.5m，角砾岩段；（d）褐灰色中—细砂岩，雀马 1 井，5555.8m；（e）褐灰色中砂岩，雀马 1 井，5568.8m，东河砂岩段；（f）灰色细砂岩，下部为褐色灰岩，草 4 井，5711.5m，东河砂岩段；（g）浅灰色粉—细砂岩

砂质海滩和上临滨微相均为岩屑石英砂岩，砂岩结构成熟度较高，多具“双跳跃”总体，反映强水动力、双向水流的特征。但砂质海滩微相的单层砂体更厚，多在 5m 以上，以中砂岩为主，粒度较粗（图 5d）；而上临滨微相单层砂体厚度薄，多呈粉砂岩、细砂岩与泥岩的互层，粒度相对较细（图 5e、f）。

3.2 沉积充填特征

基于四级层序格架，结合砂体厚度、砂地比、粒度、层理构造等因素编制 SQC-1A 层序海侵体系域、高水位体系域早期和高水位体系域晚期的沉积微相平面图，继而研究各时期的沉积充填特征。

海侵体系域时期，轮南东斜坡区块主要为无障壁岛的滨岸环境，砂质海滩微相平行于地层超覆线分布，相边界基本位于轮南 632—雀马 1—雀马 2—草 3 等井附近，砂体厚度一般为 20m 左右（图 6a）。上临滨微相主要分布在轮古 32—轮古 37—轮南 632 等井东侧。高水位体系域早期，伴随陆源碎屑的注入，轮南 50—轮南 24 井附近形成了冲积扇相砂砾岩沉积，同时受波浪改造，在冲积扇前缘形成了砾质海滩微相（图 6b）；各微相逐渐向凹陷方向迁移，临滨与前滨的界限已迁移至轮东 1 井附近。高水位体系域晚期，陆源碎屑进一步注入，冲积扇、砾质海滩微相已推进至轮东 1

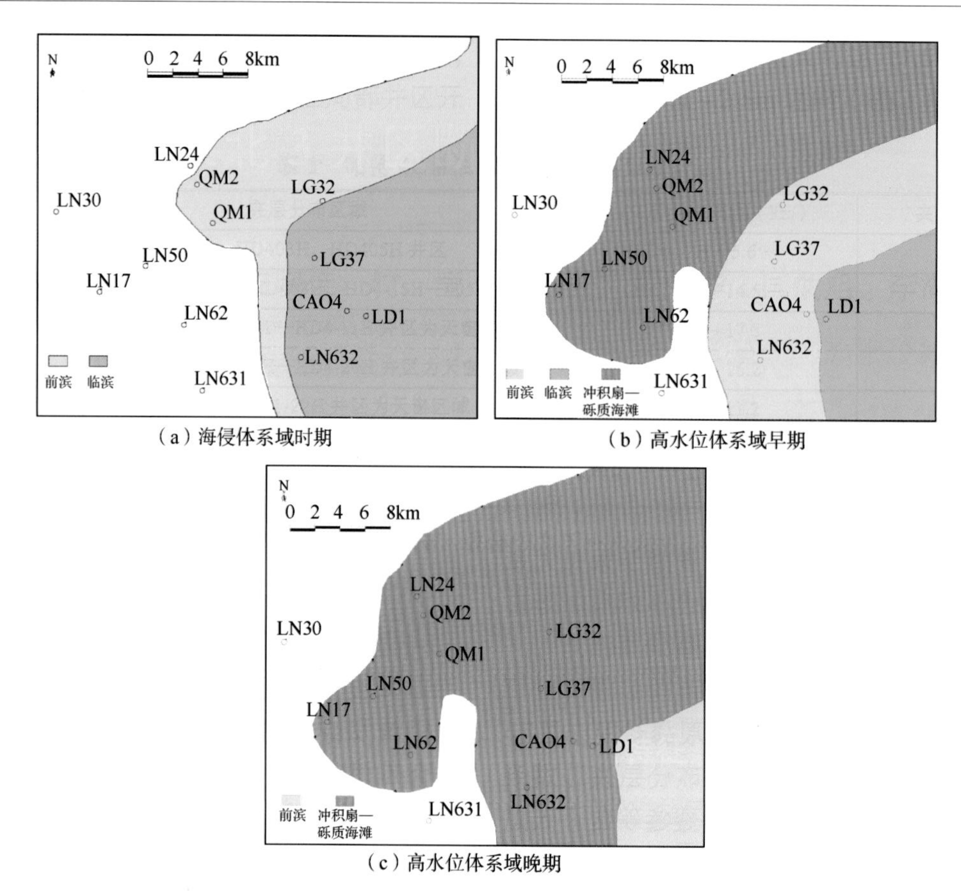

（a）海侵体系域时期 （b）高水位体系域早期

（c）高水位体系域晚期

图6 轮南东地区SQC-1A层序沉积微相

井东侧区域，结合区域研究，推测凹陷的较深部位仍有前滨微相的东河砂岩发育（图6c）。

4 层序充填模式

东河砂岩—角砾岩段为伴随四级层序形成及内部准层序变化的连续沉积充填过程，平面上表现为相变、迁移的特征（图7）。伴随晚泥盆世—早石炭世海平面上升，轮南东地区开始持续海侵，水体能量以波浪作用为主，陆源砂质供给充分，形成SQC-1A层序海侵体系域较厚的前滨—临滨相砂体充填；分析认为此时冲积扇相已经存在，但规模较小，仅发育在山前陡崖地带。之后，伴随北部山前构造回返抬升，海平面相对下降，冲积扇开始大规模扩张，波浪作用逐渐减小，沉积相带也向凹陷方向不断迁移。在这个过程中，沉积相带的迁移是递变的，不存在角砾岩段砂砾岩体不整合叠置于东河砂岩之上的地层关系。随后，在SQC-1B海侵体系域期，轮南东地区又进入海平面快速上升周期，北部山前陡崖带淹没范围扩大，局部认为发育冲积扇沉积，但陆源供给整体不足，轮南东大部分地区沉积物以薄层石灰岩、粉细砂岩和泥岩互层为主，整体表现为潮坪环境。

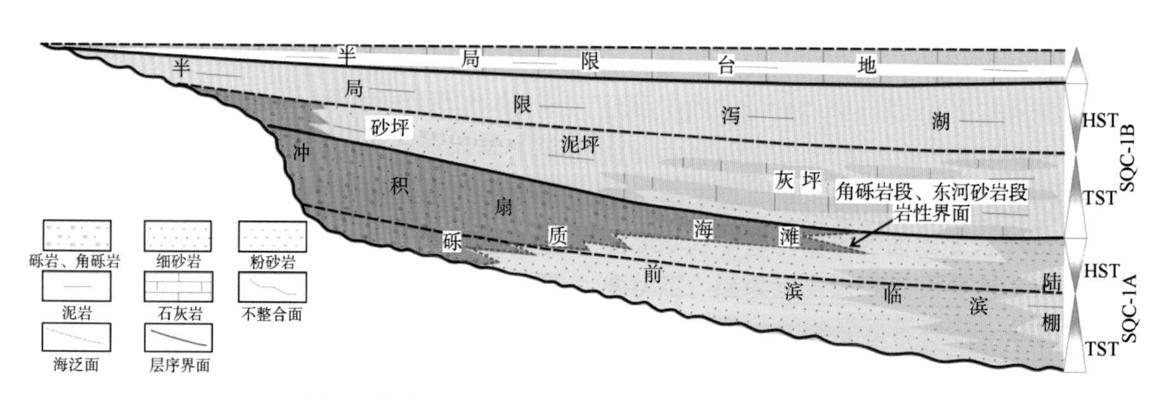

图7 轮南东地区东河砂岩—角砾岩段层序充填模式

5 结　论

（1）轮南东地区上泥盆统—石炭系可划分为两个三级层序，东河砂岩—角砾岩段位于 SQC-1 三级层序海侵体系域的底部，构成一个完整的四级层序（SQC-1A），包含一个完整的海平面升降旋回，可划分出海侵体系域和高水位体系域。

（2）东河砂岩段、角砾岩段的岩性界面与海泛面并不完全统一，为非等时面。靠近物源区，岩性界面基本与海侵、海退作用转换面重合，但远离物源区，高水位体系域时期依然有东河砂岩段充填，且越远离物源区，归属于东河砂岩段岩性地层单元的细砂岩充填程度越大。

（3）SQC-1A 层序的海侵体系域以滨岸相沉积为主；高水位体系域沉积时期，陆源物质注入范围不断扩大，发育冲积扇相砂砾岩沉积，各沉积相带开始向凹陷方向不断迁移，但前滨、临滨微相细砂岩还持续发育，至高水位体系域沉积时期，轮南东大部分地区才被角砾岩充填。东河砂岩—角砾岩段为伴随四级层序形成及内部准层序变化的连续沉积充填过程，平面上表现为相变、迁移的特征。

参考文献

[1] 孙龙德，王国林. 塔里木盆地石油地质研究新进展和油气勘探主攻方向[J]. 地质科学，2005.40（2）：167-178.

[2] 朱怀诚，罗辉，王启飞，等. 论塔里木盆地“东河砂岩”的地质时代[J]. 地层学杂志，2002，26（3）：197-201.

[3] 谭秀成，昌燕，王振宇，等. 塔里木盆地巴楚组沉积格局与演化[J]. 西南石油大学学报，2007，29（4）：39-43.

[4] 张惠良，杨海军，寿建峰，等. 塔里木盆地东河砂岩沉积期次及油气勘探[J]. 石油学报，2009，30（6）：835-842.

[5] 王招明，田军，申银民，等. 塔里木盆地晚泥盆世—早石炭世东河砂岩沉积相[J]. 古地理学报，2004，6（3）：289-296.

[6] 杨松岭，高增海，赵秀岐. 塔里木盆地东河砂岩层序特征与分布规律[J]. 新疆石油地质，2002，23（1）：35-38.

[7] 储呈林，林畅松，朱永峰，等. 塔北隆起东河砂岩层序地层和沉积体系研究[J]. 西南石油大学学报（自然科学版）2011，33（1）：15-20.

[8] 郭建华，朱美衡，刘辰生，等. 阿克库勒凸起东河砂岩的沉积相与层序地层[J]. 石油与天然气地质，2005，26（6）：808-815.

[9] 张云鹏，任建业，阳怀忠，等. 塔里木盆地轮南低凸起构造特征及演化[J]. 石油与天然气地质，2011，32（3）：440-448.

[10] 肖朝晖，王招明，吴金才，等. 塔里木盆地石炭系层序地层划分及演化[J]. 石油实验地质，2011，33（3）：244-248.

[11] 邬兰，唐华佳，徐正华，等. 轮古东地区石炭系东河砂岩段沉积相[J]. 西安石油大学学报（自然科学版），2010，25（3）：23-27.

[12] 赵学钦，马青，孙仕勇，等. 轮古东地区石炭系巴楚组东河砂岩段-角砾岩段层序地层特征[J]. 西南科技大学学报，2015，30（2）：34-41.

[13] 徐智，艾丽. 塔北轮南古隆起石炭系砂泥岩段沉积相特征[J]. 西安石油大学学报（自然科学版），2011，26（2）：31-39.

塔北西部超深井寒武系玉尔吐斯组烃源岩 TOC 及层序关系

张　博[1]　敬　兵[1]　张泽昕[3]　杨鹏飞[1]　郭晓燕[1]　袁佳翔[2]

（1. 中国石油塔里木油田分公司勘探开发研究院 新疆库尔勒 841000；2. 中国石油塔里木油田分公司克拉油气开发部 新疆库尔勒 841000；3. 中国石油大学（北京）机械与储运工程学院 北京 102249）

摘　要：多年来塔里木盆地寒武系盐下勘探一直未能获得实质性突破。主要原因在于难以确定有利烃源岩分布区，直接影响了勘探效果。烃源岩的确定主要依据有机质丰度 TOC。钻井实践中针对烃源岩极少取心。而深井钻井过程中岩屑破碎严重（多呈粉末状）挑选困难，且受钻井液污染严重，导致岩屑 TOC 分析数据可靠性差。本次研究通过引入电阻率与孔隙度曲线重叠法（Δlg*R*），利用常规测井资料计算了相应井段的 TOC 值，并利用岩心实验资料进行了验证，效果良好。研究认为：烃源岩 TOC 与体系域类型密切相关，尤其是对应于低位体系域，区域上井间对比都为高值，生烃潜力大。井间对比发现在塔北西部区域上烃源岩分布稳定，范围广，属于有利烃源岩区，揭示目前塔北寒武系盐下是一个有利的勘探区。

关键词：塔北西部；超深井；测井Δlg 法；层序；寒武系；玉尔吐斯组；烃源岩 TOC

多年来，塔里木盆地针对寒武系盐下勘探已经钻探了数十口深—超深探井，但一直未能获得实质性突破。主要原因在于未能落实可靠的烃源岩分布区，进而确定有利勘探区带。

有机质在岩石中的含量，是决定岩石生烃能力的主要因素。有机质在岩石中的相对含量称为有机质的丰度，目前常用的丰度指标为有机碳含量（TOC）。有机碳含量是指岩石中所有有机质含有的碳元素的总和占岩石总重量的百分比，与有机质的含量之间有一定的比例关系[1, 2]。由于岩石中的有机质经历了长期的演化历史，所实测的有机碳含量只是残余的有机碳含量。由于沉积岩中原始有机质只有较少部分能转化为油气并运移出，因此可用 TOC 反映原始有机质丰度。一般是通过仪器对岩石样品进行化验、分析、计算获取。期间针对不同类型的样品要求适当的加热温度和时间，建立准确的转换系数，要求实验人员有较高的能力，对样品信息尽可能多的了解是 TOC 测定的理论基础[3]。在塔里木油田寒武系盐下勘探中，面临着钻井深度大，井眼直径小，PDC 钻头的应用，钻井液的复杂性等不利条件。导致岩屑成粉末状且量少，且易受污染。而且在勘探实践中，几乎没有针对烃源岩取心的样品。从而在相关分析中，出现岩石代表性差的问题，直接影响到了参数的可靠性、可比性。

针对上述问题，通过对塔北西部目前所钻井的各项资料分析，调研国内外相关资料的基础上，提出了应用相对丰富、连续、客观的测井资料对烃源岩有机质丰度进行评价的方法。

1 测井烃源岩有机质丰度（TOC）计算方法

1.1 电阻率与孔隙度曲线重叠法（Δlg*R*）

Δlg*R* 方法是一种利用测井资料计算 TOC 的方法，由 Passey 等于 1990 年提出，可精确计算不同

收稿日期：2021-04-15

第一作者简介：张博（1966—），男，河北深州人，博士，2010 年毕业北京大学地球与空间科学学院构造地质学专业，高工，研究方向为综合石油地质。
E-mail：zhang_bo-tlm@petrochina.com.cn　　Tel：0996-2174032

成熟条件下的碳酸盐岩、碎屑岩生油岩[4]。

其基本原理为：利用自然伽马测井、自然电位测井识别出不同岩性段。将声波时差测井和电阻率曲线重叠。在非烃源岩层段，两条曲线重合，作为基线。在烃源岩段两条曲线之间存在幅度差即为富含有机质的烃源岩段（图 1）。计算公式为：

$$TOC=(\Delta\lg R)\cdot 10^{2.297-0.1688\cdot LOM} \quad (1)$$

$$\Delta\lg R=\lg\frac{R}{R_{基线}}+k\cdot(\Delta t-\Delta t_{基线}) \quad (2)$$

其中，TOC 为总有机碳含量，%；$\Delta\lg R$ 为两条曲线间的分离幅度差；R 为目的层实测电阻率值，Ω·m；$R_{基线}$为基线对应的电阻率值，Ω·m；Δt 为目的层实测的声波时差值，单位μs/m；$\Delta t_{基线}$为基线对应的声波时差值，μs/m；K 为电阻率和声波时差的叠合系数，即每一个电阻率刻度对应的声波时差比值，量纲为 1；LOM 反映有机质成熟度的参数，与烃源岩的埋藏史及热史有关，可以通过 R_o 值确定。

1.2 自然伽马能非线性模型法

基本原理：由于烃源岩中富含有机质，对于水体中的铀离子吸附能力增强。烃源岩中的有机质含量与铀元素的放射性强度相关。因而可根据地层自然伽马能谱的铀曲线计算 TOC。计算公式为：

$$TOC=10^{\left(1.1-\frac{3.1}{1+\left(\frac{U}{2.2}\right)^{0.9}}\right)} \quad (3)$$

其中，TOC 为总有机碳含量，%；U 为自然伽马能谱测井的铀曲线值。

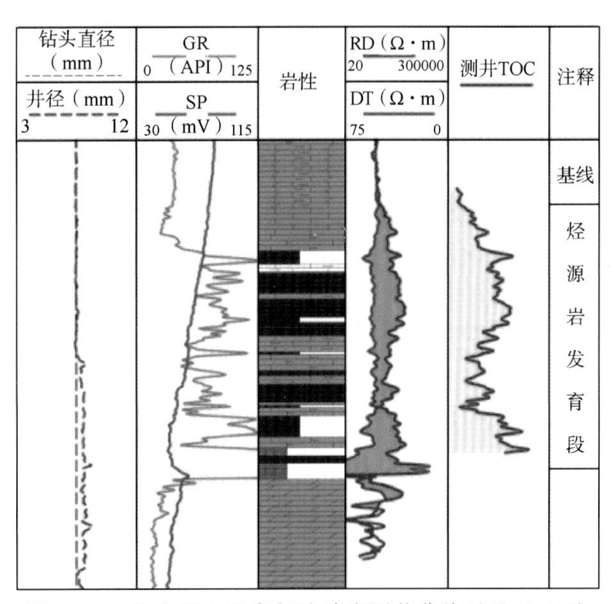

图 1　Q1 井应用电阻率与孔隙度测井曲线重叠ΔlgR 法计算 TOC

2 烃源岩有机质丰度（TOC）计算方法

利用上述方法对塔北西部寒武系盐下为目的层的超深探井玉尔吐斯组烃源岩 TOC 进行了计算。

塔北西部目前以寒武系盐下为目的层已钻探井 4 口井，都属于超深探井，尤其是 L1 井是目前钻遇最老地层的、深达 8700 余米的亚洲最深探井；且都钻穿了烃源岩段——玉尔吐斯组。本区该组岩性为灰质泥岩、含泥含云灰岩、含泥灰岩、硅质岩，下部为巨厚层状泥岩。仅 L3 一口井在泥岩段进行了系统取心，对岩心样品进行了 TOC 分析。因而该区 TOC 以岩屑样品为主。在对比中发现相同岩性段数据可比性差（图 2、表 1）。

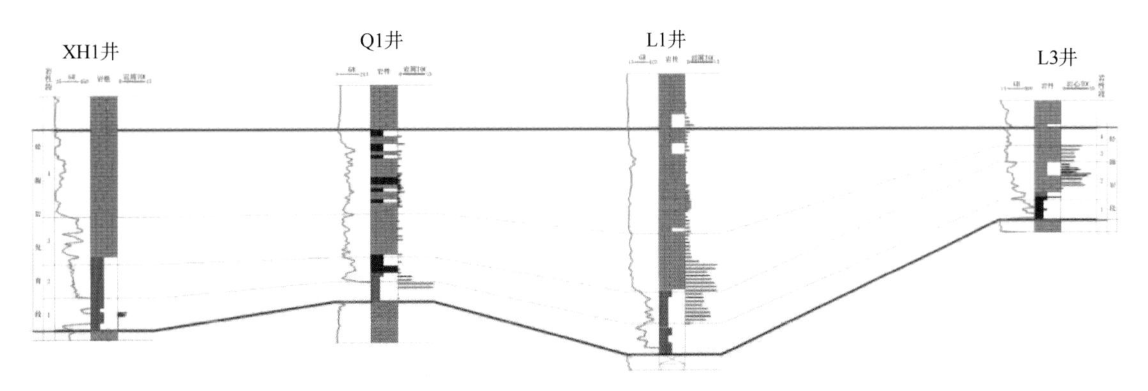

图 2　XH1—Q1—L1—L3 井玉尔吐斯组烃源岩 TOC 值对比

L3 井 TOC 值由岩心试验获取，其余井由岩屑试验获取

由于 L3 井 TOC 参数是由岩心样品获取，可靠性相对高。其均值远大于其余 3 口由岩屑获取的 TOC 值（表 2）。与岩屑样品求取的 TOC 值大小及分布规律差别大，L1 井同一沉积体系下的第

表 1 玉尔吐斯组烃源岩实验 TOC

井号	TOC（%）			样品类型		样品个数
	最大值	最小值	平均值	岩屑	岩心	
XH1JS	3.92	0.11	1.567	√		11
L1	13.39	0.23	3.879	√		60
L2	12.84	0.84	7.046		√	21
Q1	21.02	0.02	1.853	√		66

表 2 R_o 与有机质成熟关系

镜质体反射率（%）	<0.5	0.5 ~ 1.0	1.0 ~ 1.5	1.5 ~ 2.0	>2.0
成熟度	未成熟	低成熟	高成熟	过成熟	准变质
LOM		7		12	

2 岩性段云灰岩 TOC 大于第 3 岩性段泥岩 TOC，与常规认识不符。且相邻 Q1 井第 2 岩性段云灰岩 TOC 均值极小，二者完全不具可比性（图 2）。

因而为了消除在获取 TOC 过程中各种环境、人为影响，结合资料条件，应用测井方法求取了各井的 TOC 值。

2.1 测井 TOC 求取过程

2.1.1 电阻率与声波曲线叠合的 $\Delta \lg R$ 法

因 L3 井在玉尔吐斯组取心较全，有岩心样品分析 TOC 值。为了便于进行对比，因而选取了 L3 井进行测井 TOC 计算（图 3）。具体计算步骤如下：

（1）利用 GR 或者 SP 曲线确定烃源岩段（泥岩、石灰岩段中的高值段）。（2）利用钻头直径、井径曲线确定烃源岩段井径稳定，无垮塌。（3）将电阻率测井曲线与声波时差测井曲线重叠，将非烃源岩段的曲线叠合，使之在一定深度范围内一致或重叠作为基线（本例对应于深度 8500 ~ 8508m；图 3）。此时两条曲线之间的幅度（$\Delta \lg R$）即可用于识别富含有机质的层段（图 1、图 3）。（4）计算参数的确定，公式（2）中 $R_{基线}$、$\Delta t_{基线}$分别由 8500 ~ 8508 m 的电阻率、声波时差曲线读取为：$R_{基线}$=601.026Ω·m、$\Delta t_{基线}$=59.174μs/ft。根据声波时差、电阻率曲线在图 3 中的刻度 k=0.11695。LOM 取值则是根据本区实测 R_o 所得。根据表 2，结合本井目的层 R_o=1.3%，LOM 取值 10。

将上述参数分别代入公式（1）、公式（2），

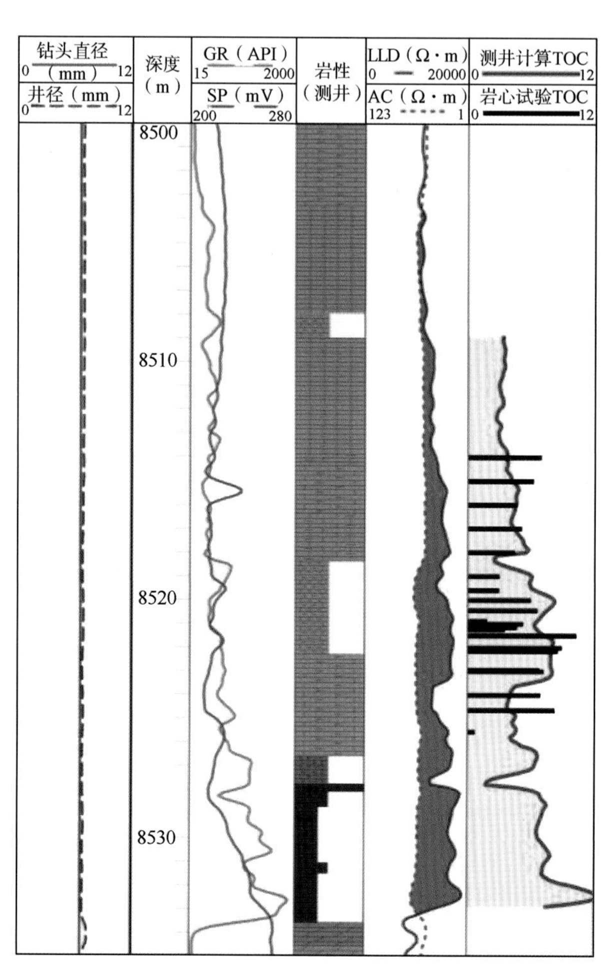

图 3 L3 井烃源岩段电阻率与声波时差测井曲线重叠 $\Delta \lg R$ 法计算 TOC

求得 TOC（图 3）。

2.1.2 自然伽马能谱法

在应用$\Delta \lg R$ 计算烃源岩 TOC 时发现，在 XH1 加深井烃源岩段电阻率远小于基线段，违背了烃源岩段电阻率大的规律。不能由$\Delta \lg R$ 法计算 TOC。分析认为是由于烃源岩下伏的侵入岩的热液渗入所致。但烃源岩段的铀含量不受热液影响，因而可以利用自然伽马能谱法对 TOC 含量进行计算（图 4）。

目的层段铀含量已知，将之代入公式（3）即

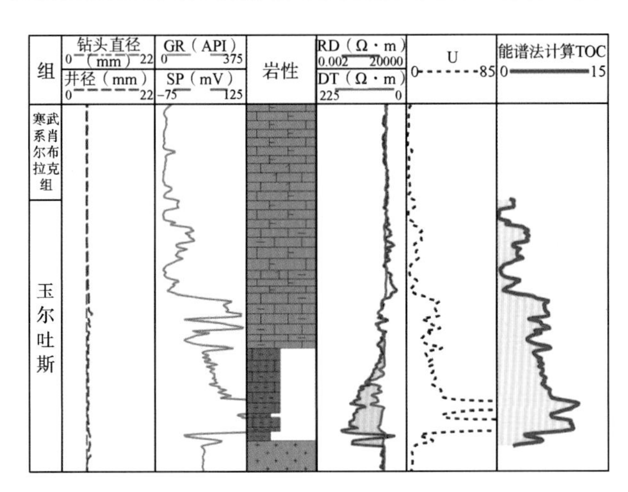

图 4　XH1 井应用自然伽马能谱法计算 TOC

得 TOC 值（图 4）。

2.2 计算结果的验证

为了证实上述测井计算 TOC 的正确性，将 L3 井对应井段的岩心 TOC 数据与之叠合，二者大小、趋势几乎完全一致(图 3)。表明测井曲线计算 TOC 方法在该区应用的可行性。

3 测井烃源岩有机质丰度（TOC）的单井对比

将塔北西部应用测井计算 TOC 的井进行了对比（图 5）。发现具有以下特征：（1）泥质含量对 TOC 值有决定性影响，泥质含量高则 TOC 值高。整体表现为对应高伽马的第 4 泥岩段 TOC 值最高，尤其是 Q1 井、L1 井第 1 岩性段发育泥岩，对应较高 TOC 值，相应云灰岩段 TOC 值较低。完全符合同一沉积体系内泥岩有机质含量大于云灰岩有机质含量的普遍规律，从而也证实测井计算 TOC 方法的可行性。（2）纵向上，单井 TOC 值差异较大：例如 Q1 井、L1 井第 2 岩性段 TOC 值与上下岩性段相比最小，且差值大（图 5）。（3）各井 TOC 值都在第 4 岩性段——泥岩段最高。（4）横向上，仅在第 4 岩性段具有可比性——整体高值。对于整个烃源岩段仅局部邻井可对比，如 Q1 井、L1 井，4 个岩性段 TOC 特征可对比。

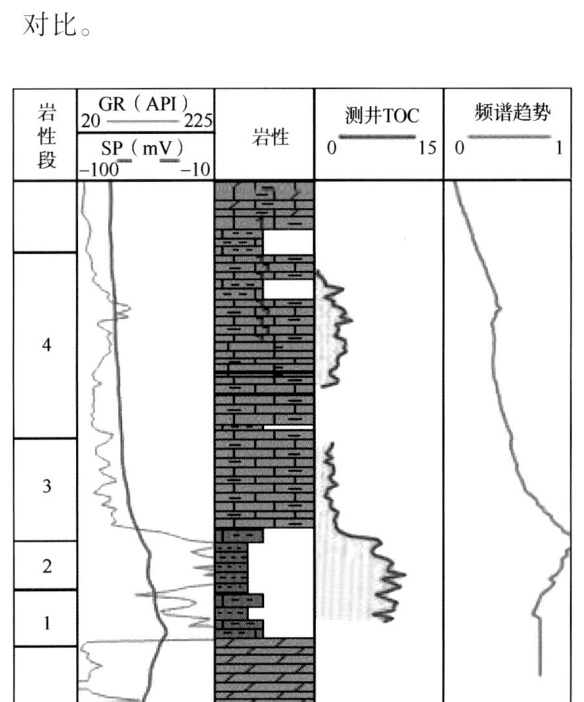

（a）Q1井　　（b）L1井

图 5　Q1 井、L1 井烃源岩 TOC 纵向分布特征

4 层序特征及 TOC 关系

4.1 层序特征

层序地层格架决定了烃源岩的质量和有机碳总量的分布模式[5-8]。通过层序格架下的烃源岩能够预测区域烃源岩的分布特征、发育规模。

根据层序地层学理论将玉尔吐斯组作为一个高频层序进行划分。利用频谱趋势确定最大水泛面、旋回性（图 6）。

图 6 是从 4 口井中任意挑选的 1 口井进行层序划分。根据岩性、电特征，烃源岩段具有明显

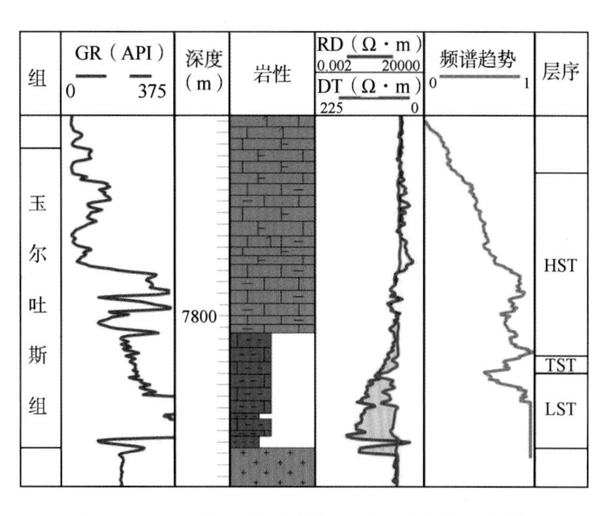

图 6 XH1 井玉尔吐斯组烃源岩段层序划分

的旋回特性。在频谱趋势图上 7810m 对应一个正转换点，对应相对水平面由低到高的转换，代表初始水泛面；7806.9m 对应一个负转换点，对应相对水平面由高到低的转换，对应最大水泛面（图 6）。由此可以划分出 3 个体系域（表 3、图 6）。其中高水位体系域可以划分为两个阶段，分别对应于 2 个准层序：下部准层序 7792～7808m 泥质含量较高，表现为加积特征；上部准层序 7771～7792m，泥质含量较低，表现为进积特征。分别对应于高水位体系域早期和高水位体系域晚期。早期（下部准层序）由于可容纳空间增加相对较快，水体条件不利于碳酸盐岩的高产率。沉积相对缓慢，导致了相对较高泥质的含量。表现为加积特征，属于追补型沉积。晚期（上部准层序），沉积加快。表现为加积特征，则属于并进型沉积。这与理论上追补型沉积发育富泥的准层序、并进型沉积发育贫泥的准层序的特征完全吻合。针对每口井进行层序划分、对比，具有极强的可比性（图 7）。

表 3 单井层序划分

井号	低水位体系域（m）	水侵体系域（m）	高水位体系域（m）
XH1	7810～7820	7807～7810	7771～7807
Q1	5994.00～5998.75	5991～5994	5952～5994
L1	8680～8688	8671～8680	8627～8671
L1	8529～8534	8518～8529	8509～8518

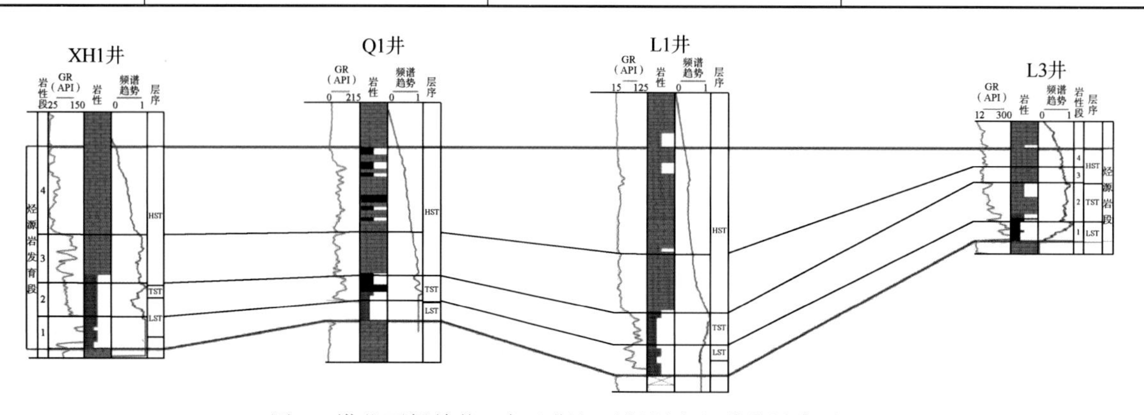

图 7 塔北西部单井玉尔吐斯组（烃源岩）单井层序对比

4.2 塔北西部寒武系烃源岩特征与层序关系

由上述特征分析可见，塔北西部已钻井寒武系烃源岩可以分为 4 个岩性段，且与相应体系域、准层序完全对应（图 7）。表明了在研究区烃源岩的发育规模、TOC 特征具有一定的复杂性且与沉积环境有关。

具体表现为：第 1 岩性段对应于低水位体系域，表现为稳定的还原环境，沉积了富含有机质的泥岩，导致了高的 TOC 含量。第 2 岩性段对应于水侵体系域，随着可容纳空间的增加，海水上涨，水体动荡，环境还原程度有所下降，泥岩的富机质含量下降，从而 TOC 含量有所降低。第 3 岩性段则与高位体系域加积准层序对应。因为属于追补型沉积，不利于有机沉积物的形成，所以 TOC 值较低。尤其对应于 Q1、L1 表现尤为明显。第 4 岩性对应于高水位体系域进积准层序，由于沉积环境有利于碳酸盐岩的形成，整体上 TOC 值又开始增加（图 8）。因而在塔北西部寒武系可以认为烃源岩的分布受体系域影响。主要烃源岩发育在低水位体系域，其次发育在高水位体系域晚期。

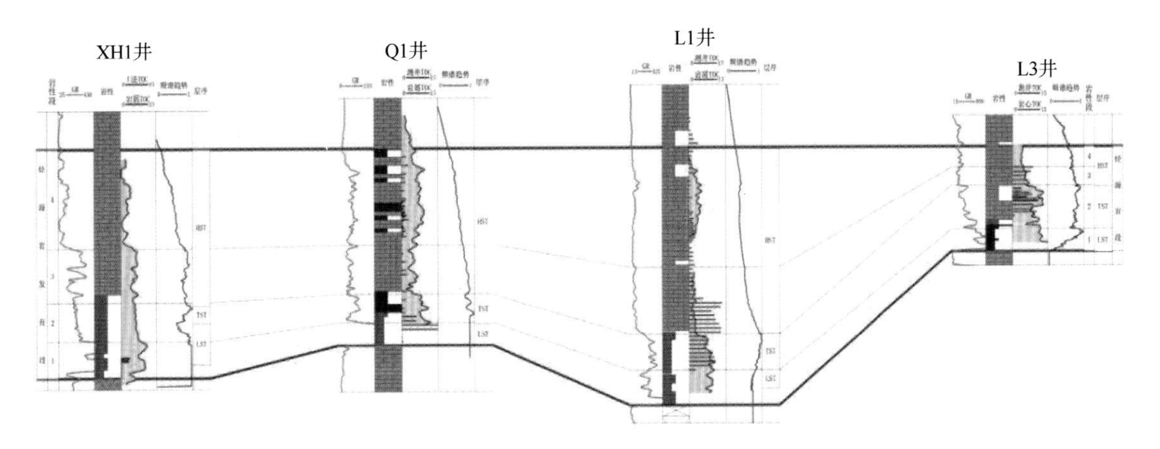

图 8　塔北西部玉尔吐斯组 TOC—层序关系对比

5 结　论

（1）深井钻井过程中针对烃源岩几乎没有岩心资料，岩屑破碎严重（呈粉末状）代表性差及各种添加剂的影响，导致岩屑 TOC 试验数据可靠性差，不能确定有利烃源岩分布区。

（2）基于相对丰富的测井资料解决上述问题。利用电阻率与孔隙度曲线重叠法（$\Delta\lg R$）、自然伽马能非线性模型法计算了烃源岩 TOC。L3 井测井资料计算 TOC 值与岩心分析的 TOC 值数据吻合良好，表明在塔里木盆地超深层，该方法完全适用。相对于岩屑、岩心样品分析 TOC 数据，测井方法能够建立统一标准，能够提供连续的、品质相对稳定的、可对比的参数。

（3）研究表明塔北西部玉尔吐斯组发育一个完整的高频层序，并控制了岩性、TOC 特征。尤其是低水位体系域区域上发育一套黑色泥岩，对应于高的 TOC 值，且区域上可对比；对应水侵体系域、高水位体系域早期，TOC 值表现为相对低值；高水位体系域晚期 TOC 值升高。

（4）寒武系盐下玉尔吐斯组，层序格架下，烃源岩 TOC 丰度与体系域类型密切相关，且平面上井间可对比。通过测井计算已钻井烃源岩 TOC，以层序地层学为指导，能够预测区域烃源岩发育规模，落实生烃潜力，确定有油气分布区，从而提高油气发现效率。

参考文献

[1]　蒋有录，查明. 石油天然气地质与勘探[M]. 北京：石油工业出版社，2006.

[2]　王启军，陈建渝. 油气地球化学[M]. 北京：中国地质大学出版社，1988.

[3]　齐东子. 总有机碳含量测定方法分析[J]. 资源与环境，2016（28）：185.

[4]　邹才能. 非常规油气地质学[M]. 北京：地质出版社，2014.

[5]　朱筱民. 层序地层学[M]. 北京：中国石油大学出版社，2006.

[6]　纪友亮. 层序地层学[M]. 上海：同济大学出版社，2005.

[7]　奥克塔文・卡图尼著，吴因业，张志杰，等. 层序地层学原理[M]. 北京：石油工业出版社，2014.

[8]　Maurice E Tucher，V Paul Wright. Carbonate Sedimentology[M]. Blackwell Scientific Publications Editorial offices，1990.

塔里木盆地乌什—温宿地区油源对比与成藏演化

张慧芳[1] 王 祥[1] 张 科[1] 史超群[1] 凡 闪[1] 娄 洪[1] 王晓雪[1] 李 刚[2]

（1. 中国石油塔里木油田分公司勘探开发研究院；2. 中国石油塔里木油田分公司资源勘查处 新疆库尔勒 841000）

摘 要：乌什—温宿地区油源认识及成藏演化多年来一直存在争议，制约着该区区带评价和有利目标优选。首先通过生物标志化合物、碳同位素等参数精细对比，结合露头、井下烃源岩整体评价以及烃源岩热演化程度与油气成熟度的对比，明确了乌什—温宿地区原油主要来源于邻区阿瓦特地区三叠系黄山街组烃源岩，并混有侏罗系来源。综合烃源岩埋藏史、流体包裹体、单井热演化史以及区域构造演化分析表明，乌参 1、神木 1 上新世时期形成早期油藏，上新世晚期乌参 1 受大量天然气充注改造为现今凝析气藏，而神木 1 因构造差异未受天然气改造，依然保持油藏。温宿凸起因封盖条件较差，油藏遭受严重生物降解，形成稠油油藏。

关键词：乌什凹陷；温宿凸起；油源对比；油气成藏；凝析气藏；稠油油藏

乌什—温宿地区位于塔里木盆地西北缘，东邻拜城凹陷，南邻阿瓦提凹陷，是油气成藏的有利地带。2003—2013 年乌什凹陷内仅乌参 1、神木 1、神木 2、神木 201 四口井获得工业油气流。温宿凸起勘探一直失利，直到 2017 年才相继有新温地 1、新温地 2、古木 1 井获得突破。乌什—温宿地区勘探程度虽然低，但却展示出良好的油气勘探前景。

乌什凹陷油气来源、成藏演化和成藏模式认识不清，是影响该区区带评价和油气勘探目标优选的重要因素。目前关于该区油源的认识存在 3 种观点：（1）乌什凹陷油源来自东北部阿瓦特地区的侏罗系恰克马克组湖相烃源岩[1, 2]；（2）乌什凹陷原油来自其北缘露头三叠系黄山街组湖相烃源岩[3]；（3）乌什凹陷原油主要为侏罗系煤系烃源岩的煤成油[4]。关于乌什凹陷成藏期次也存在多种说法：周延钊（2016）[1]研究认为乌参 1 凝析气藏从 5Ma 至今经历了两期成藏，其中 5Ma 聚集轻质油、2Ma 聚集天然气，而神木 1 油藏是 2Ma 以后晚期成藏；贾进华等（2004）[2]认为乌参 1 凝析气藏存在两期成藏，第一期古新世末—中新世，以凝析油气和轻质油充注为主的轻质油藏，第二期为中新世—现今的以天然气充注为主的凝析气藏；赵力彬等（2008）[3]研究认为神木 1 油藏是两期成藏，第一期晚白垩世低成熟油充注，第二期上新世成熟油气充注。造成这样争论不一的局面，主要有两个方面的原因：（1）乌什凹陷勘探程度低，钻井和实验分析资料较少；（2）乌什凹陷发育多套烃源岩，经历多期构造运动，具有油气多期充注，多期成藏的特点，给油源对比和油气成藏研究造成一定困难。

温宿凸起是近三年才突破的区块，受资料限制，油源分析及油气成藏相关研究少见，目前张君峰等（2019）[5]认为原油是从拜城凹陷侏罗系恰克马克组烃源岩沿着断裂和基岩风化壳面运移而来。

本文在充分利用乌什—温宿地区钻井、野外露头有机地球化学资料的基础上，结合最新的区

收稿日期：2021-04-21

基金项目：国家重大专项课题《大型油气田及煤层气开发》“大型地层油气藏形成主控因素与有利区带评价”（2017ZX05001-001）资助。

第一作者简介：张慧芳（1989—），女，湖北咸宁人，硕士，2014 年毕业于中国石油大学（北京），工程师，现从事油气成藏研究工作。

E-mail：zhanghuifang1219@163.com Tel：0996-2172571

域地质认识，对该区展开全面系统的油源对比研究，深入分析成藏演化过程，旨在进一步深化乌什—温宿地区石油地质认识，为该区区带评价和油气勘探提供理论依据。

1 地质概况

乌什—温宿地区构造上处于南天山山前中段，其中乌什凹陷位于库车坳陷最西端，西起阿合奇的柯坪断隆，北靠南天山造山带，东边以喀拉玉尔滚断裂与拜城凹陷相隔，南边以乌什南断裂与温宿凸起相隔，内部自东向西可划分为乌什东次凹、乌什低梁带、乌什西次凹。向南过渡为温宿凸起，东边以喀拉玉尔滚断裂与秋里塔格构造带相隔，南边以沙井子断裂与阿瓦提凹陷相隔。整体都呈北东向展布，被拜城和阿瓦提两大生烃凹陷所夹持（图 1）。

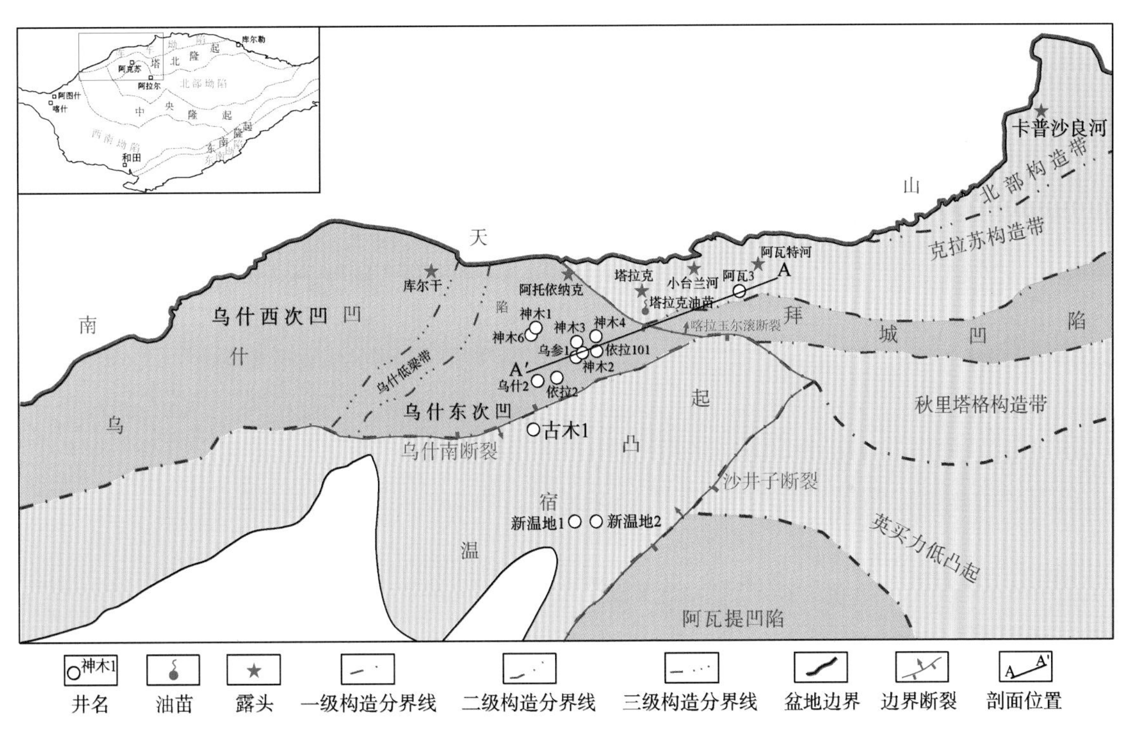

图 1　库车西部乌什—温宿地区构造划分图

乌什凹陷中新生界充填陆相碎屑沉积，自东向西超覆扩展，中生界仅分布在东部地区，西部新生界直接覆盖在古生界之上[6]。研究区乌什东次凹发育三叠系、侏罗系两套烃源岩，白垩系舒善河组砂岩及其上厚层泥岩为该区重要储盖组合；温宿凸起新生界碎屑岩直接覆盖在元古宇阿克苏群变质岩或古生宇碳酸盐岩之上，该区不发育烃源岩，新近系吉迪克组砂岩及康村组泥岩、新近系之下变质岩古潜山或碳酸盐岩古潜山及其上吉迪克组泥岩为该区两套重要储盖组合。

乌什凹陷周缘三叠系、侏罗系烃源岩向南减薄尖灭，靠近山前烃源岩厚度最大。其北部露头区库尔干、阿托依纳克、塔拉克、小台兰河、阿瓦特河剖面（图 1）中，塔里奇克组和克孜勒努尔组烃源岩不发育，黄山街组（T_3h）、阳霞组（J_1y）和恰克马克组（J_2q）烃源岩发育较好，是库车西部发育的三套有效烃源岩。其中黄山街组和恰克马克组为湖相烃源岩，阳霞组为沼泽相烃源岩。

从露头库尔干剖面到阿瓦特河剖面自西向东，侏罗系恰克马克组暗色泥岩厚度 23 ~ 173m、TOC 平均值 1.02% ~ 2.0%，侏罗系阳霞组暗色泥岩厚度 34 ~ 215m、TOC 平均值 2.05% ~ 3.53%，三叠系黄山街组暗色泥岩厚度 49 ~ 106m、TOC 平均值 1.06% ~ 2.52%，暗色泥岩厚度自西向东增大，有机质丰度自西向东变好（阿瓦特河与小台兰河剖面黄山街组 R_o 值非常高，处于过成熟阶段，有机质丰度显著降低）。因此向东烃源岩发育情况较好。

乌什凹陷井下只发育三叠系烃源岩，侏罗系烃源岩缺失。三叠系黄山街组暗色泥岩厚度自南向北 13 ~ 27m，发育情况远不及露头上黄山街组，有机质丰度平均值 1.08% ~ 1.68%，由南向北暗色泥岩厚度增大，有机质丰度增高，因此向北烃源岩发育情况较好。

综合露头和井下烃源岩发育情况认为，靠近阿瓦特地区烃源岩发育较好。

2 油源对比

2.1 原油的物性特征

研究区乌什凹陷既发育凝析气藏，也发育油藏，其原油特征与邻区阿瓦特构造上原油一致，同属低密度、低黏度、低凝点、高含蜡的轻质常规油。温宿凸起上油气藏类型以油藏为主，原油具有中—高密度、中—高黏度、低凝点、中含蜡的特点，属中—重质的常规油或稠油。（表1）。

2.2 原油的生物标志化合物和碳同位素特征

三叠系黄山街组烃源岩萜烷类生物标志化合物组成上，三环萜烷具正态分布，C_{19}、C_{20}、C_{21}三环萜烷含量依次递增；C_{30}重排藿烷含量非常低，远小于相邻的C_{29}藿烷；碳同位素最轻，小于−29‰。侏罗系阳霞组烃源岩C_{19}、C_{20}、C_{21}三环萜烷含量依次递减；C_{30}重排藿烷比相邻的C_{29}藿烷含量稍低；碳同位素值最重，大于−26.2‰。侏罗系恰克马克组烃源岩，C_{19}、C_{20}、C_{21}三环萜烷含量依次递减；C_{30}重排藿烷含量非常高，远大于相邻的C_{29}藿烷；碳同位素值介于黄山街组与阳霞组烃源岩之间，为−29‰～−26.2‰（图2、表2）。

表1 库车西部阿瓦特、乌什和温宿地区原油物性、油气藏类型特征

构造	井名	顶深（m）	底深（m）	层位	密度（g/cm^3）	黏度（mPa·s）	凝点（℃）	蜡含量（%）	气油比（m^3/m^3）	原油类型	油气藏类型
阿瓦特	阿瓦3	3518.0	3556	$E_{1-2}km$	0.80	1.10	7.30	11.00	47497	轻质常规油	湿气藏
乌什凹陷	神木2	6002.0	6018	K_1s	0.81	1.68	14.43	16.23	5970	轻质常规油	凝析气藏
	乌参1	6005.0	6052	K_1s	0.81	1.32	2.83	10.11	5836	轻质常规油	凝析气藏
	神木1	5117.0	5143	K_1s	0.83	3.80	21.50	13.30	405	轻质常规油	油藏
温宿凸起	古木1	1346.5	1354	N_1j	0.97	4476.00	4.00	4.30	—	重质稠油	油藏
	新温地1	833.5	835	N_1j	0.91	70.73	30.00	5.67	—	中质稠油	油藏
	新温地2	842.0	859	N_1j	0.91	42.69	30.01	4.48	—	中质常规油	油藏

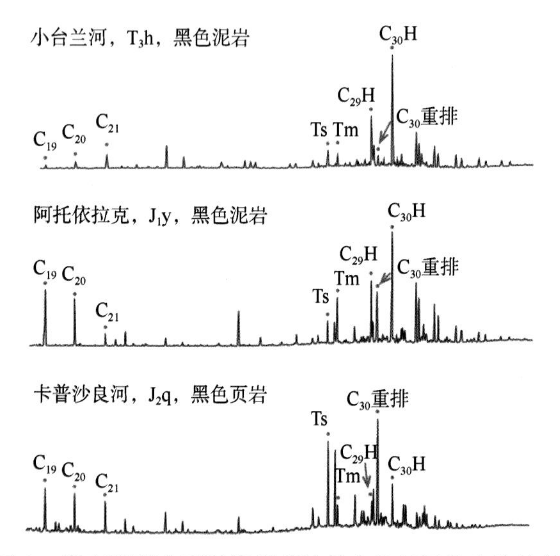

图2 库车西部典型烃源岩萜烷类生物标识化合物特征

神木1井油砂抽提物、依拉2井油砂抽提物、神木6井油砂抽提物、古木1井原油都表现为：C_{19}、C_{20}、C_{21}三环萜烷含量依次增加，C_{30}重排藿烷含量低，远小于相邻的C_{29}藿烷；神木1井油砂抽提物、古木1井原油碳同位素都小于−29‰，表现为三叠系黄山街组烃源岩特征。邻区阿瓦3井原油同样具有三叠系烃源岩特征（图3、表2）。因此该区油砂抽提物与部分原油特征分析表明该区早期有过三叠系烃源岩生成的油充注，并局部成藏。

神木1井、神木2井、乌参1井、新温地2井及温宿水井原油C_{19}、C_{20}、C_{21}三环萜烷都没有明显的上升的趋势，有的甚至还呈下降的趋势，C_{30}重排藿烷含量中等，大约是相邻的C_{29}藿烷含量的一半，表现三叠系和侏罗系混源的特征。而这些井原油碳同位素都小于或等于−29‰，表明该区原油仍以三叠系来源为主。

邻区塔拉克油苗C_{19}、C_{20}、C_{21}三环萜烷含量依次降低，呈明显的下降趋势，C_{30}重排藿烷含量非常高，远大于相邻的C_{29}藿烷，碳同位素−27.2‰，都表现为侏罗系恰克马克组烃源岩特征，表明其为恰克马克组来源（图3、表2）。

表 2　乌什—温宿地区及周缘原油、油砂和烃源岩全油或氯仿沥青“A”碳同位素

井或露头	层位	深度（m）	样品类型	全油/氯仿沥青“A”碳同位素（‰）
小台兰河	T_3h	—	灰色泥岩	<–29
阿托依纳克	J_1y	—	深灰色泥岩	>–26.2
卡普沙良河	J_2q	—	页岩	–29.0 ~ –26.2
神木 1	K_1s	5117.2 ~ 5142.5	灰色荧光细砂岩	–31.6 ~ –30.8
神木 1	K_1s	5117.0 ~ 5140.5	原油	–29.6 ~ –29.1
神木 2	K_1s	6002 ~ 6018	原油	–29.2
乌参 1	K_1s	6038.5 ~ 6084.0	原油	–29 ~ –27.6
新温地 2	N_1j	842.4 ~ 859.3	原油	–29.2 ~ –28.9
古木 1	N_1j	1346.5 ~ 1354.0	原油	–30.4
塔拉克油苗	J_2q	—	油苗	–27.2

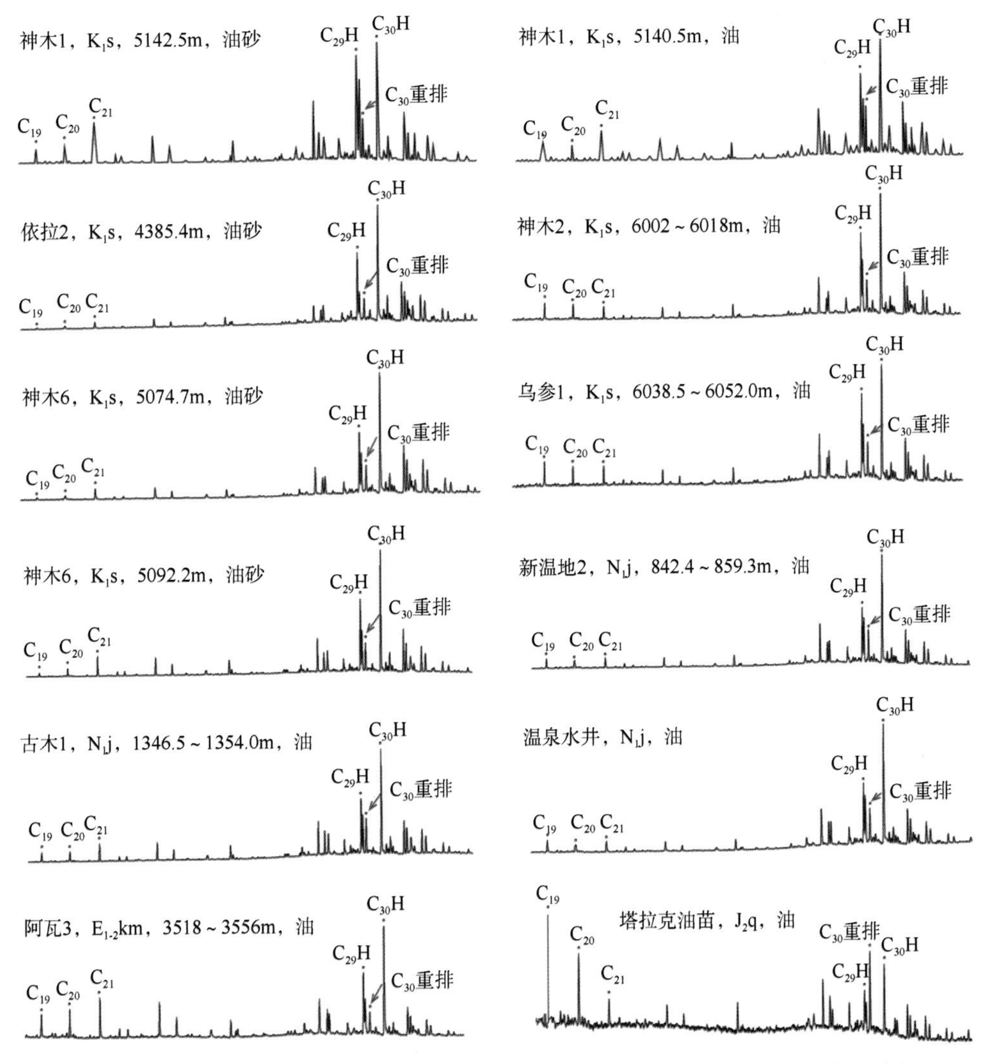

图 3　库车西部乌什—温宿及周缘地区油砂、原油、油苗萜烷类生物标识化合物特征

另外，神木 1 白垩系地层中捕获了黄色荧光包裹体，黄色荧光反映其捕获的是成熟油，包裹体中原油 C_{30} 重排藿烷含量非常低，远小于相邻的 C_{29} 藿烷，表明其主要为三叠系来源。因此，包裹体资料也进一步证实研究区原油以三叠系来源为主。

综合所述，乌什—温宿地区原油以三叠系黄山街组烃源岩来源为主，并混有侏罗系来源。

2.3 烃源岩与原油成熟度对比

芳香烃甲基菲指数（MPI）作为成熟度参数具有较广的适用范围，不仅适用于高成熟度，而且在非强烈生物降解作用下依然适用[7, 8]。包建平等（2003）❶在大量研究库车坳陷露头烃源岩和井下烃源岩样品的基础上，得出了适用于库车坳陷原油成熟度的经验公式，即 R_o=0.1685・MPI+0.7167，其中 MPI=（2-甲基菲+3-甲基菲）/（1-甲基菲+9-甲基菲）。依据该经验公式，算得乌什凹陷原油成熟度值为 0.89%～0.94%，为成熟油。同时据包建平等（2003）由天然气成熟度计算公式 $\delta^{13}C_1$=13.604Ln（R_o）−37.514 算得该区天然气成熟度值为 0.98%～1.15%，为烃源岩成熟阶段产物。并且天然气成熟度明显高于原油成熟度，原油和天然气可能是两期成藏。温宿凸起上原油虽受生物降解，但在 *m*/*z*=177 色谱质谱中并未检测到 25-降藿烷，因此生物降解作用不强，甲基菲指数算得该区原油成熟度值为 0.85%～0.94%，也为成熟油。

早前，一些研究者认为乌什凹陷油气来自乌什凹陷下部烃源岩或者北部露头区烃源岩[9-11]，近些年随着勘探程度增加，分析资料的增多，更多的研究者倾向于认为乌什凹陷油气来自东北部的阿瓦特地区[1, 5]。此次研究结合最新的钻井和露头烃源岩样品镜质组反射率分析数据，认识到乌什凹陷烃源岩成熟度低于该区油气成熟度，乌什凹陷油气不可能来源于自身烃源岩。乌什凹陷钻井和露头侏罗系烃源岩热演化程度 R_o 为 0.54%～0.7%，三叠系烃源岩热演化程度 R_o 为 0.58%～0.77%，整体处于低成熟演化阶段；阿瓦特地区侏罗系烃源岩 R_o 为 1.0%～1.94%，处于成熟—高成熟演化阶段，三叠系烃源岩 R_o 为 2.26%～2.3%，处于过成熟演化阶段。因此乌什凹陷烃源岩对该区油气生成并无贡献，该区原油应来自邻区阿瓦特地区（图 4）。

3 成藏演化

3.1 烃源岩演化及油气成藏期次

据吴海等（2016）[12]对阿瓦特地区烃源岩热演化史研究可知，15Ma 左右，侏罗系顶部烃源岩 R_o 为 0.65%，三叠系顶部烃源岩 R_o 为 0.97%，三叠系底部烃源岩 R_o 为 1.45%，此时侏罗系烃源岩生成低熟—成熟原油，三叠系烃源岩生成成熟—高成熟轻质油；2.5Ma 左右，侏罗系顶部烃源岩 R_o 为 0.92%，三叠系顶部烃源岩 R_o 为 1.43%，三叠系底部烃源岩 R_o 为 1.97%，此时侏罗系烃源岩开始大量生气，三叠系烃源岩生成高成熟轻质油和凝析油。

乌参 1 气藏位于乌什凹陷神木次凹，其白垩系储层中捕获了两期烃包裹体，第一期发褐黄色、黄白色荧光的液相油包裹体，与其伴生的盐水包裹体均一化温度主要分布在 70～110℃之间；第二期不发荧光的气态烃包裹体，与其伴生的盐水包

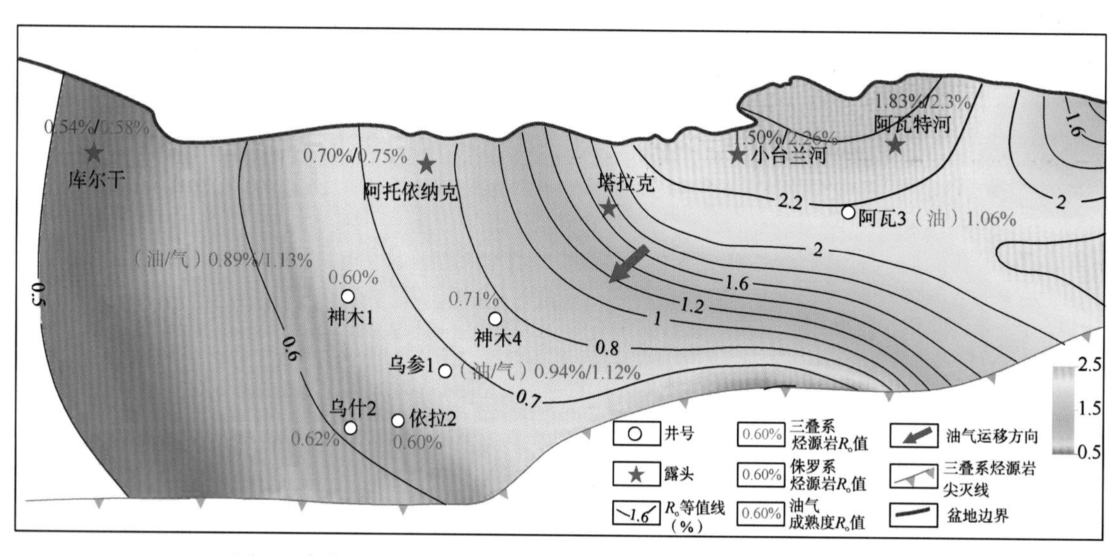

图 4　乌什—阿瓦特地区三叠系黄山街组底界现今 R_o 等值线图

❶ 包建平，朱翠山，唐友军，等. 库车坳陷三叠—侏罗系源岩生油潜力评价.“九五”国家重点科技攻关课题，2003.

裹体均一化温度主要分布在 110～160℃之间。结合乌参 1 井的埋藏史和热演化史可知（图 5），该井油充注时间是 10Ma 以来（均一温度 70℃时，开始捕获了一些液态烃包裹体），主成藏期在 5Ma 左右（均一温度 90～100℃时，捕获的液态烃包裹体数量最大），天然气主成藏期在 2.5Ma 左右（均一温度 15～160℃时，捕获的气态烃包裹体数量最大）。

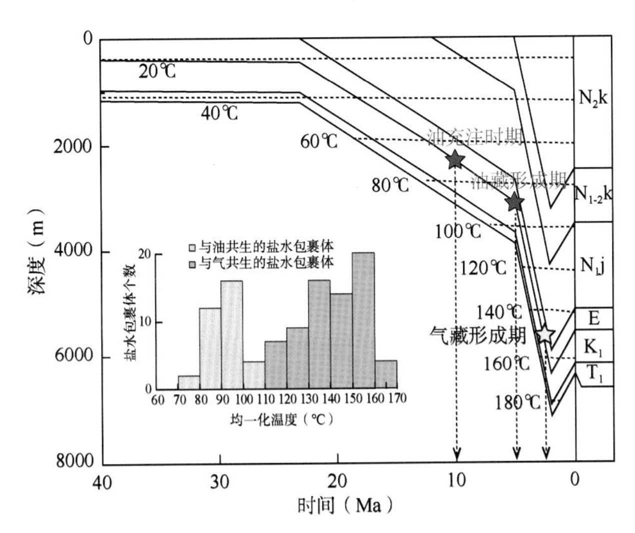

图 5　乌参 1 井埋藏史、地温史图及流体包裹体均一化温度直方图

神木 1 油藏位于乌什凹陷神木次凹，仅观察到发褐色、黄色荧光液态烃包裹体，与其伴生的盐水包裹体均一温度主要分布在 90～110℃之间。由于神木 1 井与乌参 1 井相邻，并且具有相同的构造演化背景，因此可借用乌参 1 井的埋藏史和热演化史，据此分析神木 1 井原油主成藏期也在 5Ma 左右。

3.2 油气藏成藏演化过程

中新世时期，阿瓦特地区侏罗系烃源岩处于低熟阶段，三叠系烃源岩已经成熟，并开始大量生油。生成的原油首先沿着喀拉玉尔滚断裂向上运移，然后分别沿着白垩系舒善河组砂体向乌什凹陷方向横向运移，沿着吉迪克组底不整合面向温宿凸起方向横向运移，因此在乌什凹陷和温宿凸起储层砂体中普遍见到三叠系烃源岩生成的油充注的现象。

上新世时期，阿瓦特地区侏罗系烃源岩处于成熟阶段，开始生成原油和少量天然气，三叠系烃源岩处于成熟—高成熟阶段，可生成大量的轻质油和凝析油。此时喜马拉雅运动加强，乌什凹陷内形成一系列逆冲推覆构造，乌参 1、神木 1 圈闭就在此时形成，同时聚集了阿瓦特地区周缘烃源岩生成的原油，此时的原油以三叠系来源为主，并混有侏罗系来源；温宿凸起上发育一些高角度断裂，形成一些断鼻和断背斜构造，原油可在古潜山、断鼻、断背斜等合适的圈闭中聚集成藏。古木 1、新温地 1、新温地 2 等油藏也在此时形成，由于温宿凸起封盖条件相对较差，原油轻组分散失，伴随着生物降解，油质偏重。

更新世时期，阿瓦特地区侏罗系烃源岩开始大量生气，乌参 1 早期油藏发生天然气充注形成凝析气藏，神木 1 圈闭位于神木次凹北坡，天然气向北逆着断层走向向上调整有一定难度，同时神木 1 圈闭高于乌参 1 圈闭，保存条件不及乌参 1，因此神木 1 圈闭中未发生大规模天然气聚集，仍然为油藏；温宿凸起为吉迪克组泥岩盖层，保存条件差，未能封盖住天然气，因此油藏性质未发生变化（图 6）。

4 总　结

（1）乌什—温宿地区油砂和部分原油特征与三叠系黄山街组烃源岩特征一致，表明该区早期有过三叠系烃源岩生成的油的充注，并且在局部地区成藏；绝大多数原油生物标识化合物表现为侏罗系和三叠系烃源岩混源的特征，但碳同位素较轻，与三叠系烃源岩碳同位素更为接近，表明该区原油以三叠系来源为主，并混有侏罗系来源。

（2）乌什凹陷周缘烃源岩热演化程度与该区油气成熟度对比分析表明，乌什凹陷烃源岩对该区油气生成并无贡献，该区油气是从阿瓦特地区远源运聚成藏。

（3）烃源岩埋藏史、流体包裹体、单井热演化史以及区域构造演化综合分析表明，乌参 1 凝析气藏经历了两期成藏，上新世时期大量的轻质油、凝析油充注形成早期油藏，上新世晚期—早更新世晚期天然气大量充注形成凝析气藏。神木 1 油藏上新世时期形成，因构造差异晚期天然气并未大量充注。温宿凸起因封盖条件较差，油藏遭受严重生物降解，形成稠油油藏。阿瓦特地区烃源岩生成的油气首先沿着喀拉玉尔滚断裂垂向运移，然后沿着不整合面砂体、基岩风化壳面向乌

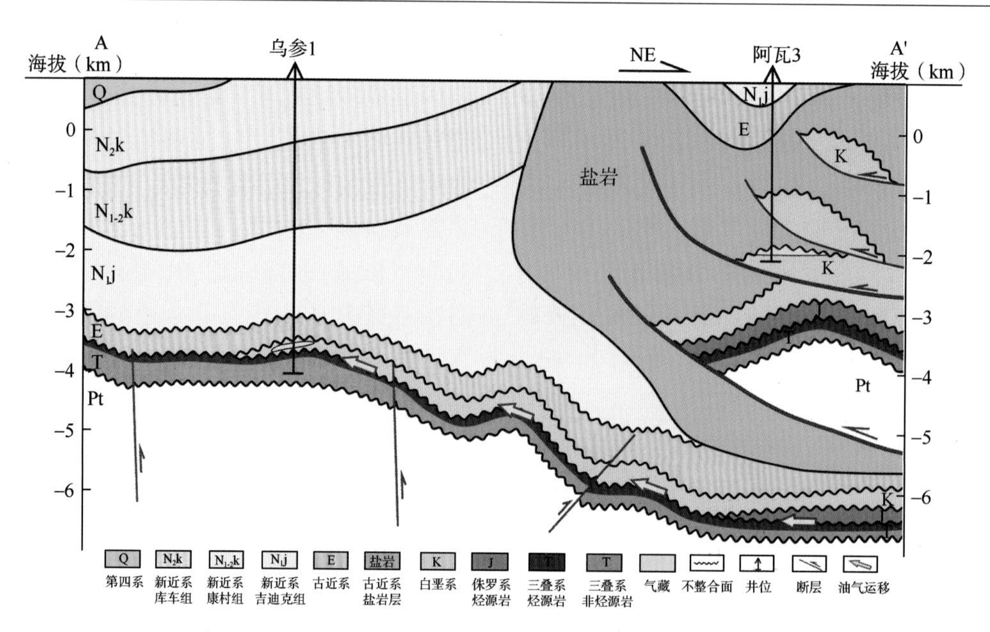

图 6　阿瓦特—乌什地区油藏剖面图（剖面位置参见图 1）

什凹陷和温宿凸起进行长距离侧向运移，在合适的构造岩性圈闭中聚集成藏。

参考文献

[1] 周延钊. 库车坳陷乌什—神木地区油气成藏条件研究[D]. 青岛：中国石油大学（华东），2016：26-30.

[2] 贾进华，周东延，张立平，等. 塔里木盆地乌什凹陷石油地质特征[J]. 石油学报，2004，25（6）：12-17.

[3] 赵力彬，马玉杰，杨宪彰，等. 库车前陆盆地乌什凹陷油气成藏特征[J]. 天然气工业，2008，28（10）：21-24.

[4] 龚德瑜，李明，李启明，等. 塔里木盆地乌什凹陷原油地球化学特征及油源分析[J]. 天然气地球科学，2014，25（1）：62-69.

[5] 张君峰，高永进，杨有星，等. 塔里木盆地温宿凸起油气勘探突破及启示[J]. 石油勘探与开发，2019，46（1）：14-24.

[6] 苗继军，贾承造，戴金星，等. 南天山前陆冲断带中段乌什—温宿地区构造分析与油气成藏[J]. 天然气地球科学，2005，16（4）：428-432.

[7] 杨思博，赖洪飞，李美俊，等. 湖相烃源岩有机质甲基菲指数及甲基菲比值与成熟度关系[J]. 长江大学学报（自然科学版），2018，15（19）：12-17.

[8] 黄海平，周树青，初振森，等. 生物降解作用对原油中烷基菲分布的影响[J]. 现代地质，2005，19（3）：416-424.

[9] 刘玉魁，闵磊，冯游文，等. 塔里木盆地乌什凹陷石油地质特征[J]. 天然气工业，2007，27（1）：24-26.

[10] 张振红，吕修祥，杨明慧，等. 塔里木盆地乌什凹陷石油地质特征[J]. 西安石油大学学报（自然科学版），2004，19（4）：29-31.

[11] 吕修祥，金之钧，周新源，等. 塔里木盆地乌什凹陷温宿凸起油气勘探前景[J]. 中国石油大学学报（自然科学版），2006，30（1）：17-21+25.

[12] 吴海，赵孟军，李伟强，等. 库车坳陷阿瓦特地区油气动态演化过程[J]. 断块油气田，2016，23（3）：294-299.

隔夹层控制倾斜油水界面成因数模研究
——以哈得 4CⅢ油藏为例

练章贵[1] 卞万江[1] 韩 涛[1] 劳斌斌[2] 曾江涛[3] 邵光强[1] 郭玲玲[4] 张曙振[1]

（1. 中国石油塔里木油田分公司勘探开发研究院 新疆库尔勒 841000; 2. 斯伦贝谢中国分公司 北京 100015;
3. 中国石油塔里木油田分公司实验检测研究院 新疆库尔勒 841000;
4. 中油瑞飞中石油东方地球物理公司 北京 100007）

摘　要：哈得 4CⅢ油藏为边底水海相砂岩油藏，存在近 100m 的大幅度倾斜油水界面，前期研究认为构造运动的非稳态成藏是导致倾斜油水界面的主要因素[1-3]。针对该油藏存在多条广泛分布致密且具有一定渗透性隔夹层的特征，建立机理地质模型，开展近 500 万年油气成藏运动的油藏数模研究。确定该油藏大幅度倾斜油水界面成因主要控制因素是隔夹层遮挡作用和成藏过程中油水重力分异作用，而构造运动和非稳态成藏作用是次要的控制因素。

关键词：哈得 4CⅢ油藏；倾斜油水界面；非稳态成藏；隔夹层；数值模拟

国内外不少油田发育具有倾斜油水界面的油藏，例如伊拉克鲁迈拉油田 NahrUmr 油藏、伊朗 SA 油田 Sarvak 油藏、准噶尔盆地莫西庄油田三工河组油藏、塔里木盆地巴什托普油田生屑灰岩油藏、哈得逊东河砂岩油藏等[1-8]。其成因目前可以概括为四种类型：（1）非稳态成藏：后期构造运动使处于动态平衡的油气发生新的运移导致油水界面倾斜；（2）毛细管压力：渗透率的差异导致毛细管压力不同形成倾斜油水界面；（3）水动力作用：地层水的流动造成势能面差异形成倾斜油水界面；（4）地温场作用：盐丘或热底辟使储层温度变化导致流体密度不同形成倾斜油水界面。

塔里木盆地哈得 4CⅢ油藏是晚海西期在哈得逊北部形成的乡 3 井区古油藏，在晚喜马拉雅期由于区域构造作用发生调整改造而形成的[1, 2]。其烃源岩为下古生界海相烃源岩，晚喜马拉雅期康村组（距今约 5.4Ma）沉积以来，库车坳陷持续沉降，地层反转，石炭系形成南高北低的格局，哈得逊油田在此期间形成[9]。该油藏为边底水砂岩油藏，2001 年投入开发，在开发过程中发现存在倾斜油水界面的现象，最终发现该油藏为同一压力和水动力系统，具有近 100m 幅度倾斜油水界面的整装大型近亿吨的海相砂岩油藏。本文针对该油藏的地质特征，特别是存在多条广泛分布致密隔夹层特征，建立机理剖面地质模型，开展近 500 万年油气成藏运动的油藏数值模拟研究。确定该油藏大幅度倾斜油水界面成因主要控制因素是隔夹层遮挡作用和成藏过程中油水重力分异作用，当然也并不否认前期研究认为的构造运动和非稳态成藏作用。

1 油藏数值模拟基础模型

1.1 哈得 4CⅢ油藏隔夹层特征与分布

哈得 4CⅢ油藏为一套海侵背景下的滨岸砂体沉积，受沉积过程中不同级次基准面旋回的影响，储层内部夹层十分发育，夹层类型可以分为三种：体现不同级次海泛面的泥质夹层、钙质胶结砂岩的物性夹层[10]以及钙泥质夹层。三种夹层在空间联合分布作为小层之间的分隔，哈得 CⅢ油藏共发育 7 套夹层，将储层分隔为 8 个小层。其中夹层 1、

收稿日期：2021-07-05
第一作者简介：练章贵（1967—），男，四川自贡人，博士，1998 年毕业于西南石油学院油气田开发专业，教授级高工，从事油气藏开发研究工作。
E-mail：lianzg-tlm@petrochina.com.cn　　Tel：13779696983

夹层 2 连片分布于油藏的西部、西南部、东南部；夹层 3—夹层 7 分布于整个油藏，仅在局部井区开天窗；夹层空间规模最大可达 17.5km，夹层厚度主要分布于 0.4 ~ 2.5m 之间（表 1）。

表 1 哈得 4CⅢ油藏层间夹层要素统计

层间夹层	夹层分布区域	夹层空间规模（km）	夹层厚度（m）
夹层 1	HD11、HD403H、HD405H 井区	2.4 ~ 5.6	0.4 ~ 1.9
夹层 2	HD11—HD4-39H、HD403H、HD4-15H—405H 井区	2.5 ~ 14.5	0.5 ~ 2.0
夹层 3	HD1-28H—HD4-27T—HD4-11H 井区为天窗区域	3.2 ~ 17.3	0.4 ~ 2.2
夹层 4	HD4-H56—HD4-21H—HD4-20H 井区为天窗区域	2.9 ~ 16.2	0.6 ~ 2.4
夹层 5	HD1-28H—HD1-22H 井区为天窗区域	2.4 ~ 11.2	0.5 ~ 2.3
夹层 6	HD1-28H—HD1-22H—HD4-110H 井区为天窗区域	3.1 ~ 17.5	0.4 ~ 2.1
夹层 7	HD1-28H—HD4-27T—HD1-24H 井区为天窗区域	1.8 ~ 10.1	0.5 ~ 2.5

1.2 数值模拟基础模型设计

根据哈得 4CⅢ油藏构造、储层、隔夹层特征，设计数值模拟机理模型为剖面模型，长度 10km、宽度 150m、厚度 40m，储层高差 178m，地层倾角 1.02°，顶部埋深 5050m。纵向分 15 层，8 个储层、7 条隔夹层，储层孔隙度 0.14、渗透率 200mD；7 条大面积分布隔夹层如图 1 所示，隔夹层长度 9km、厚度 0.4m，孔隙度 0.042，渗透率 0.01mD，最大进汞毛细管力为 15MPa（隔夹层物性参数来自该油藏取心分析化验资料）。

该剖面模型，设置原始烃源位于剖面模型左下角，原油储量为 $93.5\times10^4m^3$，流体性质为哈得 4CⅢ中质低黏原油，外接 30 倍水体。调整隔夹层条数、夹层分布范围、隔夹层毛细管压力、隔夹层开天窗等参数，模拟该油藏 500 万年的油气运移成藏过程，分析原油二次运移及分布特征，确定不同参数对倾斜油水界面的控制作用。

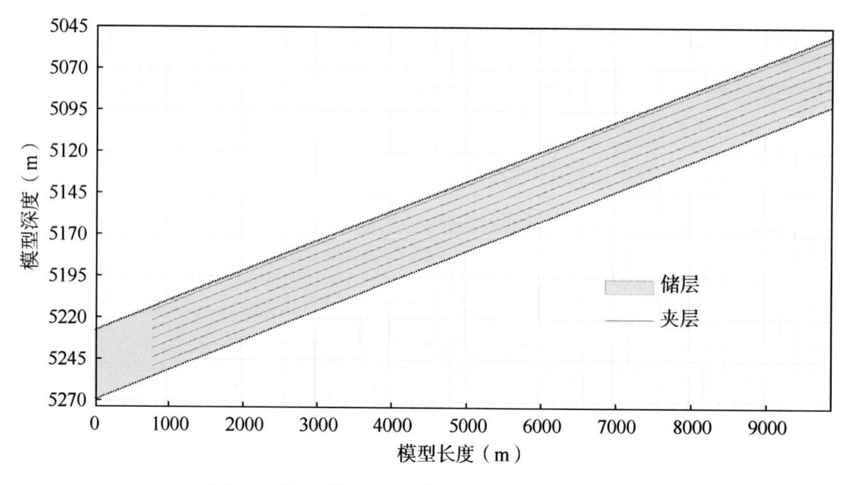

图 1 基础模型储层与隔夹层分布剖面图

2 油藏数值模拟研究

2.1 隔夹层条数的影响

基于基础模型，设置储层顶部一条、储层中没有隔夹层，以及包括基础模型共 3 套模型，数值模拟预测原油二次运移 500 万年的结果如图 2 所示。其中，图中第 1 ~ 3 行分别对应基础模型、储层顶部一条夹层模型、储层无夹层模型的 1 万年、100 万年、300 万年油水分布。

图 2 结果可以看出，隔夹层条数及分布对哈得 4CⅢ油藏大幅度倾斜油水界面的形成和油水最终分布影响很大。对 7 条大面积分布的隔夹层模型，由于隔夹层的遮挡作用和油水分异作用，预测 300 万年倾斜油水界面幅度为 148m，并达到平衡状态，继续预测到 500 万年与 300 万年油水分布完全一致。对储层顶部存在一条大面积分布的隔夹层模型，预测 300 万年，隔夹层上部为倾斜油水界面，隔夹层下部为水平的油水界面。对没

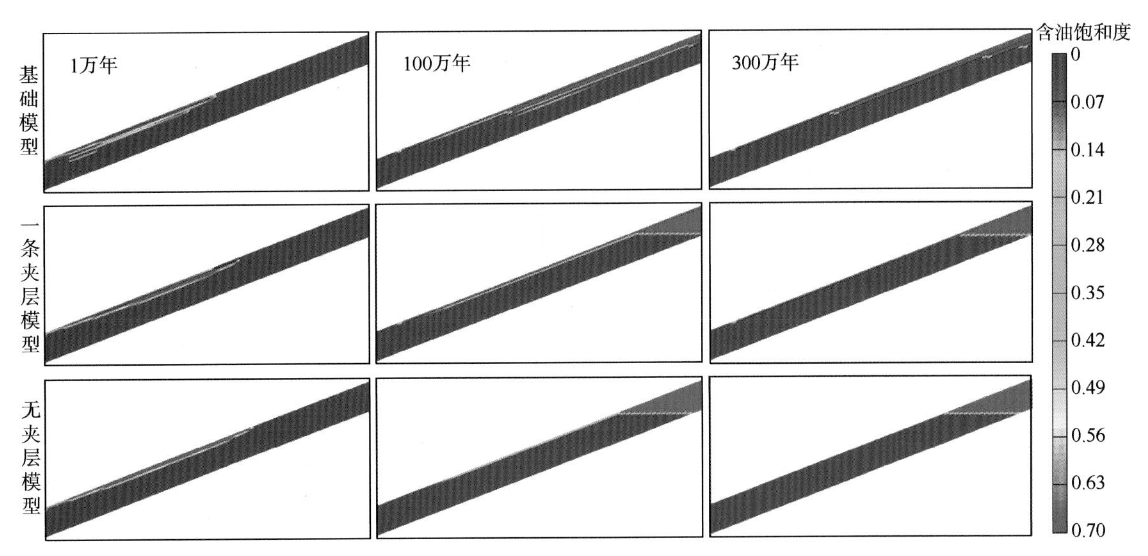

图 2　不同隔夹层条数模型数模预测油水饱和度分布（1 ~ 300 万年）

有隔夹层的模型，预测 100 万年左右，原油二次运移基本达了水平的油水界面，预测到 300 万年就是一个水平的油水界面。

2.2 隔夹层毛细管压力影响

基于基础模型，设置隔夹层地面条件下的最大进汞毛细管压力为 5.0MPa、1.0MPa 的模型，即毛细管压力模型一、毛细管压力模型二，以及基础模型共 3 套模型，数模预测原油二次运移 300 万年的结果如图 3 所示。其中，图中第 1 ~ 3 行分别对应基础模型、毛细管压力模型一、毛细管压力模型二的 1 万年、100 万年、300 万年油水分布。

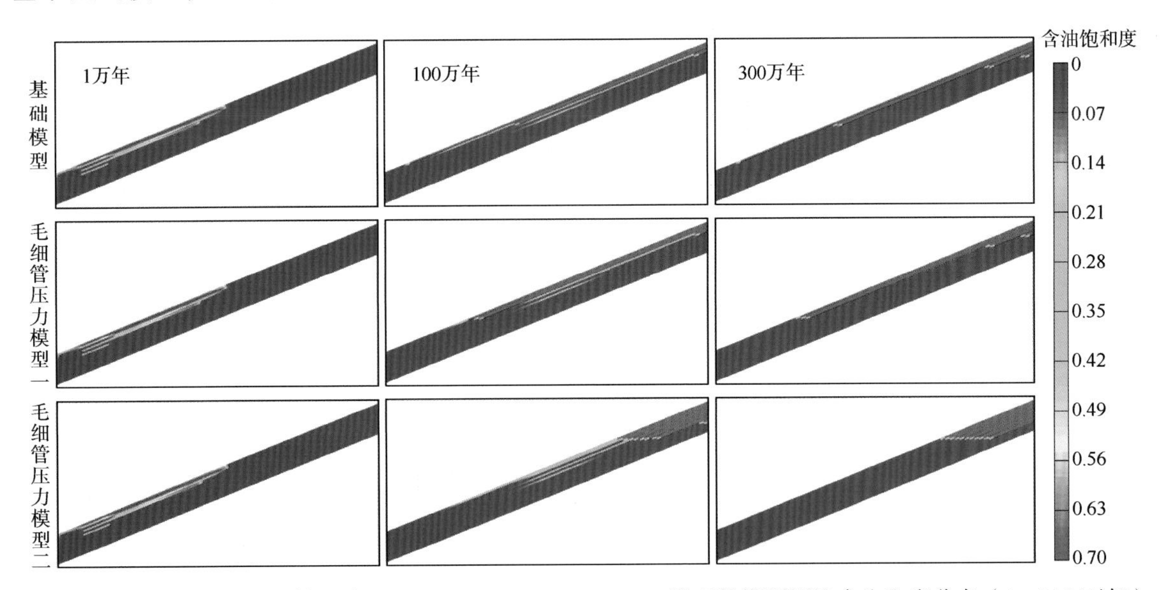

图 3　隔夹层最大进汞毛细管压力 15.0MPa、5.0MPa、1.0MPa 模型数模预测油水饱和度分布（1 ~ 300 万年）

图 3 结果可以看出，隔夹层毛细管压力越大，倾斜油水界面幅度越大。基础模型：最大进汞毛细管压力为 15.0MPa，预测 300 万年后达到平衡，形成相对独立的 4 套倾斜油水界面，整个油藏油水界面倾斜幅度为 148m。毛细管压力模型一：最大进汞毛细管压力为 5.0MPa，预测 300 万年后达到平衡，形成相对独立的 3 套倾斜油水界面，整个油藏油水界面倾斜幅度为 115m。毛细管压力模型二：最大进汞毛细管压力为 1.0MPa，预测 300 万年后达到平衡，形成相对独立的一套倾斜油水界面，整个油藏油水界面倾斜幅度为 34m。3 套模型继续预测到 500 万年，与 300 万年油水分布完全一致。因为最大进汞毛细管压力 1.0MPa 实际上近似于低渗性储层的毛细管压力级别，而特低渗致密隔夹层的最大进汞毛细管压力一般都在 10MPa 以上，所以哈得 4CⅢ隔夹层靠毛细管压力

是完全能抑制油水的二次运移，遮挡形成倾斜油水界面。

隔夹层不同毛细管压力对地层原油垂向运移的影响，可从数模计算的层间窜流量得到反映，毛细管压力越小，预测夹层间窜流量越大。数模预测基础模型、毛细管压力模型一、毛细管压力模型二在第 1、第 2、第 3 套夹层间原油窜流量见表 2。从表中计算数据可知，基础模型：夹层最大进汞毛细管压力为 15.0MPa，预测期末夹层间窜流量小，不超过原油储量的 0.02%，均为夹层下部往夹层上部窜流。毛细管压力模型一：夹层最大进汞毛细管压力为 5.0MPa，预测期末第 1 套夹层间窜流量约为$-27.26\times10^4 m^3$，占储量的 29.2%，由于重力分异作用大于毛细管压力作用，为夹层上部向下部窜流，而第 2、第 3 套夹层间窜流量较小，可以忽略。毛细管压力模型二：夹层最大进汞毛细管压力为 1.0MPa，预测期末第 1、第 2、第 3 套夹层间窜流量占储量的 53.1%、56.9%、48.2%，同样重力分异作用大于毛细管压力作用，均为夹层上部向下部窜流。

表 2　穿过隔夹层自下而上的累计原油窜流量预测表（预测 300 万年）

模型	第 1 套夹层		第 2 套夹层		第 3 套夹层	
	窜流量（m^3）	占储量绝对比例（%）	窜流量（m^3）	占储量绝对比例（%）	窜流量（m^3）	占储量绝对比例（%）
基础模型	209	0.02	43	0.005	23	0.002
毛细管压力模型一	−272636	29.20	138	0.010	109	0.010
毛细管压力模型二	−496244	53.10	−532363	56.940	−450641	48.200

2.3 隔夹层延伸范围的影响

大幅度倾斜油水界面成因，应该与隔夹层分布范围密切相关。基础模型，夹层延伸长度为 9.0km。基于基础模型，设置隔夹层延伸长度为 5.0km、2.0km 模型，即夹层长度模型一、夹层长度模型二，以及基础模型共 3 套模型，数模预测原油二次运移 300 万年的结果如图 3 所示。其中图中第 1 ~ 3 行分别对应基础模型、夹层长度模型一、夹层长度模型二的 1 万年、100 万年、300 万年油水分布。

图 4 结果可以看出，隔夹层延伸长度越长，油水界面倾斜幅度越大。基础模型：夹层延伸长度 9.0km，预测 300 万年后达到平衡，形成相对独立的 4 套倾斜油水界面，整个油藏油水界面倾斜幅度为 148m。夹层长度模型一：夹层延伸长度 5.0km，预测 300 万年后达到平衡，形成相对独立的一套倾斜油水界面，倾斜幅度为 80m。夹层长度模型二：夹层延伸长度 2.0km，预测 300 万年后达到平衡，形成相对独立的两套倾斜油水界面，倾斜幅度为 43m。3 套模型继续预测到 500 万年，

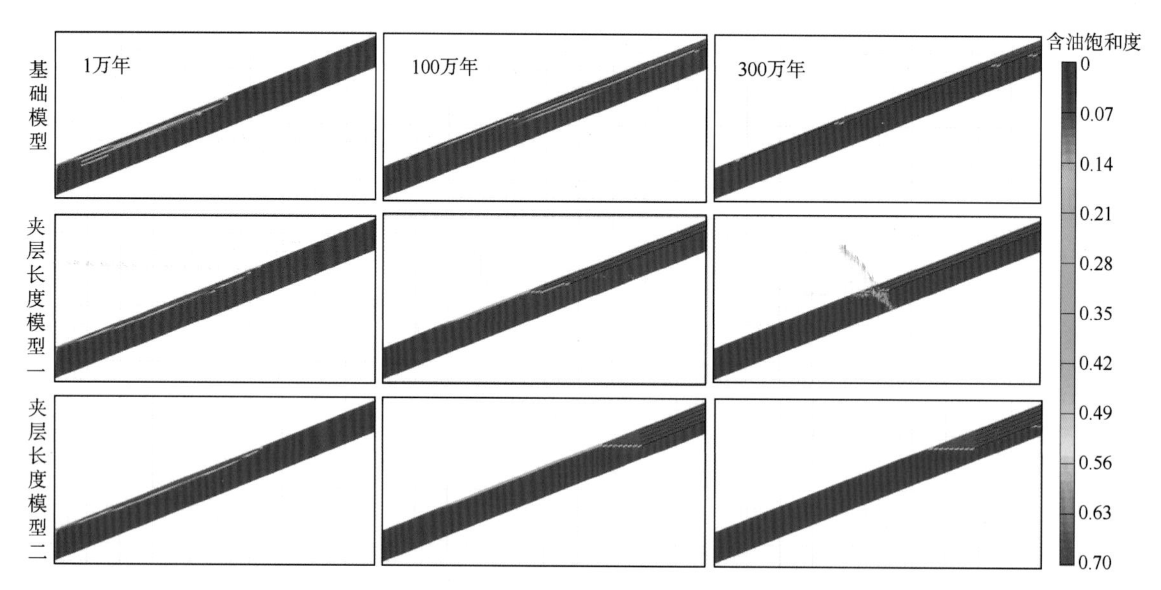

图 4　夹层延伸长度 9.0km、5.0km、2.0km 共 3 套模型数模预测油水饱和度分布（1 ~ 300 万年）

与 300 万年油水分布完全一致。

2.4 隔夹层开天窗的影响

大幅度倾斜油水界面成因，应该与隔夹层是否开天窗密切相关。基于基础模型，设计 3 套隔夹层开天窗模型。开天窗模型一：第 1 条夹层在离剖面左边界 7.6km 处开天窗，天窗长度为 300m；开天窗模型二：第 1、第 2 条夹层分别在离剖面左边界 7.7、8.7km 处开天窗，天窗长度均为 300m；开天窗模型三：第 1、第 2 条夹层分别在离剖面左边界 7.7、8.7km 处开天窗，第 3、第 4、第 5、第 6、第 7 条在离剖面左边界 9.7km 处开天窗，天窗长度均为 300m。数模预测原油二次运移 300 万年的结果如图 5 所示，其中图中第 1 ~ 3 行分别对应开天窗模型一、开天窗模型二、开天窗模型三的 1 万年、100 万年、300 万年油水分布。

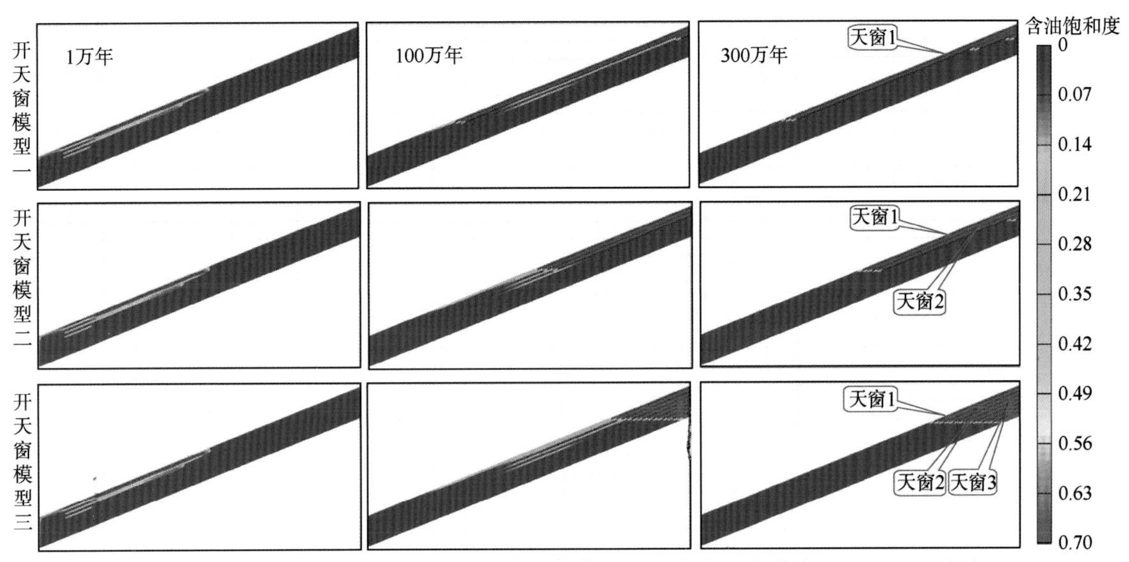

图 5　隔夹层不同位置开天窗 3 套模型数模预测油水饱和度分布（1 ~ 300 万年）

图 5 结果可以看出，隔夹层开天窗，隔夹层上下储层连通能力得到明显改善，预测期末油水分布、油水界面明显不一样。开天窗模型一：第一条夹层在中上部开天窗，该夹层上下两套储层油水界面在预测 300 万年后达到平衡，形成相对独立的一套倾斜油水界面，整个油藏油水界面倾斜幅度为 114m；开天窗模型二：第一、第二条夹层在中上部开天窗，该夹层上下 3 套储层油水界面在预测 300 万年后达到平衡，形成相对独立的一套倾斜油水界面，整个油藏油水界面倾斜幅度为 73m；开天窗模型三：第一、第二条夹层在中上部开天窗，其他夹层在上部开天窗，该模型储层油水界面在预测 300 万年后达到统一的水平油水界面。3 套模型继续预测到 500 万年，与 300 万年油水分布完全一致。

3 结论和认识

（1）哈得 4CⅢ油藏大幅度倾斜油水界面形成的主控因素为夹层遮挡、油水重力分异和夹层毛细管压力作用，而构造运动和非稳态成藏作用是次要的控制因素。

（2）隔夹层条数、毛细管压力、延伸长度、是否开天窗对倾斜油水界面的幅度有明显的控制作用。

（3）连续分布的隔夹层是哈得 4CⅢ油藏大幅度倾斜油水界面形成的第一控制因素。

参考文献

[1] 何文渊，郑多明，李江海，等. 塔里木盆地哈得逊油田油气成藏机理[J]. 地质地球化学，2001，29（3）：15-17.

[2] 徐汉林，江同文，顾乔元，等. 塔里木盆地哈得逊油田成藏研究探讨[J]. 西南石油大学学报（自然科学版），2008，30（5）：18-21.

[3] 江同文，徐汉林，练章贵，等. 倾斜油水界面成因分析与非稳态成藏理论探索[J]. 西南石油大学学报（自然科学版），2008（5）：1-5+16.

[4] 周家胜，谢景彬，林健. 鲁迈拉油田 NahrUmr 组油藏倾斜油水界面成因[J]. 新疆石油地质，2016，37（5）：620-623.

[5] 杜洋，衣英杰，辛军，等. 伊朗 SA 油田 Sarvak 油藏大幅度倾斜油水界面成因探讨[J]. 石油实验地质，2015，37（2）：188-192.

[6] 毕研斌，高山林，朱允辉，等. 准噶尔盆地莫西庄油田成藏模式[J]. 石油与天然气地质，2011，32（3）：319-324.

[7] 王延章，林承焰，董春梅，等. 夹层及物性遮挡带的成因及其对油藏的控制作用[J]. 石油勘探与开发，2006，33（3）：320-321.

[8] 卢鹏. 塔里木盆地巴什托普油田非稳态油藏[J]. 工程建设与设计，2016（8）：160-161.

[9] 曲少东. 哈得逊东河砂岩油藏成藏期次及成藏过程[J]. 清洗世界，2020，36（2）：62-63.

[10] 孙玉善，申银民，徐迅. 塔里木盆地哈得逊地区储集层成岩岩相与含油区预测[J]. 新疆石油地质，2001，22（1）：38-40.

克拉苏构造带博孜 1 气藏现今地应力场分布及高效开发建议

徐 珂 杨海军 张 辉 王海应 袁 芳

（中国石油塔里木油田分公司勘探开发研究院 新疆 库尔勒 841000）

摘 要：针对塔里木盆地库车坳陷超深储层构造背景复杂带来的一系列勘探开发难题，基于多信息、多方法融合的手段开展现今地应力场研究，包括单井一维单井解释和三维数值模拟。本文以博孜 1 气藏为例，查明了现今地应力场在三维空间的分布特征，明确了控制其分布规律的影响因素，并为井位部署提供了建议。结果表明：（1）博孜 1 气藏埋深超 6500m 仍为走滑型应力场，现今地应力值高、水平应力差大，且非均质性强，现今最大水平主应力方向在平面和纵向上规律性偏转；（2）复杂地质边界条件和岩石力学性质差异是造成地应力场分布非均质强的重要原因，气藏开发对井眼周围地应力状态扰动明显，甚至能造成现今地应力方向发生 90°偏转；（3）博孜 1 气藏这类超深储层的井位部署要充分考虑现今地应力和邻井开发状态引起的扰动，建议采用大斜度井的方式尽可能多穿有利区带，来克服强非均质在储层和钻井方面带来的困难。

关键词：超深储层；现今地应力场；地质力学；非均质性；大斜度井；博孜气藏

塔里木盆地库车坳陷是典型的深层—超深层天然气富集区，近年来塔里木油田的勘探重点逐渐走向埋深超过 6000m 的超深层。由于强烈的成岩压实作用和胶结作用，超深储层极为致密[1-4]，需通过压裂改造沟通天然裂缝才能改善致密储层的渗透率，成为有效的油气渗流通道。另外，库车坳陷构造极其复杂，地表起伏大、浅层地层倾角高、地下发育巨厚膏盐岩[5]，在钻井提速、完井改造方面带来了极大困难。

当前实践经验表明，储层地质力学通过研究储层岩石力学性质、地应力状态以及天然裂缝特征，对超深层勘探、评价、开发及工程等方面有重要作用[6-8]，特别是现今地应力及其控制下的裂缝状态，对超深层储层品质和气井产能起到关键作用。目前，学者对克拉苏构造带博孜区块沉积、构造、储层等方面已开展了不同程度的研究，但对于地应力的研究不够深入，对地应力分布特征及其影响因素认识不足，制约了该区块勘探开发进程。因此，针对上述问题，有必要开展现今地应力研究，查明其在三维空间的分布特征，明确控制其分布规律的影响因素，并为井位部署及储层改造提产提供有力依据，支持该区块高效开发。本文以博孜 1 气藏为例。

1 区域地质概况

库车坳陷位于塔里木盆地北部，夹持于南天山造山带与塔北隆起之间。博孜 1 气藏位于库车坳陷克拉苏构造带西部的博孜区块（图 1a）。燕山晚期以来，克拉苏构造带经历剧烈构造挤压，在库车中、晚期挤压最为强烈，定型于喜马拉雅晚期，形成了现今逆冲叠瓦状的构造格局（图 1b）[9-11]。

博孜 1 气藏为受两条北倾逆断层所夹持的轴

收稿日期：2021-04-05

基金项目：国家重大科技专项（2016ZX05051）；中国石油天然气股份有限公司重大科技专项（2018E-1803）；中国博士后科学基金（2019M660269）联合资助。

第一作者简介：徐珂（1991—），男，新疆库尔勒人，博士/博士后，2018 年毕业于中国石油大学（华东）地质学专业，工程师，从事地质力学的科研工作。

E-mail：xukee0505@163.com Tel：0996-2175452

向近北东东向的长轴断背斜，构造走向与两条边界断裂走向基本一致。内部发育一系列由两条倾向相反的断层所夹持的背冲构造（图 1b、c），也叫突发构造。勘探实践表明，该构造是库车坳陷优质的油气藏构造类型[12]，博孜 1 气藏也是当前开发的重点区块之一。

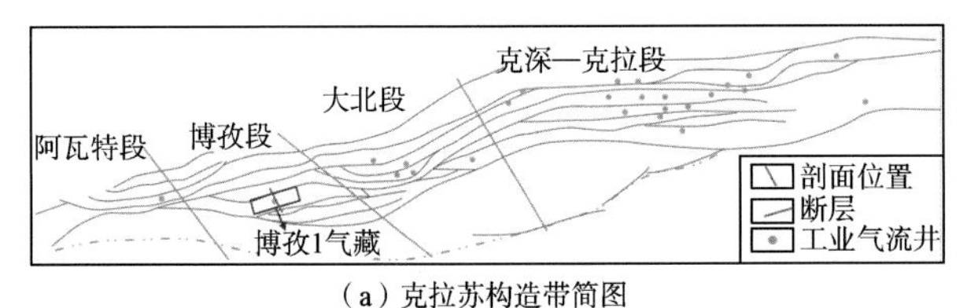

（a）克拉苏构造带简图

（b）过博孜1气藏构造剖面

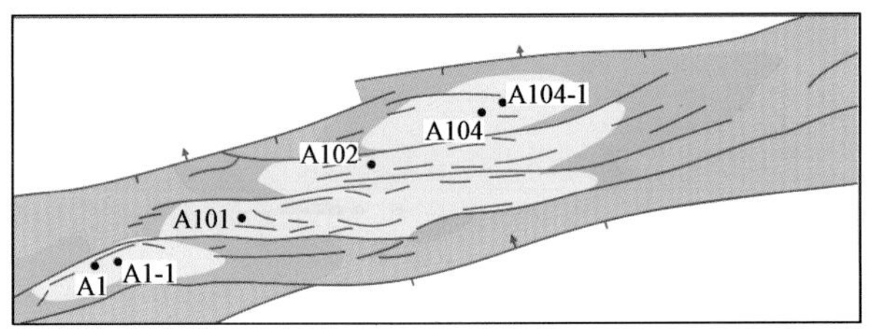

（c）博孜1气藏巴什基奇克组顶面构造图

图 1　博孜 1 气藏构造位置、构造剖面及岩性柱状图

博孜区块钻遇地层从上至下依次为第四系西域组（Q_1x），新近系库车组（N_2k）、康村组（$N_{1-2}k$）、吉迪克组（N_1j），古近系苏维依组（$E_{2-3}s$）、库姆格列木群（$E_{1-2}km$），白垩系巴什基奇克组（K_1bs），巴西改组（K_1bx）。库姆格列木群为一套厚度分布差异巨大的膏盐岩层，具有塑性流动特征，其流动能够控制盐下断冲构造的发育及储层的演化[13]。储层为白垩系巴什基奇克组第二、第三岩性段，其中第二岩性段为辫状河三角洲前缘亚相沉积，平均孔隙度为 3.7%；第三岩性段为扇三角洲前缘亚相沉积，孔隙度 4%～7%。渗透率 1.47mD。储层岩性以细砂岩为主，其次为中砂岩、粗砂岩、粉砂岩和含砾砂岩，为特低孔低渗储层。博孜区块预探井的测试表明，天然气甲烷含量高，平均为 88.6%，重烃（C_{2+}）和氮气（N_2）含量低，CO_2 含量很少，不含 H_2S。

2 研究方法

2.1 单井地应力测井解释

综合采用微电阻率成像测井和六臂井径测井结合的方法，综合准确识别不同部位现今地应力方向。在钻井过程中，随着井筒岩心的取出，井壁在围压的作用下会产生应力的集中，引起钻井诱导缝的发育，当应力集中超过井孔周围岩石的破裂强度，则发生井壁崩落[14]。诱导缝走向指示最大水平主应力方向，而井壁崩落方位一般垂直于最大水平主应力方向[15]（图 2a）。图 2b 为 A104 井在 6773～6776m 范围内的诱导缝，据此判定该井最大水平主应力方位为 87°。

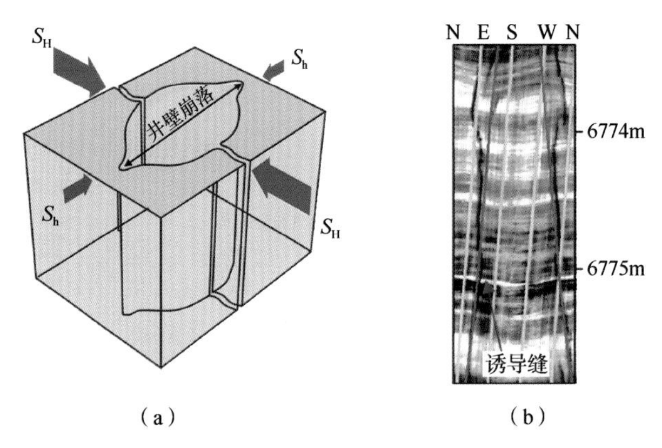

图 2　井壁行迹判别最大水平主应力方向

油田实践表明，“组合弹簧模型”考虑了弹性模量对地应力的影响，最适用于挤压作用强烈的库车坳陷。组合弹簧计算模型如下[16]：

$$\begin{cases} S_{\mathrm{H}} = \dfrac{\mu}{1-\mu}\left(S_{\mathrm{V}} - \alpha P_{\mathrm{p}}\right) + \dfrac{E\xi_{\mathrm{H}}}{1-\mu^2} + \dfrac{\mu E\xi_{\mathrm{h}}}{1-\mu^2} + \alpha P_{\mathrm{p}} \\ S_{\mathrm{h}} = \dfrac{\mu}{1-\mu}\left(S_{\mathrm{V}} - \alpha P_{\mathrm{p}}\right) + \dfrac{E\xi_{\mathrm{h}}}{1-\mu^2} + \dfrac{\mu E\xi_{\mathrm{H}}}{1-\mu^2} + \alpha P_{\mathrm{p}} \end{cases} \tag{1}$$

其中，S_H 为最大水平主应力，MPa；S_h 为最小水平主应力，MPa；S_V 为垂向主应力，MPa；P_p 为孔隙压力，MPa；μ为泊松比；E 为弹性模量，GPa；α 为 Biot 系数；ξ_H 和ξ_h 分别为最大、最小主应力方向的应变量。其中，E 和μ的计算公式如下：

$$\begin{cases} E = \dfrac{\rho_{\mathrm{b}}}{\Delta t_{\mathrm{s}}^2} \cdot \dfrac{3\Delta t_{\mathrm{s}}^2 - 4\Delta t_{\mathrm{p}}^2}{\Delta t_{\mathrm{s}}^2 - \Delta t_{\mathrm{p}}^2} \\ \mu = \dfrac{\Delta t_{\mathrm{s}}^2 - 2\Delta t_{\mathrm{p}}^2}{2\left(\Delta t_{\mathrm{s}}^2 - \Delta t_{\mathrm{p}}^2\right)} \end{cases} \tag{2}$$

其中，ρ_b 为岩石密度，kg/m^3；Δt_p 和 Δt_s 分别为纵波时差和横波时差，μs/ft。

公式（1）中的ξ_H和ξ_h系数难以直接确定，利用水力压裂施工数据确定特定位置上的 S_h 实测点数据，以此作为约束和刻度依据，间接确定ξ_H 和 ξ_h 的值。一般来说，在水力压裂的过程中，停泵压力为裂缝闭合压力值，等于最小水平主应力 S_h，则最大水平主应力 S_H 计算方法为[17]：

$$\begin{cases} S_h = P_c \\ S_H = 3S_h - P_r - P_p \end{cases} \quad (3)$$

其中，P_c 为停泵压力，MPa；P_r 为裂缝重新开启压力，MPa。

对于没有水力压裂数据的情况，也可以通过井壁破裂信息反演现今应力场状态。从 FMI 上可以判断井壁崩落宽度 ω，而崩落宽度与岩石单轴抗压强度以及地应力状态有定量的数学计算关系[17]。因此，可以根据 ω 及公式（1）所计算的井壁崩落位置单轴抗压强度反演 S_h 和 S_H 的梯度范围，本次研究中也主要利用这种井壁破裂行迹反演的方法确定地应力场的状态。如图 3 所示，为 A104 井的井壁崩落图像和应力四边形。可以看出，对于 A104 井而言，应力机制落于 SS 的范围内，即满足 $S_H>S_V>S_h$，为走滑型应力机制。在 6765m 左右的深度上，最小水平主应力的梯度约 2.12MPa/100m，即约 140MPa，最大水平主应力的梯度 2.65～2.71MPa/100m，即 175～180MPa。一般来说，对于超过 6500m 这样的超深地层应为 Ia 类地应力状态（$S_V>S_H>S_h$），可见 A 气藏所处的克拉苏构造带正持续遭受强烈的水平挤压作用，水平应力差较大，总体约 30MPa 以上。

根据上述方法，对博孜 1 气藏多口井开展了

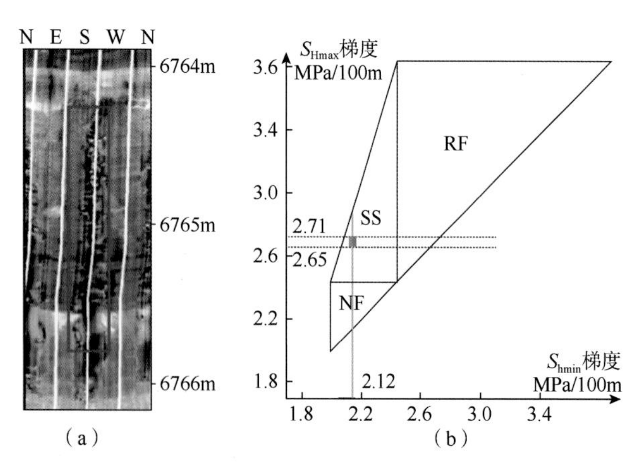

图 3　基于应力四边形反演现今地应力大小

一维地质力学模型，明确其岩石力学参数、地应力的连续变化规律（图 4）。

表 1 为博孜 1 气藏 6 口井的岩石力学参数及现今地应力统计，其中现今地应力参数作为三维应力场数值模拟的约束条件。需要说明的是，A1-1 井和 A104-1 井为两口开发井，部署于 A1 井和 A104 井投产后若干年，分别距离 A1 井和 A104 井 500m 和 700m，一定程度上可以反映气藏投产若干年后的地应力特征。

2.2 三维现今地应力场数值模拟

有限个离散点的地应力参数只能反映井点局部地应力场情况，难以反映气藏整体的分布特征。采用有限元数值模拟法，对博孜 1 气藏开展三维现今地应力场的分析。

2.2.1 原理及工作流程

有限元数值模拟法的基本思路为[18]：首先将地质体进行离散化处理，称为若干有限个单元，单元之间由节点相连，将相应的岩石力学参数赋予到对应的单元中。研究区内场函数的基本变量包括位移、应力和应变，根据边界受力条件和节点平衡条件，求出以节点位移为未知量，以总体刚度矩阵为系数方程组的解，求取各个节点上的位移，进而能够对每个单元内的应力和应变值进行计算。

有限元数值模拟的流程如图 5 所示，主要包括以下几个步骤[19, 20]：

第 1 步，建立实体模型。模型的准确与否直接决定结果的可靠性及精度，模型的准确程度包括断层的展布与形态、层面的起伏以及纵向的分层。

第 2 步，确定材料属性并划分网格。正确的材料属性与准确的参数保证了预测结果的准确性。

第 3 步，施加荷载和边界约束条件。为了防止施加应力载荷后模型产生刚性漂移，需要对模型施加一定的约束，以得到收敛解。

第 4 步，求解、后处理及分析对比。求解、运算由软件自动完成，包括地质体的位移、应力、应变等。将预测结果与实测结果对比，若不符合要求或未满足预期精度，则重复第 3 步，调整或修改加载方式，若符合要求或满足了预期精度，则结束运算，输出结果。

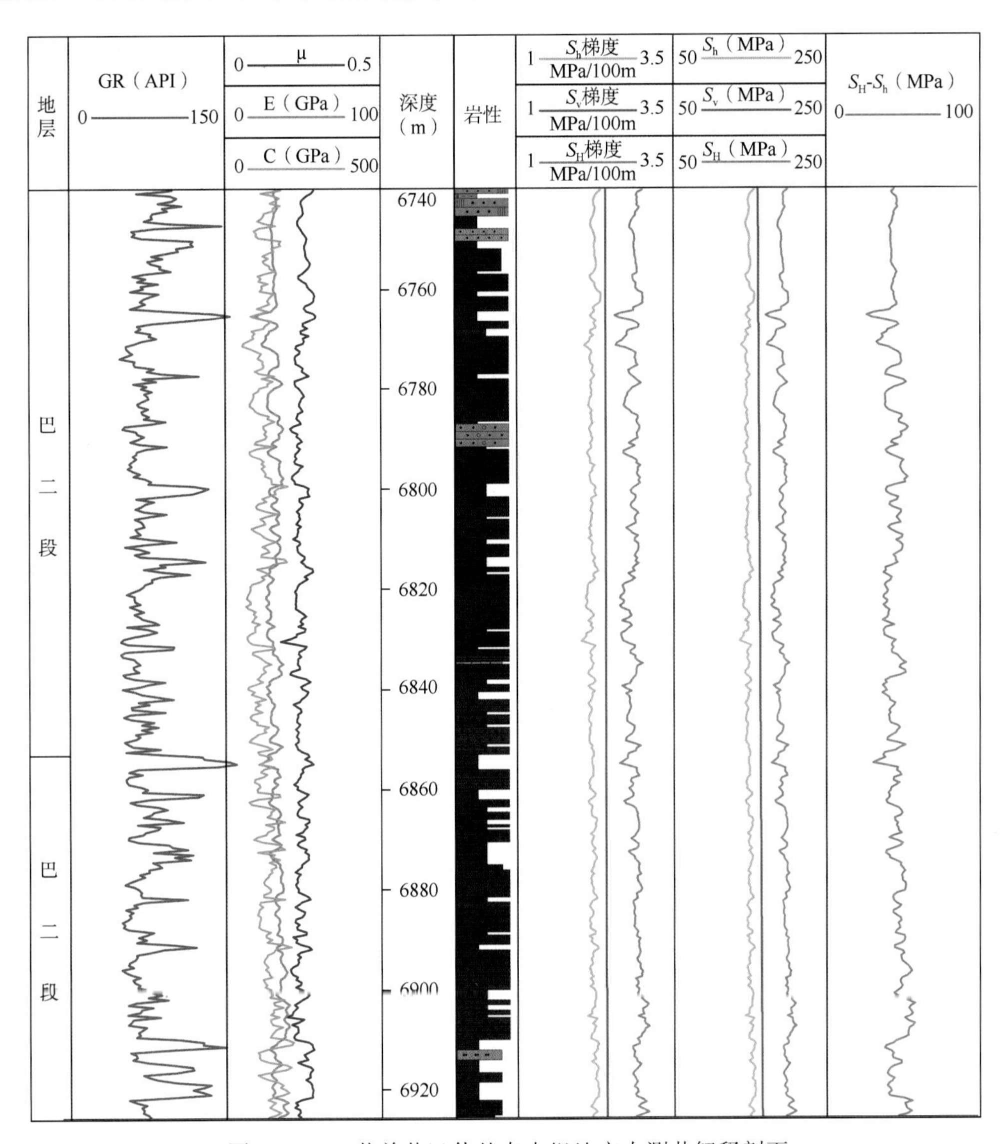

图 4　A104 井单井巴什基奇克组地应力测井解释剖面

表 1　博孜 1 气藏单井地质力学参数

井号	深度（m）	E（GPa）	μ	C（MPa）	S_H（MPa）	S_h（MPa）	S_V（MPa）	S_H方向（°）
A1	7043	58.8	0.21	110.4	184.8	157.5	169.3	20
A101	6998	47.6	0.26	94.3	179.3	148.3	168.2	19
A102	6832	50.2	0.21	90.2	175.5	143.2	164.2	65
A104	6774	35.5	0.23	93.6	179.4	144.1	164.2	87
A1-1	6855	44.7	0.24	96.7	180.8	149.6	164.8	110
A104-1	6846	46.8	0.26	91.2	175.5	140.4	164.5	170

2.2.2 结果及误差分析

以 A1 井、A101 井、A102 井及 A104 井为约束，通过有限元模拟及计算，得到了博孜 1 气藏现今地应力分布特征（图 6）。模拟结果与实测结果对比（表 2）可见，最大水平主应力数值的平均误差为 4%，最小水平主应力数值的平均误差为 3.9%。所有误差均在 10%以内，表明本次开展的现今地应力模拟结果可信度较高。

博孜 1 气藏三维应力场模拟结果可见（图 7），地应力的非均质性比较强，最大水平主应力数值分布趋势总体为北低南高，背斜高点呈低值，与实测数据的分布趋势一致。最大水平主应力数值

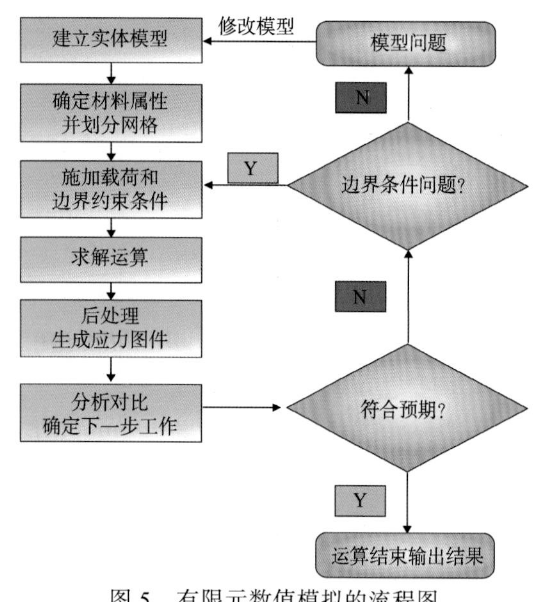

图 5 有限元数值模拟的流程图

主要介于 175～190MPa，随埋深增大，最大水平主应力值增大（图 7a）。最小水平主应力数值的分布趋势与最大水平主应力分布趋势类似，总体呈北低南高，背斜高点表现为低值，数值主要介于 135～150MPa，应力值随埋深增大而增大（图 7b）。水平应力差较高，数值在 30MPa 以上，分布较为离散，背斜高点的水平应力差较低（图 7c）。博孜 1 气藏的最大水平主应力方向分布差异大，但规律性较强，自西向东逐渐从 NE 偏转至 EW 向，东部又偏转为 NE 向，在 A102 井和 A104 井所处的高部位的现今最大水平主应力方向呈近 EW 向。需要注意的是，A1-1 井与 A104-1 井的最大水平主应力方向均与邻井最大水平主应力方向呈近 90° 夹角。

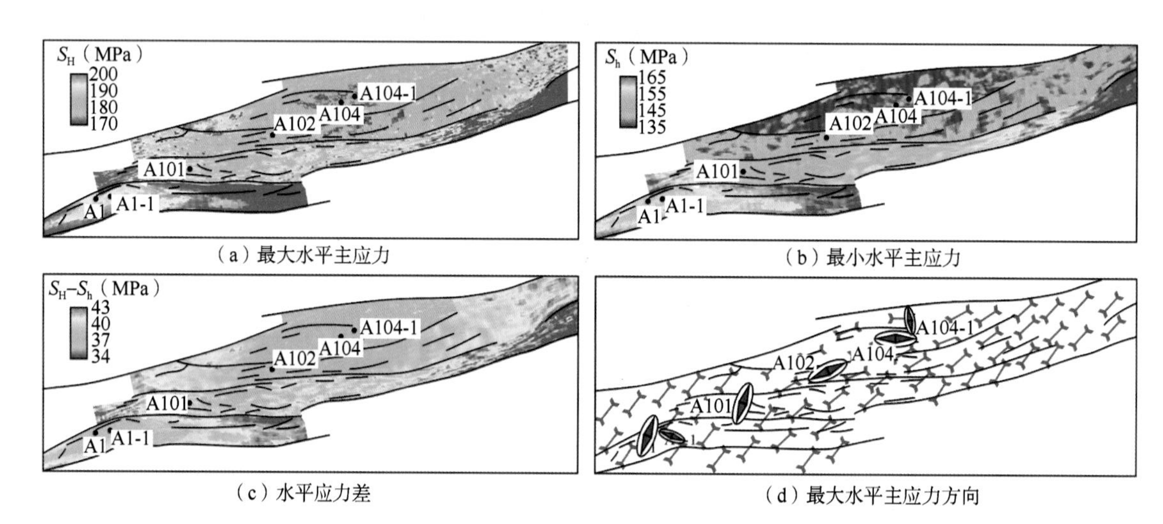

图 6 博孜 1 气藏现今应力场模拟结果

表 2 现今地应力数值模拟结果分析

井名	深度（m）	S_H			S_h		
		实测（MPa）	模拟（MPa）	误差（%）	实测（MPa）	模拟（MPa）	误差（%）
A1	7043	184.8	193.6	4.76	157.5	150.2	–4.63
A101	6998	179.3	190.5	6.25	148.3	148.8	0.34
A102	6832	175.5	176.8	0.74	143.2	148.7	3.84
A104	6774	179.4	171.2	–4.57	144.1	136.7	–5.14

3 讨 论

3.1 地应力场非均质分布机理

地应力是地壳内部应力的总和，包括构造应力、重力和流体引起的应力等。地应力赋存于组成地质体的岩石中，影响其分布的因素非常多[18]。对于油气藏来说，影响因素主要包括所处的构造背景（地质边界条件）、储层岩性、断裂、流体、温度以及勘探开发过程的人为扰动等，不同类型的油气藏，主控因素不一。

3.1.1 地质边界条件

博孜 1 所处的库车坳陷地质背景非常复杂，不同地质边界条件会造成应力状态分布的很大差异。图 7 为地质边界条件引起的地应力非均质分

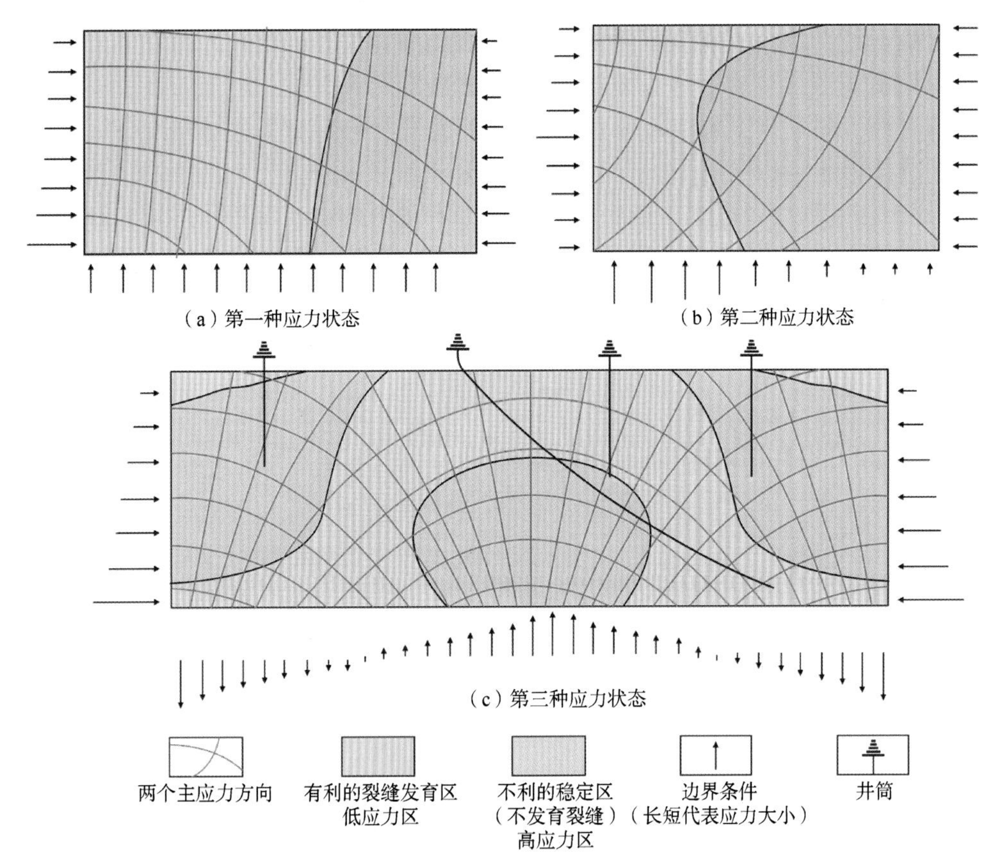

图 7　地质边界条件引起的地应力非均质分布

（据 Hafner，1951，修改，转引自文献[21]）

布，第一种应力状态为水平挤压自上而下逐渐增大，而且在同一水平面上，两端挤压力不等，左端大于右端（由箭头长度表示；图 7a）。该边界条件下的最大主应力与最小主应力方向为蓝线和黄线所示，可见蓝色水平向的应力方向变化非常明显，图中浅橘色区域代表该应力状态下裂缝分布区，浅蓝色区域代表不足以产生裂缝的稳定区，二者范围有所不同。第二种应力状态为水平挤压在左端自上向下先增大再减小，右端保持均匀，并且自左至右呈指数递减，该状态下两个主应力方向变化尤为显著，且稳定区大于裂缝发育区，后者局限于左端的狭窄地段。第三种应力状态为在岩块底面上作用着正弦曲线状的垂向应力，两端为自上至下逐渐增加的水平挤压，这种应力状态下地应力和裂缝的分布比较复杂，稳定区和裂缝区交替分布。在 6500m 以深的超深层，裂缝是重要的储集空间和渗流通道，裂缝形成后应力释放，现今应力场往往表现为低值，所以认为裂缝发育的低应力区带是有利区，而未形成裂缝的高应力区为不利区，二者分别对应图中浅橘色和浅蓝色区域。

可见，不均匀地质边界条件大大加剧了地应力和断裂分布的复杂性，而不均匀受压是自然界常见情况，甚至更为复杂，真实地质边界条件下控制的地应力场分布的非均质性只会更强更复杂。这就解释了博孜 1 气藏具有强非均质性的原因，在该区块部署井位也不能简单地采用传统“沿长轴、占高点”的方式，因为在构造高部位也可能钻遇具有高应力的不利位置。

3.1.2 *岩石力学性质*

岩性也是影响地应力分布的重要内在因素之一。岩石力学性质对地应力的影响体现在岩石力学参数，对地应力数值和方向均有不同程度的影响。博孜 1 气藏诸多单井表明，地应力值与岩性、裂缝发育、含气性等参数关联显著。发育裂缝的含气层，其地应力值最低，其次为不发育的含气层，再次为泥岩段或泥质含量高的层段，具有较高的地应力值，而厚层且不含气的干层，往往具有很高的地应力值。即地应力值：发育裂缝的含气砂岩<无/少裂缝的含气砂岩<泥岩<干层砂岩。而常规岩石力学实验结果往往是砂岩应力高，泥岩应力低。之所以有这样的现象，是因为深部地

下储层的流体（油、气、水等）能够弱化岩石力学性质[22]，从而降低了砂岩储层的地应力值；其次，储层岩石发育的天然裂缝在形成过程中释放了部分能量，同样降低了岩石中富集的应力；另外，当砂泥岩同时受力时，深部泥岩具有一定塑性不易破裂、能量聚集，因此赋予了较高的应力，砂岩则通过产生裂缝释放部分能量，内部聚集的应力较低，而未产生裂缝的砂岩则依旧聚集了很高的应力。因此，在井位部署和储层改造的射孔层段选择时，不仅要考虑物性好的砂岩段，还要充分考虑地应力因素，尽可能多优选低应力区和低应力层段。

3.2 现今地应力方向分布规律分析

3.2.1 静态因素

图 7d 为现今最大水平主应力方向在平面的分布，表现为自西向东逐渐从北东向近东西向偏转的趋势。然而，现今地应力方向在纵向上也有规律性变化。如图 8a，为 A104 井现今最大主应力方向在目的层自上到下的变化，可见呈现出从东西向至北南向偏转。之所以出现这样的特征，是由于背斜构造的局部应力场叠加至区域应力场导致的。如图 8b 所示，是一个走向为东西向的背斜构造示意图，在背斜顶部存在局部张应力带，其最大水平主应力方向与背斜走向平行，即东西方向。而在中和面至下，存在局部压应力带，其最大水平主应力方向与背斜走向垂直，即北南方向。局部张应力自上至下逐渐减弱，局部压应力自上至下逐渐增强。当局部应力与区域应力叠加，就造成了背斜构造现今地应力方向发生规律偏转，即从上至下表现为东西向至北南向规律偏转。这就解释了图 7d 中 A102 井和 A104 井所处的高部位的现今最大水平主应力方向呈近东西向偏转的原因。

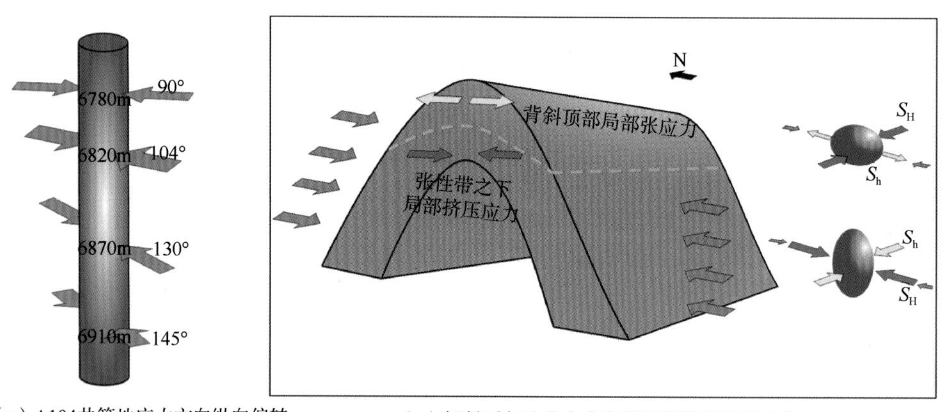

（a）A104井筒地应力方向纵向偏转 （b）褶皱引起地应力方向纵向偏转的机理示意

图 8 现今地应力方向纵向偏转机理

3.2.2 动态因素

A1-1 井与 A104-1 井的最大水平主应力方向均与邻井最大水平主应力方向呈近 90°夹角，用上述背斜构造局部应力的观点无法解释。由于这两口开发井部署于 A1 井和 A104 井投产后若干年，因此认为引起这个现象的原因是由于非均质性强，井间存在非渗透条带，以及压裂改造及气藏持续开发引起孔隙压力的改变导致井眼周围局部地应力状态发生变化。

在气藏开发过程中，随天然能量递减，孔隙压力下降。若孔隙压力的降低 ΔP_p，则水平应力会发生变化，降低 $A\Delta P_p$。如果存在一条非渗透的条带，其两侧法线方向应力也降低 $A\Delta P_p$（图 9），那

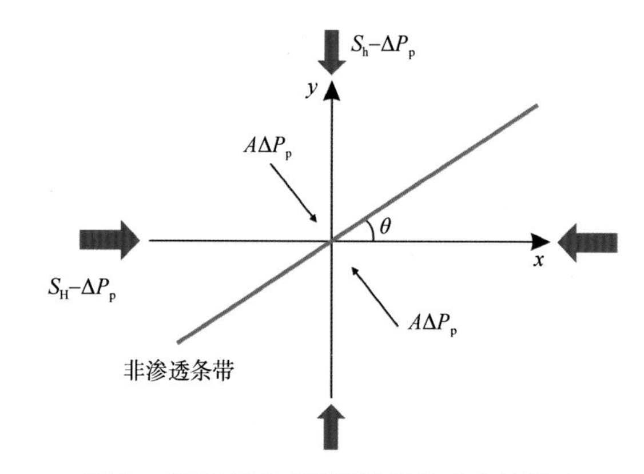

图 9 储层衰减对断层附近地应力的影响

么 A 为水平应力变化与孔隙压力变化的比值，$A=\alpha\dfrac{1-2\mu}{1-\mu}$，$\alpha$为 Biot 系数。则有

$$\begin{cases} \sigma_x = S_H - A\Delta P_p - \dfrac{A\Delta P_p}{2}(1-\cos 2\theta) \\ \sigma_y = S_h - A\Delta P_p - \dfrac{A\Delta P_p}{2}(1+\cos 2\theta) \\ \tau_{xy} = \dfrac{A\Delta P_p}{2}\sin 2\theta \end{cases} \tag{4}$$

公式（4）为孔隙压力变化引起的非渗透条带附近新应力状态，σ_x 为 x 方向的分量，σ_y 为 y 方向的分量；τ_{xy} 为剪应力；θ 为断层与最大水平主应力方向的夹角。故最大水平主应力的转角度 γ 为

$$\begin{aligned} \gamma &= \frac{1}{2}\tan^{-1}\left(\frac{2\tau_{xy}}{\sigma_x - \sigma_y}\right) \\ &= \frac{1}{2}\tan^{-1}\left[\frac{A\Delta P_p \sin 2\theta}{(S_H - S_h) + A\Delta P_p \cos 2\theta}\right] \end{aligned} \tag{5}$$

若用 q 表示孔隙压力的变化量与水平差应力的比值，有

$$q = \frac{\Delta P_p}{S_H - S_h} \tag{6}$$

那么，最大水平主应力的转角度 γ 可以表示为

$$\gamma = \frac{1}{2}\tan^{-1}\left(\frac{Aq\sin 2\theta}{1 + Aq\cos 2\theta}\right) \tag{7}$$

因此，应力偏转是由 τ_{xy} 引起的，当 q 和 θ 较大时，孔隙压力能导致明显的应力偏转。按照表 1 读取的博孜 1 气藏相关参数进行计算，A1-1 井与 A1 井相比，其最大水平主应力方向偏转 86.8°；A104-1 井与 A104 井相比，其最大水平主应力方向偏转 83.2°；二者皆接近 90°，与实际情况相符。

需要说明的是，非渗透带可能是较为致密的岩体或者裂缝带甚至断层，对于裂缝带或者断层而言，地应力状态的变化会改变其渗透性能。因此随着开发的进行，非渗透裂缝/断裂带可能活动为渗透带，地应力方向也会进一步改变。对于博孜 1 气藏而言，目前没有迹象表明 A1 井与 A1-1 井、A104 井与 A104-1 井之间发育断层，但博孜 1 气藏整体裂缝比较发育，因此极有可能是井间非渗透裂缝带引起造成的井间地应力方向差异。

另一方面，储层压裂改造引起压裂缝周围一定范围内地应力状态的改变，表现为应力值的增大与应力方向的偏转。在压裂后的生产过程中，孔隙压力不断衰竭，且在裂缝走向方向衰减的程度高于垂直裂缝走向的方向，即孔隙压力在最大水平主应力方向衰减程度高，而在最小水平主应力方向的衰减程度低[23]。这很可能导致原最大水平主应力值小于原最小水平主应力值，从而导致两个水平主应力方向在一定区域内发生反转。

因此，井间存在非渗透性条带和压裂改造及气藏开发过程可能是造成这种现象的原因。

4 高效开发建议

鉴于现今地应力对库车坳陷超深储层品质和气井产能具有重要控制作用[24]。在博孜 1 区块部署井位除了考虑常规物性因素，还要充分考虑现今地应力的分布。一般而言，低应力区是具有优势的有利位置，即优选图 7b 中蓝色、绿色部位。然而博孜 1 气藏现今地应力的非均质强，加之埋深大、地震资料品质较低，预测结果具有一定误差，而且钻井井眼也很难精确“中靶”，有可能钻遇到临近优势区的不利部位，即红色的高应力带。因此，建议采用斜井的方式，增加穿过有利区的概率，如图 7 所示，大斜度井比直井更容易多穿优势带，减小失利的可能。另一方面，博孜 1 气藏为走滑型应力机制，这种情况下，沿着最大水平主应力方向或与其呈 45°夹角的范围是最稳定的优势方位区间[25]，而沿垂向主应力（S_V）方向是最不稳定的方向，即直井并不是安全稳定的井型。

另外，开发井的部署还要充分考虑邻井的开发状态，明确其扰动范围和程度，并查明井周非渗透带分布及变化，避免由于开发状态导致气藏地应力特征认识不足而误判井位部署方案。通过以上原则努力实现天然气产量的高产稳产。

5 结　论

（1）博孜 1 气藏埋藏超 6500m，现今应力场仍普遍为走滑型（Ⅲ类），现今地应力值高、水平应力差大，且非均质性强。现今最大水平主应力方向分布具规律性，平面上由西向东从北东向逐渐偏转为近东西向再偏转为北东向，背斜局部位置纵向上自上到下从近东西向偏转为近北南向。

（2）地质边界条件和岩石力学性质是造成地应力场分布非均质强的重要原因。裂缝的发育和流体差异加剧了这种非均质性。储层中非渗透带和气藏开发状态对井眼周围具地应力状态有明显

扰动，甚至能造成现今地应力方向发生 90°偏转。

（3）博孜 1 气藏这类超深储层的井位部署不能单一考虑常规物性因素，还需进一步考虑现今地应力的影响，开发井的部署还需充分考虑邻井开发状态。

（4）大斜度井具有优势区穿越广及井眼轨迹安全稳定的双重优势，是克服储层强非均质的有效手段。

参考文献

[1] 杨学文. 塔里木盆地超深油气勘探实践与创新[M]. 北京：石油工业出版社，2019.

[2] 戴金星，倪云燕，吴小奇. 中国致密砂岩气及在勘探开发上的重要意义[J]. 石油勘探与开发，2012，39（3）：257-264.

[3] 贾承造，郑民，张永峰. 中国非常规油气资源与勘探开发前景[J]. 石油勘探与开发，2012，39（2）：129-136.

[4] 李建忠，郭彬程，郑民，等. 中国致密砂岩气主要类型、地质特征与资源潜力[J]. 天然气地球科学，2012，23（4）：607-615.

[5] 田军. 塔里木盆地油气勘探成果与勘探方向[J]. 新疆石油地质，2019，40（1）：1-11.

[6] 杨海军，张辉，尹国庆，等. 基于地质力学的地质工程一体化助推缝洞型碳酸盐岩高效勘探——以塔里木盆地塔北隆起南缘跃满西区块为例[J]. 中国石油勘探，2018，23（2）：27-36.

[7] 江同文，张辉，王海应，等. 塔里木盆地克拉 2 气田断裂地质力学活动性对水侵的影响[J]. 天然气地球科学，2017，28（11）：1735-1744.

[8] 张辉，尹国庆，王海应. 塔里木盆地库车坳陷天然裂缝地质力学响应对气井产能的影响[J]. 天然气地球科学，2019，30（3）：379-388.

[9] Zhang T， Fang X， Song C. Cenozoic tectonic deformation and uplift of the South Tian Shan ： Implications from magnetostratigraphy and balanced crosssection restoration of the Kuqa depression[J]. Tectonophysics，2014（628）：172-187.

[10] 周鹏，唐雁刚，尹宏伟，等. 塔里木盆地克拉苏构造带克深 2 气藏储层裂缝带发育特征及与产量关系[J]. 天然气地球科学，2017，28（1）：135-145.

[11] 王珂，杨海军，张惠良，等. 超深层致密砂岩储层构造裂缝特征与有效性——以塔里木盆地库车坳陷克深 8 气藏为例[J]. 石油与天然气地质，2018，39（4）：719-729.

[12] 冯许魁，刘军，刘永雷，等. 库车前陆冲断带突发构造发育特点[J]. 成都理工大学学报（自然科学版），2015，42（3）：296-302.

[13] 王招明. 试论库车前陆冲断带构造顶蓬效应[J]. 天然气地球科学，2013，24（4）：671-677.

[14] Zoback M D，Barton C A，Brudy M，et al. Determination of stress orientation and magnitude in deep wells[J]. International Journal of Rock Mechanics & Mining Sciences，2003，40（7-8）：1049-1076.

[15] Yin S，Ding W，Zhou W，et al. In situ stress field evaluation of deep marine tight sandstone oil reservoir：A case study of Silurian strata in northern Tazhong area，Tarim Basin，NW China[J]. Marine & Petroleum Geology，2017（80）：49-69.

[16] 李志明，张金珠. 地应力与油气勘探开发[M]. 北京：石油工业出版社，1997.

[17] Zoback M D. Reservoir geomechanics[M]. Cambridge ： Cambridge University Press，2007：206 265.

[18] 徐珂. 南堡凹陷高尚堡油藏现今地应力研究[D]. 青岛：中国石油大学（华东），2019.

[19] Ju W，Xu K，Shen J，et al. A workflow to Predict the Presentday in-situ Stress Field in Tectonically Stable Regions[J]. Journal of Environmental & Earth Sciences，2019，1（2）：42-47.

[20] 徐珂，戴俊生，商琳，等. 南堡凹陷现今地应力特征及影响因素[J]. 中国矿业大学学报，2019，48（3）：570-583.

[21] 谢仁海，渠天祥，钱光谟. 构造地质学[M]. 北京：中国矿业大学出版社，2007：169.

[22] 周青春. 温度、孔隙水和应力作用下砂岩的力学特性研究[D]. 武汉：中国科学院研究生院（武汉岩土力学研究所），2006：28-56.

[23] 董光，邓金根，朱海燕，等. 重复压裂前的地应力场分析[J]. 断块油气田，2012，19（4）：485-488.

[24] 江同文，张辉，徐珂，等. 克深气田储层地质力学特征及其对开发的影响[J]. 西南石油大学学报（自然科学版），2020，42（4）：1-12.

[25] 李玉飞，付永强，唐庚，等. 地应力类型影响定向井井壁稳定的规律[J]. 天然气工业，2012，32（3）：78-80+130-131.

塔里木深层碎屑岩油藏注烃类气提高采收率技术研究与实践

徐永强　周代余　伍藏原　闫更平　邵光强　李　杨

（中国石油塔里木油田分公司　新疆库尔勒　841000）

摘　要：塔里木油田深层碎屑岩油藏整体已进入开发中后期阶段，提高采收率面临极大挑战，而注气驱则是这类油藏提高采收率的现实技术方向。总结近些年来塔里木深层碎屑岩油藏注烃类气提高采收率方面的研究与实践，室内实验表明：塔里木各个深层碎屑岩油藏注烃类气可起到膨胀降黏作用，但多数油藏在目前的地层压力下注烃类气无法与原油达到混相，部分油藏可达到近混相状态；采用水驱后进行水气交替驱替方式更为合理，借助轻烃与原油能够一次接触混相特性，水驱后进行轻烃驱，之后进行天然气驱，最终可大幅度提高采收率。东河 1CⅢ和塔中 402CⅢ油藏采用不同的气驱模式进行开发，尤其是东河 1CⅢ油藏注气方案实施已得到了较好的应用效果，其经验和启示对深层碎屑岩油藏注气提高采收率技术研究及实践具有较大借鉴意义。

关键词：塔里木油田；深层碎屑岩油藏；提高采收率；烃类气驱；重力驱

提高采收率是油田开发永恒的主题，气驱作为提高采收率的重要方法，已在世界范围已得到了广泛应用[1, 2]。气驱采油包括多项复杂的机理，可改变地层流体性质、补充地层能量，尤其是实现混相驱替后，理论微观驱油效率可达 100%。此外，气体具有渗流阻力低，注入能力强，易于驱替剩余油的特点，这些因素使气驱技术得到了迅猛发展。国外注气提高采收率技术较为成熟，最为领先的是美国和加拿大，已形成了一套注气开发理论体系，以及从室内物理模拟到油田先导性试验，再到工业化推广应用的一整套实践模式[3-5]。我国的注气技术发展起步较晚，但近些年来，各大油田纷纷开展注气提采的探索性研究并取得了一定进展[6-9]。塔里木油田深层碎屑岩油藏整体已进入开发中后期的高含水、高采出阶段，受油藏埋藏深（3600 ~ 5750m）、温度高（109 ~ 140℃）、矿化度高（99724 ~ 272000mg/L）等不利因素的影响，提高采收率面临极大挑战。而注气驱替则不受油藏高温、高盐等苛刻条件的限制，因此进行注气驱是塔里木深层碎屑岩油藏提高采收率的现实技术方向。从 2013 年开始，塔里木油田率先在东河塘油藏开展注气室内实验，2014 年 7 月第一口注气井开始注气，正式拉开了深层碎屑岩油藏注气开发的序幕。目前，通过不断深入研究以及现场试验，已基本形成了深层碎屑岩油藏开发中后期注气提高采收率配套技术。为此，笔者总结近年来深层碎屑岩油藏注烃类气提高采收率技术的进展，分析代表性油藏进行烃类气驱的矿场试验效果，其取得的经验可对进一步完善深层碎屑岩油藏烃类气驱油技术的发展以及规模化推广提供借鉴。

1　室内实验研究

通过室内实验分析油藏条件下注入气与原油的相态、性质变化特征，研究油气能否混相以及不同注入方式下驱油效率等，明确注气提

收稿日期：2021-09-30

第一作者简介：徐永强（1989—），男，新疆阿克苏人，博士，2019 年毕业于西北大学油气田地质与开发专业，工程师，主要从事油气田开发研究工作。
E-mail：421704657@qq.com　　Tel：0996-2174725

高采收率的微观机理，为气驱可行性提供依据，也为油藏数值模拟和开发方案优化设计提供基础资料。

1.1 注气膨胀实验分析

为了研究在不同烃类气注入量条件下的地层流体参数的变化，分别配制各个油藏的地层流体样品，进行了地层流体注烃类气膨胀实验。结果表明，在地层温度条件下，膨胀系数均随着烃类气注入量的增加而增大；原油黏度则随着烃类气注入量的增加而降低（图 1）。整体反映出烃类气注入油样后，可以达到很好的膨胀和降黏作用。原油体积的膨胀不但能够有效地增加地层弹性能力，还有利于膨胀后的剩余油脱离地层水及岩石表面的束缚，变成可动油，使驱油效率升高；原油黏度的降低使原油的流动能力大大提高，同时也很好的改善了油水流度比，有利于扩大波及体积，从而提高油藏最终采收率。

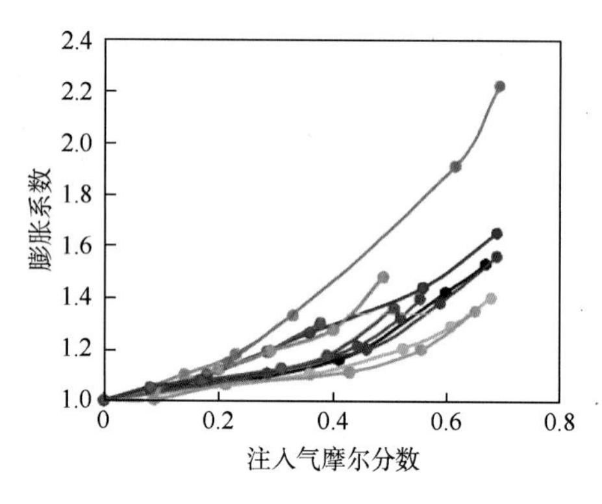

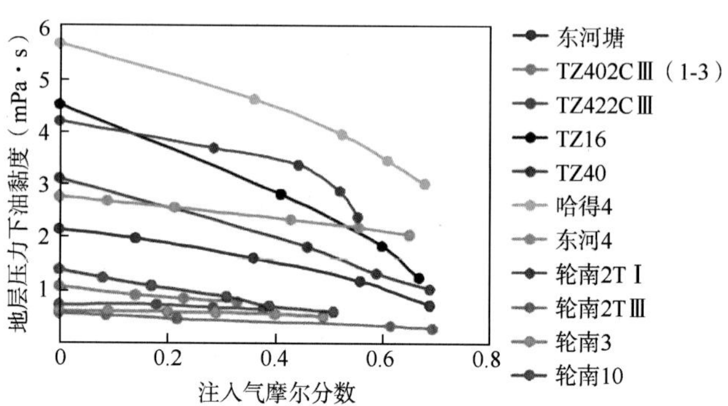

图 1 各油藏地层流体参数与注气量的关系

1.2 最小混相压力测定

混相驱一般比非混相驱具有更高的采收率，实现混相驱是注气提采的最有效的方法之一[10-12]。对于给定的油藏温度、地层原油和注入气组成，驱替压力是影响能否混相的主要因素。在细管模型提供的多孔介质条件下，通过改变驱替压力获得对应条件下的驱油效率，绘制驱替压力与驱油效率的关系曲线，曲线拐点所对应的压力即为最小混相压力[13, 14]。本次实验分别配制各个油藏的地层流体样品，测试烃类气与地层原油最小混相压力，判断能否实现混相驱。实验温度为地层温度，实验参照标准 SY/T 6573—2016“最低混相压力实验测定方法——细管法”进行。实验结果见表 1，在目前地层压力条件下，只有东河 1CⅢ、轮南 3、轮南 10 等油藏注入气与原油可以达到混相，而其他油藏则不能达到混相。部分学者认为，当地层压力略低于 MMP 时，注入气与原油达到一种

表 1 各油藏注入气与原油的最小混相压力统计

油藏	温度（℃）	地层压力（MPa）	最小混相压力（MPa）	是否混相	目前压力下驱油效率（%）
塔中 422CⅢ	108.50	31.60	42.31	非混相	58.01
塔中 16	114.00	42.00	高于 50.00	非混相	70.50
塔中 40	109.00	32.90	高于 52.00	非混相	68.50
哈得 4	112.00	43.15	54.31	非混相	77.41
东河 4	148.00	38.97	42.30	非混相	80.55
轮南 2TI	128.00	45.40	51.33	非混相	77.52
轮南 2TⅢ	121.00	49.70	51.16	近混相	87.77
轮南 3	110.70	51.77	51.68	混相	—
轮南 10	117.60	46.30	37.45	混相	—
塔中 402CⅢ含砾段	104.00	30.60	41.16	非混相	63.05
塔中 402CⅢ均质段	108.00	37.80	42.31	非混相	83.00
东河 1CⅢ	140.00	42.00	43.50	近混相	88.90

低界面张力状态，此时油气虽未完全混相，但也可以达到混相驱替的效果[15-18]。例如轮南 2TⅢ油藏，其地层压力接近最小混相压力，其驱油效率可达 87.77%，实现近混相驱。在注气开发过程中，随着注气量增加使得地层能量得到补充，同时地层压力也有所增大，近混相也可以逐渐达到混相状态。

1.3 长岩心驱替实验分析

长岩心驱替是最为常用的注气驱替实验，该实验采用真实岩心进行驱替，虽然无法排除和解释重力分异、黏性指进、润湿性及非均质性等因素造成的影响，但能够分析不同注气介质、注气方式、注气速度等因素对提采效果的影响，能够更量化地评价驱油效率。长岩心驱替实验是在加拿大 Hycal 岩心驱替装置上完成的，如图 2 所示，实验装置主要由流体注入系统、长岩心夹持系统以及采出系统组成，其中流体注入系统及长岩心驱替装置均放置在恒温箱内进行实验，工作温度上限为 200℃。实验岩心样品分别取自各个油藏的天然岩心，选取适当短岩心按一定顺序拼接组合成长岩心，为了消除岩石的末端效应，每块短岩心之间用滤纸连接。实验用水为现场所取地层水，油样配制根据标准 GB/T26981—2011“油气藏流体物性分析方法”进行，采用现场取得的流体样品进行配制。实验岩样信息及实验条件见表 2。

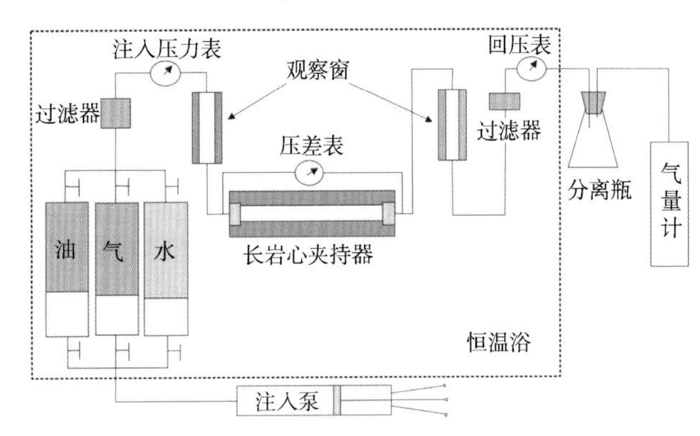

图 2　长岩心驱替实验装置

表 2　样品信息及实验条件

油藏	岩心长度（cm）	平均渗透率（mD）	平均孔隙度（%）	温度（℃）	压力（MPa）	驱替方式
东河 4	73.100	23.30	16.70	148.00	38.97	直接气驱；水驱—连续气驱
东河 1CⅢ	95.740	10.27		140.00	42.00	4 组不同注气速度下直接气驱：1mL/h、3mL/h、5mL/h、7.5mL/h
塔中 402CⅢ砾岩段	40.430	360.00	21.50	104.00	30.60	水驱—连续气驱—气水交替；水驱—气水交替—连续气驱
塔中 402CⅢ均质段	47.535	280.00	18.64	108.00	38.54	水驱后气驱；水驱后水气交替驱
塔中 422CIII	43.330	150.00	15.00	108.50	31.60	水驱—连续气驱；水驱—水气同注
塔中 16	21.700	7.80	9.70	114.00	42.00	水驱—连续气驱
塔中 40	49.500	36.00	15.00	109.00	32.90	水驱—连续气驱
轮南 2TI	177.040	354.50	18.60	128.00	45.40	直接气驱；水驱—连续气驱；水驱—水气交替驱
轮南 2TIII	195.450	395.10	21.50	121.00	49.70	直接气驱；水驱—连续气驱；水驱—水气交替驱
轮南 3	90.300	285.00	21.00	110.70	51.77	水驱—连续气驱（V=0.1mL/min）；水驱—连续气驱（V=0.2mL/min）；水驱—水气交替驱
轮南 10	85.600	118.00	18.60	117.60	46.30	水驱—连续气驱；水驱—水气交替驱
哈得 4	174.510	572.00	22.10	112.00	43.15	直接气驱；水驱—连续气驱；水驱—水气交替驱

对 12 组样品均采用不同方式进行长岩心驱替实验，实验结果见表 3 所示。可看出，直接气驱采收率高于水驱采收率，而水驱后气驱的最终驱油效率要高于直接气驱；整体上，水驱后采用水气交替注入方式的驱油效率高于连续气驱，且水气交替驱替方式更为经济。混相驱替效果明显好于非混相驱替，而近混相驱替也可以获得较好的驱替效果。在实验研究的驱替速度范围内，注气速度的变化对总驱油效率的影响不大。

1.4 微观可视化气驱实验分析

采用微观可视化模型进行驱替实验可在镜下观察驱替过程中剩余油的类型及分布变化[19-25]，进而研究气驱微观机理。本次制作反映微观孔喉

表 3 不同驱替方式效果统计

油藏	驱替方式	是否混相	驱油效率（%）							
			直接气驱	水驱	水驱后连续气驱	水驱后水气交替—连续气驱	水驱后连续气驱—水气交替	水驱后水气同注	水驱后水气交替	综合
东河 4	直接气驱	非混相	59.48							59.48
	水驱—连续气驱			52.00	15.83					67.83
东河 1CⅢ	直接气驱，驱替速度：1mL/h	近混相	89.98							89.98
	直接气驱，驱替速度：3mL/h		84.69							84.69
	直接气驱，驱替速度：5mL/h		86.75							86.75
	直接气驱，驱替速度：7.5mL/h		90.44							90.44
塔中 402CⅢ砾岩段	水驱—连续气驱—气水交替	非混相		55.31			14.92			70.23
	水驱—气水交替—连续气驱			56.13		10.77				66.90
塔中 402CⅢ均质段	水驱后连续气驱	非混相		57.40	15.87					73.27
	水驱后水气交替驱			58.38					11.93	70.31
	直接气驱		67.80							67.80
塔中 422CⅢ	水驱—连续气驱	非混相		59.92	22.58					82.50
	水驱—水气同注			53.84				21.42		75.26
塔中 16	水驱—连续气驱	非混相		45.70	25.70					71.40
塔中 40	水驱—连续气驱	非混相		44.00	15.00					59.00
轮南 2TⅠ	直接气驱	非混相	77.46							77.46
	水驱—连续气驱			57.82	22.43					80.05
	水驱—水气交替驱			59.62					31.02	90.64
轮南 2TⅢ	直接气驱	近混相	86.48							86.48
	水驱—连续气驱			65.93	23.02					88.95
	水驱—水气交替驱			67.42					25.11	92.53
轮南 3	水驱—连续气驱，驱替速度：0.1mL/min	混相		58.69	24.84					83.53
	水驱—连续气驱，驱替速度：0.2mL/min			57.68	27.67					85.35
	水驱—水气交替驱			57.38					36.61	93.99
轮南 10	水驱—连续气驱	混相		55.64	22.71					78.35
	水驱—水气交替驱			55.44					31.47	86.91
哈得 4	直接气驱	非混相	68.08							68.08
	水驱—连续气驱			50.99	21.64					72.63
	水驱—水气交替驱			50.77					23.60	73.37

结构的玻璃刻蚀模型，并采用自主研发的高温高压微观可视驱油实验装置进行气驱实验。微观可视化驱替实验装置主要由压力控制装置、微观模型高压可视釜、图像采集分析装置及辅助装置四个部分组成（图 3）。压力控制装置可满足实验中的微量体积控制；高压可视釜最高工作温度为 150℃，最大工作压力为 30MPa；图像采集分析装置包括体视显微镜、高速摄像机及计算机；辅助装置主要包括高压容器、压力传感器、产出流体收集计量等。实验中将玻璃刻蚀模型安装在高压可视釜内，升温至 110℃，由围压泵控制围压，使其高于模型内部压力 2MPa；调节体视显微镜以及光源，使高速摄像机可采集到模型内清晰的孔喉结构图像。本次实验油样源于塔中 402 油藏 TZ4-6-21H 井井口样品和天然气的实验室复配，气样为根据现场数据配置的天然气，采用水驱—天

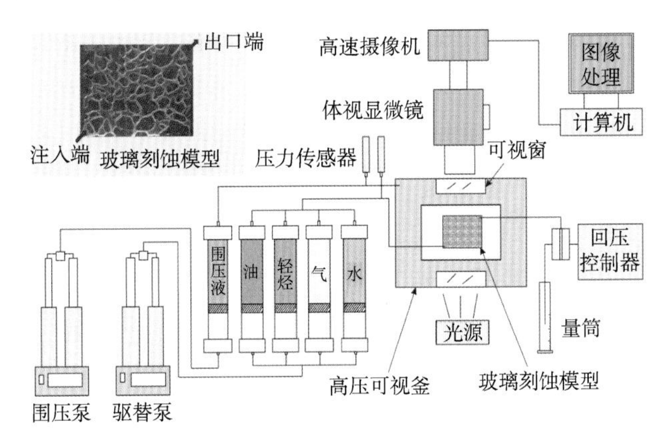

图 3　玻璃刻蚀模型及可视化驱替实验装置示意图

然气驱、水驱—轻烃驱—天然气驱方式进行驱替实验。

饱和油后进行注水驱替，注入水主要沿几条阻力较小的路径前进较快，形成突进渗流通道，前缘优先到达出口后才逐渐向四周扩散相互交织，部分区域始终未曾波及成为绕流区。水驱结束后可见剩余油主要分布在绕流区域和角隅处，少量剩余油呈膜状附着在孔壁上。水驱后进行天然气非混相驱能进一步提高采出程度，使部分绕流区及角隅处的剩余油被驱出，镜下观察可见气驱过程中油膜有明显的贴壁运动现象。天然气驱替后，剩余油主要油膜形式为主，其次分布在角隅处，主流孔道内的剩余油量较少（图 4）。

水驱后进行轻烃驱替，图 5 为镜下放大局部视域的轻烃驱油过程，可见轻烃与原油接触后即可达到混相，二者之间没有明确的界面。随着驱替进行，可见原油与轻烃相间传质、相互溶解，同时也不断将剩余油驱替出去。由图 5 和图 6 可看出轻烃驱替结束后只有微量剩余油赋存在死孔隙及角隅处中，绕流区及附着在孔壁上的残余油已基本驱替出。之后进行天然气驱，气体驱动孔隙内的轻烃以及部分角隅处的剩余油继续采出，实验结束后可见原油、轻烃已大幅采出，只有角

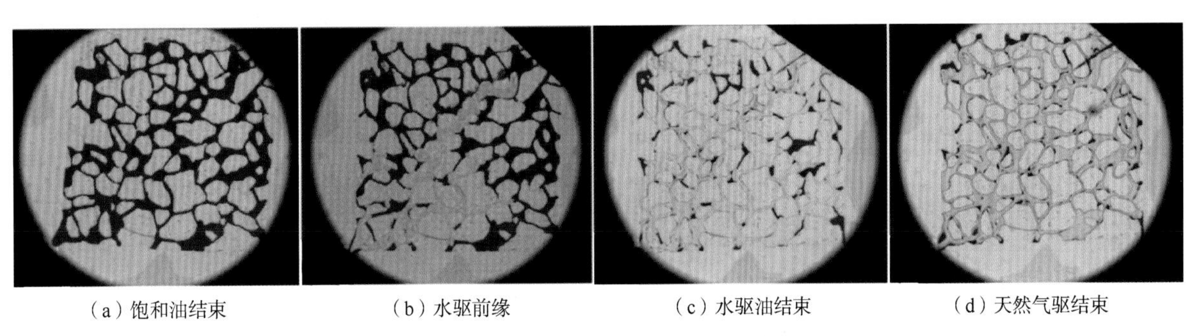

（a）饱和油结束　（b）水驱前缘　（c）水驱油结束　（d）天然气驱结束

图 4　饱和油—水驱—天然气驱过程图

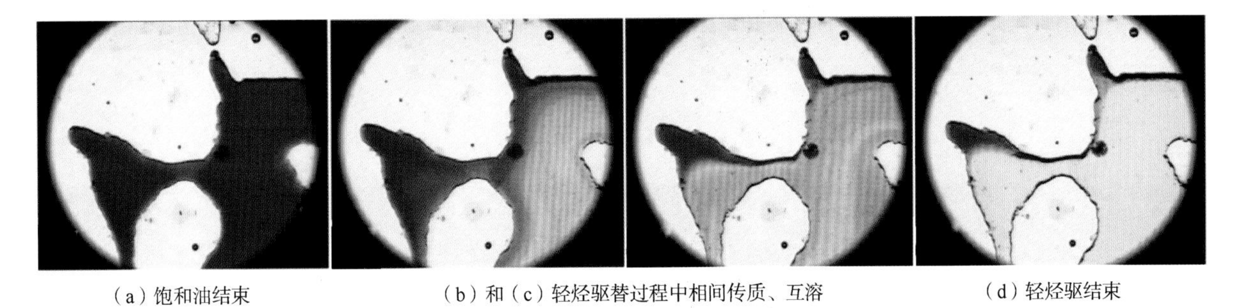

（a）饱和油结束　（b）和（c）轻烃驱替过程中相间传质、互溶　（d）轻烃驱结束

图 5　轻烃驱替过程图

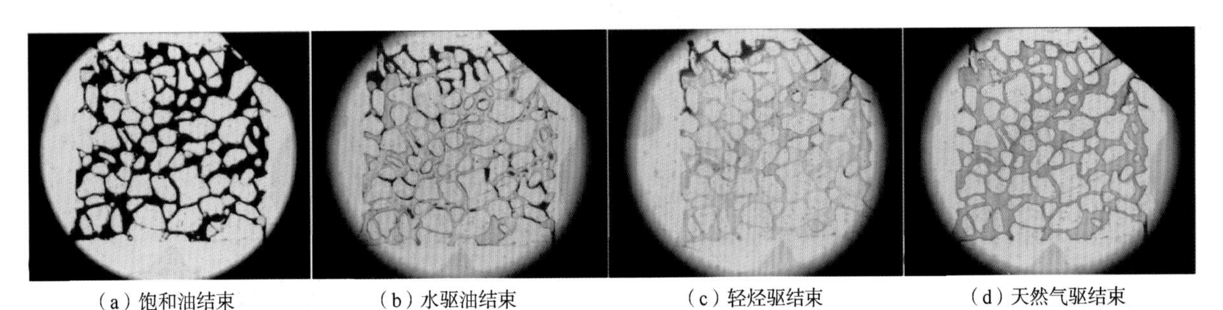

（a）饱和油结束　（b）水驱油结束　（c）轻烃驱结束　（d）天然气驱结束

图 6　饱和油—水驱—轻烃驱—天然气驱过程图

隅末端存在少量剩余油。

实验后可对驱替图像进行处理，将剩余油量化，从而得到不同阶段的采收率。确认水驱后采收率为 68%，天然气非混相驱后采收率为 84%，烃气混相驱后采收率为 91%，再进行天然气驱采收率可达 95%。综合表明，在目前塔中 402CⅢ油藏地层条件下注天然气不能混相，水驱后进行气驱能够进一步提高采收率但提高幅度有限，但借助轻烃与原油能够一次接触混相特性，水驱后进行轻烃驱，之后进行天然气驱，最终可大幅度提高采收率。

1.5 重力驱研究

在实现混相驱替使得微观驱油效率大幅提高的基础上，如何扩大注入气在油藏中的波及系数则是确保提高最终原油采收率的关键问题，但在注气开发中往往存在注入气黏性指进、重力超覆以及由于储层非均质性导致的气窜问题。而采用顶部注气重力稳定气驱则是解决气窜问题、提高注气波及系数的一个可行方法[26-36]，利用油气重力分异，注入气聚集在构造顶部形成次生气顶，随注入气增加，气顶在不断膨胀过程中推动油气界面下移，理论上注入气可以波及整个油藏范围。

制作二维平板大模型进行实验研究重力气驱过程中油气运移方式。由图 7 可看出，不论混相还是非混相，气体注入二维均质砂岩模型后，首先发生气液重力分异，同时，注入气横向驱油并逐步聚集形成气顶，之后随着注气量的增加，油气界面逐渐向下运移，最终注入气波及整体模型，采收率非常高。图 8 展示了面积驱转重力驱过程中流体运移变化特征，首先在面积驱过程中也会形成气顶，控制适当注采速度，促使形成稳定油气界面并均匀下移，有效提高注入气的波及系数；面积驱结束后，关闭模型右侧出口并在模型底部设置一个出口，即将驱替模式转变为重力驱，随着注气量的增加，油气界面继续下移并进一步扩大注入气波及体积；同时也可看到隔夹层遮挡作用明显，在一定程度上破坏了油气界面的稳定性、改变了前缘运移方向，最终驱替结束后剩余油主要分布在隔夹层附近。

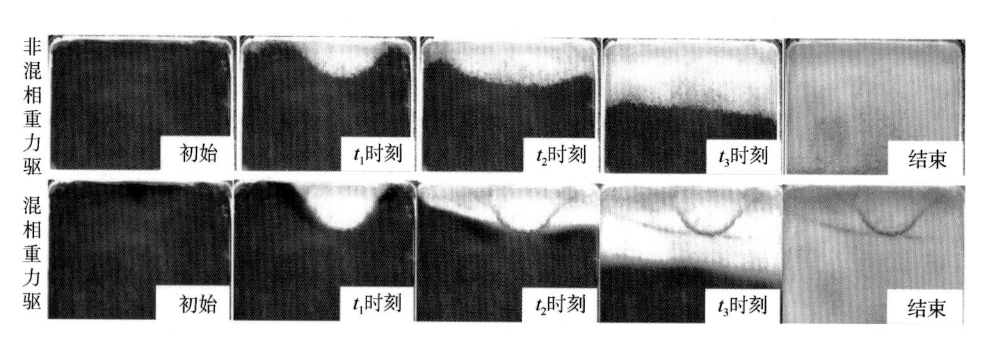

图 7　二维均质砂岩模型重力驱过程

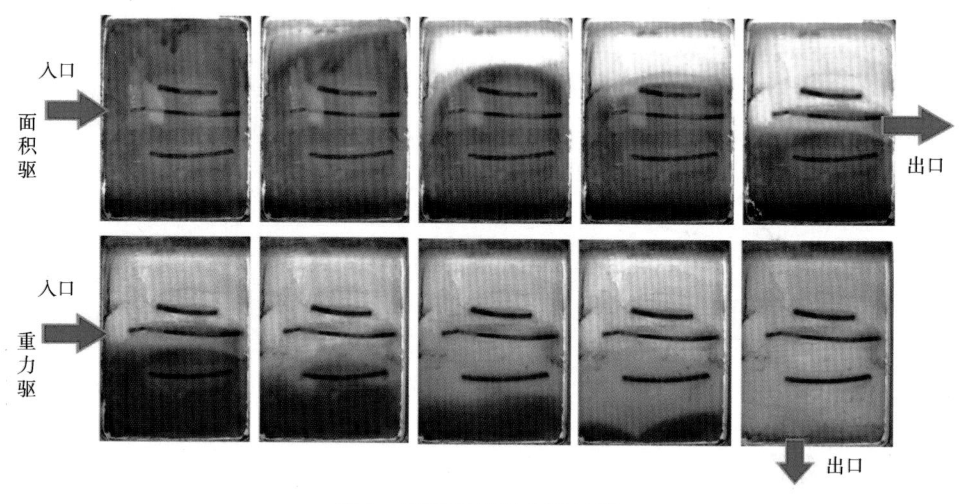

图 8　面积驱转重力驱过程

2 矿场实践及认识

2.1 东河 1CⅢ油藏注天然气重力辅助驱

东河 1CⅢ油藏位于塔北隆起中段东河塘断裂背斜构造带上，构造形态为受一组北东—南西向逆断层控制的不对称短轴背斜，油藏埋深 5700～5820m，原始地层压力 62.38MPa，地层温度 140℃，地面原油黏度 5.23～12.47mPa·s，是一个典型的超深、“三高”、低黏油藏。该油藏可划分 10 个砂层组，其中 0～6 砂层组是主要含油层段，考虑到 CⅢ1^2 与 CⅢ1^3 层系之间发育一套全区分布且相对连续的隔夹层，可将油藏划分为两套独立的压力系统，CⅢ0-1^2 层状边水油藏、CⅢ1^3-6 为块状底水油藏。东河 1CⅢ油藏储层巨厚、构造倾角大、流体性质好，利用天然气重力超覆作用，在构造高部位注气形成有效的人工气顶，实现注气重力稳定驱替，可有效延缓和控制注入气气窜。为此提出注气重力辅助混相驱开发方式（图 9）。即在构造高部位部署注气井，在构造中下部位部署采油井，一方面利用顶部注气重力稳定驱替延缓气窜并提高注气宏观波及体积，另一方面混相驱替可大幅提高微观驱油效率，最终实现注气大幅度提高采收率。考虑到隔夹层的存在，CⅢ0-1^2 小层初期开展面积驱，CⅢ1^3 及以下小层以重力驱为主。

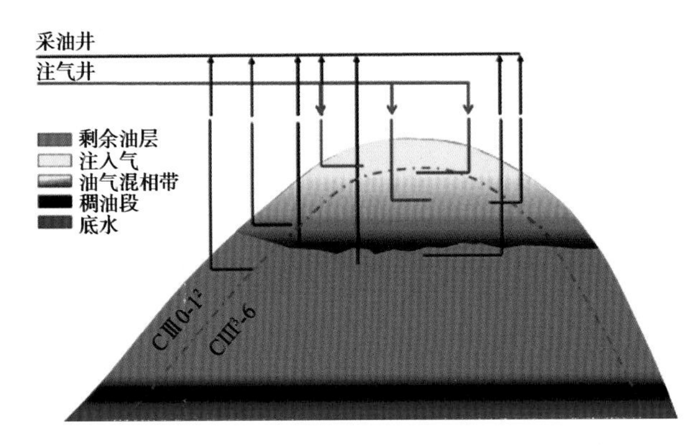

图 9　东河 1CⅢ油藏注天然气重力辅助混相驱模式图

目前，CⅢ0-1^2 层状边水油藏注气主要表现出平面驱特征，但随着注气量增加，重力驱效果逐渐显现，构造高部位压力明显上升，整体平均地层压力已恢复至 48.2MPa 左右，高于最小混相压力 43.5MPa。纵向上气顶规模逐渐形成，气相渗流也由非连续相向连续相转变。CⅢ1^3-6 块状底水油藏，注入气因重力分异作用在油藏顶部聚集慢、见效慢，因此目前重力驱见效速度、驱替范围均比上部层状边水油藏的平面驱效果差。但其开发形势以“稳”为主，呈现“三升两降一稳”的生产特征。即日产气、日注气、综合气油比上升，开井数、含水率下降，日产油稳定。整体上，东河 1CⅢ油藏注气以来，产量递减趋势大幅减缓，生产形势好转，开发效果明显改善。

2.2 塔中 402CⅢ油藏重力辅助复合气驱

塔中 402CⅢ油藏整体为深层、高压、高温、高盐带凝析气顶的块状底水油藏，储层埋深 3500～3620m，原始地层压力 43.04MPa，地层温度 110℃，地层水矿化度 52283~114556mg/L。油藏的油气水分布受构造及夹层影响，含砾砂岩段 1—3 小层带凝析气顶的层状边水油藏；4—5 小层及均质段 6—8 小层（油水界面-2510m 之上）为块状底水油藏。塔中 402CⅢ3 与塔中 402CⅢ4 之间发育一套全区稳定的隔夹层，且塔中 402CⅢ1—3 小层和塔中 402CⅢ4—6 小层的地质特征、剩余油分布表现不同，为此，将塔中 402CⅢ油藏分为塔中 402CⅢ1—3 和塔中 402CⅢ4—6 两套层系进行开发。塔中 402CⅢ1—3 小层表现层状油藏特征，非均质性较强且层薄层多，层内层间夹层较发育，气顶收缩，剩余油整体富集。前文指出，轻烃驱后进行天然气驱具有较好的提采效果，且通过数值模拟对比认为，在现场进行烃气交替注入效果明显较好。塔中 402CⅢ4—6 小层整体表现为块状油藏特征，物性好，夹层不发育，油层厚度大，构造倾角大，剩余油分散，则适合顶部注气实现重力驱。用数值模拟对比认为，选择重力辅助复合驱的方式进行开发效果最好，即顶部注天然气、中部注轻烃、下部采油（图 10），一方面利用轻烃混相能力，提高微观驱油效率，另一方面利用重力辅助机理，延缓气窜、扩大注气波及体积，最终提高采收率。

设计多种注气方案，最终确定注气试验方案：塔中 402CⅢ1—3 小层采用轻烃+天然气交替驱，边部采油，形成 4 注 19 采井网；塔中 402CⅢ4—6 小层采用轻烃+天然气复合驱，注气井在构造顶部，注烃井在中部，采油井在底部，形成 4 注 6 采井网。方案评价期 20 年，其中注气 10 年，注

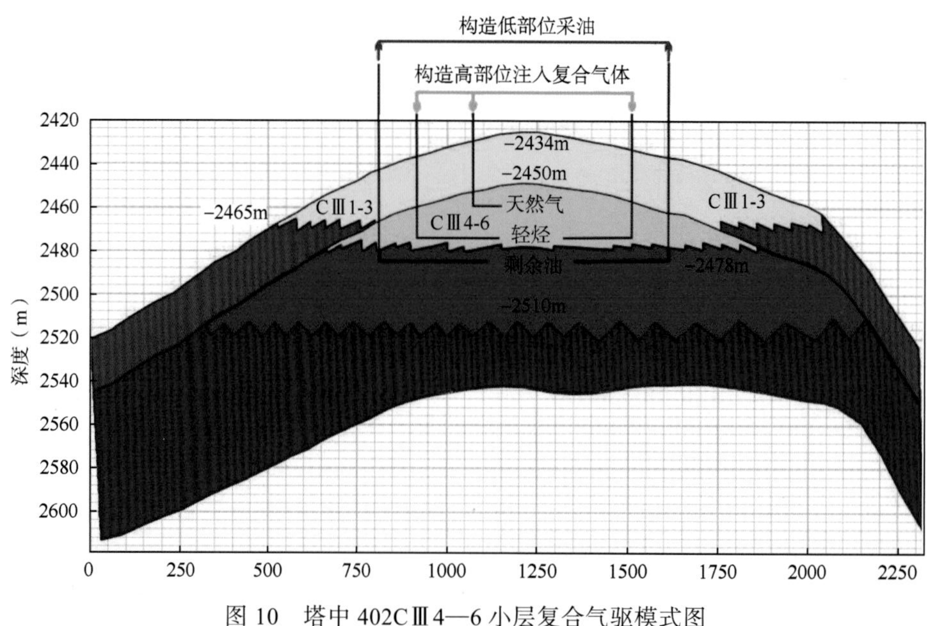

图 10 塔中 402CⅢ4—6 小层复合气驱模式图

烃 9 年，日注气规模 $120\times10^4m^3$，日注烃 $80m^3$，年产油 10×10^4t 以上稳产 10 年。期末累计注气 $32.04\times10^8m^3$，累计注烃 $21.12\times10^4m^3$，预测累计产油 181.82×10^4t（累计增油 165.40×10^4t），累计产气 $28.18\times10^8m^3$（含溶解气 $8.18\times10^8m^3$），产出气回收轻烃 $16.67\times10^4m^3$，试验区期末综合含水率 87.30%，采出程度 62.85%，较水驱方案提高 20.56%。

东河 1CⅢ油藏注气重力辅助混相驱明确了能够实现混相驱替的油藏注气提采技术方向，但前文指出，仍有一批油藏与塔中 402CⅢ油藏类似，注天然气难以混相，因此开展轻烃和天然气复合驱混相的重大开发试验，为类似油藏注气混相驱提供技术支撑。通过东河 1CⅢ油藏和塔中 402CⅢ油藏的开发模式及效果评价，可基本确立“保混开发、重力泄油”的方针，即实现混相驱替以提高驱油效率，利用重力驱以扩大波及体积，最终提高采收率。

3 结 论

（1）塔里木各个深层碎屑岩油藏注烃类气可起到膨胀降黏作用，但多数油藏在目前的地层压力下注烃类气无法与原油达到混相，部分油藏可达到近混相状态。

（2）注气驱替实验表明，水驱后气驱、水驱后水气交替驱均可在水驱基础上进一步提高采收率，采用水驱后进行水气交替驱替方式更为合理；借助轻烃与原油能够一次接触混相特性，水驱后进行轻烃驱，之后进行天然气驱，最终可大幅度提高采收率。

（3）采用顶部注气重力稳定气驱则是解决气窜问题、提高注气波及系数的一个可行方法。

（4）东河 1CⅢ和塔中 402CⅢ油藏采用不同的气驱模式进行开发，尤其是东河 1CⅢ油藏注气方案实施已得到了较好的应用效果，明确“保混开发、重力泄油”的方针，其经验和启示对深层碎屑岩油藏注气提高采收率技术研究及实践具有较大借鉴意义。

参考文献

[1] 袁士义，王强. 中国油田开发主体技术新进展与展望[J]. 石油勘探与开发，2018，45（4）：657-668.

[2] 杨雪. 尺度效应对天然气混相驱驱油效果的影响[J]. 油气藏评价与开发，2018，8（5）：37-41.

[3] 冯高城，胡云鹏，姚为英，等. 注气驱油技术发展应用及海上油田启示[J]. 西南石油大学学报（自然科学版），2019，41（1）：147-155.

[4] 秦积舜，韩海水，刘晓蕾. 美国 CO_2 驱油技术应用及启示[J]. 石油勘探与开发，2015，40（2）：209-216.

[5] 杨胜来，陈浩，冯积累，等. 塔里木油田改善注气开发效果的关键问题[J]. 油气地质与采收率，2014，21（1）：40-44.

[6] 计秉玉. 国内外油田提高采收率技术进展与展望[J]. 石油与天然气地质，2012，33（1）：111-117.

[7] 计秉玉，王友启，聂俊，等. 中国石化提高采收率技术研究进展与应用[J]. 石油与天然气地质，2016，37（4）：572-576.

[8] 李士伦，汤勇，侯承希. 注 CO_2 提高采收率技术现状及发展趋势[J]. 油气藏评价与开发，2019，9（3）：1-8.

[9] 李士伦，孙雷，陈祖华，等. 再论 CO_2 驱提高采收率油藏工程

理念和开发模式的发展[J]. 油气藏评价与开发，2020，10（3）：1-14.

[10] 陈林，孙雷，刘新辉，等. KKY-X_5^2 挥发性油藏注气驱机理及实验效果研究[J]. 油气藏评价与开发，2014，4（3）：43-49.

[11] Teklu T W, Ghedan S G, Graves R M, et al. Minimum miscibility pressure determination：modified multiple mixing cell method[R]. SPE 155454，2012.

[12] 侯大力，罗平亚，孙雷，等. 预测烃类气体—原油体系最小混相压力的改进模型[J]. 新疆石油地质，2013，34（6）：684-688.

[13] 章杨，程海鹰，柳敏，等. 断块型深层低渗油藏天然气驱最小混相压力及相态特征[J]. 科学技术与工程，2019，19（11）：96-102.

[14] 叶仲斌. 提高采收率原理[M]. 北京：石油工业出版社，2007.

[15] 汤勇，孙雷，周勇沂，等. 注富烃气凝析/蒸发混相驱机理评价[J]. 石油勘探与开发，2005，32（2）：133-136.

[16] 李菊花，李相方，刘斌，等. 注气近混相驱油藏开发理论进展[J]. 天然气工业，2006，26（2）：108-110.

[17] 李绍杰.低渗透滩坝砂油藏 CO_2 近混相驱生产特征及气窜规律[J]. 大庆石油地质与开发，2016，35（2）：110-115.

[18] 张贤松，陈浩，李保振，等. 低渗油藏非纯 CO_2 最佳近混相驱控制条件探讨[J]. 中国海上油气，2017，29（6）：75-78.

[19] 杜建芬，陈静，李秋，等. CO_2 微观驱油实验研究[J]. 西南石油大学学报（自然科学版），2012，34（6）：131-135.

[20] 李明，朱玉双，李文宏，等. CO_2 驱微观可视化技术在超低渗储层中的应用可行性研究：以鄂尔多斯盆地为例[J]. 现代地质，2019，33（4）：911-918.

[21] 郑泽宇，朱倘仟，侯吉瑞，等. 碳酸盐岩缝洞型油藏注氮气驱后剩余油可视化研究[J]. 油气地质与采收率，2016，23（2）：93-97.

[22] 程晓军. 塔河油田缝洞型油藏水驱后气驱提高采收率可视化实验[J]. 新疆石油地质，2018，39（4）：473-479.

[23] 胡伟，吕成远，王锐，等. 水驱油藏注 CO_2 非混相驱油机理及剩余油分布特征[J]. 油气地质与采收率，2017，24（5）：99-105.

[24] 王璐，杨胜来，刘义成，等. 缝洞型碳酸盐岩储层气水两相微观渗流机理可视化实验研究[J]. 石油科学通报，2017，2（3）：364-376.

[25] 崔茂蕾，王锐，吕成远，等. 高压低渗透油藏回注天然气驱微观驱油机理[J]. 油气地质与采收率，2020，27（1）：1-6.

[26] Lepski B，Bassiouni Z，Wolcott J M. Screening of oil reservoirs for gravity assisted gas injection[R]. SPE 39659，1998.

[27] Ren W，Cunha L B，Bentsen R. Numerical simulation and screening of oil reservoirs for gravity assisted tertiary gas-injection processes[R]. SPE 81006，2003.

[28] Rao D N，Ayirala S C，Kulkarni M M，et al. Development of gas assisted gravity drainage（GAGD） process for improved light oil recovery[R].SPE 89357，2004.

[29] Norollah K，Bashiri A. Gas-assisted gravity drainage（GAGD） process improved oil recovery[R]. SPE 13244，2009.

[30] 郭平，张陈珺，熊健. 气体辅助重力驱油（GAGD）研究进展[J]. 科学技术与工程，2015，15（5）：176-184.

[31] 梁淑贤，周炜，张建东. 顶部注气稳定重力驱技术有效应用探讨[J]. 科学技术与工程，2014，36（4）：86-92.

[32] 任韶然，刘延民，张亮，等. 重力稳定气驱判别模型和试验[J]. 中国石油大学学报（自然科学版），2018，42（4）：59-66.

[33] 周炜，张建东，唐永亮，等. 顶部注气重力驱技术在底水油藏应用探讨[J]. 西南石油大学学报（自然科学版），2017，39（6）：92-100.

[34] 陈妍，张玉. 巨厚变质岩潜山油藏注气开发驱油机理及方案优化[J]. 油气地质与采收率，2016，23（1）：119-123.

[35] 施小荣，蒋雪峰，陈凤，等. 烟道气稳定重力驱油藏筛选评价方法及应用[J]. 油气地质与采收率，2019，26（4）：93-98.

[36] 杨超，李彦兰，韩洁，等. 顶部注气油藏定量评价筛选方法[J]. 石油学报，2013，34（5）：938-946.

东河油田东河 1CⅢ油藏注气提高采收率技术研究与实践

范家伟[1] 周代余[1] 袁 野[2] 王彦秋[2] 陶正武[1] 张 亮[1]

（1. 中国石油塔里木油田分公司勘探开发研究院 新疆库尔勒 841000;
2. 中国石油塔里木油田分公司油气田产能建设事业部 新疆库尔勒 841000）

摘 要：东河油田东河 1CⅢ油藏前期主要采取注水驱油，但随注水量的增加，油藏整体存水率呈下降趋势，水驱指数较低，并且耗水指数超过 2.0，表明注入水无效循环程度增加，导致大量剩余油无法采出，水驱状况变差。为进一步提高东河 1CⅢ油藏的采收率，系统的分析和论证了碎屑岩油藏注天然气开采特征并开展室内实验研究及理论研究，指出该区注气提高采收率的主要机理是混相驱，混相后相界面消失、毛细管压力减小、原油黏度降低；并且储层中较长一段时间内均不会发生注入气气窜，注气可以维持该区储层压力并提高驱油效率，预测期末采出程度达 67.1%。在实施注气提高采收率过程中，建立了深层注气开发油藏的动态监测体系，为深层油藏注气开发效果评价、及时优化调整、进一步提高采收率起到至关重要的作用。现场试验表明，该区地层压力明显上升，含水率下降，自然递减变缓，开发形势逐渐变好，累计增油达 40×10^4t，东河油田注气提高采收率的成功实施为塔里木油田碎屑岩老油田的开发有很好的示范作用。

关键词：注水；注气；提高采收率；混相驱；碎屑岩油藏；东河油田

塔里木碎屑岩主力油藏面临含水上升加快、产量递减大、后备资源不足稳产上产难度大，并且因油藏埋藏深、温度高、矿化度高、井网稀等不利因素影响，导致提高采收率面临极大挑战。注水驱可以降低油藏部分残余油量，但注水开发过程中油井见水快、含水率上升快，易发生水窜及暴性水淹[1-5]；注气驱作为油田提高采收率的一种重要方法，气体的注入能力远强于水，且对储层的损害较小，可解决注水困难难题，注入的气体不仅可维持油藏压力，还可以提高驱油效率[6-10]。

注气提高油藏采收率已在国内外广泛应用，不受油藏高温、高盐等油藏苛刻条件的限制，加上塔里木油田天然气资源丰富，注气驱是高温高盐油藏提高采收率的现实技术方向。为此，以东河 1CⅢ油藏为研究对象，系统的分析和论证了碎屑岩油藏注天然气开采特征研等，探索注气提高采收率机理，大力开展现场试验，研究表明注气可提高东河 1CⅢ油藏采收率，在试验过程中逐步探索出适合东河 1CⅢ油藏注气配套工艺技术，形成了注气管柱设计方法、超深高温油气井永久式光纤监测新工艺等一系列配套工艺。

1 油田概况

东河油田位于塔北隆起中段东河塘断裂背斜构造带上，注气开发试验区为东河油田东河 1CⅢ油藏，该油藏含油面积 2.98km^2，地质储量 604×10^4t；油藏原始地层压力 62.38MPa，压力系数 1.12，原始地层温度 140℃，温度梯度 2.4℃/100m。东河 1CⅢ油藏纵向上划分为 10 个砂层组，17 个小层，0～6 砂层组为主要含油层段；并且东河 1CⅢ油藏中东河砂岩厚度大，油层段无稳定的泥岩隔岩，自下而上依次为水层、稠油带、稀油层，流体界面基本统一，油藏类型为静态特征表现为块状底水油藏。东河 1CⅢ油藏自 1990 年试采到

收稿日期：2021-03-02
第一作者简介：范家伟（1987—），男，湖北仙桃人，硕士，2014 年毕业于长江大学油气田开发工程专业，工程师，现从事注气提高采收率方面工作。
E-mail：fanjw-tlm@petrochina.com.cn Tel：0996-2175615

2013 年已经开采了 23 年，根据油藏产量及其变化规律，其开发调整分为五个阶段（图 1）。

截至 2013 年 6 月，东河 1CⅢ油藏日产油 405t，综合含水率 71.79%，核实累计产油 830×10^4t，核实累计产水 465×10^4t，核实地质储量采油速度 0.63%，核实地质储量采出程度 34.65%。油田日注水量 1220m^3，累计注水 $1643\times10^4m^3$，地层压力降低 16MPa。

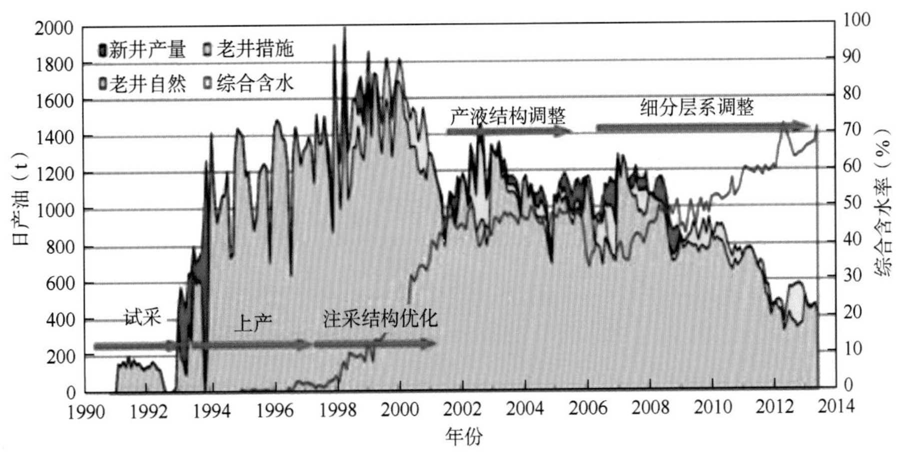

图 1　东河 1CⅢ油藏开发调整阶段示意图

2 水驱开采特征

2.1 水驱开采特征

2.1.1 注入水利用状况

东河 1CⅢ油藏存水率在年注采比小于 1.0 理论存水率典型线区域内波动，存水率下降趋势较为明显，在对应注采比 0.6～0.8 理论存水率区域内波动，表明水驱效果变差。2006 年实施开发调整以后，存水率下降趋势减弱，表明短期内开发效果有所变好；2009 年后实际存水率沿着 ER=43% 的曲线下降，开发效果变差（图 2）。东河 1CⅢ油藏注气前水驱指数已降至 0.7，对应注采比 0.8，全油藏水驱效果日益变差；注气前耗水指数超过 2.0，表明注入水无效循环程度增加（图 3）。

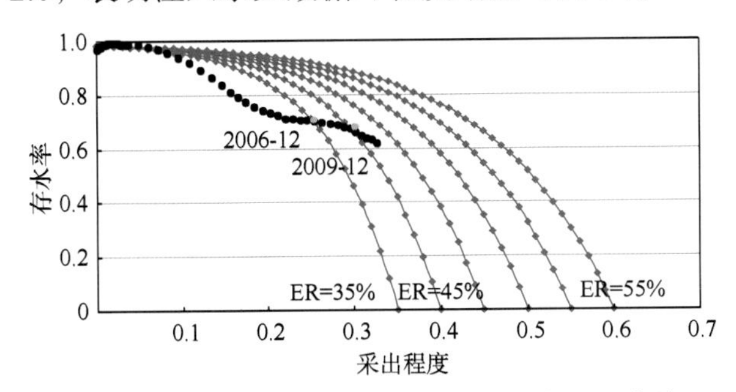

图 2　东河 1CⅢ油藏采出程度与存水率关系曲线

2.1.2 驱动方式及驱动能量评价

东河 1CⅢ油藏开发初期以弹性驱动为主，随注采井网日趋完善，虽然人工注水驱动能量上升，弹性驱动能量相对下降，但受注采层位不对应影响，注水效果不好，地层能量下降明显。2001 年和 2006 年两次调整强化了注采层位对应关系，完善了注采井网，人工注水驱动能量持续上升，相比前一阶段，地层压力得到了较好的保持，注气前油藏平均地层压力 46MPa 左右。2006 年细分开发层系调整到至注气前，弹性驱动指数基本不变，但注水驱动能力有所下降，表明东河 1CⅢ油藏目前水驱状况变差（图 4）。

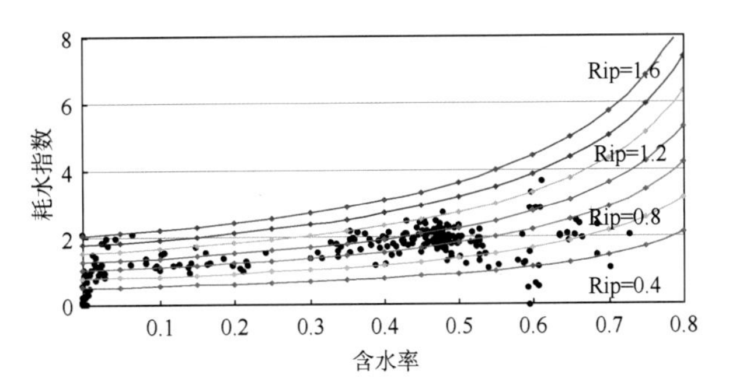

图 3　东河 1CⅢ油藏含水率与耗水指数关系曲线

2.2 剩余油分布

2.2.1 平面剩余油分布

剩余油的分布与储层特征及开发方式等因素关系十分密切，决定了注气实施方案优化调整的实施方式。

0 砂层组的剩余油局部富集，主要分布在构造中部，存在一个较大的断层，能量难以得到有效补充，动用程度低，剩余储量较高。1 砂层组在构造中部剥蚀，剩余油主要集中在两侧，除注水井附近，剩余油饱和度均较高，受储层物性和井网影响，整体上动用程度较低，水淹程度低，剩余油富集（图 5）。

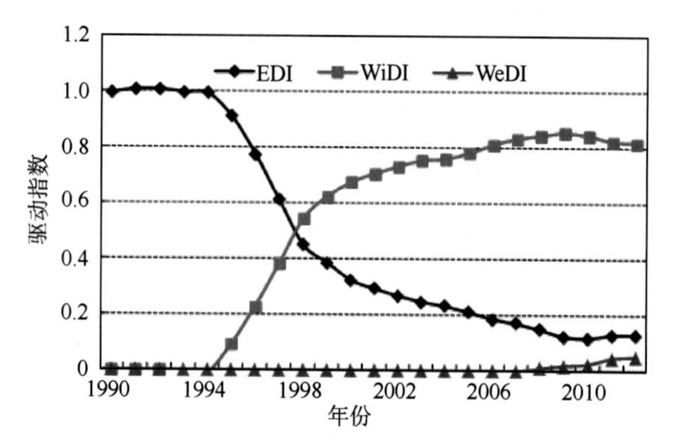

图 4　东河 1CⅢ油藏驱动能量分析

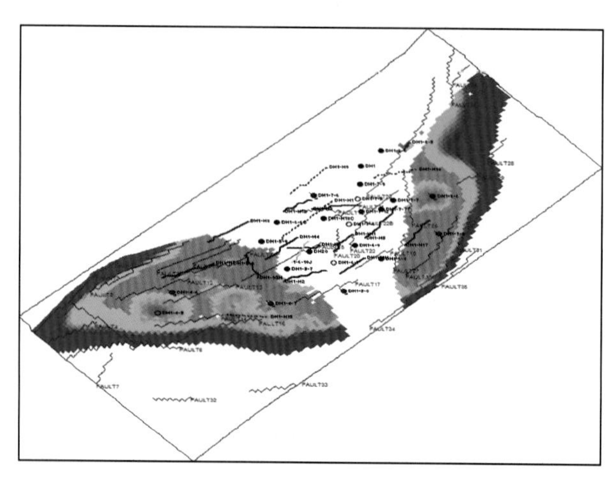

图 5　1 砂层组剩余油饱和度分布

2.2.2 纵向剩余油分布

纵向剩余油分布主要受层间夹层和底部稠油段影响。油藏顶部和 2 至 5 砂层组原始油储量丰度较高，经过多年的注水开发后，2 至 5 砂层组的开发效果相对较好，注水对 1 砂层组的开发效果却非常差，动用程度很低。注气前 1 砂层组的采出程度较低，剩余油储量非常丰富，具有很大的潜力。纵向上各砂层组原始储量及目前剩余储量比较如图 6 所示。

图 7 可得纵向上各砂层组采出程度差异大，2 砂层组采出程度最高，已经达到 59.05%，其次为 3 砂层组，达到了 57.07%，4 砂层组达到了 30.42%，其余各砂层组都在 20%以下。

根据水驱开发情况和剩余油分布情况，东河 1CⅢ油藏水驱状况已经很差，并且油藏具有较大的剩余地质储量，表明在东河 1CⅢ油藏注气提高采收率具有较好的油藏条件。

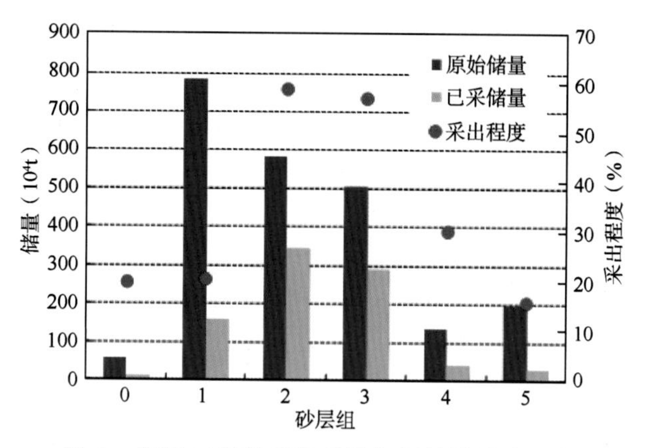

图 6　东河 1CⅢ油藏各砂层组原始储量及目前剩余储量对比

3 注气驱机理及注采参数优化

3.1 注气驱机理

3.1.1 混相机理分析

注气驱时油藏温度、压力决定了三元相图中两相区的大小，进而决定了原油组分在极限系线的左侧还是右侧，原油在极限系线左侧为凝析混相，在极限系线右侧为蒸发混相（图 7）[11, 12]。东河 1CⅢ油藏地层温度 140℃、地层压力 43MPa 时，原油组分位于极限系线的右侧，不论注入氮气、干气、富气，均可与地层原油混相。具体机理是注入气与原油多次接触，原油逐渐变轻、注入气逐渐变富。最终气体露点压力与地层压力一致时，注入气与新鲜原油接触形成混相。此时注入气与原油之间相界面消失，以任意比例互溶。

若注入烃类气越干，则混相带后缘地层残留原油中间组分降低，此时地层中残留原油组分组成不再稳定，胶质、沥青质沉淀产生固溶物沉积等现象，会对储层造成污染，因此要尽量保证注入气组分较富。

3.1.2 混相特征分析

注气提高采收率的主要机理是混相后相界面消失、毛细管压力减小、原油黏度降低（表 1）。常温下长岩心气驱油测试出口压力为 0.1MPa、25MPa、35MPa 时氮气的气油相渗曲线，随压力升高，相渗曲线等渗点向右偏移，油相相对渗透率增加。当出口压力为 35MPa 注入 CO_2 时，相渗曲线的两相共渗区变宽，气油两相相对渗透率均大幅增加，且油相渗透率降低速度趋缓，有效改善了流体流动性，增加了驱油效率（图 8）。

根据前期受效较早的三口油井注气前后采油

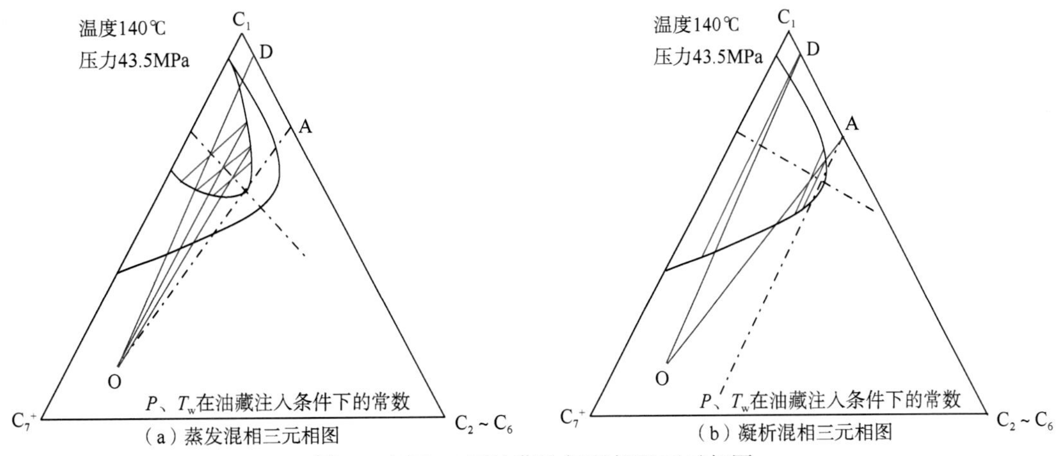

（a）蒸发混相三元相图　（b）凝析混相三元相图

图 7　东河 1CⅢ油藏注气混相驱三元相图

表 1　注干气膨胀实验结果

注入溶剂量（mol）	饱和压力（MPa）	气油比（m^3/m^3）	体积系数	饱和油密度（g/cm^3）	脱气原油密度（g/cm^3）	脱气原油分子量	注入剂体积比	溶解气油比（m^3/t）
0	6.55	15.10	1.09	0.76	0.85	243.30	0	17.73
0.21	14.40	50.20	1.19	0.73	0.86	251.40	0.17	58.56
0.39	23.87	95.34	1.30	0.70	0.86	254.30	0.32	110.96
0.53	33.57	153.69	1.47	0.67	0.86	255.80	0.43	178.67
0.65	44.04	242.91	1.71	0.63	0.86	250.00	0.53	283.71

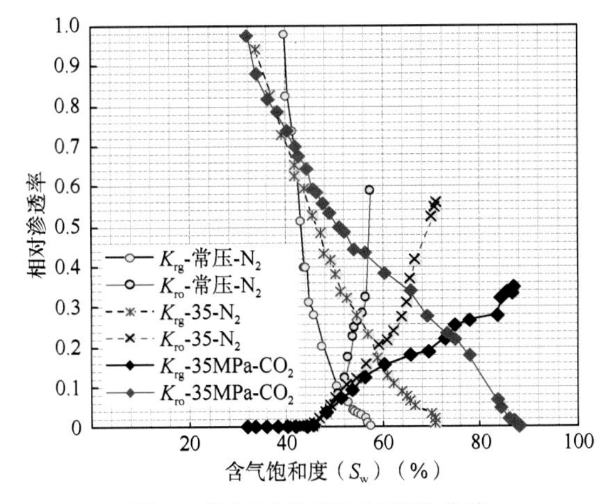

图 8　混相区前后油气相渗曲线

指数的变化进行分析，可以看出混相后油藏流体流动能力显著增加。混相后表现出地层原油饱和压力升高，黏度降低，重质组分含量降低；地面脱气原油组分变重、溶解气组分变轻等特征。因此，加强注入气、产出物的动态监测，可以及时评价注气是否实现混相驱替。

3.1.2.1 原油物性变化特征

DH1-HX 井是东河 1CⅢ油藏受效最早的油井，原油组分变重、溶解气组分变轻，表明目前阶段注入气已经在地层中与原油混相，该井在注气见效后，原油有黏度降低、密度降低的趋势，胶质、沥青质含量和含蜡量均以不同程度波动下降。

3.1.2.2 天然气组分变化特征

DH1-HX 井气油比上升后，产出气 C_1、C_2 组分含量增加，C_3 及以上组分含量降低、产出气密度降低趋势。随氮气试注、橇装设备注天然气的转换，氮气含量明显降低，产出气组分变轻。

3.1.2.3 注入气和产出气组分变化

对比注入气组分与 DH1-HX 井产出气组分，产出气轻质组分含量增加；中间烃含量不变，逐渐与注入气组分含量趋于一致；重组分含量降低。

注氮气试注以及橇装压缩机注入烃类气均使地下原油与注入气进行了一定程度组分交换。因氮气的抽提作用，随气体注入比例的增加，地层压力大于饱和压力时地层原油性质变好，其轻质组分含量增加；当原油在地面脱气后，注入氮气引起脱气原油密度增加的程度明显高于注入烃类气。当注入不同组分烃类气体时，烃类气体越富，则脱气后对原油轻质组分的抽提作用就越小，脱气后原油密度增加的程度就越小；烃类气体越干，则脱气后对原油轻质组分的抽提作用就越大，脱气后原油密度增加的程度就越大。

3.2 注采参数优化

3.2.1 生产井配产

东河 1CⅢ油藏中的老井因受效较早三口油井

影响，产液指数增加 1 ~ 5 倍，其中四口未受效的油井较原方案设计产液指数降低 0.3 ~ 0.5 倍，其他井产液指数变化不大；参考目前产液指数，对生产井进行配液，为防止气窜，受效较早的三口井按照目前产液指数、生产压差配液；为保证机采井合理工况，1 砂层组生产井均按目前产液指数、生产压差配液；其他井适当增加生产压差配液，提高老井产液规模。

根据目前注气情况预测新钻水平井产液能力平均 2.45t/（d · MPa），按照平均生产压差 16MPa 计算，新钻水平井平均日产液约 40t。

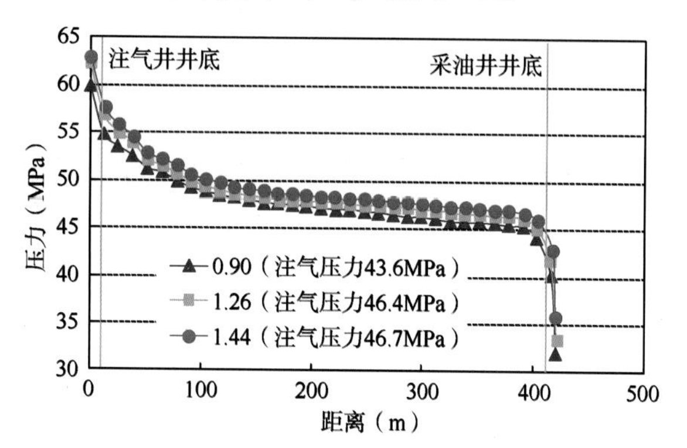

图 9 东河 1CⅢ 油藏注采过程不同注采比下压力剖面

3.2.2 合理注采比

根据 MDT 测试结果，1^2 小层地层压力在 40MPa，1^3 小层地层压力 45MPa，2^1 及以下小层地层压力大于 48MPa。根据数值模拟研究不同注采比下东河 1CⅢ 油藏地层压力恢复速度（图 10），方案设计注采比 1^2 及以上小层初期在 1.2 ~ 1.4 之间，1^3 及以下小层注采比初期在 1.1 ~ 1.2 之间，后期降至 1.0 以下。

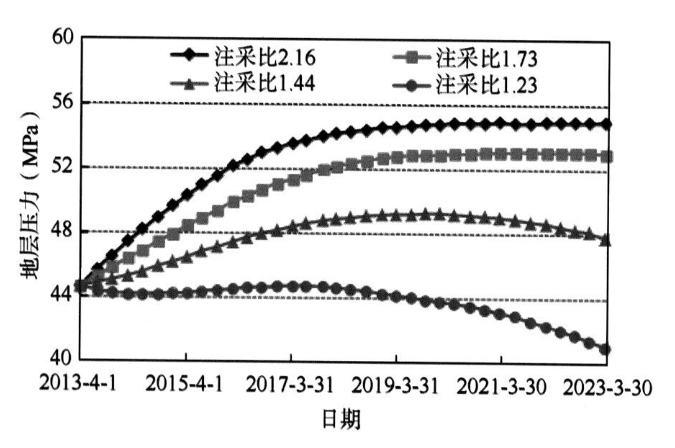

图 10 东河 1CⅢ 油藏不同注采比下地层压力恢复情况

3.2.3 合理采油速度

调研国内外油田注气驱前后的采油速度，中海油涠洲 12-1 油田顶部注伴生气驱（非混相），注气后采油速度 1%，吐哈油田葡北水气交替驱（混相），注气后平均采油速度可达到 6.38%。根据数值模拟结果（图 12），采油速度小于 5%时，注气气油界面基本保持稳定。东河 1CⅢ 油藏顶部注气驱，剩余油饱和度较高（40% ~ 75%），混相驱气窜后中低气油比期产油能力不会降低，因此确定注气试验稳产期采油速度为 1%左右（图 11）[13, 14]。

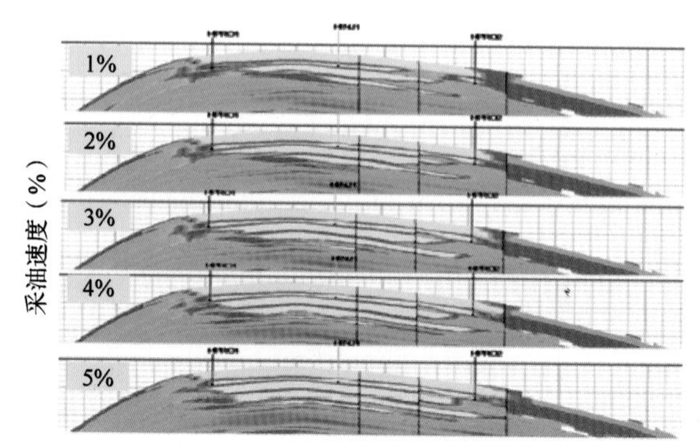

图 11 不同采油速度下注气重力稳定效果数值模拟

3.2.4 注气规模

根据物质平衡方程（式）可估算油藏日注气量[15]：

$$Q_g \cdot B_g + Q_w \cdot B_w =$$
$$\left[Q_o \cdot B_o + (Q_l - Q_o) \cdot B_w + R_p \cdot Q_o \cdot B_g'\right] \cdot IPR \tag{1}$$

式中，Q_g 为日注气量，m^3；Q_w 为日注水量，m^3；Q_o 为日产油量，m^3；B_o 为原油体积系数；B_w 为地层水的体积系数；B_g 为注入气体积系数；B_g' 为产出气的体积系数；Q_l 为日产液量，m^3；R_p 为气油比；IPR 为注采比。

结合 Hawkins 油田对标认识，按单井配产、注采比、采油速度估算，0 砂层组至 1^2 小层注采比按 1.2 ~ 1.4 估算，日注气量需达到 $20\times10^4m^3$；1^3—2 及以下小层注采按比 1.0 左右估算，日注气量需达到 $40\times10^4m^3$ 左右，总日注气量接近 $60\times10^4m^3$。根据室内实验结果，必须保证注入天然气占目前地下烃类孔隙体积 0.5 倍以上，才能显著提高油藏驱油效率。按照试验区烃总孔隙体积 $930\times10^4m^3$、注气量 $60\times10^4m^3$、注入气地层体积系数 0.00371 计算，保证注入气存气量地下体积占气顶区烃总孔隙体积 1.0PV 以上，需要注气 5 ~ 8 年。

试验方案注气期 8 年，评价期 20 年，平均日注气 $56.7\times10^4m^3$，建成 23×10^4t 产能规模稳产 4 年。稳产期内年产油量为 22.0×10^4t，峰值产量 23.20×10^4t，评价期末累产油 1213.4×10^4t，累产水 1226.8×10^4t，累产气 $13.5\times10^8m^3$，累注气 $17.3\times10^8m^3$，

采出程度 53.4%。

4 现场试验

依据动态监测结果及认识，按照“平面注采均衡、纵向界面稳定、存气率最大化”的原则，及时开展生产压差调控、注采关系优化、井网完善等工作，延缓了气窜时间，提升了存气率，扩大注气受效范围。截至 2020 年 12 月，东河 1 石炭系油藏累计注气 $6.2\times10^8m^3$，累计存气 $3.5\times10^8m^3$，累计增油 40×10^4t；10 口生产井由机采转为自喷生产，培育日产百吨井两口；实现了原油产量止跌企稳、连续六年稳产（图 12）；是塔里木首个实现可采储量和 SEC 储量双增的油藏，近六年 SEC 储量累计增加 143×10^4t，经济效益明显，东河油田已成为塔里木油田老区第一个不依靠新井、实现稳产的碎屑岩老油田。

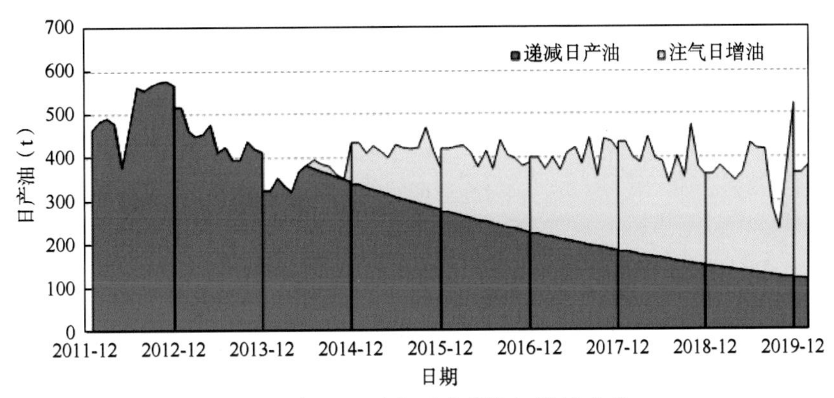

图 12　东河 1 石炭系油藏注气增油曲线

5 结论及认识

（1）东河 1CⅢ油藏注水开发过程中注入水无效循环程度增加，并且在弹性驱动指数基本不变的情况下注水驱动能力有所下降，表明水驱状况变差；东河 1CⅢ油藏剩余油地质储量丰富，注气开发的潜力较大。

（2）根据东河 1CⅢ油藏纵向剩余油分布及平面剩余油分布情况，表明油藏具有较大的剩余地质储量，在东河 1CⅢ油藏注气提高采收率具有较好的油藏条件。

（3）注气提高采收率的主要机理是混相后相界面消失、毛细管压力减小、原油黏度降低，有效改善了流体流动性，增加了驱油效率；按设计的注气量、配产量进行注气和生产，在评价期末累计产油 1213.4×10^4t，预计采出程度可达 67.1%。

参考文献

[1] S M Seyyedsar，S A Farzaneh，M Sohrabi. Enhanced heavy oil recovery by intermittent CO_2 injection[J]. SPE Annual Technical Conference and Exhibition. Society of Petroleum Engineers，2015.

[2] A Kumar，M E Gohary，K S Pedersen，et al. Gas Injection as an Enhanced Recovery Technique for Gas Condensates. A comparison of three Injection Gases[J]. Abu Dhabi International Petroleum Exhibition and Conference. Society of Petroleum Engineers，2015.

[3] Hamed Darabi，Ali Abouie，Kamy. Sepehrnoori. Improved Oil Recovery in Asphaltic Reservoirs During Gas Injection[J]. SPE Western Regional Meeting，2016.

[4] 李士伦，郭平，戴磊，等. 发展注气提高采收率技术[J]. 西南石油大学学报（自然科学版），2000，22（3）：41-45.

[5] 文玉莲，杜志敏，郭肖，等. 裂缝性油藏注气提高采收率技术进展[J]. 西南石油大学学报（自然科学版），2005，27（6）：48-52.

[6] S A W Langlo. Enhanced Oil Recovery by CO_2 and CO_2-foam Injection in Fractured Limestone Rocks[J]. MS thesis. The University of Bergen，2013.

[7] 杜玉洪，孟庆春，王皆明. 任 11 裂缝性底水油藏注气提高采收率研究[J]. 石油学报，2005，26（2）：80-84.

[8] 陈华强，张婷婷，潘跃强. 塔河油田缝洞型油藏深井注气提高采收率配套工艺[J]. 中外能源，2014，19（6）：51-55.

[9] Rommerskirchen Renke，Nijssen Patrick，Bilgili Harun，et al. Reducing the Miscibility Pressure in Gas Injection Oil Recovery Processes[J]. Abu Dhabi International Petroleum Exhibition & Conference. Society of Petroleum Engineers，2016.

[10] Ed Wanat，Gray Teletzke，Dan Newhouse，et al. Quantification of Oil Recovery Mechanisms during Gas Injection EOR Coreflood Experiments[J]. SPE Abu Dhabi International Petroleum Exhibition & Conference. Society of Petroleum Engineers，2017.

[11] 王冬梅，尹玉川，魏三林. 吐哈油田注气提高采收率采油工艺技术研究[J]. 吐哈油气，2003（4）：314-318.

[12] 张乔良，王彦利，劳业春，等. 涠洲 A 油田注气提高采收率技术与实践[J]. 中国石油和化工标准与质量，2014（1）：161-161.

[13] 耿海涛，肖国华，宋显民，等. 同心测调一体分注技术研究与应用[J]. 断块油气田，2013，20（3）：406-408.

[14] Terry B，Mark B. Design and qualification of a remotely-operated，downhole flow control system for high-rate water injection in deepwater[J]//SPE Asia Pacific Oil and Gas Conference and Exhibition. Society of Petroleum Engineers，2004.

[15] Janssen Martijn T G，Azimi Fardin，Zitha Pacelli L J. Immiscible Nitrogen Flooding in Bentheimer Sandstones：Comparing Gas Injection Schemes for Enhanced Oil Recovery[J]. SPE Improved Oil Recovery Conference. Society of Petroleum Engineers，2018.

三次采油阶段复合驱生产特征及影响因素
——以杏树岗油田次生底水油藏为例

吕端川[1, 2] 林承焰[2] 任丽华[2] 宋金鹏[3]

（1. 中国石油塔里木油田分公司勘探开发研究院 新疆库尔勒 841000；2. 中国石油大学（华东）地球科学与技术学院 山东青岛 266580；3. 中国石油塔里木油田分公司勘探事业部 新疆库尔勒 841000）

摘　要：原生整装油藏经过长期注水开发后，逐渐演化为次生底水油藏。次生底水油藏的剩余油类型包括中上部的弱动用可动剩余油、中下部水驱绕流式可动剩余油和高水淹区的水驱后残余油。对该类型油藏开展三元复合驱以进行挖潜。利用油井生产数据，将三元复合驱替历史分为驱油剂的受效前期、持续受效期和受效后期3个阶段，确定驱油剂持续受效期时间跨度。利用驱替特征曲线定量化确定各井在驱油剂持续受效期的驱替能力，同时分析了影响驱替效果的工程和地质及化学因素。结果表明，次生底水油藏的三元复合驱开发特征与常规底水油藏开发明显不同，而工程和地质因素对该两种油藏类型生产特征的影响作用是相似的。驱油剂中的聚合物组分对整个开发历史的油水渗流具有重要的影响。

关键词：次生底水油藏；三元复合驱；驱替特征曲线；化学封堵；剩余油；杏树岗油田

具有正韵律沉积储层类型的原生整装油藏在经过长期注水开发之后，多表现为砂体中下部高度水淹，可动剩余油在中上部富集的特征[1, 2]。与油井控制范围内低水淹位置相比，油井井筒周围高水淹位置处水油流度差异更严重，水相渗流能力高于油相渗流能力，导致油井生产呈高产液量、高含水率的“双高”现象，油田开发逐渐进入高含水或特高含水阶段[3, 4]，当油井产水率接近其经济临界值时，则意味着水驱阶段的结束。原生整装油藏不发育底水，原油在注入水的推动下朝采油井方向渗流。由于水驱阶段的洗油效率低，导致原生整装油藏水淹层内存在一定量的水驱后残余油。同时注采井间所形成的无效循环通道，造成大范围的可动储量因注入水绕流而无法采出。为了挖潜水驱后剩余储量，目前多个油田进入了以化学驱为主的三次采油阶段[5-7]。通过降低油水界面张力，以提高驱油剂的洗油效率[8]。通过降低水淹范围内水相的渗流能力，改变液流方向，以扩大驱油剂的波及系数，从而增加原油采出程度[9]。砂体中下部普遍高水淹的原生整装油藏可视为次生底水油藏。与原生底水油藏在油水界面以下部位为纯水层不同，次生底水油藏中下部仍具有开发潜力，因此，选择全井段射孔有利于增加该类型储量的动用程度。三元复合驱作为化学驱类型之一，最早在1988年由大庆油田引入国内，之后的较长一段时间内处于实验室测试和矿区试验阶段，不同驱油剂组分比例以及与地层水的配伍程度决定了其洗油效率的差异，进而决定了化学驱挖潜能力的大小不同[10, 11]。目前针对三元复合驱的文献大多侧重于驱油剂各组分的驱油机理和驱油剂与储层反应造成储层物性变化以及结垢现象[12-14]，而对油井生产特征的文献则集中于对生产现象，如注入压力、吸水指数、累计产油及产水量数据等参数进行逐项表征[15-17]，但是并未针对油井不同生产阶段的驱替特征进行分析。而准确确定化学驱阶段的驱替特征是评

收稿日期：2021-09-06
基金项目：国家科技重大专项（2016ZX05054012，2017ZX05009001）。
第一作者简介：吕端川（1987—），男，山东聊城人，博士，毕业于中国石油大学（华东）地质资源与地质工程专业，研究方向为复杂油藏动态描述。
E-mail：duan227@126.com　Tel：0996-2172178

价其挖潜效果的重要参数，也是油藏精细研究的重要内容，通过本次对三元复合驱阶段生产井的分析，以期对同类型油藏的化学驱开发提供借鉴。

1 研究区概况

研究区位于杏树岗油田杏六区东部 I 区块，面积约 1.2km^2，构造背景为大庆长垣宽缓翼部，地层平缓，无断裂发育。主力产油层为葡萄花油层，其中 PI33 单砂体大面积连片分布。该单砂体属于浅水三角洲平原内低弯度曲流型分流河道沉积，砂体平均厚 6.2m，有效厚度为 4.5m；砂体埋深约 940m，成岩作用较弱，孔隙度平均为 28.7%，渗透率平均为 556mD，呈中高孔中高渗储层特征，其地层发育系数最高。研究区成藏条件良好，投产初期为整装油藏，束缚水饱和度为 21.3%。在 1968 年以水驱方式进行投产，在 2007 年底的区域产水率接近 98%，即处于水驱产水率的经济临界值，意味着水驱开发已处于注入水的无效循环阶段，此时采出程度为 47.8%。为了对剩余油进行挖潜，在 2007 年底开始部署规则五点式三元复合驱井网，根据新钻井资料，发现该单砂体内平均 77.5%的厚度为中—高水淹，4.2%的厚度为未水淹。该单砂体开发井网分布如图 1 所示。

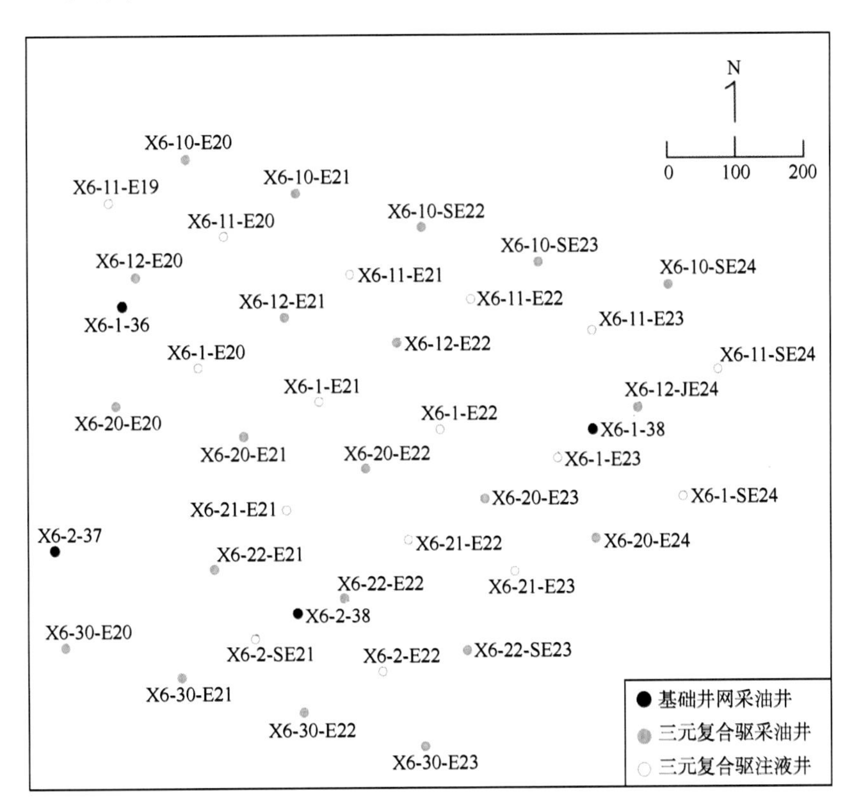

图 1　PI33 单砂体井网分布图

2 次生底水油藏特征

2.1 次生底水油藏的形成过程

次生底水油藏是正韵律沉积砂体的原生整装油藏在长期注水开发过程中逐渐演化而成的，其内部的油水分布形式与原生底水油藏具有明显不同（图 2）。原生底水油藏在油水界面以下为纯水层，该位置的砂岩颗粒为强亲水性，不具有油气开发潜力，故该类型油藏的开发目的层段为油水界面以上位置。原生整装油藏内部的水相为束缚水，主要存在于颗粒接触部位的角隅，或者微细孔隙中。成藏后砂体呈强亲油性，岩石颗粒被油膜覆盖。注水开发后，注入水作为非润湿相，在注入压力的作用下首先在孔喉中部流动，对油相进行非活塞式驱替。随着注水时间的增加，在注入水的渗流通道内，颗粒表面油膜逐渐变薄，局部位置出现润湿性反转，此后由非活塞式驱油变为活塞式驱油[18]。注入水在井筒周围呈平面径向流，储层物性受沉积过程的控制而呈非均质分布，局部高渗位置压力传导能力高于低渗位置，因此垂向上不同位置的吸水能力差异明显。尤其对于正韵律沉积砂体来说，其底部高渗部位是注入水优先通过的位置。结合重力的影响，注入水在推进一段距离后逐渐向砂体底部汇聚，从而导致砂体中下部水洗程度高于中上部。砂体经过注入水的长期冲刷后，内部的孔渗物性已发生变化[19]。由于部分黏土矿物遇水发生膨胀，在较高的注入压力作用下，首先被冲散。固结程度较弱的颗粒也会被带出，严重情况下会导致油井出砂，降低泵效。由于砂体平面的非均质性，注入水在低渗部位形成绕流，而高渗部分持续遭受冲刷，该位置孔隙度增大，渗透率升高，逐渐在注采井间形成注入水的无效循环通道，导致局部绕流式剩余油无法被采出[20]。注入水的无效循环限制了注入水波及范围的增加，使生产井产水率呈持续高值，降低了生产效率。因此，注入水的不均匀渗流最终导致了无明显油水界面的次生底水油藏的形成。

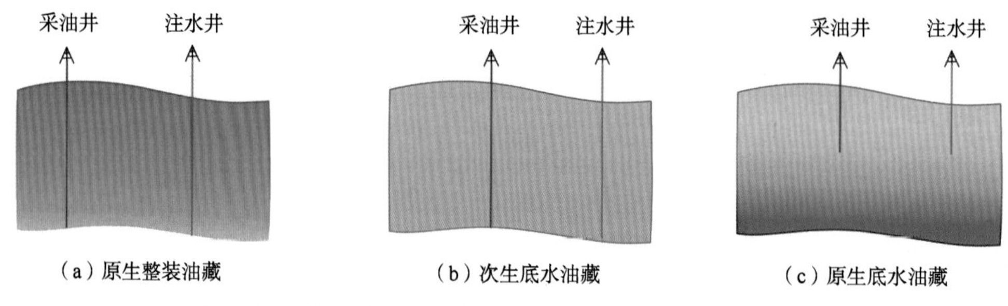

（a）原生整装油藏 （b）次生底水油藏 （c）原生底水油藏

图2 原生整装油藏、次生底水油藏及原生底水油藏示意图

2.2 次生底水油藏三元复合驱生产特征

三元复合驱在次生底水油藏的开发过程中，其聚合物主要成分为聚丙烯酰胺，在溶于水后可形成高黏度的驱油剂，其推进前缘作为稳定的抑水遮挡层既能够在平面上防止驱油剂的指进，使其进入水驱绕流区，对可动剩余油进行驱替，又能够在垂向上有效延缓水锥的形成。表面活性剂能够使油水界面张力降为原来的千分之一，能够实现残余油的可动化，也使可动油更易于驱替。碱液与原油结合形成的皂化物既能够使原油乳化，也能够降低油水界面张力，在一定程度上可减少表面活性剂的用量，达到降低开发成本的目的[21]。在注采井连线方向上，三元复合驱不同驱油剂组分在渗流过程中的耗损程度不同，其各组分的推进距离存在明显的色谱分离现象[22]。表面活性剂在储层中因吸附作用、离子交换作用等因素影响导致其推进距离较小，而具有抗剪性能的聚合物能够推进到距水井较远的位置，碱液的推进距离处于二者之间，且与地层中酸性组分的化学反应导致其作用范围受限，影响驱油效果。在生产过程中，驱油剂的耗损程度也会在油井的生产特征上有所反映。

2.2.1 三元复合驱生产阶段划分

油井产水率是表征油井生产情况的重要参数，其本质是油井附近油水两相渗流差异的反映。由于三元复合驱井网的大多数井将该单砂体全部射开，则次生底水，即早期的注入水会优先进入井筒，使油井呈较高的产水率。随着驱油剂的不断推进，不同组分开始逐渐发挥作用，在聚合物降低水相渗透率的同时，碱液及表面活性剂降低了油水界面张力，大大提高了原油的渗流能力，同时由于驱油剂在压差作用下进入水驱未波及区域内，油相被驱出，油井产水率迅速下降。而随着表面活性剂及碱液的耗损，聚合物分子链的分解破坏，各组分协同作用减弱，产水率又恢复至高值，此时表示化学驱阶段的结束。以该研究区为例，其区域平均产水率变化如图3所示，设置产水率为90%作为划分三元复合驱不同生产阶段的节点，将油井投产后至产水率首次降低至90%的时间段作为驱油剂受效前期，将产水率持续在90%以下的时间段作为驱油剂持续受效期，将产水率恢复至90%后的时间段作为驱油剂受效后期。根据不同油井的生产情况，产水率曲线在持续受效阶段表现为非对称的“V”形或“U”形，在受效前期和受效后期均表现为伴随小幅度波动的连续曲线，完全不同于常规底水油藏开发过程中产水率随着底水锥进而迅速单调升高的趋势。驱油剂持续受效期时间跨度能够表示驱油剂各组分协同作用的稳定程度。

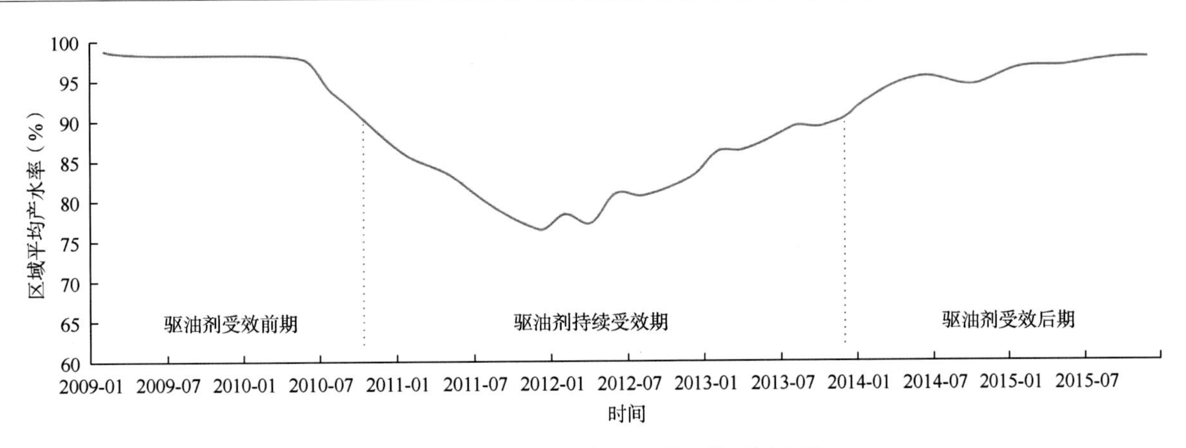

图 3　区域平均产水率及化学驱替不同阶段

油井产水率在驱油剂受效前期虽略有下降，但仍呈高值，表示注水井投产初期的驱油剂还未明显影响油井周围的流体渗流。驱油剂持续受效期可分为产水率下降阶段和恢复阶段。在产水率下降阶段，驱油剂的降水增油效果明显，产水率的迅速下降表示此时采油井附近的可动剩余油在生产压差的驱动下已大量进入井筒。在产水率恢复阶段，受地下生产压差及流体剪切作用的综合影响，聚合物分子的稳定性变差，同时由于碱液和表面活性剂的耗损，洗油效率逐渐变差。且驱油剂波及范围的提高程度减弱，油井产水率开始缓慢恢复。当驱油剂波及范围不再增加，各组分降低水油流度比的能力减弱，井筒周围水相渗透率进一步升高，产水率已恢复为高值。

2.2.2 化学驱替特征曲线

甲型驱替特征曲线能够反映累计产水量和累计产油量的关系，根据公式（1）可推导出公式（2），其中的系数 $1/B$ 表示累计产水量升高 10 倍所对应的产油量[23]，该系数能够反映驱油剂的驱替能力，将其应用于化学驱的持续受效期，则能够定量化表征驱油剂在该阶段的驱替效果。该值越大，说明驱油剂不同组分之间的协同作用越强，驱油效果越好。

$$\ln W_p = A + BN_p \qquad (1)$$

$$N_p = \frac{1}{B}\ln W_p - \frac{A}{B} \qquad (2)$$

其中，W_p 为累计产水量，m^3；N_p 为累计产油量，m^3；A、B 为系数。

井筒周围油水两相的渗流差异变化既表现在产水率上，也表现在驱替特征曲线上。以 X6-20-E22 井的驱替特征曲线为例（图 4），其驱替特征曲线呈明显的三段式。在驱油剂的受效前期和受效后期，井筒周围水油流度差异造成单井产水量远高于产油量，表现为较高的曲线斜率，表示在该阶段驱油剂的稳水增油能力较低。在驱油剂持续受效期内，油井附近水相的流动能力受聚合物影响而降低，同时大量的可动油稳定进入油筒，驱替特征曲线表现出较为平直的现象，累计产水量与累计产油量之间呈函数关系，其斜率可反映驱油剂稳水增油的能力。因此，利用驱油剂持续受效期的生产数据确定驱油剂的驱替能力是合理的。

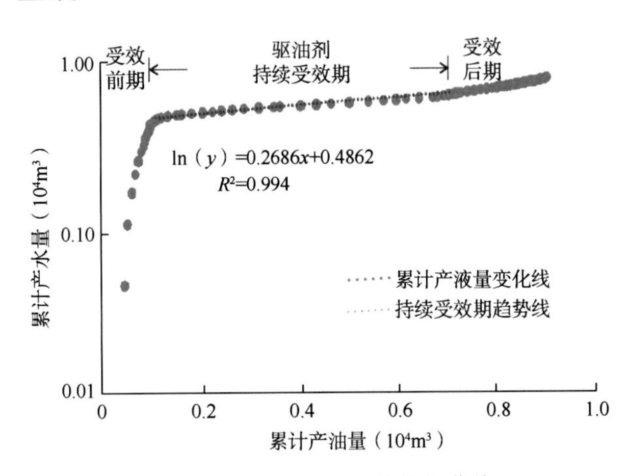

图 4　X6-20-E22 井驱替特征曲线

3 次生底水油藏三元复合驱开发的影响因素

研究区内该次生底水油藏的砂体渗透率垂向上呈典型的正韵律分布，且平均 50.7%的厚度呈高水淹，所以影响该类油藏的开发因素部分与常规底水油藏的相似，部分为三元复合驱开发方式所特有。

3.1 地质因素

次生底水油藏虽无明显的油水界面，但测试数据均显示大部分井的高水淹位置在砂体的中下部。因此在开发过程中油井周围会形成水锥，影响其开发效果，而夹层的存在一方面可以克服驱油剂受重力的影响，延长其平面推进范围，另一方面可以延缓水锥的突破时间，有利于增强其挖潜效果。以 X6-10-E21 井组和 X6-12-E20 井组为例（图 5），两井的平均含油饱和度分别为 33.2% 和 43%。因为 X6-12-E20 井发育厚 0.5m 的夹层，其驱油剂持续受效期长达 31 个月，在持续受效期内 1/*B* 参数为 1.4。而 X6-10-E21 井持续受效期仅 19 个月。且在持续受效期内 1/*B* 参数为 0.93。可见注采井间所存在的稳定夹层有利于提高开发程度。

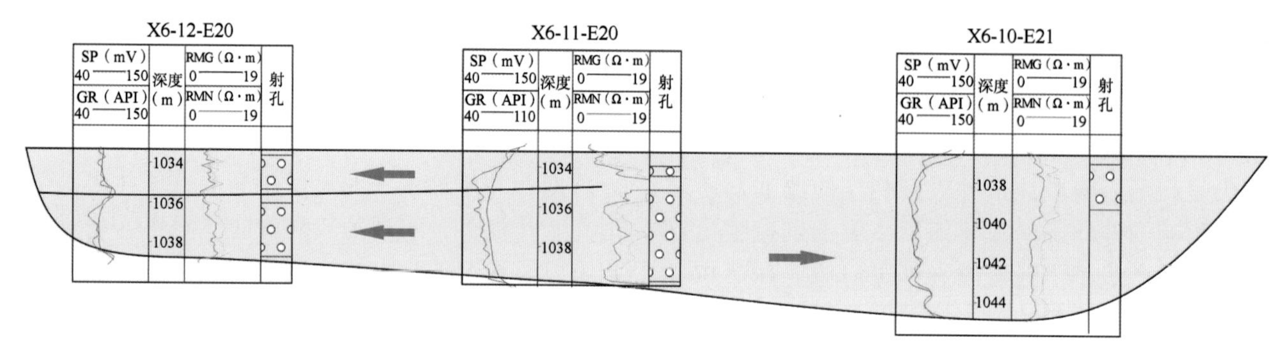

图 5 注采井间稳定的夹层分布对油井开发的影响示意图

3.2 工程因素

次生底水油藏的中上部为剩余油相对富集的部位，当油井仅在砂体中上部位置射孔时，油井底部流体以球面向心流的方式进入井筒，能够缓解水锥的快速形成。而当砂体全部射孔时，油井周围流体以平面径向流的方式进入井筒，产水率呈高值的持续时间较长。以 X6-20-E22 油井为例，如图 6a 所示，该油井只射开了 PI33 砂体的中上部，其在驱油剂持续受效期的 1/*B* 参数为 3.84。其他将 PI33 全部射开的油井的该参数平均值仅为 1.1，因此，在不同射孔方式下，油井的生产效果差异明显，油井位置在砂体中上部进行射孔能够有效加强驱油剂的持续受效作用。

注水井将驱油剂注入储层之后，驱油剂与储层内部流体及颗粒之间存在一系列复杂的物理化学反应，造成驱油剂离子浓度降低，其堵水效果减弱、洗油效率变差，因此化学驱的开发过程具有一定的时效性。若油井因为工程原因而长期处于关井维修状态，当其恢复生产时，其挖潜效果将低于其余稳定生产的油井。如图 6b 所示，以 X6-30-E21 油井为例，该井的有效厚度 3.2m，渗透率 380mD，含油饱和度 46.5%，但是其在 2009 年 10 月开始持续关井 16 个月进行维修，在恢复

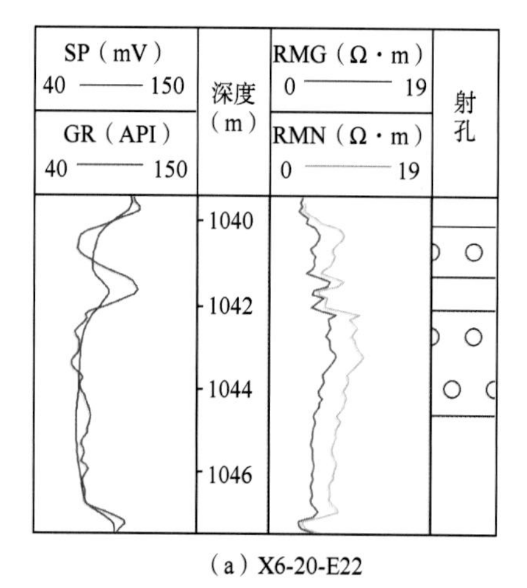

（a）X6-20-E22

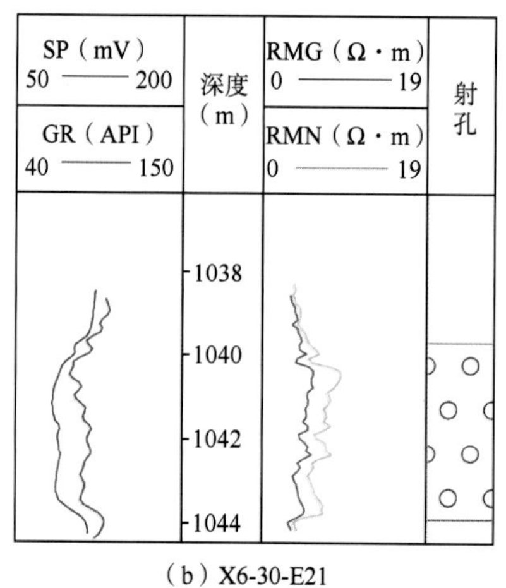

（b）X6-30-E21

图 6 工程因素影响油井生产的典型井

正常生产后，已错过驱油剂的有效作用期，导致其产水率低于 90%的状态仅维持两个月后即恢复到高值。其他正常生产的油井产水率低于 90%的状态平均可持续 26.3 个月，因此，在化学驱生产阶段，维持油井稳定的生产条件是非常必要的。

3.3 化学因素

与常规底水油藏开发中遇到的问题类似，次生底水油藏的开发也面临着水体锥进的影响。而三元复合驱中的聚合物主要作用是增加水的黏度，降低水相渗流能力，改善水油流度比。通过油井产出液中聚合物特征的分析，整个三元复合驱受效阶段均处于聚合物分子的稳定阶段。根据聚合物峰值出现在驱油剂持续受效期和受效后期两种情况进行分类统计，并计算其平均值，结果如图 7 所示，当聚合物峰值在持续受效期内出现时，各油井在驱油剂持续受效阶段的 $1/B$ 参数平均为 1.26，累计水油比为 7.97。当聚合物峰值在受效后期出现时，各油井的 $1/B$ 参数平均为 1.17，累计水油比为 10.63。因此，两组数据中反映持续受效期洗油效率的 $1/B$ 参数差别不大，但对于整个化学驱过程来说，当聚合物浓度峰值越早出现，其对水相渗流的影响越大，越有利降低累计水油比，提高剩余油动用程度。

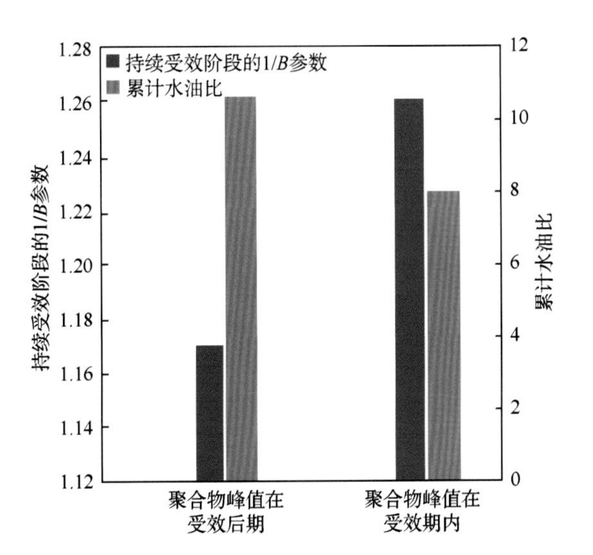

图 7　化学因素影响油井的生产特征

与常规水驱开发相比，三元复合驱油剂的驱替效果受井组范围内砂体物性发育程度的影响更为明显。在次生底水油藏形成时，储层内部存在注入水的无效循环通道。三元复合驱油剂中的聚合物通过对该高渗通道进行封堵达到扩大波及体积的目的。因此，在井组内部该类型通道越发育，所需封堵的强度也越大，驱油剂波及范围增加的幅度也越低，驱油剂持续受效期变短，影响其挖潜效果。同时，砂体层内非均质性对高黏度驱油剂的渗流影响程度更明显，在微观角度来看，高分子聚合物溶液的临界渗流喉道半径要高于水驱过程中水相的临界渗流喉道半径，所以，在三元复合驱阶段，驱油剂与砂体性质匹配程度的高低影响着驱油剂的开发效果。当驱油剂性质与砂体性质匹配性越高，复合驱油剂各组分的耗损程度越低，驱油剂的开发效果越好。

4 结　论

（1）由原生整装油藏演化而来的次生底水油藏内部原油赋存形式包括砂体中上部的弱动用可动剩余油、水驱绕流式可动剩余油和高水淹区的残余油。其开发方式及生产特征与常规底水油藏不同。

（2）次生底水油藏的化学驱挖潜机理是通过降低水相渗透率，封堵高渗通道以扩大波及体积，驱替弱动用可动剩余油及绕流式可动剩余油。降低油水界面张力，以增加洗油效率，使水驱后残余油可动化。

（3）次生底水油藏在以三元复合驱方式开发时，可结合油井所在位置砂体的内部结构开展后续射孔，以达到对次生底水的抑制作用。同时，在驱油剂持续受效期内维持稳定的生产条件，以获得较好的驱替效果。

（4）驱油剂性质与砂体物性发育情况的匹配程度影响驱油剂的稳定性，进而对次生底水油藏的三元复合驱挖潜具有重要意义。驱油剂与砂体性质匹配性越强，聚合物浓度峰值越早到达油井位置，越有利于降低整个三元复合驱开发过程中的水相流动，降低油井的累计产水比例。

参考文献

[1]　林承焰，孙廷彬，董春梅，等. 基于单砂体的特高含水期剩余油精细表征[J]. 石油学报，2013，34（6）：1131-1136.

[2]　Sun M S，Liu C Y，Feng C J，et al. Main controlling factors and predictive models for the study of the characteristics of remaining oil distribution during the high water-cut stage in Fuyu oilfield，Songliao Basin，China[J]. Energy Exploration & Exploitation，

2018，36（1）：97-113.

[3] Li X Y，Qin R B，Gao Y F，et al. Well logging evaluation of water-flooded layers and distribution rule of remaining oil in marine sandstone reservoirs of the M oilfield in the Pearl River Mouth basin[J]. Journal of Geophysics and Engineering，2017，14：283-291.

[4] 李琛，李光华，朱思静，等. 基于岩心录井的砂砾岩储层优势渗流通道识别与预测——以准噶尔盆地东部滴 20 井区为例[J]. 石油天然气学报，2017，39（5）：229-237.

[5] Ayirala S C，Yousef A A. A State-of-the-Art Review to Develop Injection-Water-Chemistry Requirement Guidelines for IOR/EOR Projects[C]. SPE 169048，2015.

[6] Qi Pengpeng，Ehrenfried D H，Koh H，et al. Reduction of Residual Oil Saturation in Sandstone Cores by Use of Viscoelastic Polymers[C]. SPE 179689，2016.

[7] Tavassoli S，Pope G A，Sepehrnoori K. Investigation and Optimization of the Effects of Geologic Parameters on the Performance of Gravity-Stable Surfactant Floods[C]. SPE 178915，2015.

[8] Ghosh S，Johns R T An Equation-of-State Model To Predict Surfactant/Oil/Brine-Phase Behavior[C]. SPE 170927，2016.

[9] Guo H，Li YQ，Wang FY，et al. ASP Flooding：Theory and Practice Progress in China[J]. Journal of Chemistry，2017，1-18.

[10] 孙龙德，伍晓林，周万富，等. 大庆油田化学驱提高采收率技术[J]. 石油勘探与开发，2018，45（4）：636-645.

[11] Bryant S L，Rabaioli M R，Lockhart TP. Influence of Syneresis on Permeability Reduction by Polymer Gels[C]. SPE 35446，1996.

[12] 赵凤兰，李子豪，李国桥，等. 三元复合驱后关键储层特征参数实验研究[J]. 西南石油大学学报（自然科学版），2016，38（5）：157-164.

[13] 宋考平，何金钢，杨晶. 强碱三元复合驱对储层孔隙结构影响研究[J]. 中国石油大学学报（自然科学版），2015，39（5）：164-172.

[14] 程杰成，王庆国，王俊，等. 强碱三元复合驱钙、硅垢沉积模型及结垢预测[J]. 石油学报，2016，37（5）：653-659.

[15] 钟连彬. 大庆油田三元复合驱动态特征及其跟踪调整方法[J]. 大庆石油地质与开发，2015，34（4）：124-128.

[16] 聂春林. 大庆油田三元复合驱注入压力变化规律及预测[J]. 特种油气藏，2017，24（1）：115-118.

[17] 赵树成. 杏树岗油田厚油层顶部剩余油水平井强碱三元复合驱试验效果[J]. 大庆石油地质与开发，2017，36（6）：109-114.

[18] Ding H N，S Rahman. Expermental and theoretical study of wettability alteration during low salinity water flooding-an state of the art review[J]. Colloids and Surfaces A：Physicochemical and Engineering Aspects， 2017，520：622-639.

[19] 蒋声东. 强碱三元复合驱后储层结构变化及结垢机理研究[D]. 大庆：东北石油大学，2015.

[20] Yue M，Zhu W Y，Han H Y，et al. Experimental research on remaining oil distribution and recovery performances after nano-mocron polymer particles injection by direct visualization[J]. Fuel， 2018，212：506-514.

[21] Stoll W M，Al S H，Finol J，et al. Alkaline/Surfactant/Polymer Flood：From the Laboratory to the Field[C]. SPE 129164，2011.

[22] 刘刚，侯吉瑞，李秋言，等. 二类油层中三元复合驱体系的耗损及有效作用距离[J]. 中国石油大学学报（自然科学版），2015，39（6）：171-177.

[23] 宋兆杰，李治平，赖枫鹏，等. 高含水期油田水驱特征曲线关系式的理论推导[J]. 石油勘探与开发，2013，40（2）：201-208.

和田河气田水侵特征及治水对策研究

刘　磊　罗　辑　冯信荦　饶华文　周婷雅　袁明亮　王　娜

（中国石油塔里木油田分公司勘探开发研究院 新疆库尔勒 841000）

摘　要：和田河气田 CⅢ+O 气藏开发过程中，见水井数增加，产能下降、单井控制储量减少，水淹井停喷。水的治理已成为保持气田稳产最迫切需要解决的问题。为此，通过静态、动态资料的充分结合，开展了水侵模式研究，分开发单元计算气藏水侵参数、水体能量评价等研究。认为气藏地层水水侵方式以裂缝水窜为主，不同见水开发单元水体能量存在差异，具有水体不活跃—次活跃、水驱程度弱—中等的特点。针对气藏不同水侵特征，提出控制生产压差、带水生产和排水采气的治水对策，以降低水侵对气藏开发效果的影响、助力稳产。实施治水对策后，1 口带水生产井平稳生产，3 口水淹井复产，1 口水淹井地层压力平稳，水淹井累计增加产气量 $2520\times10^4m^3$，可有效地恢复水淹井产能，取得了较好的应用效果，对类似其他气田的开发也有借鉴作用。

关键词：和田河气田；裂缝水窜；水侵特征；治水对策

和田河气田 CⅢ+O 气藏自 2013 全面投入开发后，见水气井逐渐增多，目前 14 口生产井有 9 口井产地层水。受水侵影响见水井产能下降、单井控制储量减少，水淹井停喷，且未采取相应措施，严重影响气田的开发效果，不利于气田稳产。为了实现有水气藏的高效开发，需要掌握水侵的动态变化规律[1]。对裂缝性气藏，重点研究裂缝分布规律、断层分布及其封堵性、储层非均质性、地层水分布及其产出能力等[2-4]。裂缝发育区地层水会沿高渗透缝窜至井底，导致气井很快见水且水量上升很快[5-8]。部分学者将气藏水侵分为边水横侵型、底水锥进型、底水纵窜型和边底水横侵型四种主要模式[9]。在开发治水方面，前人成果则主要集中于现场开发实践和应用，形成了包括气水关系描述、水侵动态分析预测、治水对策优化等特色技术[10-13]。笔者基于前人水侵特征研究方法，通过动静结合分析 CⅢ+O 气藏见水原因及水侵模式等水侵特征，采用物质平衡方法评价气藏水侵程度等水侵参数，提出针对性的治水对策，指导气田合理开发。

1 气藏特征

和田河气田位于塔里木盆地中央隆起巴楚凸起玛扎塔格构造带上，其 4 区块 CⅢ+O 气藏为东河砂岩储层和下伏奥陶系碳酸盐岩储层呈角度不整合接触。其中，东河砂岩储层平均孔隙度为 6.85%、平均渗透率为 18.54mD；奥陶系储层平均孔隙度为 2.83%，平均渗透率为 14.52mD；气藏储渗空间类型为裂缝—孔隙型，具有非均质性强、裂缝发育储层特征，统一的原始气水界面（−1026m），为底水气藏，气藏驱动类型为弹性气驱或以气驱为主、水驱为辅。裂缝发育是气井高产的关键因素，但同时也是边、低水快速侵入气藏的主要原因。

通过对取心井岩心观察统计，CⅢ+O 气藏裂缝发育，主要以构造缝为主，裂缝倾角主要为 30°～90°，发育中高角度斜交缝、直立缝为主，水平缝不发育，裂缝长度小于 90mm。东河砂岩段储层裂缝密度 0.17～3.08 条/m，平均裂缝密度 1.49 条/m，奥陶系储层裂缝密度 3.3～15 条/m，平均裂

收稿日期：2021-03-16
第一作者简介：刘磊（1986—），女，云南永善人，硕士，2011 年毕业于西安石油大学油气田开发工程专业，高级工程师，现从事天然气开发研究工作。
E-mail：liulei-tlm@petrochina.com.cn　Tel：0996-2171704

缝密度 9.44 条/m。裂缝宏观开度在 0.6～1.0mm，整体以半充填—全充填为主。

采用古地磁定向与层面定向两种方法确定岩心裂缝走向以北东—南西向为主，短轴方向连通性较好，长轴方向连通性较差。

整体上电成像解释的裂缝特征参数与岩心一致，高角度缝占主导，部分井裂缝在纵向上呈现出不连续的段塞状。从单井情况来看，各井裂缝发育程度差异大，与所处断块和构造位置有关。如位于构造西部 4-H2 井奥陶系水平段裂缝整体欠发育，位于构造中部的 4-H6 井奥陶系水平段裂缝整体发育。

统计分析和田河气田已钻井钻井液性能，各井在目的层钻进过程中所用的钻井液体系和钻井液性能都很相近，因此，对比各井目的层漏失情况能很好地反映裂缝的分布规律。钻遇 CⅢ+O 气藏的水平井有 11 口，西边 5 井区 4 口水平井钻井过程中均出现漏失，构造高部位 3 口水平井 5-4H、5-6H 和 5-8H 因气测活跃、钻井液漏失严重而提前完钻，水平段均未达到设计长度，井区整体钻井漏失严重，裂缝较发育；东边 4 井区 7 口水平井均达到设计水平段长度，只有 4-H4、4-8H 和 4-12H 钻井漏失量较大，呈“点状漏失”特征，其中直井 4 和水平井 4-H4 断块漏失量最大，裂缝最发育，其他井漏失较少，水平段已达到设计长度。

综上研究，CⅢ+O 气藏纵向上奥陶系裂缝较发育、东河砂岩段裂缝相对不发育，平面上裂缝发育程度整体自西向东逐渐减弱，西部 5 井区比东部 4 井区裂缝更发育，井区间鞍部裂缝不发育。

2 水侵特征

2.1 裂缝对见水时间差异影响

CⅢ+O 气藏储层类型属于典型的裂缝—孔隙型，储集空间以孔隙为主，裂缝为主要渗流通道，尤其是奥陶系储层裂缝较发育。研究 CⅢ+O 气藏气井的生产规律发现，构造高部位气井见水时间比构造低部位井要早，见水井见水时间呈现差异化特征明显。结合裂缝发育特征研究结果，非均质气藏储层水沿着高角度裂缝向井底推进速度快，且非均质性越强，水侵推进速度越快，气井见水时间越早[14]。受裂缝发育程度差异化的非均质性影响，裂缝越发育部位则见水时间越早，而鞍部裂缝不发育且与底水有泥岩隔层的部位，均未见水。无水采气期的长短，除受裂缝发育程度影响外，还与气井生产压差及避水高度有关。与见水动态对比，认为裂缝发育程度与气井见水正相关，造成 5 井区整体水淹，4 井区局部水淹。

2.2 水侵特征

2.2.1 水侵模式

气井出水机理从宏观上来看，均属于裂缝性水窜，发生裂缝水窜的主要原因是裂缝的高传导性与基质岩块较低的渗透性极差的共同作用结果，只是由于裂缝的大小、发育程度以及发育的方位不同，造成裂缝的水窜程度有较大的差别。有水气藏的开采实践中，地层水水侵主要表现为水锥型、横侵型、纵窜型和纵窜横侵型等水侵模式[15]，该气藏中分为三种主要表现出水锥型和纵窜型。

2.2.1.1 水锥型

这种类型气井，储层发育高角度大裂缝、避水高度低，由于裂缝的渗透率远高于孔隙基质的渗透率，因此气井投产后，当气井采速较高时，在井底大生产压差作用下，裂缝中的天然气先被采出，从而使裂缝中的地层压力迅速下降，在裂缝中形成一个低能带。在渗透率极差的作用下，底水沿低能状态的高渗透裂缝以“短路”形式非连续不规则地窜入气层，气井离水区较近且裂缝与水体连通较好，造成地层水沿裂缝快速锥进，造成气井快速出水的现象。有些气井在高角度大裂缝附近或者与大裂缝直接连通，底水沿大裂缝上窜，水锥推进直接进入气井，甚至在短期内使气井“水淹致死”。401 井就是典型的沿裂缝快速水窜，由于酸化改造规模大、沟通底水，开井即水淹。

2.2.1.2 纵窜整体水淹型

此类井为裂缝较发育井区，有一定的避水高度，钻井过程中钻井液漏失严重，部分井水平段未达到设计值因漏失量大而提前完钻，井底没有直接与水层窜通的裂缝但连片发育，水在进入井筒前，先上升进入气层后，再经过高角度裂缝侵害气流通道与气体一道进入气井，直至全部占用气流通道。生产特征表现为有一定无水产气期，生产水气比高于凝析水气比、上升速度快，见水后油压下降快、迅速水淹停喷，典型井为 5-6H 井、5-8H 井、5-1 井、4 井和 4-H4 井。

2.2.1.3 纵窜局部水淹型

此类井为裂缝相对不发育井区，有一定的避水高度，井底储层不发育连片裂缝，但局部裂缝发育，钻井过程中钻井液漏失量相对较低，而且水平段钻进是局部漏失钻井液，随着气藏开采，气区压力下降，底水由于压差作用沿着有较高渗透性的局部裂缝向裂缝较发育的水平生产段推进，地层水的流动总选择流动阻力小的裂缝通道流向压力最低点的井筒，致使部分井水平段局部水淹。这种水侵表现为有一定无水产气期，见水时间较晚，见水后仍有产气能力，产水量不大且变化不大，典型井为 5-4H 井、4-8H 井和 4-12H 井。

2.2.2 微观水侵机理

对于裂缝—孔隙型有水气藏，在驱替过程中水侵造成的绕流指进、卡断现象、盲端、贾敏效应、不连通孔隙和“H”形孔道等现象将导致封闭气的形成[16]。在水侵初期，由于气藏岩石的亲水性，水沿裂缝壁流动，水可以将裂缝中的大量气体驱出，同时在裂缝曲折和缩颈部分发生卡断现象，将部分气体滞留下来，或水绕流形成封闭气。当水窜突破模型出口时，在裂缝中水能占据全部渗流通道，气体无法经过大裂缝流动而被水锁形成封闭气。因此，水侵后形成大量封闭气，未被采出的气主要封闭在相对低渗孔隙中，从而导致气藏的动态储量减少和供气范围减小，影响气井的产能和气藏的最终采收率。CⅢ+O 气藏各井区水侵动态特征表现为初期气藏整体连通，地层压力整体下降，后投产气井受前期生产井影响地层压力已明显下降（图 1），随着地层水的差异化侵入气藏，各井地层压力变化差异逐渐加大，水淹停喷井压力大于见水井和无水生产井，气藏受水封气影响造成地层水将气藏分割成不同的开发单元，不同开发单元气井表现不同的生产特征。但因奥陶系储层以Ⅲ类储层为主，大部分井水平缝或低角度缝不发育，地层水局部水窜，不会造成气藏大面积的水封气。

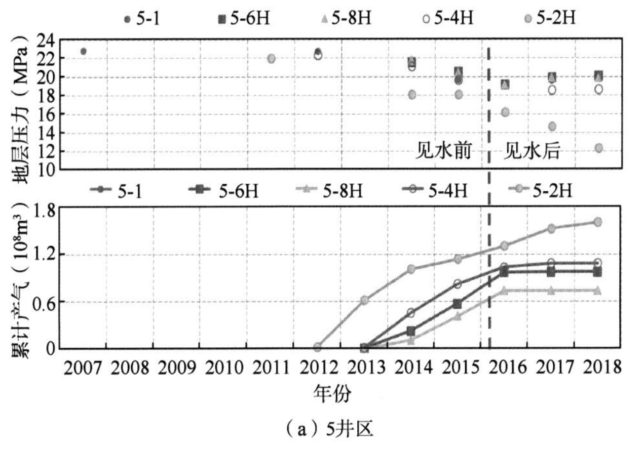

（a）5井区

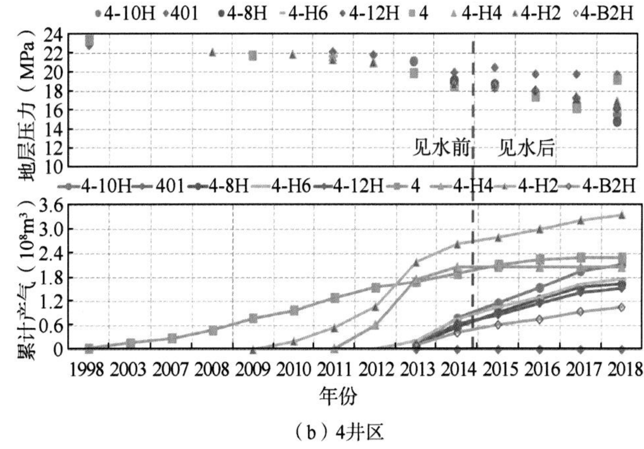

（b）4井区

图 1　CⅢ+O 气藏单井地层压力与累计产气变化

2.2.3 水侵参数计算方法

物质平衡方法是一种有效的水侵量计算方法，根据生产动态数据，能够较为准确地计算水侵量[17,18]。根据物质平衡原理，考虑水区能流动的水体弹性膨胀量、侵入气藏水量、某些情况下为保护邻近生产井而在水区排水泄压的累积产水量、宏观均匀分布的小孔隙中束缚水膨胀占据的原可动水体空间，以及地层压力下降后水层空隙的压缩效应，水侵能量来源于压力下降后可动水的弹性膨胀、束缚水膨胀挤压可动水空间和储层孔隙的压缩效应这三个方面：

$$W_e + W_p B_w = W\left(B_w - B_{wi}\right) + W B_{wi} \frac{\left(C_w S_{wc} + C_f\right)}{\left(1 - S_{wc}\right)} \Delta p \tag{1}$$

根据 PVT 状态方程法计算累计水侵量 W_e：

$$W_e = W_p B_w + G_p B_g + G B_{gi}\left(1 - \frac{Z}{Z_i} \times \frac{P_i}{P}\right) \tag{2}$$

水驱指数 $WEDI$：

$$WEDI = \frac{W_e}{W_p B_w + G_p B_g} \tag{3}$$

水侵替换系数 I[19]：

$$I=\frac{W_e-W_pB_w}{G_pB_{gi}} \tag{4}$$

2.2.4 水侵参数评价

气藏可动水体的大小和性质可根据水井完钻测试和气井开采后的压力衰竭情况以及其他动态监测资料来分析和计算[20]。对于测试资料足够的见水开发单元，利用公式（2）、公式（3）和公式（4）计算水驱指数、累计水侵量和水侵替换系数。通过评价各见水开发单元动态特征及水侵参数（图 2），各井见水后水驱指数、水侵替换系数及累计水侵量不同，地层压力变化规律也不同，非均匀水侵特征明显。依据气藏类型划分分类标准和天然气可采储量计算方法行业标准，5-6H—5-8H、4-H4—4 开发单元裂缝发育，评价为次活跃水体，水驱程度中等，这类井见水后关井后单井地层压力有所上升，能量补给较强；5-4H 开发单元综合评价为不活跃—次活跃水体，水驱程度弱—中等；4-8H、4-12H 开发单元综合评价为不活跃水体，水驱程度弱，这类井见水后水淹井关井地层压力相对稳定、未水淹井地层压力持续下降。

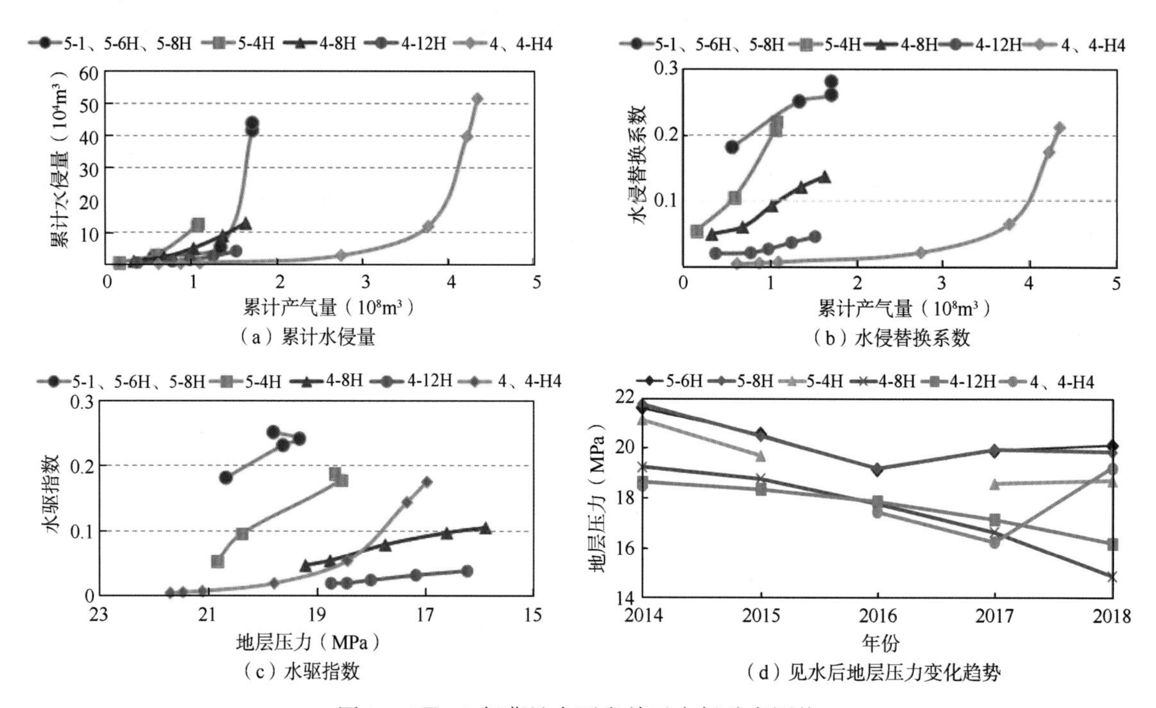

图 2 CⅢ+O 气藏见水开发单元水侵动态评价

3 治水对策及效果

3.1 治水对策

为了保障和田河气田 CⅢ+O 气藏的稳产、提高采收率，基于地质认识、水侵特征等研究，制订了控制生产压差、带水生产和排水采气的治水对策（表 1），通过治水降低气藏废弃压力来提高气藏的采收率。

控制生产压差主要是针对未见水井，通过优化采气速度，采取控水采气，提高气井井底回压，尽量控制生产压差生产，防止底水进一步水锥侵入气藏内部而分割气区。关键是要对气藏水侵早识别、早控制，可采用试井分析技术进行气藏水侵预测[21]，做好气井均衡采气及生产预警管理，以期在气水过渡带附近形成高压屏障，阻止底水沿裂缝过快推进。

带水生产主要针对纵窜局部水淹型水侵模式但有携液能力井，能维持带水生产，保持相对稳定的生产制度，尽量不加减气量或开关井，以避免进一步激动底水。通过选择合理的生产制度，保持生产气量大于最小携液气量，保持气水同采的开采方式；同时要避免生产压差过大，造成水气比不断上升和避免由于产量过小井底积水而导致气井停产，在气井携液困难、形成积液时，要及时采取泡沫排水采气助排[22]。

排水采气主要针对纵窜整体水淹型水侵模式、纵窜局部水淹型水侵模式的水淹井，通过降低井内注气点至井口的压力梯度来降低井底回压，增加生产压差来提高气井携液能力，主动采水消耗水体能量，减小气区和水区的压差控制水

表 1　CⅢ+O 气藏治水对策统计

序号	开发单元及井号	水侵模式	水体活跃程度	生产状态	治理对策
1	4-H4	纵窜整体水淹型	次活跃	水淹停产	连续气举
2	5-8H		次活跃		连续气举
3	5-4H	纵窜局部水淹型	不活跃—次活跃		井口降压
4	4-8H		不活跃	井筒积液停产	间歇气举
5	4-12H		不活跃	携液生产	带水生产
合计					

侵。气举排水采气适用于水淹井复产[22]，对于水驱强度弱、不活跃水体开发单元的气井采取间歇性气举排水采气，水驱强度中等、次活跃开发单元的气井采取连续气举排水采气，连通井组采取大排量排水现场试验以恢复本井、邻井产能。通过主动排水，能在一定程度上降低水体能量，减小气区和水区的压差控制水侵，抑制底水进一步向气藏内部推进的治水方式，保护气藏其他气井正常生产。

3.2　实例及效果

4-8H 井裂缝较发育，生产初期压力、产气量稳定，2017 年 1 月出水后，气井油压、产水量下降，水气比、产水量上升，分析认为由于底水水窜引起地层水上升，水侵模式为纵窜局部水淹型。采取间歇气举排水采气法，分别于 2017 年 9 月、2018 年 3 月、2018 年 9 月三次连续油管气举排水采气，日产气分别为 $8.1\times10^4m^3$、$8.7\times10^4m^3$ 及 $3\times10^4m^3$，均成功使该井复产，目前日产气 $1.5\times10^4m^3$，累计增加天然气 $2113.63\times10^4m^3$。

5-8H 井试井及其他动静态资料表明，该井产层属双重介质型，且与邻井 5-6H 井连通（存在裂缝沟通）。5-8H 井 2013 年 11 月投产，见水前平均日产气 $16\times10^4m^3$，2016 年 9 月突然产出地层水，最大日产水 $16.8m^3$，日产气由 $14\times10^4m^3$ 降到 $8.3\times10^4m^3$；两个月后 5-6H 井日产水由 $0.3m^3$ 突增至 $41m^3$，水气比 $5.6m^3/10^4m^3$，而 5-8H 井日产水由 $16.8m^3$ 下降至 $2.63m^3$，井口无气产出。该连通井组水侵模式为纵窜整体水淹型，水侵路径为底水上窜至 5-8H 井附近后，在压差的作用下向北东方向 5-6H 井附近侵入，同时 5-6H 井下部底水上窜至水平段造成了 5-6H 井产水量为 5-8H 井的两倍多。采用连续气举排水采气法，主动将水侵通道上的 5-8H 井进行排水泄压，一定程度上抑制该连通井组水侵规模。在近一年的排水试验过程中，采气动态监测曲线表明(图 3)，气举日排水量 $15\sim87m^3$，恢复日产气 $0.2\sim1.6\times10^4m^3$，已累计增加天然气 $132.35\times10^4m^3$，表明连续气举排水采气方式对纵窜整体水淹治理是有效的。

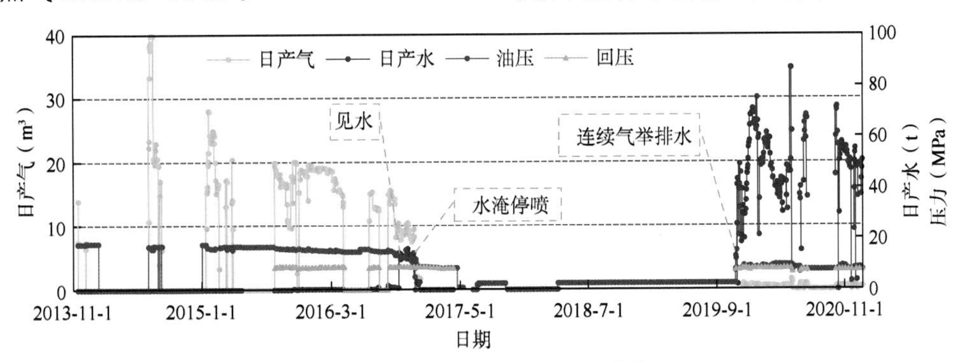

图 3　5-8H 井采气动态监测曲线

5-4H 井见水后油压下降较快，2017 年因油压与地面管网回压持平而被迫关井。2019 年采用气液混输泵降低井口回压，目前日产气 $1.5\times10^4m^3$，日产水 $32m^3$，累计增加天然气 $274\times10^4m^3$。

4-H4 井 2018 年开始气举排水，日气举量 $4\times10^4m^3$ 左右，日排水 $70\sim120m^3$，累计排水 $13000m^3$，目前未见产气，但是排水后，邻井 4 井地层压力上升趋势变缓慢（图 4）。建议 4-H4 井继续排水采气，以恢复产能，同时降低水体能量。

目前已对 5 口井陆续开展了治水现场试验，实现了 1 口带水生产井平稳生产，3 口水淹井复产，1 口水淹井地层压力平稳，水淹井累计增加产气量

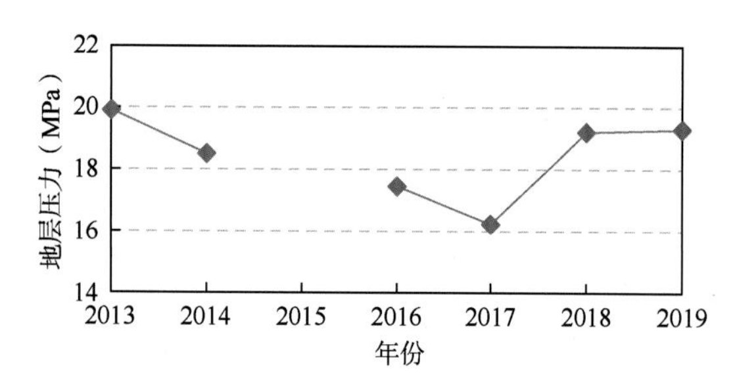

图 4　4 井地层压力曲线

$2520\times10^4m^3$，说明排水采气能够实现水淹井复产，达到增气效果，可助力气藏稳产，排水采气已见成效。

4 结论及建议

（1）CⅢ+O 气藏纵向上奥陶系裂缝较发育、东河砂岩段裂缝相对不发育，平面上裂缝发育程度自西向东逐渐减弱，西部 5 井区比东部 4 井区裂缝更发育，井区间鞍部裂缝不发育。

（2）和田河气田水侵模式主要以裂缝性水窜为主，分别为水锥型、纵窜整体水淹型和纵窜局部水淹型。

（3）CⅢ+O 气藏受裂缝发育程度的影响，各开发单元水侵强度不同，水体能量为不活跃—次活跃，见水后地层压力变化规律不同，非均匀水侵特征明显。

（4）在水侵机理特征研究的基础上，针对性地制订治水对策并开展治水试验， 实现了 1 口带水生产井平稳生产，3 口水淹井复产，1 口水淹井地层压力平稳，水淹井累计增加产气量 $2520\times10^4m^3$，取得了很好的试验效果。

（5）有水气藏应持续地层压力监测，评价地层能量变化情况。

符号说明：P_i—气藏原始地层压力，MPa；P—地层当前压力，MPa；Δp—地层压力变化，MPa；Z—地层当前压力下气体偏差系数，无因次；Z_i—地层原始压力下气体偏差系数；G_p—累计采气量，10^8m^3；G—气藏内原始地质储量，10^8m^3；W_e—气藏水侵量，10^4m^3；W_p—气藏累计产水量，10^4m^3；W—可动水体储量，10^4m^3；B_w—研究所关注时刻对应地层压力条件下地层水体积系数；B_{wi}—原始地层压力条件下地层水体积系数；B_{gi}—原始气层压力下气体体积系数；B_g—目前气层压力下气体体积系数；C_w—从原始状态到关注时刻地层压力下降区间内水的平均压缩系数，MPa^{-1}；C_f—储层岩石有效压缩系数，MPa^{-1}；S_{wc}—束缚水饱和度。

参考文献

[1] 刘华勋，高树生，叶礼友，等. 裂缝—孔隙型有水气藏水侵动态变化规律及关键参数计算方法[J]. 天然气工业，2020，40（6）：90-99.

[2] 马新华，陈建军，唐俊伟. 中国天然气的开发特点与对策[J]. 天然气地球科学，2003，14（1）：15-20.

[3] 李菡韵，王兴志，刘勇，等. 阿姆河盆地右岸 B 区西部卡洛夫—牛津阶气藏气水分布模式[J]. 新疆石油地质，2017，38（5）：625-630.

[4] 郑小鹏，汪淑洁，郝龙，等. 苏里格气田南区马五 5 亚段气水特征研究与判识[J]. 新疆石油地质，2018，39（2）：158-162.

[5] 张新征，张烈辉，李玉林，等. 预测裂缝型有水气藏早期水侵动态的新方法[J]. 西南石油大学学报，2007，29（5）：82-85.

[6] 孙志道. 裂缝性有水气藏开发特征和开发方式优选[J]. 石油勘探与开发，2002，29（4）：69-71.

[7] 常涧峰，徐耀东，田同辉，等. 埕北古 7 潜山太古界油气藏流体类型识别[J]. 油气地质与采收率，2012，19（4）：21-23.

[8] 邵锐. 徐深气田火山岩气藏水侵识别与预测方法[J]. 大庆石油地质与开发，2014，33（1）：81-85.

[9] 史全党，王玉，居来提 · 司马义，等. 呼图壁气田地层水分布及水侵模式[J]. 新疆石油地质，2012，33（4）：479-480.

[10] 闫海军，贾爱林，郭建林，等. 龙岗礁滩型碳酸盐岩气藏气水控制因素及分布模式[J]. 天然气工业，2012，32（1）：67-70，124.

[11] 李熙喆，郭振华，万玉金，等. 安岳气田龙王庙组气藏地质特征与开发技术政策[J]. 石油勘探与开发，2017，44（3）：398-406.

[12] Kabir C S，Parekh B，Mustafa M A. Material-balance analysis of gas reservoirs with diverse drive mechanisms[C]//SPE Annual Technical Conference and Exhibition，28-30 September 2015，Houston，Texas，USA.DOI：https：//dx.doi.org/10.2118/175005-MS.

[13] 冯曦，钟兵，杨学锋，等. 有效治理气藏开发过程中水侵影响的问题及认识[J]. 天然气工业，2015，35（2）：35-40.

[14] 刘华勋，任东，高树生，等. 边、底水气藏水侵机理与开发对策[J]. 天然气工业，2015，35（2）：47-53.

[15] 冯异勇，贺胜宁. 裂缝性底水气藏气井水侵动态研究[J]. 天然气工业，1989，18（3）：40-44.

[16] 姜昊罡，梁利侠，张浩，等. 凝析气藏气井产水规律研究[J]. 长江大学学报（自然科学版），2013，10（20）：147-151.

[17] 杨玲智，王永清，王子天，等. 裂缝性气藏水侵强度判断及水侵量计算[J]. 西部探矿工程，2011，11（5）：43-50.

[18] 王怒涛，黄炳光，张崇军，等. 水驱气藏动态储量及水侵量计算新方法[J]. 西南石油学院学报，2000，22（4）：26-27.

[19] 国家能源局. SY/T6098—2010，天然气可采储量计算方法[S]. 北京：石油工业出版社，2010.

[20] 陈玉飞，贺伟，罗涛. 裂缝水窜型出水气井的治水方法研究[J]. 天然气工业，1999，19（4）：63-65.

[21] 陶诗平，冯曦，肖世洪. 应用不稳定试井分析方法识别气藏早期水侵[J]. 天然气工业，2003，23（4）：68-70.

[22] 胡勇，邵阳，陆永亮，等. 河坝飞三有水气藏治水对策研究[J]. 特种油气藏，2012，19（4）：92-95.

塔里木盆地富满油田断控型碳酸盐岩油藏产能评价研究

刘志良[1] 姚 超[1] 邓兴梁[1] 袁安意[1] 牛 阁[2] 周 飞[1]

（1. 中国石油里木油田分公司勘探开发研究院 新疆库尔勒 841000;
2. 中国石油塔里木油田分公司哈得油气开发部 新疆库尔勒 841000）

摘 要：富满油田断控型碳酸盐岩油藏储层非均质性强，缝洞内部连通结构复杂，流体流动不符合达西规律，使得此类特殊油藏产能评价无法直接借鉴碎屑岩成熟的开发理论。前期开发方案编制过程中，新井配产主要采用老井初期平均日产油量统计得到，未充分挖掘单井生产动态和监测数据信息。本文采用系统试井分析法、水锥临界生产压差分析法、单井生产数据分析法和不同驱动阶段采油速度折算法等方法，优选矿场适应性和可操作性强的评价方法来确定单井合理产量及采油速度。认识到富满油田纯弹性驱动阶段充分利用地层能量，采油速度 1.7% ~ 1.9%较为合理，弹性向边底水驱过渡和边底水驱动阶段适度降低生产压差，采油速度 0.8% ~ 1.2%较为合理，为该油田开发方案编制和开发技术政策的制订提供技术支持。

关键词：富满油田；断控型；碳酸盐岩油藏；产能评价

油井的产能评价，对于单井合理配产，区块年度产量预测，开发方案配产和现场经营管理等方面具有十分重要的现实意义。针对非均质性极强的碳酸盐岩缝洞型油藏，油井的合理产能论证需要结合该井所在缝洞单元的储层发育状况和缝洞结构特征来确定，需要通过分析储层发育规律、储量规模、产能特征、试采动态等资料，确定合理产能规模[1]。

1 富满油田油藏地质特征

富满油田位于哈拉哈塘大型鼻状构造南翼，构造整体表现为向西南倾没的平缓鼻状隆起，为一受走滑断裂控制大型超深碳酸盐岩缝洞型油藏，具有油气分段差异聚集特征。平面上沿着大中型走滑断裂带分布，且表现出不同级别和动力学机制断裂带对储层及油藏具有极强的控制作用[2]，横向强非均质性；纵向上油藏分布在断裂破碎带内，连通性强且局部发育底水的。主力产层为奥陶系一间房组，与上覆桑塔木组、良里塔格组、吐木休克组构成优质储盖组合。富满油田奥陶系一间房组碳酸盐岩储层，储集空间主要为洞穴、孔洞和裂缝，其展布主要受到深大走滑断裂及后期溶蚀改造作用控制，钻井过程中在断裂带附近普遍发生放空或规模漏失，沿断裂带呈条带状展布。油品性质较好，以弱挥发性原油为主，地面原油平均密度 0.8107g/cm^3，气油比平均 450m^3/t，油区饱和压力低，地饱压差 38.73 ~ 55.34MPa，属于未饱和油藏。油藏中深温度 155℃，中深压力 82.4MPa，压力系数 1.16，为正常温度压力系统。

2 产能评价

针对富满油田断控型碳酸盐岩油藏，确定合理产能主要有以下几种；（1）用系统试井资料确定单井合理生产制度，生产压差与产量；（2）利

收稿日期：2021-01-05
基金项目：中国石油天然气股份有限公司重大科技专项“缝洞型碳酸盐岩油气藏效益开发关键技术研究与应用”项目（编号 2018E-1806）资助。
第一作者简介：刘志良（1982—），男，汉族，河北正定县人，硕士，2009 年毕业于石油大学（华东）油气田开发专业，高级工程师，现从事碳酸盐岩油气藏开发及提高采收率方面研究。
E-mail：lzliang-tlm@petrochina.com.cn Tel：0996-2172144

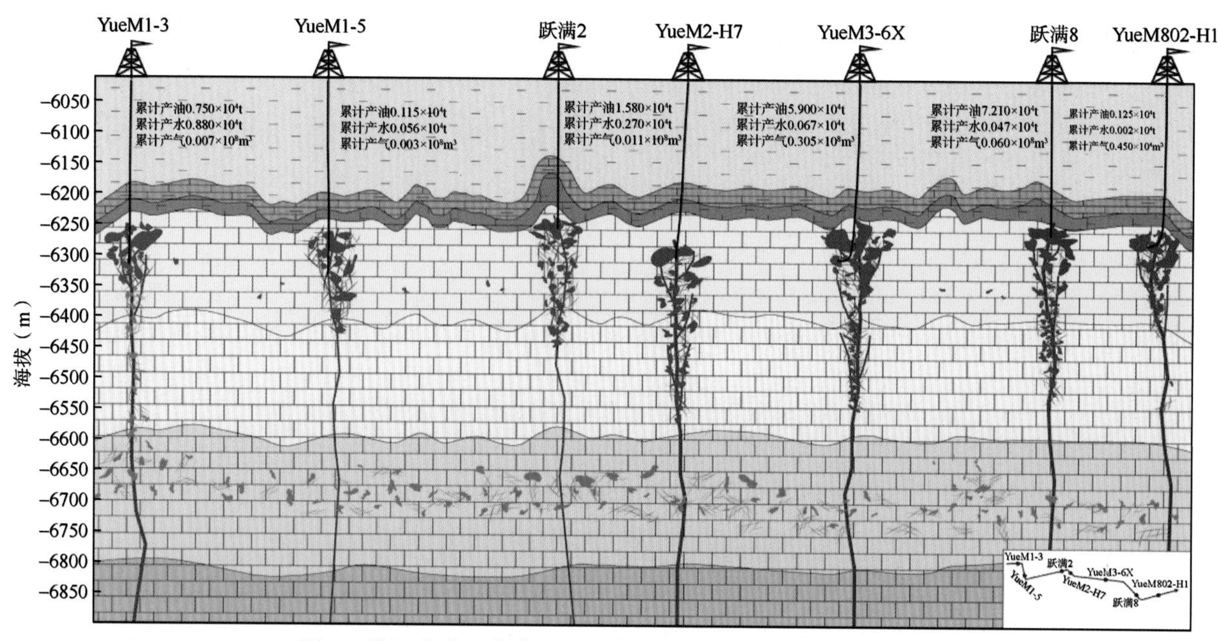

图1 塔里木盆地富满油田奥陶系断控型碳酸盐岩油藏剖面

用水锥临界压差方法确定水锥动用临界生产压差，依据实际情况确定合理产量[3]；（3）通过单井生产数据分析方法确定合理产量；（4）通过类比不同驱动阶段采油速度，折算确定单井合理产能。

2.1 系统试井评价法

依据YueM2-4X系统试井监测资料，绘制采油指数与生产压差变化曲线，从图2可以看出，当油嘴超过4mm时，采油指数由41m^3/（MPa·d）下降至34m^3/（MPa·d），压降损耗速度加快，表明天然能量利用效率开始变低。从图3可以看出，随着油嘴的放大，日产油量持续上升，当超过4mm油嘴时，产量增量呈负值，表明压降损失开始变快，因此4mm为合理工作制度，该井合理产能不大于110t/d，对应流压为78.09MPa。

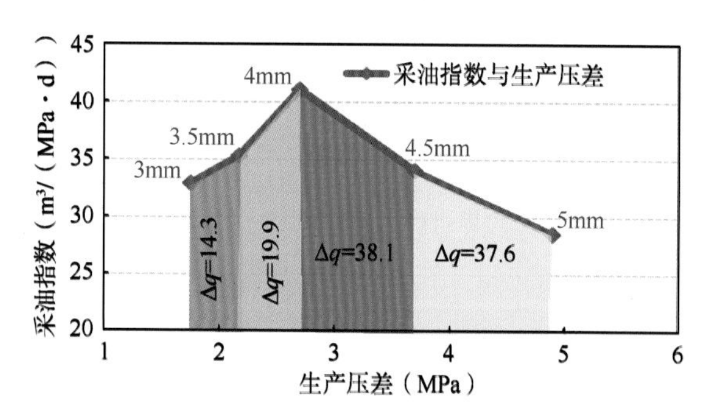

图2 YueM2-4X采油指数与生产压差变化曲线

2.2 水锥临界生产压差分析法

对于底水发育缝洞单元，要使底水从油水界

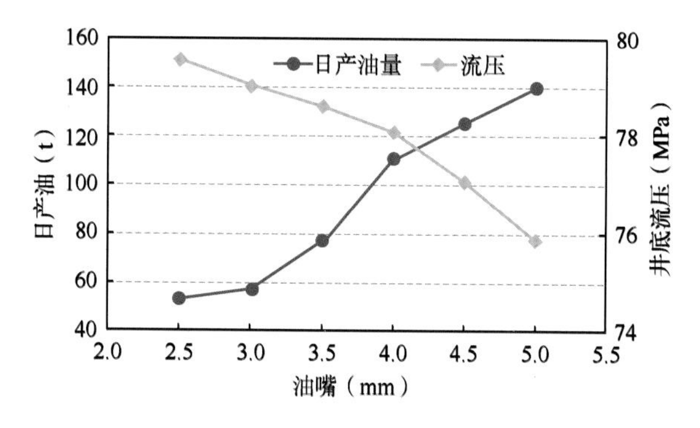

图3 YueM2-4X不同工作制度下日产油与井底流压变化曲线

面上升至井筒，油水界面处的地层压力与井底流压的压差需要能够将底水从油水界面处提升至井底，也就是需要克服由于油水密度差异造成的附加阻力。当油水界面处与井底产液段压差小于油水密度差的附加重力时，不会发生水锥；但是当油水界面处与井底产液段压差大于油水密度差重力时，则会产生水锥。最大压差计算公式为

$$dp=(\rho_w-\rho_o)gh$$

式中：dp——油水界面处的压力与井底流压的差值，MPa；

ρ_o和ρ_w——分别为油和水的密度，g/cm^3；

G——为重力加速度，取值9.8；

H——为油水界面至井底的高度差，m。

油水界面至井底的高度差可以通过生产井压力折算法或流温—静温折算法来预测[4]，也可以借用邻井的实钻油水界面。受深部地层流体在向上

流动过程中油水热传导能力的差异性和不充分散热就采出地面影响，当深部水体开始侵入时，生产井流温和静温会出现上升的现象（图 4），埋深超过 6000m 时，流温梯度呈现先升后降趋势（图 5）。以跃满 10 井为例，该井 2017 年 6 月油藏中深流温为 151.52℃，11 月 12 日上升至 155.11℃，表明底水开始抬升，流温温度差 3.59℃，温度梯度 0.54℃/100m，折算高度差 665m，地层水密度 1.07g/cm^3，原油密度 0.8078g/cm^3，从而可计算出水锥临界生产压差为 1.96MPa。由于该井实际生产压差为 10MPa 左右，远大于水锥临界生产压差，因此为延缓水锥上升速度，现场以 2.5～3.5mm 小油嘴产。

流温—静温折算法受压力计精度和仪器下入位置、测压时间及深浅层产出流体混合再平衡等因素影响，油水界面至井底的高度差计算结果有一定的误差，其准确性需要通过生产实践来验证。

2.3 单井生产数据分析法

对于无系统试井资料的油藏单元，选择生产历史比较长的采油井，分析不同工作制度下产量和油压数据，采用类似系统试井思路评价每口井的合理产量，以 YueM2-1 井为例（图 6）。该井自 2015 年 11 月 30 日投产以来，经过近五年多的生产，长期无水自喷生产，多次更换工作制度，但气油比相比稳定，表明原油在地层中未脱气。通过分析不同工作制度下的平均日产油和平均油压即可绘制相关性曲线，从图 7 可以看出在更换油嘴自喷生产期间，当工作制度由 4.5mm 放大到 5mm 时，日产油增量变缓，油压下降速率变快，表明 5mm 工作制度为天然能力利用开始变低。因

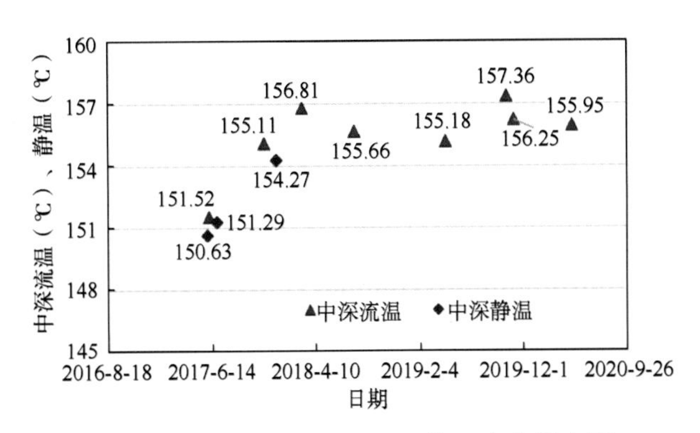

图 4　YueM10 井中深流温、静温变化散点图

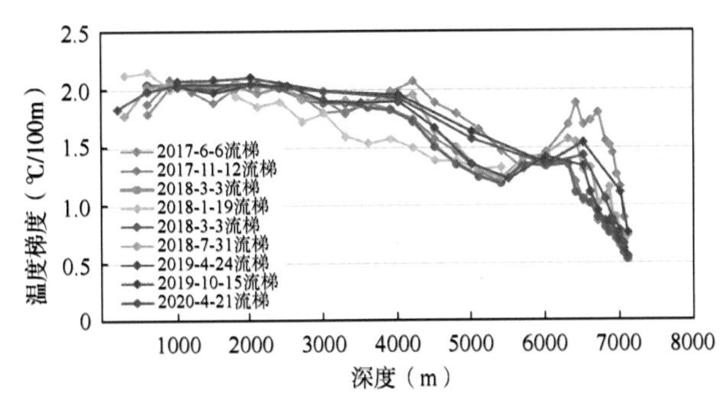

图 5　YueM10 井流温梯度变化折线

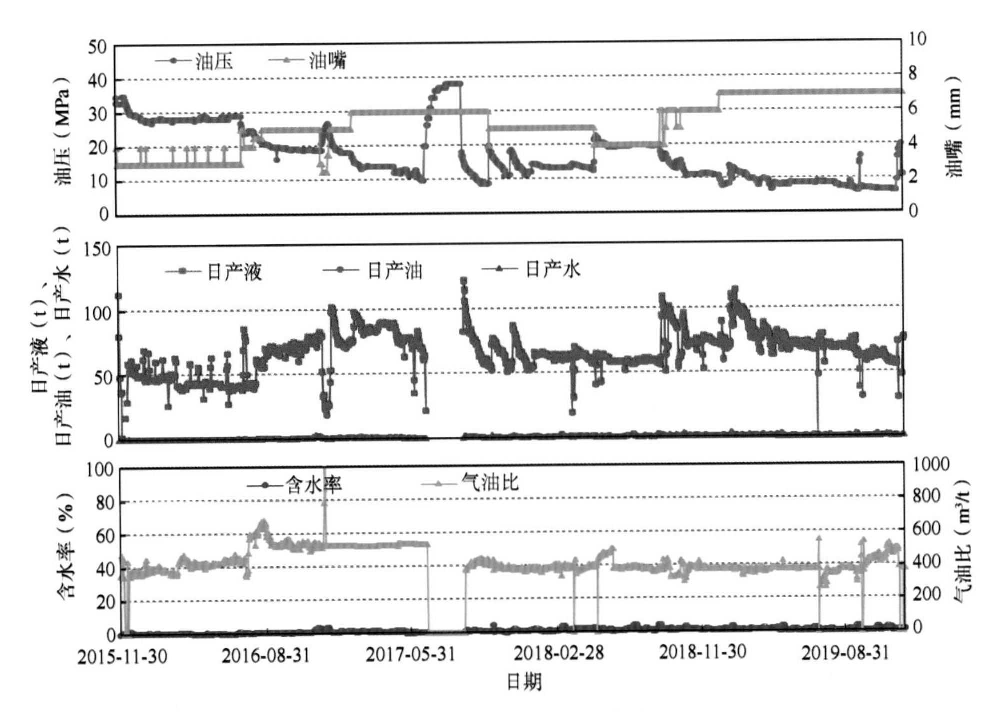

图 6　YueM2-1 井生产曲线

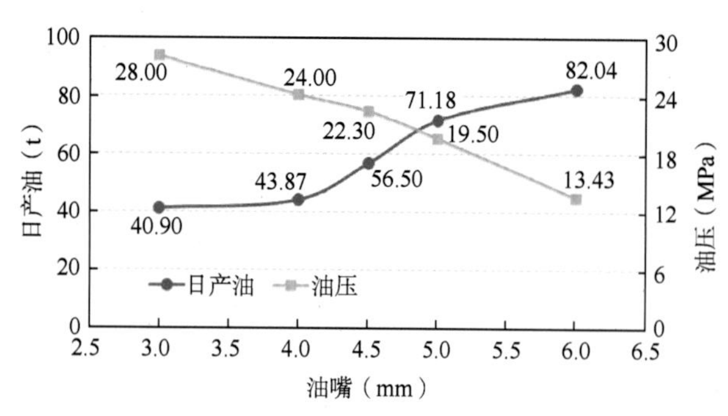

图 7　YueM2-1 井油压、产量与油嘴相关性曲线

此该井这一生产时段的合理工作制度应不大于 4.5mm，合理产能不大于 56.5t/d。该方法优势是仅采用生产数据即可，可针对不同时间多次进行产能评价，但是需要假设流体在油管管柱及油嘴处摩擦阻力变化不大，且气油比较平稳，未出现地层脱气的现象。

2.4 不同驱动阶段采油速度折算法

矿场生产实践表明，断控型碳酸盐岩油藏高产井投产之后，可划分为水侵前纯弹性驱动、弹性向边底水驱过渡和边底水驱动三个阶段[5]，通过油压或井底流压与累计产液量变化曲线可直观表征不同驱动阶段变化过程（图 8、图 9）。水侵前体现油藏压力扩散到油体边界前的压力变化特

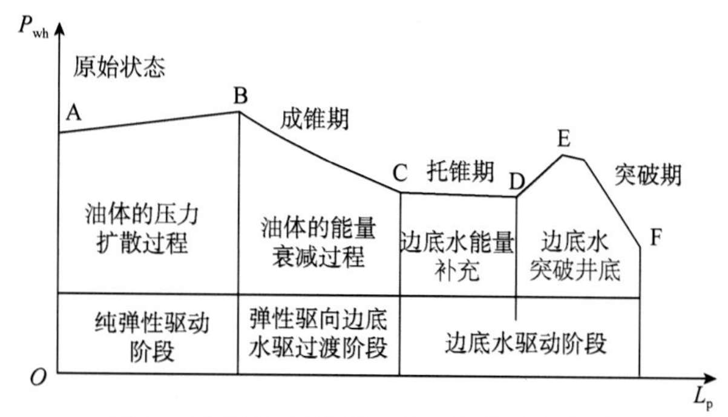

图 8　断控型油藏不同驱动阶段变化模式

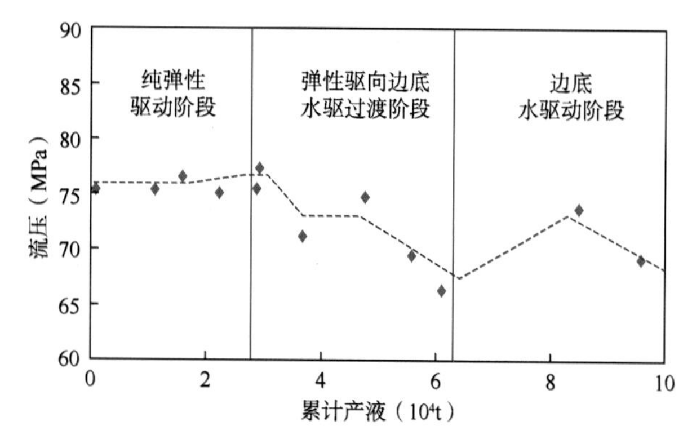

图 9　YueM5-1 井不同驱动阶段生产参数变化

征，以纯弹性驱动阶段为主；随着油体能量的衰减，弹性驱动向边底水驱动过渡，进入成锥期；当边底水能量补充占据主导后，油水两相中水相比例逐渐增加；底水突破至井底附近后，受水油流度差异影响，油压或流压常出现先上升后下降的异常波动现象。统计分析相邻区块和本区高产稳产井实际矿场生产数据，得到不同驱动阶段的合理采油速度，结合单井控制储量评价结果，即可得到新井或老井不同阶段合理产能。以富满油田为例，类比塔河油田临近区块及本区高产稳产老井实际生产数据，纯弹性驱动阶段充分利用地层能量，采油速度 1.7% ~ 1.9%较为合理，弹性向边底水驱过渡和边底水驱动阶段适度降低生产压差，采油速度 0.8% ~ 1.2%较为合理。

3 结　论

针对前期开发方案新井配产以老井初期日产油量数据统计为主，未充分挖掘单井生产动态和监测数据信息的难题，本文探索开展系统试井评价法、水锥临界压差法、矿场生产动态分析法和不同驱动阶段采油速度折算法等合理产能评价方法研究。认识到富满油田纯弹性驱动阶段充分利用地层能量，采油速度 1.7% ~ 1.9%较为合理；弹性向边底水驱过渡和边底水驱动阶段适度降低生产压差，采油速度 0.8% ~ 1.2%较为合理，为该区块断控型油藏开发方案编制和合理开发技术政策制定提供技术依据。同时考虑到油藏的开发是个动态过程，能量保持程度或水侵状态实时变化，单一合理产能评价方法均具有局限性和应用条件，需要多种方法综合分析，结合生产动态实时调整优化，从而提高产能评价的科学性和适用性。

参考文献

[1]　黄咏梅，张浩，梁利侠，等. 碳酸盐岩岩溶缝洞型凝析气藏开发技术对策研究[C]//2015 年全国天然气学术年会论文集. 2015：307-310.

[2]　韩剑发，苏州，陈利新，等. 塔里木盆地台盆区走滑断裂控储控藏作用及勘探潜力[J]. 石油学报，2019，40（11）：1296-1310.

[3]　李子甲，陈青. 塔河油田 6 区油井合理产量的确定方法研究[J]. 成都理工大学学报（自然科学版），2005，32（1）：58-60.

[4]　连建文，马剑坤，王仕莉，等. 顺北断控碳酸盐岩油藏油柱高度计算方法研究[J]. 重庆科技学院学报（自然科学版），2020，22（3）：36-40.

[5]　罗娟，鲁新便，巫波，等. 塔河油田缝洞型油藏高产油井见水预警评价技术[J]. 石油勘探与开发，2013，40（4）：468-473.

砂岩油藏注天然气驱采收率标定研究
——以东河 1 石炭系油藏为例

张　亮[1]　孟学敏[1]　樊　瑾[1]　张文静[1]　李　杨[1]　范家伟[1]　郑伟涛[2]　陈　树[2]

（1. 中国石油塔里木油田分公司勘探开发研究院　新疆库尔勒　841000;
2. 中国石油塔里木油田分公司东河油气开发部　新疆库尔勒　841000）

摘　要：常规水驱油藏采收率标定方法不适用气驱开发，成熟的水驱曲线、经验公式、水驱图版与气驱开发特征不匹配，气驱采收率无法准确标定。为此，在调研国内外相关成果的基础上，针对东河 1 石炭系油藏注气开发现状，研究了室内实验法、数值模拟法、类比法、试验井组拟合预测法等相结合的标定方法，综合标定气驱采收率，从而提高了砂岩油藏注天然气驱采收率标定精度。综合分析，最终标定东河 1 石炭系油藏注天然气驱采收率为 70%。该标定方法对其他注气开发油藏的采收率标定工作具有很好的借鉴意义，可有效指导油田效益开发。

关键词：砂岩油藏；注天然气驱；采收率标定；东河 1 油藏

塔里木主力砂岩油藏进入“高含水、高采出程度、低采油速度”开发中后期阶段，亟需转变开发方式，增加可采储量。国内成熟应用的化学驱不适应“三高”油藏提高采收率需求，塔里木盆地天然气资源丰富，注气开发具有得天独厚的优势。天然气可降低原油黏度，在一定程度上可以实现混相驱，从而大幅改善原油流动能力，显著提高波及系数和驱替效率，是提高砂岩油藏采收率的有效方法[1-4]。东河 1 石炭系油藏自 2014 年 7 月由注水开发转为注天然气辅助重力驱开发试验，取得了较好的效果。但常规水驱油藏采收率标定方法不能用于气驱开发[5-9]，更不适用深层、高温、高压、高盐砂岩油藏注气开发模式，成熟的水驱曲线、经验公式、水驱图版与气驱开发阶段规律不匹配，气驱采收率无法准确标定。为此，笔者在总结国内外相关研究成果的基础上，结合研究分析东河 1 石炭系砂岩油藏气驱效果，采用室内实验法、类比法、数值模拟等多种方法综合标定采收率，东河 1 石炭系油藏注天然气驱标定采收率为 70%。对其他注气开发油藏的采收率标定工作具有借鉴意义，指导油田效益开发。

1 油藏简况

东河 1 石炭系油藏顶面构造整体受东河塘断裂构造带尤其是北西向逆冲断裂控制，为较为完整的不对称短轴背斜油藏，长轴为北东—南西向，构造长轴 5.1km，短轴 1.9km，地层倾角 4° ~ 12°。油藏类型为巨厚块状底水砂岩油藏，油层厚度 120m，纵向上划分为 6 套砂层组。储层孔隙类型以粒间孔—微孔型为主，溶蚀孔次之。储层中部埋深 5760m，原始地层压力 62.38MPa，原始地层温度 140℃，属正常温压系统。原油具有低黏度、低凝固点、低含硫和中密度、中含蜡的特点。

东河 1 石炭系油藏 1990 年投入开发，采用边缘底部注水方式开发。1997—2000 年注水方式调整为边缘+局部对应注水。2001—2005 年进入开发调整稳产阶段，利用直井采底部 4 砂层组、5 砂层组，顶部低渗层 1 砂层组、2 砂层组采用水平井开

收稿日期：2021-05-06
第一作者简介：张亮（1982— ），男，汉族，河北唐山人，本科，2006 年毕业于西安石油大学石油工程专业，高级工程师，现于从事注气提高采收率方面的工作。
E-mail：zhangliang-tlm@petrochina.com.cn　　Tel：0996- 2175524

采，辅以老井注采对应调整。2006—2013年，油藏分为1砂层组、2砂层组及以下砂层组两套井网进行开采，顶部1砂层组的储层物性较差，注水效果差，储量动用程度低；2砂层组及以下层系物性较好，但注水优势通道凸显，层间矛盾突出，产量递减快。2014—2020年开展注天然气辅助重力驱开发试验，累计注气 $6\times10^8m^3$，阶段产油 90×10^4t，年产油 14×10^4t 稳产六年，开发形势明显好转。

2 采收率标定

2.1 室内实验法

室内实验共分为PVT实验拟合、细管实验拟合、长岩心驱替实验拟合和地层流体膨胀实验，其中细管实验又分为注干气和注伴生气实验，长岩心驱替实验为注伴生气实验。本次采收率标定采用细管实验与长岩心驱替实验相结合的方法。

细管实验表明，注干气实验，混相压力43.5MPa，数值模拟混相压力42.9MPa，误差为1.38%，目前条件下可以实现混相；注伴生气实验，混相压力33.07MPa，数值模拟混相压力33.10MPa，误差为0.0907%，目前条件下是混相的。长岩心驱替实验表明，注入烃孔隙体积1.0HCPV时，平均驱油效率达到86%，与数值模拟拟合误差控制在5%以内，拟合效果较好。地层流体膨胀实验表明，注干气或伴生气，地层流体原油黏度和密度都显著降低，物性得到改善。

采收率为宏观体积波及系数与微观驱油效率的乘积。东河1石炭系油藏油藏构造倾角大、储层厚度大、隔夹层连续性差，构造特征适合重力稳定驱，可延缓气窜，提高宏观波及体积；油藏原油物性好，注天然气与原油多次接触可实现蒸发混相驱，提高微观驱油效率。根据室内实验资料，东河1石炭系油藏取宏观体积波及系数为80%，微观驱油效率为86%，计算其最终采收率为69%。

2.2 类比法

结合国内外注气提高采收率技术调研，如美国Hawkins油田注气提高采收率技术，该油田早期采用气顶、天然水驱，采出程度60%；后期采用顶部注氮气重力驱，残余油饱和度从35%降到12%，目前采出程度70%，预测最终采收率80%（图1）。

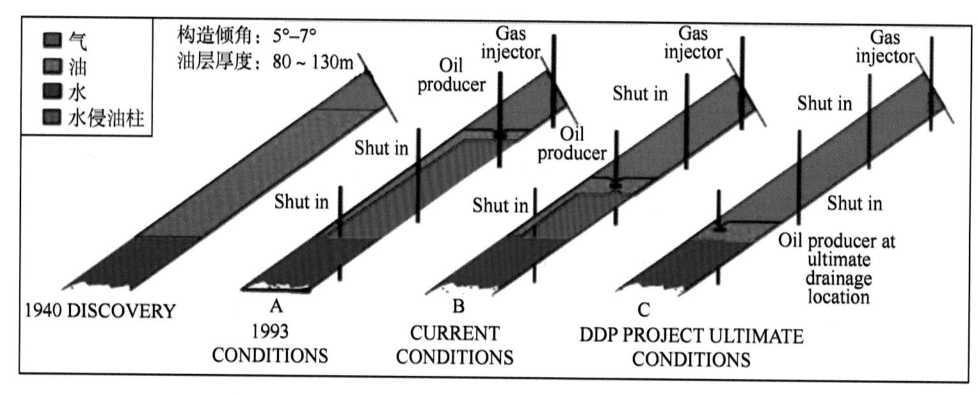

图1 美国Hawkins油田顶部注气重力稳定驱示意图

加拿大的第一个注气EOR项目是莫比尔公司于1957—1958年在北Pembina Cardium单元实施的烃混相驱。这是一个成功的实例，先导试验区的采收率达到了72%。大部分混相驱都是垂直重力稳定驱替，可比水驱多采出15%～40%。

在Powder River盆地Dakota砂岩中，North Buck Draw Unit（UBDU）生产挥发油。这个有16口生产井和8口注入井的高压混相驱项目已进行了11年。该区面积8800acre。最终石油采收率将超过 2300×10^4bbl，是原始石油地质储量的65%。

东河1石炭系油藏地质条件、油藏类型均与上述油田类似，根据国内外注气开发油田实例，预计东河1石炭系油藏气驱采收率为70%。

2.3 数值模拟法

基于东河注气现场实践及全区层内隔夹层展布规律研究，通过精细地层对比，建立千万级网格高精度组分模型。高精度模型能够更加准确的反映东河1石炭系油藏前期水驱及目前气驱过程中的剩余油分布规律，为注气开发后的跟踪评价、实施调整及最终采收率预测提供切实可靠的依据。

通过对东河 1 石炭系油藏衰竭、注水、注气三个阶段开展历史拟合，油藏压力、日产油、日产水、日产气和累计产油、累计产气以及单井日产油、日产水、日产气拟合率均在 95%以上。

数值模拟研究表明，东河 1 石炭系油藏 1 砂层组水驱后采出程度低，气驱将残余油饱和度由 32%降低至 10%；2 砂层组水驱后采出程度高，气驱将残余油饱和度从 28%降低到 7%，降低了 21%；目前整体采出程度 38.7%，通过完善井网、优化注采参数等关键指标模拟，预测该油藏最终采收率为 73.2%（图 2）。

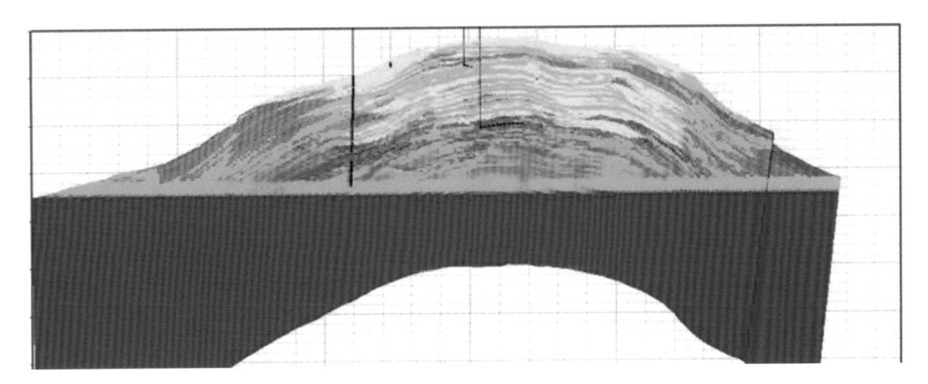

图 2　东河 1 石炭系油藏注气开发末期三相饱和度

2.4 试验井组拟合预测法

根据 DH1-A 井组和 DH1-B 井组注气受效、原油增产等实际情况，结合经济极限气油比 2500m^3/t，预测井组采收率，作为油藏采收率的取值依据。

DH1-A 注气井组 2014 年 7 月开始注气试验，1 注 3 采，截至 2019 年底阶段累计增油 13.89×10^{4}t（图 3），根据实际生产情况拟合井组气油比与采出程度关系曲线，按照此关系曲线，经济极限气油比 2500m^3/t 时，预期井组采收率为 71.63%（图 4）。

DH1-B 注气井组 2016 年 11 月开始注气试验，1 注 4 采，截至 2019 年底阶段累计增油 8.77×10^{4}t（图 5），按照井组气油比与采出程度关系曲线，经济极限气油比 2500m^3/t 时，预期井组采收率为 65.29%（图 6）。

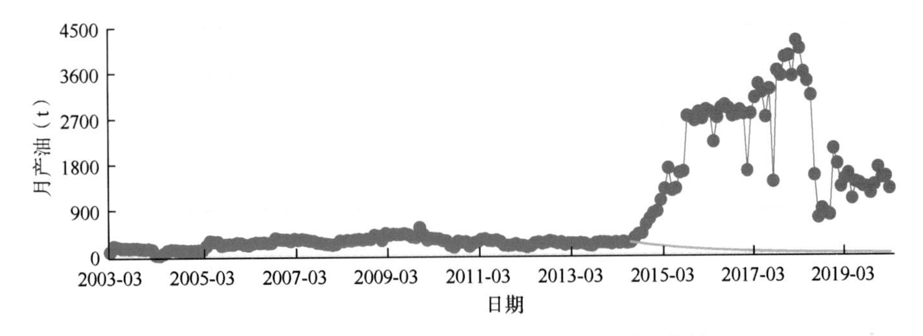

图 3　东河 1 石炭系油藏 DH1-A 井组采油曲线

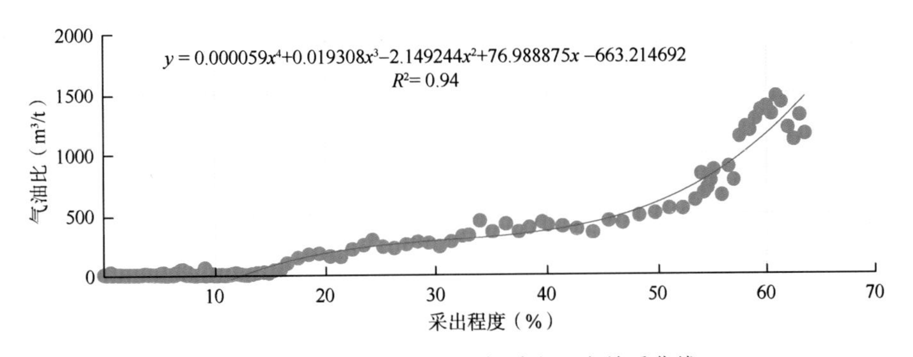

图 4　DH1-A 井组气油比与采出程度关系曲线

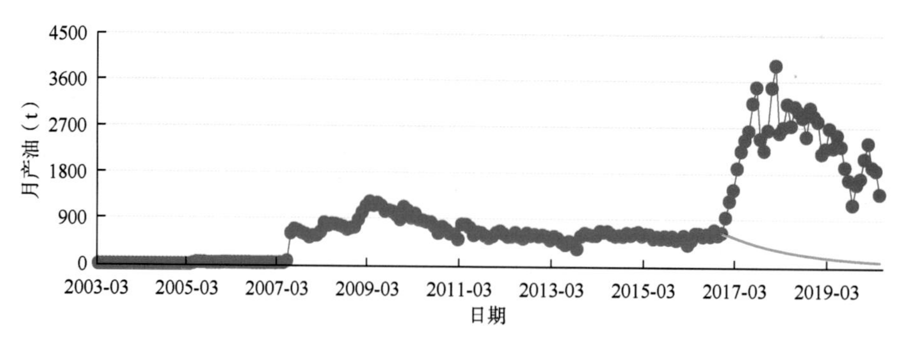

图 5　东河 1 石炭系油藏 DH1-B 井组采油曲线

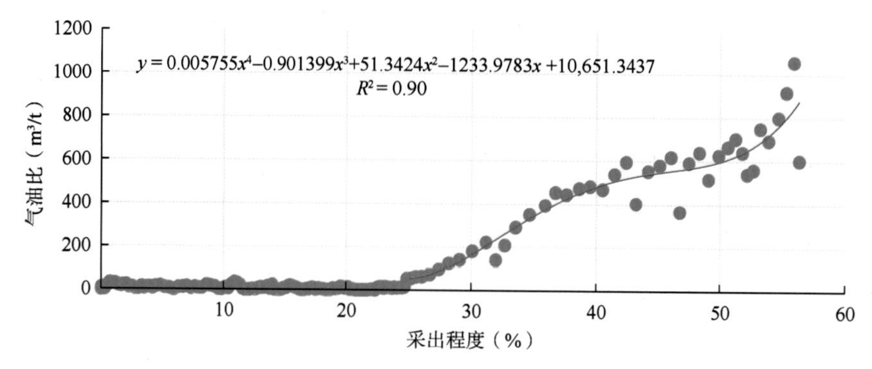

图 6　DH1-B 井组气油比与采出程度关系曲线

结合两个井组的预期采收率情况，预测东河 1CⅢ油藏采收率为 69%。

2.5 标定结果

根据以上四种采收率标定方法预测结果，综合分析，最终标定东河 1 石炭系油藏注天然气驱的采收率为 70%（表 1）。

表 1　东河 1 石炭系油藏气驱采收率预测

标定方法	室内实验法	类比法	数值模拟法	试验井组预测法	最终取值
标定结果（%）	69	70	73.2	69	70

3 结　论

（1）针对注天然气驱砂岩油藏，可采用室内实验法、数值模拟法、类比法、试验井组拟合预测法等方法综合标定采收率。东河 1 石炭系油藏注天然气驱标定采收率为 70%。

（2）数值模拟研究表明，东河 1 石炭系油藏目前整体采出程度 38.7%，采取注天然气驱，预测该油藏最终采收率为 73.2%。

（3）砂岩油藏注天然气驱采收率标定方法对其他注气开发油藏的采收率标定工作具有借鉴意义。

参考文献

[1] 李士伦，孙雷，郭平，等. 再论我国发展注气提高采收率技术[J]. 天然气工业，2006，26（12）：30-34.

[2] 郭平，苑志旺，廖广志. 注气驱油技术发展现状与启示[J]. 天然气工业，2009，29（8）：92-96.

[3] 刘滨，赵志龙，蒲玉娥，等. 吐哈油田注气开发技术研究与实践[J]. 吐哈油气，2008，13（2）：117-124.

[4] 周炜，张建东，唐永亮，等. 顶部注气重力驱技术在底水油藏应用探讨[J]. 西南石油大学学报（自然科学版），2017，39（6）：92-100.

[5] 石油可采储量计算方法：SY/T5367-2010[S]. 北京：石油工业出版社，2010.

[6] 陈元千. 对《石油可采储量计算方法》标准的评价与建议[J]. 石油科技论坛，2002，21（3）：25-32.

[7] 俞启泰. 关于如何正确研究和应用水驱曲线[J]. 石油勘探与开发，2000，27（5）：122-126.

[8] 陈元千. 油田可采储量计算方法[J]. 新疆石油地质，2000，21（2）：130-137.

[9] 周守为. 海上油田高效开发新模式探索与实践[M]. 北京：石油工业出版，2007：12-13.

塔中志留系超深低渗透薄互层油藏增产技术研究

孙 侃[1] 李 亮[1] 王 平[1] 王 娜[2] 郑 龙[3]

（1. 中国石油塔里木油田分公司塔中油气开发部 新疆库尔勒 841000；2. 中国石油塔里木油田分公司勘探开发研究院 新疆库尔勒 841000；3. 中国石油塔里木油田分公司开发处 新疆库尔勒 841000）

摘 要：塔里木盆地塔中志留系地质条件复杂，单井自然产能低，严重影响油藏开发效果。本次研究从油藏特征入手，分析了储层均质性、敏感性和断裂等因素对油田增产的影响。总结了笼统压裂、投球分段控压酸化、大型分段压裂+暂堵转向增产技术的现场应用效果，通过对比剖析效果差异原因，认为大型分段压裂+暂堵转向增产技术较适用于塔中志留系储层提产，结合改造后生产效果分析提出流体性质、油藏特征、是否机械分层等因素都对改造后油井的产能有重要影响。该研究结果为塔中志留系及同类油藏增产及开发对策制订提供了一定的指导意义。

关键词：超深；低渗透；薄互层；增产技术；志留系

目前国内外有很多针对低渗透油藏的增产技术，常规的有水力压裂技术、酸化解堵技术、水平井开发技术以及物理增产技术等，这些技术能在一定程度上提高单井的产能[1-3]。尤其是加砂压裂技术，该技术突破了塔中志留系出油关，是塔中志留系薄砂层获得产能的重要手段。但随着开发的深入，志留系低渗透油藏受埋深、非均质性、断层及储层敏感性等因素影响，这些常规的增产措施进一步提产的空间有限，为了提高单井产能，迫切需要找到一套更适合塔中志留系这类超深地渗透薄互层油藏的增产技术。

1 油藏特征

塔中志留系油藏为受构造控制的超深、薄互层、低渗透油藏。储层埋深 4080 ~ 4440m，岩性以细粒岩屑石英砂岩为主，孔隙度 9.8% ~ 13.2%，渗透率 7.6 ~ 59mD，储层整体以低孔—特低孔、低渗—特低渗储层为主。

1.1 非均质性强

塔中志留系油藏平面上储层孔隙度、渗透率呈条带状分布，存在局部中渗层段，垂向上砂体叠置，单砂体厚度 1 ~ 5m，如塔中 12 井区上三亚段厚度 40 ~ 60m，可分 3 个砂层组，8 个小层、33 个砂泥单层，17 个含油单砂体，垂向上（渗透率级差 20.9、突进系数 4.7、变异系数 1.14）和平面上（渗透率级差 3337、突进系数 5.4、变异系数 1.4）非均质性均较强。且油层发育受沉积微相影响，呈现出单层发育薄，油层只相对集中分布在一定层段，没有单一主力层的特征。造成增产作业中无法实现准确机械分层，笼统压裂下大量作业液体浪费在非主力砂体上。

1.2 储层具有敏感性

塔中志留系油藏整体表现为强速敏和中强贾敏。广泛分布的缩颈状和片状形态的喉道，造成地层孔喉比较大，液滴通过时具有较高的附加阻力造成贾敏。志留系这种储层敏感性对储层保护要求高，且志留系各井区研究层段内黄铁矿、白云石胶结物发育，酸介质下，含 Fe^{2+}矿物组分产出絮状物 $Fe(OH)_3$ 沉淀堵塞喉道，表现出宏观渗透率降低，造成储层酸敏，储层不能酸化或酸

收稿日期：2021-11-02
第一作者简介：孙侃（1983—），女，辽宁人，硕士，2011 年毕业于中国石油大学（北京）油气田开发工程专业，工程师，从事油藏工程和动态分析研究。
E-mail：76418568@qq.com Tel：0996-2173062

化规模受限制。

1.3 断层发育

塔中志留系油藏主要分布在塔中 10 号断裂带上，存在北东—南西向的走滑断层和延断裂带发育的东南—西北的逆冲断裂，两组断裂对志留系圈闭控制和油气成藏都具有重要影响，逆冲断裂开始于晚加里东期，控制塔中 10 号断裂带的形成，后期持续活动，是油气运移的重要通道；走滑断裂发育于海西期，垂直断距较小，横向大规模发育，一方面为油气纵向运移的通道，另一方面切割构造和油水分布，使得油藏呈现出构造背景下的断块油藏。断层在储层改造过程中开启有利方面是扩大人工裂缝的控制范围提高储层改造效果；另一方面由于断层的开启，造成压裂液大量漏失，未能造出人工诱导裂缝，造成储层改造效果差，也可能沟通下部水层造成油井高含水，更有甚者压裂施工过程中断层开启沟通奥陶系导致油井出大量 H_2S 气体形成环保和井控风险。

2 油田增产技术研究

在塔中志留系油藏的开发历程里，各种不同的增产技术均有应用，如笼统压裂、投球分段控压酸化及大型分段压裂+暂堵转向等，下面对这些技术的实际应用进行分析对比。

2.1 笼统压裂增产技术

塔中地区运用的笼统压裂增产技术对地层改造段没有选择性，改造过程中地层在一点破裂后，大部分改造液体从破裂层段进入地层，其余层段改造效果较差，由于只是沟通个别层段的地层，大部分层段产量贡献低甚至不贡献。这对于塔中志留系这种非均质性强的储层适用效果不理想。

2.2 投球分段控压酸化增产技术

塔中地区运用的投球分段控压酸化技术是储层改造过程中依据射孔层数和分段设计多次投入暂堵球封堵已进酸的射孔炮眼，使得酸液从其他未进酸液的炮眼进入地层实现分层酸化。由于该技术是利用酸液刻蚀原理增加储层渗透性，所以施工过程中施工压力低于地层破裂压力。这种技术虽然对于普通储层可以通过改善孔隙喉道提高储层的渗透性实现增产，但对于储层敏感性比较强，且致密的志留系储层增产效果有限。

2.3 大型分段压裂+暂堵转向增产技术

塔中地区运用的大型分段压裂+暂堵转向增产技术是压裂过程中，利用封口剂封堵已压开的射孔层段，使其他射孔层位的地层达到地层破裂压力形成新的人工裂缝，实现压裂井段的自动分层分段，提高各段储层的改造效果和产能贡献。利用层内暂堵剂在已形成的人工裂缝中形成压力屏蔽，促使水力裂缝内压力的上升，形成高压环境，使裂缝的延伸方向发生改变。裂缝转向后，在应力等值线区域内沿起裂方向继续延伸，当穿过应力等值线区后，又会回到与老裂缝平行的方向，最终形成超深井复杂裂缝网络，以提高人工裂缝的控制范围，根据井型可分为直井、大斜度井和水平井分段压裂+暂堵转向增产技术（图 1）。

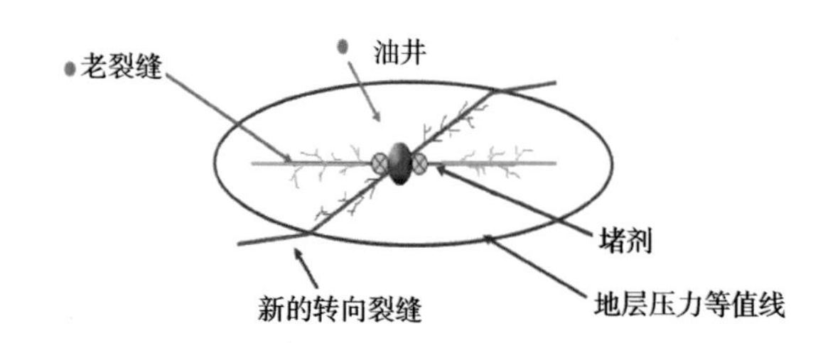

图 1 暂堵转向裂缝形态示意图

2.4 增产技术对比分析

从塔中志留系 11 区块、12 区块及 16 区块的单井储层改造效果对比来看，投球分段控压酸化效果较笼统压裂效果好；大型分段压裂+暂堵转向效果较投球分段控压酸化效果好（图 2）。

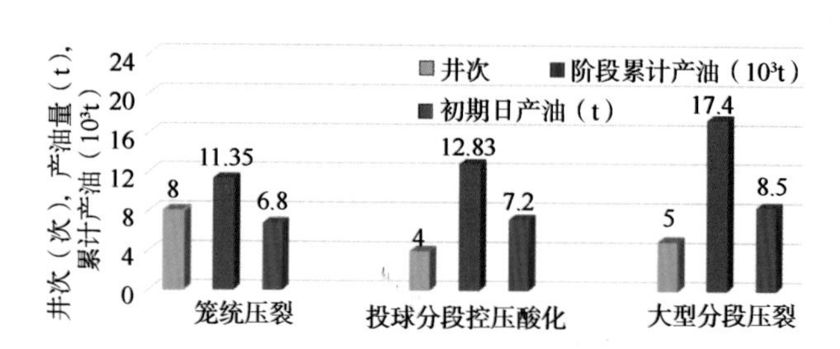

图 2 不同增产技术油井产量平均值对比

笼统压裂增产技术对地层没有选择性，改造过程中地层在一点破裂后，大部分改造液体从破裂层段进入地层，其余层段改造液体未能波及，由于没有对全含油层段进行改造只是沟通个别层段，从而造成大部分层段产量贡献低甚至不贡献。

而投球分段控压酸化技术是通过改善井周围孔隙结构进行增产，针对塔中志留系这种低孔低渗薄互层储层，由于未压开地层产生人工诱导缝，只是简单的利用自生酸腐蚀和改善孔隙喉道，总体来说改造效果不理想。但增产技术在改善储层孔隙结构提高基质导流能力方面也可起到较好的作用。

综上所述，大型分段压裂+暂堵转向增产技术较适用于塔中志留系储层提产，同时投球分段控压酸化增产技术在志留系储层微裂缝不发育，主要依靠孔隙喉道流动的条件下，改善储层孔隙结构提高基质导流能力方面也起到较好的作用。

3 影响储层改造效果的主控因素分析

结合改造后生产效果统计，压后效果与液体规模、配方及工艺等有一定程度相关（图 3、图 4）。

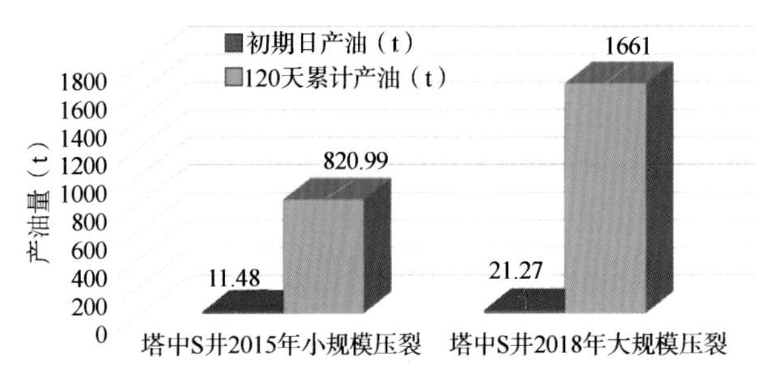

图 3　塔中 S 井不同液体规模产量对比

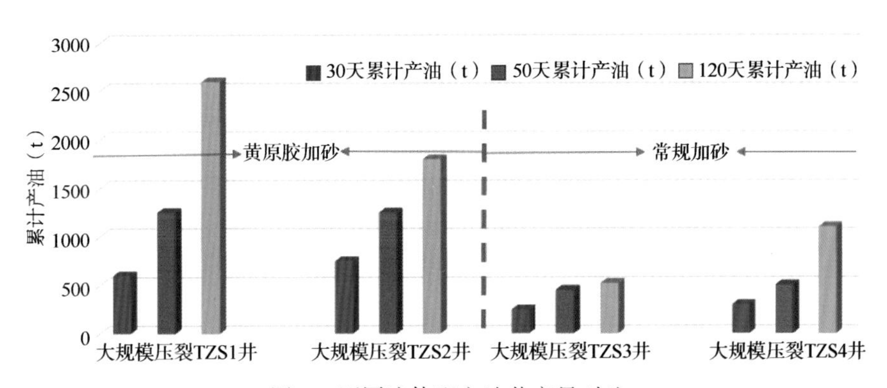

图 4　不同液体配方油井产量对比

同时，流体的性质、油藏特征等因素都对改造后油井的产能有重要影响。具体来说，单井累计产油与原油黏度呈负相关，原油黏度越高，单井累计产油越低（图 5）；单井累计产油与储能系数（ϕ_h）呈一定的正相关性，储能系数（ϕ_h）越高，累计产油普遍偏高（图 6）。

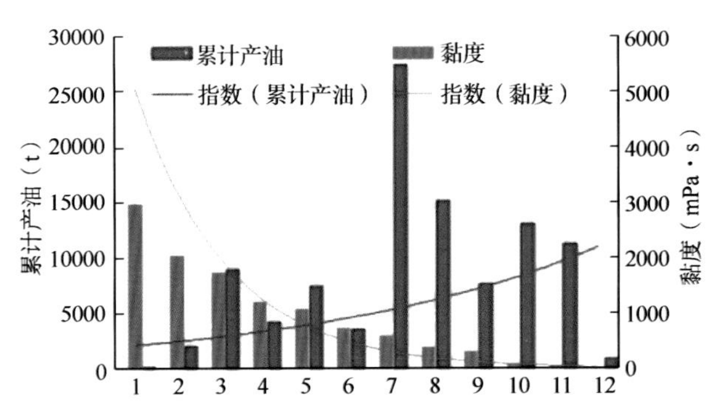

图 5　油井原油黏度大小与累计产油关系

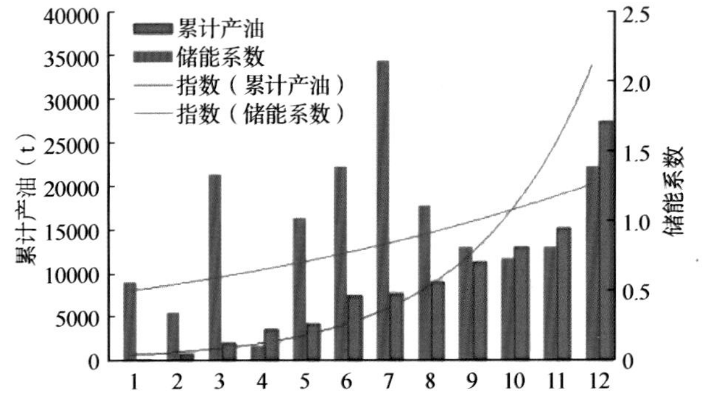

图 6　储能系数与累计产油关系

同时，通过现场试验发现，分层改造工艺可以提高储层纵向动用率，且对于产层较厚，上下水层不发育井选用机械分层重复改造，工艺可靠、效果明显。以塔中 S5 井为例该井 2015 年采用投球分级酸化工艺，规模 858m^3，最大排量 1.8m^3/min，最大泵压 39.6MPa，3 次投球暂堵效果均不明显（图 7），投产后两年累计产油 2557t，产水 679t，平均含水 21%；2018 年 8 月，对该井同一井段进行机械分 2 层加砂压裂改造，规模 814m^3，最高排量 5.1m^3/min，最高泵压 68.2MPa，30/50 陶粒 80m^3，施工中裂缝起裂明显（图 8）。2018 年 9 月 18 日投产，油压 1.1MPa，日产水 11.1t，产水快速下降，产油快速上升，9 个月累计产油 3166t，累计产水 548t，含水率 18.8%，采用机械分层井明显效果更好。

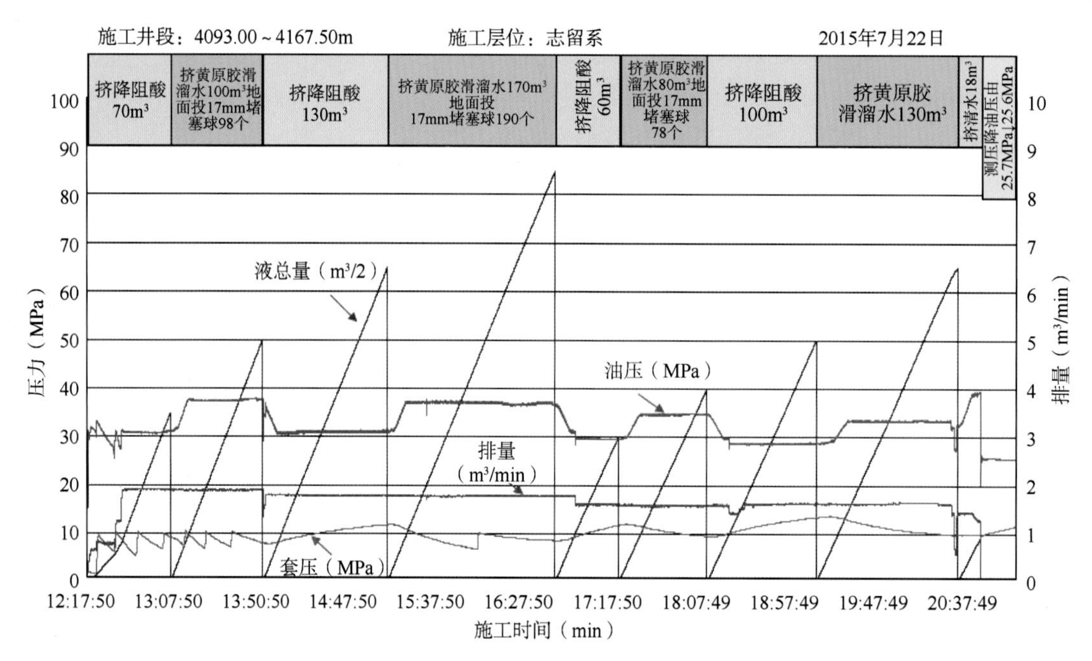

图7 塔中S5井2015年酸化施工曲线

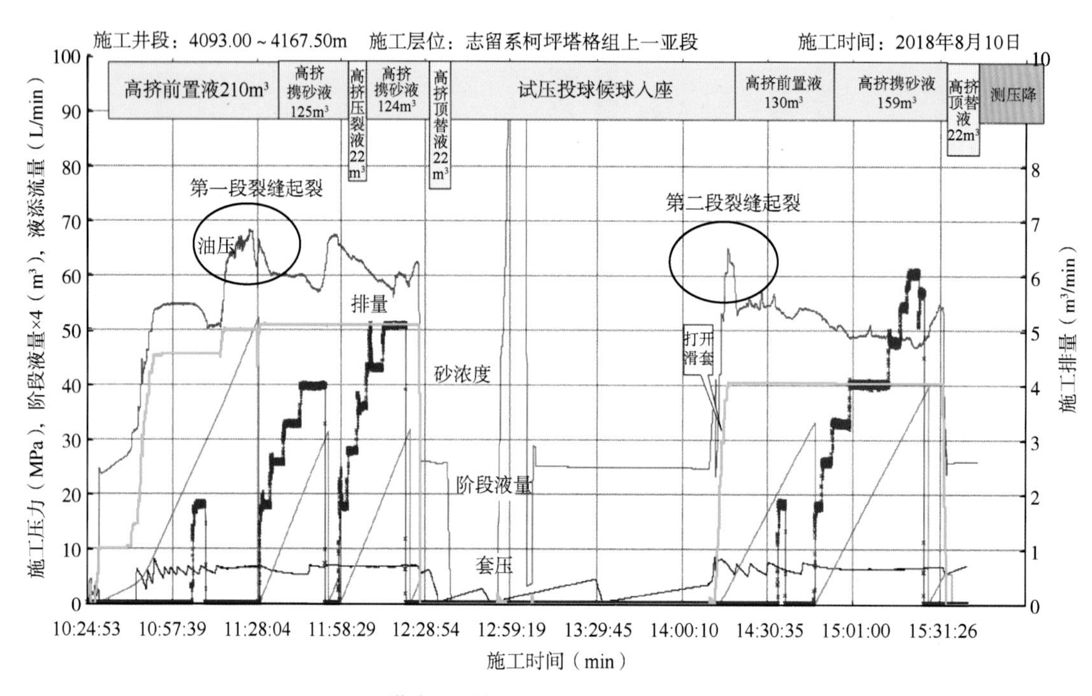

图8 塔中S5井2018年加砂压裂施工曲线

4 结　论

（1）塔中志留系油藏储层非均质性强，且强速敏和中强贾敏及酸敏，断层发育，对增产技术的选用有一定要求。

（2）在对比、总结了笼统压裂、投球分段控压酸化、大型分段压裂+暂堵转向不同增产方式的现场应用效果后，提出大型分段压裂+暂堵转向增产技术较适用于塔中志留系储层提产，同时大型控压酸化增产技术在改善储层孔隙结构提高基质导流能力方面也起到较好的作用。

（3）流体的性质、油藏特征、是否机械分层等因素都对油井的产能有重要影响。

参考文献

[1] 韩红星. 油田低渗透油藏开发技术研究[J]. 化工设计通讯，2018，11（44）：47-48.

[2] 姜慧. 梁112块沙四段薄互层低渗透油藏水力压裂工艺优化[J]. 油气地质与采收率，2006，13（3）：88-90.

[3] 聂建华. 低渗薄互层深层油气藏多层压裂工艺技术[J]. 石油化工应用，2018，37（1）： 20-24.

深层油气井井筒泄漏检测技术及应用效果分析

张 波[1,2] 谢俊峰[2] 胥志雄[2] 范 玮[2] 陆 努[3] 曹立虎[2] 赵密峰[2] 高文祥[2]

（1. 中国石油安全环保技术研究院 北京 102206；2. 中国石油塔里木油田分公司 新疆库尔勒 841000；
3. 中国石油勘探开发研究院 北京 100083）

摘 要：为解决深层油气井井筒完整性“失效屏障不唯一、失效形式多样化”、定位识别难度大的问题，基于现有检测技术，集成优化相关设备和工艺，形成了以“声波+电磁”特征为核心井筒完整性检测方法，从而定位并识别油管泄漏、丝扣渗漏、套管泄漏、套后水泥环窜流、液面下泄漏和多重泄漏。现场试验中，采用人工压差、串接仪器、定点测量和控制仪器速度等方法，成功定位识别生产管柱泄漏点两处，最大作业井深 6330m、最高温度 160℃、最高压力 83MPa。研究表明，所形成的方法和工艺适用于深层油气井的完整性检测，可为建井修井和完整性管理提供技术支撑。下一步，应提高检测效率，丰富解释图版，制订相关规范和标准，探索开展井筒寿命预测和不动管柱修井技术，保障深层油气资源的安全高效开发。

关键词：深层油气井；完整性检测；技术优化；应用效果；分析建议

井筒完整性失效是深层油气资源安全高效开发所面临的严峻挑战之一[1, 2]，会引发环空压力异常等现象。不同于热膨胀环空起压，完整性失效导致的环空压力具有周期性，难以通过泄压根治，还会引发管柱断裂、可燃气体泄漏失火和浅层地下水污染等事故[3-5]。目前，国内塔里木盆地和川渝地区等地的深层油气井均不同程度存在上述问题[6, 7]。并且，深层油气井结构复杂、温压环境苛刻，所引发的环空压力异常现象危害大、风险高，部分情况下出现多重环空带压甚至超压现象。以塔里木盆地某深层气井为例，A、B、C 的环空压力和最大允许压力分别为 73.6/68.2MPa、39.5/35.0MPa 和 16.6/14.0MPa。

鉴于上述情况，亟需一种检测手段来获取深层油气井的完整性况，包括失效位置、失效类型和泄漏通道等，从而准确评价潜在风险，为钻完井设计、日常管理、建井材料优选和弃置封井提供依据[8,9]，这也是构建“零漏失井”（leak-free well）的重要一环。因此，本文充分考虑了深层油气井的苛刻井况和完整性失效特征，优选检测技术并配套了相关设备，优化了检测工艺和流程，开展了现场试验，在不上提生产管柱的前提下能够实现对全井筒、多类型和多重完整性失效情况下的检测，并识别失效类型，可为深层油气井的完整性管理提供技术支撑。

1 检测技术优选

1.1 完整性失效特征与技术需求

在苛刻温压环境、腐蚀性流体、复杂应力分布和井筒质量缺陷的叠加作用下，深层油气井完整性失效呈现出“失效屏障不唯一、失效类型多样化”的特点，包括水泥环窜流[10, 11]、管柱腐蚀穿孔、开裂、脱扣及丝扣密封失效[12]和封隔器坐封失效[13]等，部分情况下会出现多重屏障失效、多环空带压现象。因此除需要具备定位功能外，

收稿日期：2021-05-26
基金项目：国家科技重大专项“超深超高压气井优快建井与采气技术”（编号：2016ZX05051003），中国石油科技攻关项目“复杂油气井套损诊断及风险管控关键技术研究”（编号：2021DG3801），高压油气井油套管泄漏地面监测诊断技术及风险预警技术及装备研究”（编号：2021DG3803）。
第一作者简介：张波（1990—），男，山东省济南市人，博士，2018 年获中国石油大学（华东）油气井工程专业，主要从事井筒质量和水合物钻采等领域的研究工作。
E-mail：zhangboupc@126.com Tel：15969806251

还必须满足以下技术需求：（1）在多重安全屏障失效、多环空带压情况下，能够识别发生泄漏的安全屏障和流体运移通道，包括但不限于油管柱、套管柱、套后水泥环和封隔器等；（2）针对生产管柱泄漏的情况，能够定位识别多个泄漏点和环空液面以下泄漏点；（3）井筒气液共存情况下，能够适应高温高压环境，不受气体和腐蚀性流体的影响；（4）检测技术应在不上提生产管柱的前提下，准确识别定位套管及套后泄漏情况。

1.2 检测技术适用性分析与优选

井筒完整性失效后，井筒内的局部物理场分布会发生改变，包括声波、温度、压力和电磁信号等，是井筒完整性检测的主要依据。但现有的技术在功能上存在差异性[14-19]，单一技术不能完全满足深层油气井完整性检测的技术需求。基于此，有必要集成优化现有技术以满足深层油气井完整性检测需求，从而降低研发及作业成本。因此，提出了一种以“声波+电磁”为核心的多物理场协同的泄漏检测方法，机理如下：以噪声测井捕捉流体泄漏、运移产生的声波并背景噪声，定位泄漏点和泄漏通道；在此基础上，分析泄漏点处的油套管柱壁厚变化情况，确认发生漏点的管柱部位和损伤类型；同步采集温度压力剖面，计算泄漏压差以确保声波信号的可靠性及可识别性，以泄漏点处的温度异常作为辅助验证手段。需要指出的是，温度异常依据的是 Joule-Thompson 效应，只能用于油管柱泄漏的辅助验证，且对于微小泄漏或泄漏介质为液体时，温度异常并不明显[20]，对于气体或较大量泄漏，温度异常相对明显（表 1）。

表 1 技术对比

功能	噪声测井	机械坐封暂堵试压	微温差	同位素示踪	电磁探伤	多臂井径	接收泄漏回波	压力平衡法定位
油管泄漏	√	√	√	√	√	√	√	√
丝扣渗漏	√	×	×	√	×	×	√	√
套管泄漏	√	×	×	×	√	×	×	×
套后窜流	√	×	×	×	×	×	×	×
液面下泄漏	√	√	√	√	√	√		√
多泄漏点	√	√	√	√	√	√	√	×
泄漏类型	×	×	×	×	×	×	×	×

1.3 检测设备优选及其性能参数

1.3.1 声波信号采集设备

声波信号主要用来识别泄漏点和泄漏通道。所选用的噪声仪主要包括电缆绳接头、螺纹接头、仪器外管、电池舱、通讯接口、电路模块和噪声传感器 7 部分，可通过电缆、连续管或者钢丝方式入井，可连续工作 36 小时，强化后工作时长可达 140 小时。主要性能指标见表 2，具有以下特点：（1）径向接收距离可达 2～3m，适合多开次复杂结构深层油气井，可采集到套后噪声信号；（2）声波频谱范围为 8～60000Hz，能够较全面的覆盖井下声场，对比识别泄漏产生的声波信号；（3）灵敏度高，最小泄漏速率 0.02L/min，可采集到管柱微小泄漏尤其是渗漏的声波频谱信号；（4）外形尺寸可在油管中下入，不需上提生产管柱。

表 2 噪声仪主要技术指标

指标	数值	指标	数值
耐温	150/165℃	耐压	100MPa
噪声频率范围	8～60000Hz	噪声幅度动态范围	80dB
仪器直径	28mm/38mm	仪器长度	0.8m
内存容量	2GB	漏点最小泄漏速率	0.02L/min

1.3.2 电磁探伤设备

考虑到深层油气井常采用四开或五开井身结构，选用了基于脉冲涡流技术电磁探伤仪，可过油管测量两层套管柱损伤情况。该电磁探伤仪器有两组测量探头，每个探头在不同时间段内单独发射直流脉冲电流，激励发射线圈产生线圈磁场，线圈磁场在各层管柱上产生涡流磁场，该磁场与原线圈磁场反向，接收线圈感应出随着时间变化的电压。对测量信号的衰减按时间窗口取值，进行放大处理可得电磁探伤曲线。由于部分深层油气井选用的是低磁材质油管，因此对仪器

表 3　电磁探伤仪器指标

指标	数值	指标		数值
耐　温	177℃	第一层管柱	最大厚度	22.86mm
耐　压	100MPa		厚度精度	0.19mm
仪器直径	43mm	第二层管柱	最大厚度	30.48mm
仪器长度	1.125m		厚度精度	0.254mm
重　量	5.5kg	第三层管柱	最大厚度	38.10mm
测　速	<5m/min		精 确 度	1.52mm

响应时间进行了优化，最短为 1ms。相关技术参数见表 3。

2 检测工艺优化

2.1 检测方式及参数优化

研究表明，泄漏噪声的可检测性随着泄漏压差的增加而增加，因此采用了“人工压差”和“定点测量”的方式来增强井下泄漏声波的强度、提高信号采集的准确性：（1）实验标定和计算表明，泄漏压差不低于 3MPa 的情况下泄漏声波清晰可辨，因此采用环空补压或泄压的方式，在井筒安全屏障两侧形成稳定可控的压差，保证检测过程中泄漏声波的持续性和稳定性；（2）在连续测量的基础上，仪器每隔一定长度停留一定时间，静止接收泄漏信号。实验表明，在 3MPa 的压差下，噪声仪在井筒纵向上的接收半径为 3m。

2.2 检测分析能力的强化

检测过程中要尽可能的规避井下噪声的干扰，并且利用多个物理场之间的协同作用，提高检测分析能力。为此，采取了以下措施：（1）采用了如图 1 所示的方法串接仪器组成仪器串，同时采集声波、电磁场和温压信号，且噪声仪下入 2 ~ 3 只，进行对比验证；（2）还可在仪器串中加装扶正器，使电磁探伤仪居中且避免噪声仪与油管碰撞产生强噪声，加装牵引器后，新组成的仪器串还可用于定向井的完整性检测；（3）仪器串下方过程中进行电磁检测，测速控制在 5m/min 以内，上提过程中进行噪声点测，每点静止停留时间不少于 30s；（4）针对不同管柱材质和组合，优化电磁探伤检测参数。经标定，塔里木深层气井 ^{13}Cr 油管电导率和磁导率分别为 2.1 和 40，电磁曲线时域在 10ms 以内。

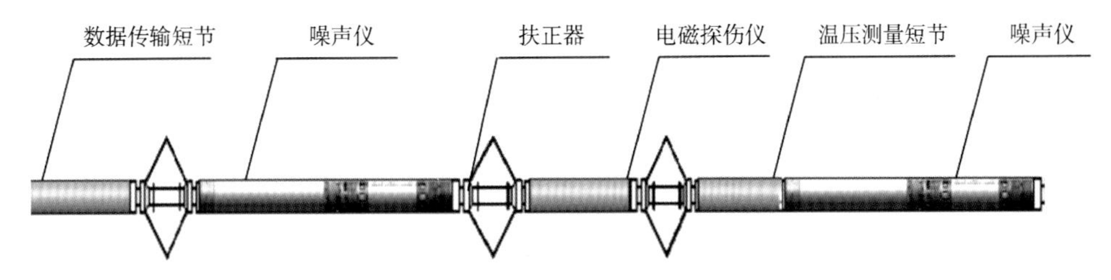

图 1　仪器串接示意图

3 试验结果与分析

在塔里木某深层气井中成功进行了现场试验，成功定位识别了两个不同类型的泄漏点，u 井筒压力变化规律相符，最大作业井深 6330m、最高温度 160℃、最高压力 83MPa。

该井为五开结构，采用尾管完井，完钻井深 6792.00m，封隔器深度 6358m，储层井段 6438.5 ~ 6792.0 m。如图 2 所示，检测前日产水 85m^3 左右，日产气 2×10^{4}m^3 左右。油套环空压力持续降低，40 天内下降 7.71MPa，油套释放出可燃气体，持续点燃 1 小时火势未见减小，B 环空未带压。分析认为油管柱存在泄漏点导致环空保护液漏失，由于该井气量不足，未能向油套环空充分补充气体，致使油套环空压力下降，采用在油套环空补液增压构建压差的方式进行检测。

3.1 泄漏点 1 检测结果解析

如图 3 所示，2724m 处出现泄漏声波，其声波频谱主体频率在 4 ~ 8 kHz 之间，而井筒背景噪

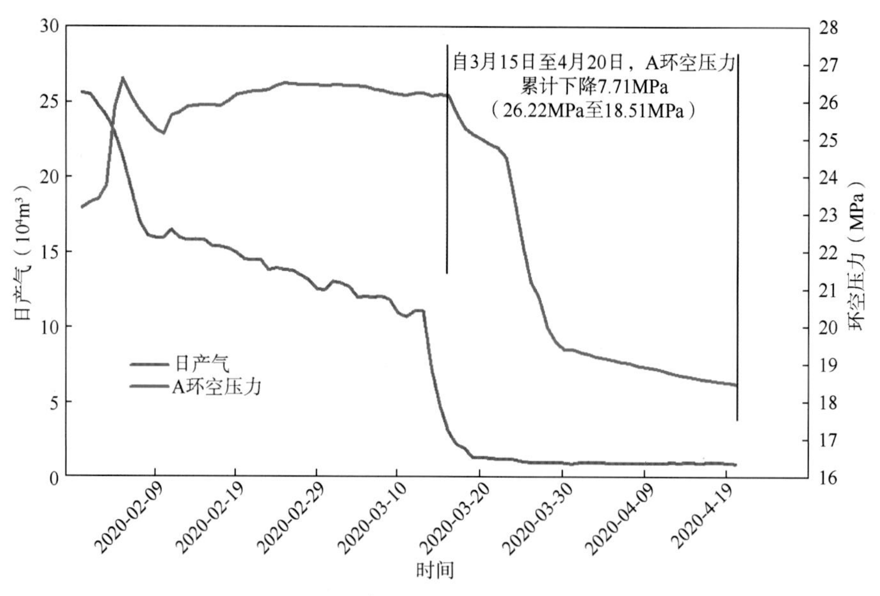

图 2 油套环空压力及产量变化

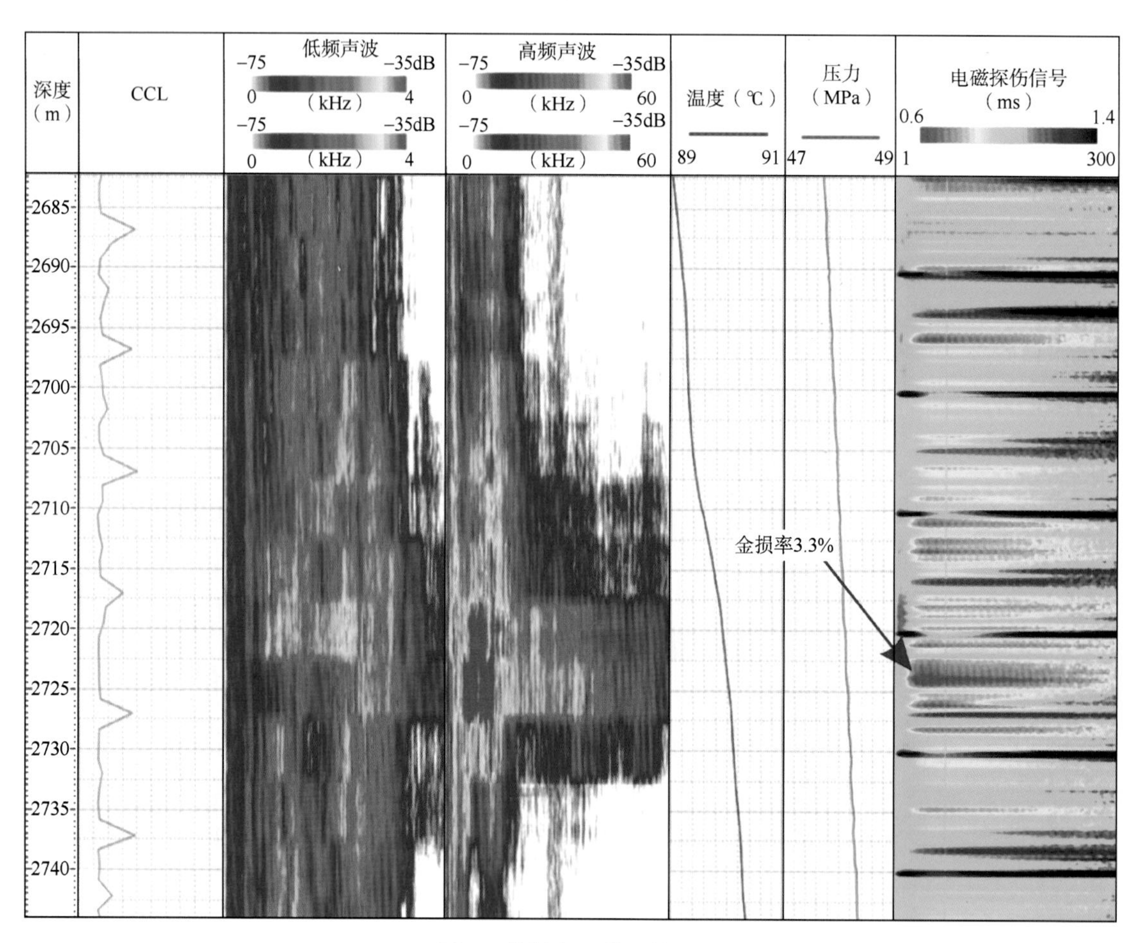

图 3 泄漏点 1 检测结果

声主要在 2 kHz 以下。电磁探伤曲线显示，该深度油管金损率 3.3%，无明显损伤，为油管本体，非油管接箍。泄漏点处油管柱内压为 48.2MPa，与外侧形成了大于 3MPa 的有效压差。由于泄漏介质为液体且泄漏量小，温差不明显。如图 4 所示，两只噪声仪均在此深度捕捉了相似频谱的泄漏噪声，验证了信号的准确可靠性。综合分析，可以排除油管大面积腐蚀穿孔或断裂的可能性，推断为局部应力腐蚀开裂或者裂缝贯穿油管管壁，这也是深层气井油管柱常见的失效形式之一。

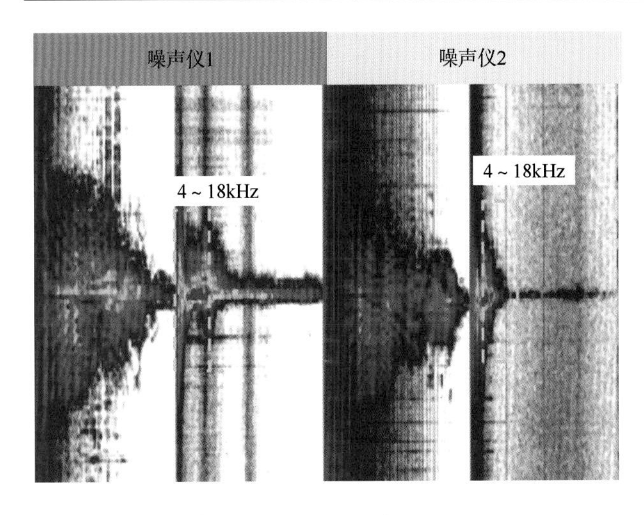

图 4　泄漏点一噪声号对比

3.2 泄漏点 2 检测结果解析

如图 5 所示，在 5211.7m 处出现宽频带的泄漏噪声，频率范围在 0 ~ 20kHz 之间。电磁探伤曲线显示，此处为油管接箍位置且无明显损伤，排除油管主体损伤可能。电磁探伤出现明显的色带交替，这是由于油管弯曲引起的。泄漏点处油管柱内压为 67.7MPa，与外侧形成了大于 3MPa 的有效压差。同样，由于泄漏介质为液体且泄漏量小，温差不明显。该点泄漏噪声同样被两只噪声仪同时捕获。以上分析表明，泄漏点 2 油管丝扣密封失效，接箍发生泄漏。丝扣密封失效的原因与管柱弯曲有关，这也是导致接箍密封失效的主要原因之一。

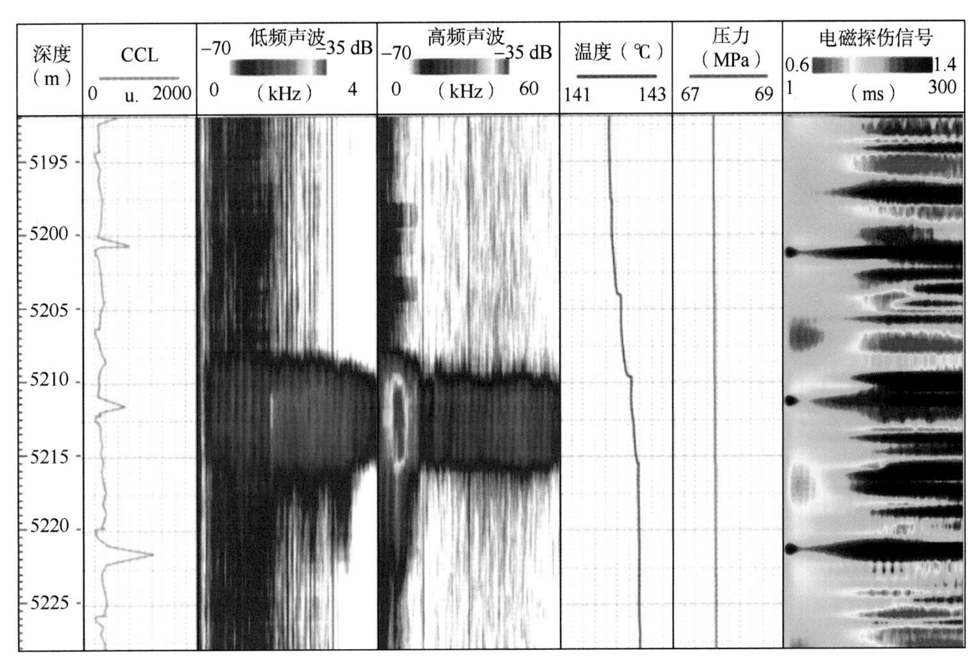

图 5　泄漏点 2 检测结果

3.3 讨论与分析

现场试验表明，以“声波+电磁”为核心的多物理场协同的泄漏检测方法可以用于深层油气井的完整性检测，在定位泄漏点的同时能够判别失效类型和原因。基于现场试验效果，深层油气井的完整性检测仍需在以下方面进一步完善。

（1）泄漏介质：鉴于本次现场试验中的试验井见水且环空保护液漏失，故采用加大油套环空中压力，从泄漏点向油管内挤压液体的方式。一般来说，液体的泄漏会比气体泄漏困难，所以部分泄漏点可允许气体通过，但液体不一定通过，因此，深层气井应尽量以气体为泄漏介质。

（2）检测效率：基于目前的技术水平，点测能够保证泄漏点定位的准确性和可靠性，然而检测效率也随之下降。因此，有必要研发可连续测量、不需点测、可靠性高的噪声仪器，从而提高检测效率，降低作业成本。

（3）规范标准：电磁探伤可作为一种普查手段，对油气井的健康状态进行检测，周期性检测油套管柱壁厚变化，避免发生错断等事故；应考虑不同井身结构和油套管材质及居中度的影响，丰富完善电磁探伤解释图版；制订完整性检测的规范和标准，尽早尽快检测深层油气井完整性，以此为基础开展不动管柱修井和井筒剩余寿命预测等工作，避免完整性失效情况加剧。

4 结 论

（1）集成优化现有技术，形成了以“声波+电磁”为核心的多物理场协同的泄漏检测方法，能够满足深层油气井的完整性检测技术需求，定位并识别油管泄漏、丝扣渗漏、套管泄漏、套后窜流、液面下泄漏和多重泄漏。优选并强化了仪器性能，采用了人工压差、串接仪器同步采集物理场信号、控制仪器下放上提速度、定点测量和优化参数等方法，增强检测能力和准确性。

（2）在塔里木某深层气井中成功进行了现场试验，验证检测方法、仪器设备和检测方式的适用性，成功定位识别了两个不同类型的泄漏点，最大作业井深 6330m、最高温度 160℃、最高压力 83MPa。综合各物理信号，泄漏点 1 为油管本体泄漏，潜在形式为腐蚀开裂或者裂缝贯穿等局部损伤，泄漏点 2 为油管柱接箍泄漏，潜在原因为管柱弯曲。

（3）深层油气井完整性检测技术应进一步完善提升。深层气井应尽量采用气体作为泄漏介质，研发可连续测量的噪声仪器来提高检测效率；电磁探伤技术可作为深层油气井管柱损伤的普查手段，丰富电磁探伤解释图版，避免发生错段等事故；制订井筒完整性检测规范和标准，开展不动管柱修井和井筒剩余寿命预测等研究工作。

参考文献

[1] 马永生，黎茂稳，蔡勋育，等. 中国海相深层油气富集机理与勘探开发：研究现状、关键技术瓶颈与基础科学问题[J]. 石油与天然气地质，2020，41（4）：655-672，683.

[2] 苏义脑，路保平，刘岩生，等. 中国陆上深井超深井钻完井技术现状及攻关建议[J]. 石油钻采工艺，2020，42（5）：527-542.

[3] 雷群，李益良，李涛，等. 中国石油修井作业技术现状及发展方向[J]. 石油勘探与开发，2020，47（1）：155-162.

[4] Ahmed S，Salehi S，Ezeakacha C. Review of gas migration and wellbore leakage in liner hanger dual barrier system：Challenges and implications for industry[J]. Journal of Natural Gas Science and Engineering，2020，78：103284.

[5] Zhang B，Guan Z，Lu N，et al. Trapped annular pressure caused by thermal expansion in oil and gas wells：a review of prediction approaches，risk assessment and mitigation strategies[J]. Journal of Petroleum Science and Engineering，2019，172：70-82.

[6] 罗伟，林永茂，孙涛，等. 元坝气田完井管柱泄漏井口带压诊断分析[J]. 钻采工艺，2019，42（1）：53-56.

[7] 张波，胥志雄，高文祥，等. 深层气井生产管柱完整性检测技术总结及评价[J]. 天然气与石油，2020，38（5）：49-57.

[8] Jordan P. Chronic well leakage probability relative to basin and fluid characteristics[J]. Proceedings of the National Academy of Sciences，2020，117（3）：1249-1251.

[9] Wisen J，Chesnauxa R，Werringb J，et al. A portrait of wellbore leakage in northeastern British Columbia，Canada[J]. Proceedings of the National Academy of Sciences，2020，117（2）：913-922.

[10] Zeng Y，Liu R，Li X，et al. Cement sheath sealing integrity evaluation under cyclic loading using large-scale sealing evaluation equipment for complex subsurface settings[J]. Journal of Petroleum Science and Engineering，2019，176：811-820.

[11] 张波，管志川，张琦，等. 高压气井环空压力预测与控制措施[J]. 石油勘探与开发，2015，42（4）：518-522.

[12] Auwalu I M，Oyeneyin B，Bryan A，et al. Casing structural integrity and failure modes in a range of well types-A review[J]. Journal of Natural Gas Science and Engineering，2019，68：102898.

[13] 王克林，刘洪涛，何文，等. 库车山前高温高压气井完井封隔器失效控制措施[J]. 石油钻探技术，2021，49（2）：61-66.

[14] Jalan S N，Ai-Haddad S，Ali S M，et al. Application of noise and high Precision temperature logging technology to detect tubing leak in an oil well - A case study[C]. SPE 187668，2017.

[15] Wu S，Zhang L，Fan J，et al. Prediction analysis of downhole tubing leakage location for offshore gas production wells[J]. Measurement，2018，127：546-553.

[16] 刘书杰，曹砚峰，樊建春，等. 一种基于气体示踪剂的气井生产管柱泄漏检测方法：中国，201610581099.8[P]. 2016-07-21.

[17] 李玉泉. 多臂井径成像测井仪改进及应用[J]. 石油管材与仪器，2018，4（2）：66-69.

[18] 刘迪，樊建春，刘书杰，等. 气井井下油管多点泄漏定位实验研究[J]. 中国安全生产科学技术，2018，14（5）：144-149.

[19] Zhang B，Xu Z，Lu N，et al. Characteristics of sustained annular pressure and fluid distribution in high pressure and high temperature gas wells considering multiple leakage of tubing string[J]. Journal of Petroleum Science and Engineering，2021，196：108083.

[20] 吴雪婷，邹韵，陆彦颖，等. 漏失循环条件下井筒温度预测与漏层位置判断[J]. 石油钻探技术，2019，47（6）：54-59.

哈拉哈塘碳酸盐岩储层井壁宏观及微观失稳机理与控制因素分析

周怀光[1]　黄　琨[1]　王方智[1]　王　鹏[1]　钟　婷[1]　任利华[1]　刘迎斌[2]

（1. 中国石油塔里木油田分公司油气工程研究院 新疆库尔勒 841000;
2. 中国石油塔里木油田分公司哈得油气开发部 新疆库尔勒 841000）

摘　要：哈拉哈塘深层碳酸盐岩储层的井壁失稳问题严重，工程表象为井壁坍塌砂埋井筒和产层。为了厘清井壁失稳机理和控制因素，在冲捞砂作业分析基础上，重点分析了冲捞砂样的岩块尺寸和砂粒粒径分布对比分析，以及粗细组分的矿物组成对比分析。结果表明，哈拉哈塘碳酸盐岩储层井壁失稳有两种形式和机理：上部未封堵非生产层吐木休克层组的井壁坍塌宏观失稳和主力生产层组的流体携带砂粒产出微观失稳，造成井筒坍塌岩块和泥砂复合砂埋。利用灰色关联法进行井壁失稳主控因素表明，储层中深、井眼直径、含水率、井眼方位等依次是影响失稳及其程度的主要因素；建议优化井眼直径和方位进行失稳预防；老井的井壁失稳治理不但要控制宏观井壁坍塌，而且还要控制工作制度或采取控砂方法解决产层的泥砂微粒产出问题。

关键词：哈拉哈塘油田；碳酸盐岩储层；井壁失稳机理；宏观井壁坍塌；微观泥砂产出；失稳治理对策

国内外碳酸盐岩储层，尤其是深层碳酸盐岩储层的油气井完井方式以裸眼完井为主[1-9]，钻井和开采过程中的井壁失稳是此类储层开发常见的工程问题之一[10-17]。不同类型碳酸盐岩储层井壁失稳机理及影响因素复杂，但目前的失稳形式主要是井壁坍塌、蠕变缩颈等宏观力学失稳形式[18-25]。国内学者对碳酸盐岩储层的宏观力学失稳机理及预测等开展了大量的研究，形成了机理、预测模型、失稳规律[12-14, 16-20, 26-28]的基本认识，但主要基于定性推测分析，其井壁失稳的具体形式、失稳来源、机理原因及主控因素尚不够明确。塔里木盆地哈拉哈塘油田是典型的深层奥陶系碳酸盐岩储层，在开采过程中同样出现了严重的井壁失稳问题[29, 30]。根据初步的大量井壁失稳井作业资料分析发现，哈拉哈塘奥陶系碳酸盐岩储层井壁失稳除了井壁坍塌失稳形式外，还发现了大量泥砂砂埋井筒及产层，都与传统的碳酸盐岩储层井壁失稳表象有很大不同。本文根据冲捞砂作业资料分析及冲捞砂样固体颗粒粒径分布和矿物组分对比，系统分析哈拉哈塘碳酸盐岩储层泥沙埋井的固体来源、失稳形式及机理，并利用灰色关联法明晰井壁失稳主控因素，为新井失稳预防和老井失稳治理提供决策依据。

1 哈拉哈塘碳酸盐岩储层井壁失稳概况

1.1 油田储层概况

哈拉哈塘油田位于塔里木盆地塔北隆起，主要开发层系为奥陶系碳酸盐岩储层，层组自上而下分别为良里塔格组、吐木休克组、一间房组、鹰山组一段和鹰山组二段；其中良里塔格为非主力生产层，吐木休克为隔层，主力生产层组为一间房组和鹰山组。

收稿日期：2021-07-15

第一作者简介：周怀光（1984—），男，山东聊城人，硕士，2017 年毕业于中国石油大学（华东）油气井工程专业，高级工程师，从事油气开采工程领域研究。
E-mail：418693231@qq.com　　Tel：0996-2171994

良里塔格组上部为颗粒灰岩，下部地层以瘤状灰岩为主；储层以裂缝、溶蚀孔洞和岩溶洞穴为主；其中裂缝较为发育，缝洞内以方解石、重晶石、萤石半充填、全充填为主。储层孔隙度0.18%～6.37%，渗透率 0.015～36.6mD，渗透性较差。吐木休克组厚度约 20m，为泥灰岩段，岩性以颗粒泥晶灰岩和泥晶灰岩为主，泥质含量高。

一间房组顶深6250～7511m，厚度80～120m，压力 66.6～89.9MPa，温度 139～156℃；储层岩性主要为多类型石灰岩，基质孔隙发育差，储集空间以裂缝、溶蚀孔洞和岩溶洞穴系统为主；裂缝倾向以 NW320°～330°为主，裂缝走向以NE50°～80°为主，裂缝倾角以高角度为主，倾角范围为 70°～90°；充填物以泥质、方解石和黄铁矿半充填、全充填为主。鹰山组顶深6308～7809m，厚度约340m；多数井仅钻至鹰山组一段，少数井钻至鹰山组二段；储层压力 67.0～136.4MPa，温度 150～158℃，平均温度为 153℃；储层岩性主要为巨厚石灰岩，储层基质孔隙发育差，储集空间以裂缝、溶蚀孔洞和岩溶洞穴为主；孔隙度0.69%～12.8%，渗透率为0.08～4.6mD。

1.2 现场井壁失稳工程表象

哈拉哈塘油田奥陶系碳酸盐岩储层完井方式中裸眼完井占 95.4%，筛管完井占 3.7%，射孔完井占 0.9%。投产初期多为自喷生产方式，自喷期内通过作业证实的存在明显井壁失稳问题的井数超过100口井，占比超过30%。

哈拉哈塘油田主要通过探冲砂作业证实井壁失稳。井壁失稳井一般出现油压突然降低，产量大幅度下降或停产现象，关井后压力仍能恢复到垮塌前状态。对于此类井进行探砂面作业，出现砂面增高，捞砂筒捞出砂、油泥和大块垮塌物等现象。根据探砂面作业统计，截至2020年10月，哈拉哈塘油田七个区块超过 160 井次出现井壁垮塌和出泥砂现象，主要发生在自喷生产期，直井、侧钻井、定向井均有井壁失稳发生。统计表明，直井和裸眼完井是井壁失稳井的主要井型和完井方式。

2 储层井壁宏观与微观失稳机理分析

2.1 砂埋油井生产动态及冲捞砂作业分析

哈拉哈塘油田碳酸盐岩储层油井生产过程中井壁失稳导致砂埋到一定程度后，在生产动态上的主要表现为油压短期内大幅降低，产量大幅度下降甚至停产，压力和产量的变化速度明显超出油井自喷期的压力和产量自然递减规律。油井停产后使用硬探或软探作业探砂面发现砂面增高数十米至上百米；进一步使用捞砂筒捞砂或冲砂，获得大量油泥、岩屑及大块垮塌物。由此证实井壁发生失稳，多数井的井筒失稳沉积物中，既有岩块和岩屑，也有大量的泥砂。

以X井为例，该井初期自喷，前期生产稳定，产量油压稳定缓慢下降；但一段时间后油压和产量均出现短期的大幅度下降。2015年10月进行冲捞砂作业，下通井刮壁一体化管柱至7212.69m遇阻，表明井底砂埋，砂埋沉砂管内有90cm沉砂，下冲砂管柱至5593.28m遇阻，冲砂进尺50.76m，出口返出砂约400L，进行负压捞砂，捞杯内捞获岩屑、水泥块（最大长40mm、宽25mm、厚8mm）及少量丝状铁屑共约2L，冲砂出口返出砂约15L。经初步分析，捞出物多为地层砂和岩屑，砂埋层位为吐木休克组至一间房组，砂埋高度 36.31m。通过冲捞砂作业初步分析，失稳井捞出物中包含1mm×1mm×1mm至60mm×40mm×20mm大小不等岩块、片状砾石，也包含碎屑、细小颗粒状砾石、细砂及油泥等，冲捞砂作业证实了油井的失稳现象，但无法分辨失稳来源。

2.2 典型冲捞砂样粒度分布分析

Y 井冲捞砂作业获取的井筒沉积物如图 1 所示，来源井段深度7389.71～7397.05m。为了初步分析失稳来源及原因，对该样品按照颗粒直径使用振动筛分法进行初步分离，分别得到>4.75mm、3.35～4.75mm、2.36～3.35mm、2.00～2.36mm、

图1 典型失稳井井筒沉积物冲捞样品

1.70 ~ 2.00mm、1.18 ~ 1.70mm、1.00 ~ 1.18mm、0.85 ~ 1.00mm、0.60 ~ 0.85mm、0.425 ~ 0.60mm、0.30 ~ 0.425mm、<0.30mm，共计 12 个粒径区间的砂样（图 2、图 3）。

图 2　冲捞沉积物初步分离样品照片

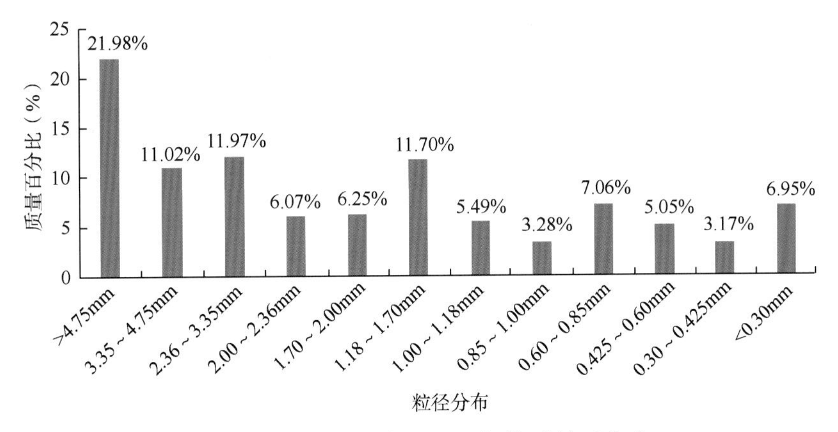

图 3　冲捞沉积物各粒径区间的质量百分比

根据图 1 和图 2 所示的初步筛分结果，按照碎屑岩粒度分级标准（SY/T 5368—2016；粒径>2mm 为砾，0.0625 ~ 2mm 为砂，0.0156 ~ 0.0625mm 为粉砂，<0.0156mm 为泥），该样品中“砾”级样品占比 51.05%，以中砾、细砾为主；“砂”级及更细级别样品占比 48.95%，以中砂、粗砂为主。

为了了解较细组分的砂粒粒径及其分布特征，对图 2 样品中的粒径小于 0.3mm 的样品随机抽取 5 个样品，利用激光粒度仪进行粒度分布测试，得到如图 4 所示的粒度分布曲线。该细砂组分样品的粒度中值 d_{50} 范围为 196.8 ~ 289.7μm，均匀系数为 14.96 ~ 35.28，为极不均匀砂。

上述分析表明，哈拉哈塘油田奥陶系碳酸盐岩储层井壁失稳井筒沉积物既包括岩块、岩屑及砂砾等粗组分，也出现了接近 50%较大比例的泥砂细组分。岩块、岩屑及砂砾等粗组分来源显然为井壁坍塌。细组分泥砂的可能来源有两种：一是井壁坍塌形成岩块和岩屑的同时，也破碎形成

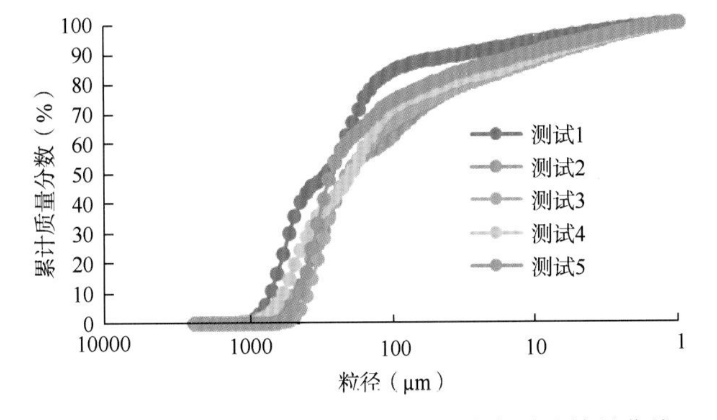

图 4　粒径小于 3mm 细砂样品粒度分布测试结果曲线

泥砂；第二种可能是生产过程中地层流体携带产出的泥砂微粒。按照一般认识，裂缝型碳酸盐岩储层井壁坍塌形成砂粒的比例一般较低，而上述样品中泥砂比例高达近 50%，因此初步推断，哈拉哈塘油田碳酸盐岩储层井壁失稳沉积物中泥砂细组分主要为生产过程中地层砂流体携带泥砂产出。

2.3 冲捞砂样粗细组分矿物组分对比分析

为了分析冲捞砂样的失稳来源，使用 Bruker 公司 D8 Advance A25 型 X 射线粉末衍射仪分别测试样品中粗组分（岩块/岩屑/砂砾）和细组分（泥砂）的矿物组分，结果如图 5 所示。细组分（泥砂）矿物组分以方解石（43.9%）和长石（25.8%）为主，石英含量 14.1%、石膏含量 10.1%，同时含有少量的黏土矿物（6.1%）；粗组分矿物组分以方解石和长石为主，分别占比 49.3%和 38.2%。同时含有少量的石英（6.8%）、黏土矿物（5%）和极少量的石膏。

根据图 5，井壁失稳沉积物中粗组分与细组分的主要矿物类型相近，但矿物组分含量存在明显差异。这进一步证实哈拉哈塘油田奥陶系碳酸盐岩储层井壁失稳沉积物来源不同，岩块、岩屑及砂砾等粗组分，来源于井壁坍塌；而泥砂细组分来源于生产层生产过程中流体携带微粒产出。

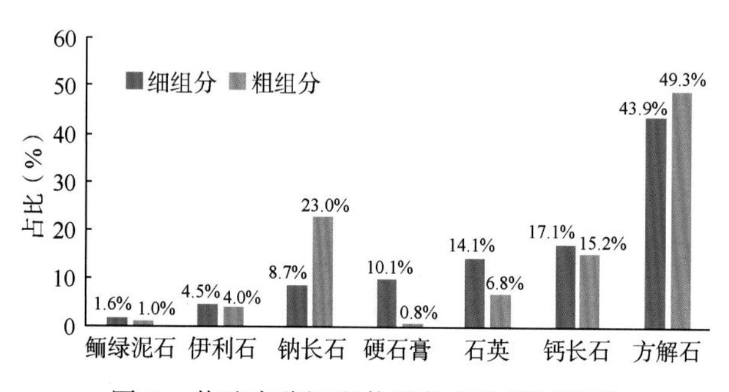

图 5 井壁失稳沉积物矿物组分测试结果

2.4 储层失稳机理分析

哈拉哈塘碳酸盐岩储层的吐木休克层组为厚度约 20m 泥灰岩段，泥质含量高，分析认为该层组易失稳垮塌。有 41 口井使用套管封堵了吐木休克层组。根据作业资料统计分析各失稳井的井筒内砂埋体积速度，未封堵吐木休克层组的油井平均砂埋体积速度为 14.1L/d，而套管封堵了吐木休克层组的油井，平均砂埋速度只有 2.76L/d。根据 109 口失稳井的作业资料统计，裸眼完井条件下的平均砂埋速度约为 13.87L/d，而射孔完井油井的砂埋速度平均为 2.17L/d，远低于裸眼完井。根据上述分析认为：（1）哈拉哈塘奥陶系碳酸盐岩储层井壁坍塌的主要失稳源为吐木休克层组，次要失稳源为一间房组和鹰山组；（2）泥砂细组分沉积物的来源除吐木休克组的坍塌产生外，也来自一间房和鹰山组主力层组的生产流体携带产出；（3）裸眼完井油井失稳明显比射孔完井严重，但射孔完井条件下仍有失稳现象，说明即使井壁不坍塌，亦存在流体携带泥砂产出现象。

哈拉哈塘奥陶系碳酸盐岩储层井壁失稳源及形态示意图如图 6 所示。

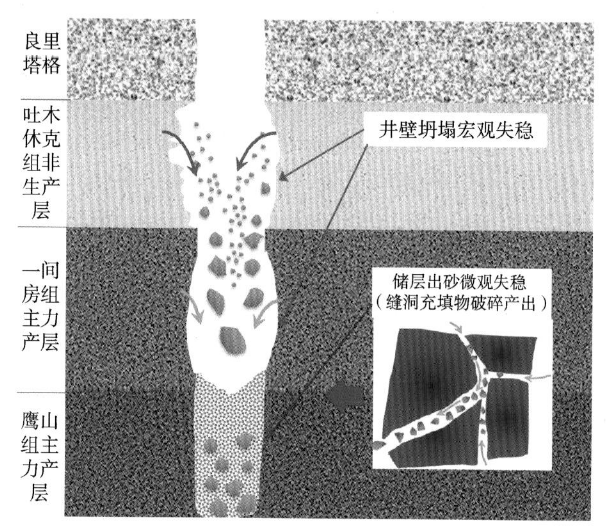

图 6 哈拉哈塘奥陶系碳酸盐岩储层井壁失稳源及形式原理

根据储层地质条件、失稳工程表象、井筒沉积物粒径和组分分析以及失稳井作业资料统计等综合分析，哈拉哈塘油田奥陶系碳酸盐岩储层井壁失稳可归纳为井壁坍塌宏观力学失稳和缝洞充填物泥砂产出微观失稳两种机理。

（1）井壁坍塌宏观力学失稳机理

哈拉哈塘奥陶系碳酸盐岩储层以上部吐木休克层组为主、一间房组和鹰山组为辅的井壁坍塌属于井筒尺度的宏观力学失稳，即井眼钻井造成井筒周围应力集中，井底压力等生产条件变化导致井周应力发生变化；当应力超出岩石强度后，诱发井壁围岩体力学破坏，产生厘米级、毫米级岩块和岩屑，以及片状与颗粒状的细砂，沉积在井筒底部。随着生产和失稳继续，井筒逐渐被砂埋，砂面上升，造成产量下降和井口压力大幅降低。

根据不同碳酸盐岩储层类型，井壁宏观力学失稳形式分为均匀性地层压缩/拉张/剪切失稳、裂缝/层理地层弱面滑移失稳、破碎地层弱面滑移失稳以及盐膏层蠕变缩径失稳等四种形态。哈拉哈塘油田的良里塔格组、吐木休克组、一间房组和鹰山组分别以瘤状灰岩、泥晶灰岩、颗粒灰岩和泥晶灰岩为主，岩性较为硬脆，不会发生蠕变失稳。根据测井资料和岩心观察，奥陶系碳酸盐岩储层储集空间分布极为不均，在井眼剖面上分布有不同长度（几米至几十米）的裂缝型、裂缝—孔洞型、孔洞型和基质型井段，考虑到孔洞尺寸多远小于井眼尺寸，可将裂缝—孔洞型和孔洞型井段分别简化为裂缝型和基质型（完整地层）井段。因此，哈拉哈塘油田碳酸盐岩储层井壁宏观失稳可推断为裂缝性地层弱面滑移和完整地层剪切/压缩破坏失稳两大类型，均造成井壁坍塌和井眼扩径。前者的坍塌产物以岩块和岩屑为主，伴有泥砂和粉砂；后者失稳产物以泥沙和粉砂为主，伴有岩屑，鲜有岩块。

（2）缝洞充填物泥砂产出微观失稳机理

塔里木盆地奥陶系碳酸盐岩储层裂缝充填物主要包括泥质、亮晶方解石、黄铁矿等，其中成岩缝多为全充填，而构造缝和叠合成因缝多为未充填—半充填。初步分析，哈拉哈塘油田奥陶系碳酸盐岩储层主力生产层一间房组和鹰山组泥砂产出微观失稳机理以缝洞充填物破碎后流体携带产出机理为主，以缝面微凸体剥落泥砂产出机理为辅。

图 7 为裂缝充填物破碎流体携带产出机理示意图，裂缝内充填有泥质和方解石（图 7a）；生产条件变化也会导致地应力发生变化；在综合应力作用下，引起裂缝充填物破碎形成细砂微粒（图 7b）；当流体流速达到携带条件后，破碎微粒被流体携带产出（图 7c），形成类似于疏松砂岩储层的出砂现象。

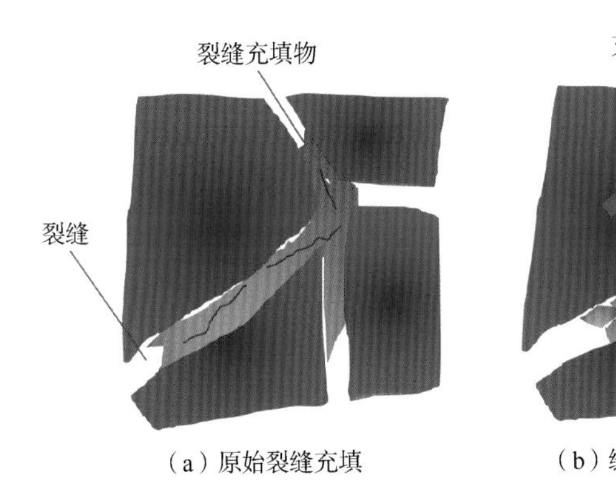

（a）原始裂缝充填

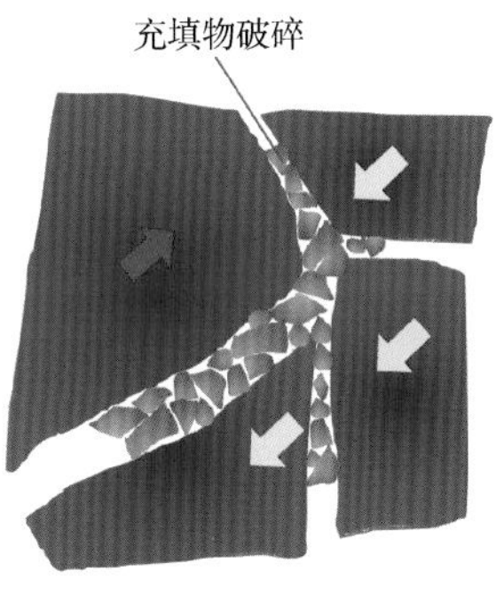

（b）缝面滑移充填物破碎

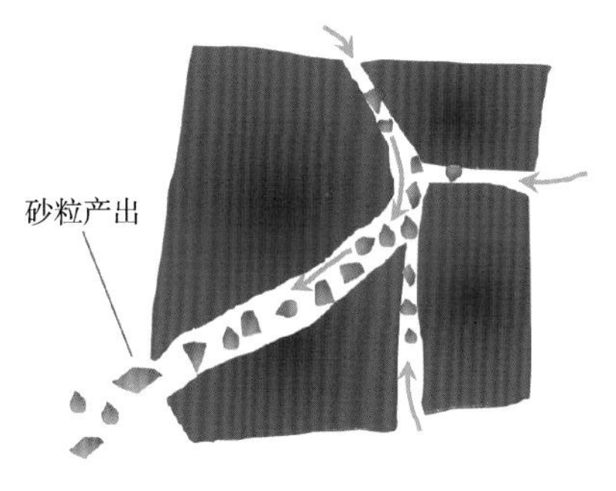

（c）充填物破碎颗粒流体携带产出

图 7　碳酸盐岩储层泥砂产出微观失稳机理

根据哈拉哈塘油田的 109 口井壁失稳井的现场作业资料统计发现，泥砂产出为主砂埋井次占 47.7%，平均砂埋速度 0.1 ~ 0.3m/d；泥砂产出与坍塌复合以及坍塌为主的失稳井次占 52.3%，平均砂埋速度大于 0.8m/d。

3 井壁失稳主控因素分析及失稳治理对策

3.1 灰色关联法主控因素分析

根据前面的分析可知，引起井壁失稳的原因包括地质因素和工程因素。

（1）井壁失稳影响因素关联分析

地质因素方面引起井壁失稳的主要原因包括：储层岩石胶结强度低、泥质含量高（20% ~ 43%）；良里塔格组和吐木休克组泥质含量高、抗压强度低；沉积层理多及高角度裂缝发育；储层埋藏深，且水平主应力差较大（22 ~ 26MPa），水平应力差越大，井壁越不稳定，易引起井壁的垮塌失稳。

工程因素方面引起井壁失稳的主要原因包括：裸眼完井缺乏有效支撑保护；自喷生产地层压力下降幅度大，平均超过 10MPa；生产压差引起大近井应力失衡；含水上升水化分解胶结物和充填物；储层改造（酸化）作业改变物性，打破原地应力平衡，当应力大于强度时导致井壁垮塌失稳；产量较高且泥砂较细易达到携带条件（d_{50}<0.2mm）；套管没有封固吐木休克组易塌地层、非目的层裸眼长度过长也会大大增加井壁失稳的风险。

通过对 109 口失稳井进行砂埋体积速度与井眼直径、砂埋上升速度与生产段方位角的关联分析，结果如图 8 所示，大井眼直径下出现高砂埋体积速度的几率更高，171mm 井眼失稳速度高于其他井径（图 8a）。砂埋上升速度在方位角 80°～100°和 300°～330°附近有明显高值（图 8b），说明此大约对称的两个方位角上的井壁失稳较为严重。为了进一步探究各种影响因素对失稳的敏感程度，针对 20 个相关性因素开展了灰色关联法主控因素分析。

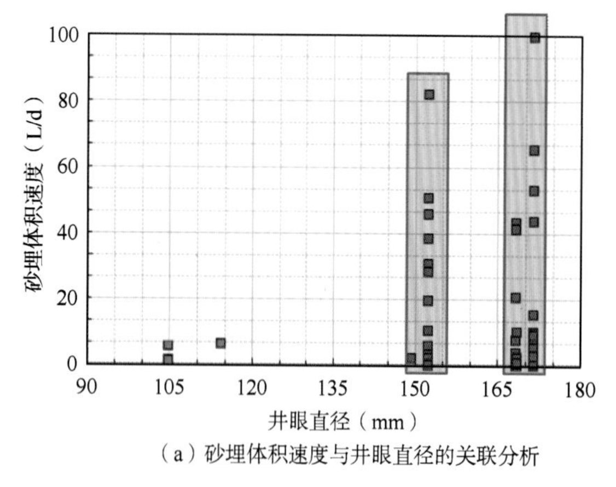

（a）砂埋体积速度与井眼直径的关联分析

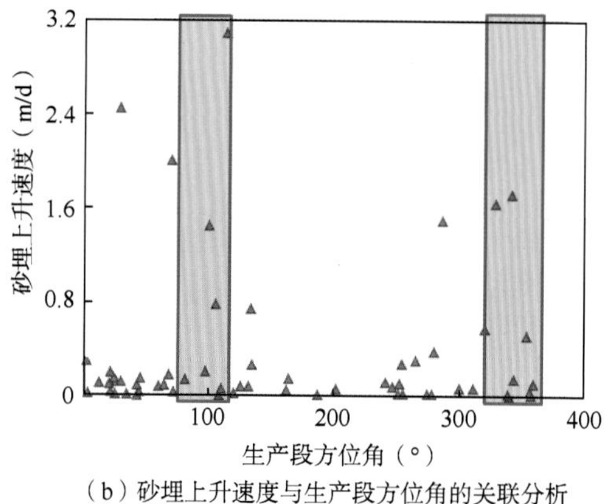

（b）砂埋上升速度与生产段方位角的关联分析

图 8 失稳影响因素（井眼直径和方位角）关联关系分析

（2）利用灰色关联法分析主控因素

灰色关联理论是利用关联度的思想，分析因素之间发展趋势的相似与相异程度，衡量因素之间相关关系的一种理论方法。利用灰色关联分析法，可以定量地描述各类因素对砂埋速度影响的敏感性大小，从而确定影响井筒砂埋速度的主控因素。应用灰色关联方法进行井壁失稳影响因素分析，包括如下的计算和分析步骤。

①建立影响因素域：以哈拉哈塘七个区块油井的砂埋速度为母列，油井失稳的工程影响因素如井眼尺寸、生产段方位角、综合含水率、生产压差等为子列。

②原始数据归一化变换：设 $X=\{x_0,x_1,x_2,\cdots x_m\}$ 为灰色关联因子集，x_0 为参考序列，x_i 为比较序列，$x_0(k)$、$x_i(k)$ 分别为 x_0 与 x_i 的第 k 个点的数。为消除量纲的影响，对所有影响因素的数值做归一化处理，以避免造成非等权情况，保证关联分析结果的可靠性。

③关联度的计算：计算各因素与砂埋速度的灰色关联系数。

$$r_{0i}(x_0,x_i)=\sum\nolimits_{k=1}^{n}\omega_k r(x_0(k),x_i(k)) \qquad (1)$$

其中，r_{0i} 为对比序列 x_i 与参考序列 x_0 的关联度；n 为比较序列的长度（即数据个数）；ω_k 为 k 点权重，取 $\omega_k=1/n$。

④列出关联矩阵进行优势分析：各个子序列对母序列$\{y1\}$有关联度$[r_{11},r_{12},\cdots,r_{1m}]$，各自序列对于母序列$\{y2\}$有关联度$[r_{21},r_{22},\cdots,r_{2m}]$，类似地，各子序列对于母序列$\{yn\}$有关联度$[r_{n1},r_{n2},\cdots,r_{nm}]$；将 $r_{ij}(i=1,2,\cdots,n;j=1,2,\cdots,m)$ 作适当排列，可得到关联度矩阵若关联矩阵 R 中第 i 列满足公式（2），则称母序列$\{y1\}$相对于其他母序列为最优。

$$\begin{bmatrix} r_{1i} \\ r_{2i} \\ \vdots \\ r_{mi} \end{bmatrix} > \begin{bmatrix} r_{1j} \\ r_{2j} \\ \vdots \\ r_{mj} \end{bmatrix} \qquad (\forall i,j\in 1,2,\cdots,n,i\neq j) \qquad (2)$$

根据哈拉哈塘油田 109 口井失稳井例资料使用灰色关联法分析影响因素敏感程度评价，得到全井壁失稳敏感因素敏感程度排序如图 9 所示。结果表明，影响井壁坍塌/储层出泥砂失稳的生产因素敏感排序为：含水率、油层中深、裸眼直径、产液量、生产段方位角、生产压差、生产段井斜角、静压降幅，其对应关联度为：0.9395、0.9384、0.9381、0.9381、0.9337、0.9294、0.9292、0.9261。其中哈 6 区块失稳井影响井壁坍塌/储层出泥砂失稳的生产因素敏感排序为：含水率、产液量、裸眼直径、油层中深、生产压差、生产段井斜角、

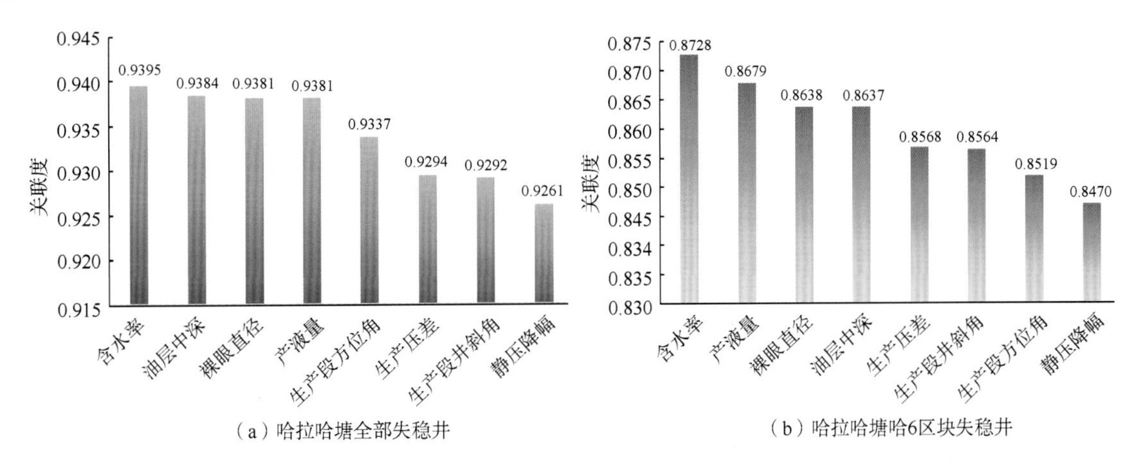

（a）哈拉哈塘全部失稳井　　（b）哈拉哈塘哈6区块失稳井

图 9　失稳井主控因素及敏感程度排序

生产段方位角、静压降幅，其对应关联度为：0.8728、0.8679、0.8638、0.8637、0.8658、0.8564、0.8519、0.847。

3.2 失稳治理及预防对策

根据井壁失稳机理及主控因素分析，提出哈拉哈塘奥陶系碳酸盐岩储层井壁失稳治理对策如下：

（1）未来新钻井的井壁失稳预防对策：使用较小的钻井井眼，建议井眼直径不超过 150mm，推荐 105～127mm；定向井井斜方位角避开 80°～100°和 300°～330°区间；使用套管封堵吐木休克层组，并使用套管射孔完井方式。

（2）老井失稳预防和治理措施：采用修井作业封堵吐木休克层组预防吐木休克层组坍塌失稳；控制生产压差和产量，预防生产层位泥砂大量产出；使用沉砂泵生产；采用控砂筛管二次控砂完井，阻挡地层泥砂产出（建议科学论证筛管类型及优化精度）。

4 结论与认识

（1）分析表明，哈拉哈塘奥陶系碳酸盐岩储层井壁失稳机理主要是吐木休克层组为主、一间房组和鹰山组为辅的井壁坍塌宏观力学失稳和生产层位泥砂产出微观失稳。井壁坍塌分为裂缝性地层弱面滑移和完整地层剪切/压缩破坏失稳两大类型，均造成井壁坍塌和井眼扩径；泥砂产出微观失稳以缝洞充填物破碎后流体携带产出为主，以缝面微凸体剥落泥砂产出为辅。

（2）失稳因素关联分析表明：特定方位角、大井眼趋向于失稳严重，171mm 井眼失稳速度高于其他井径，在方位角 80°～100°和 300°～330°附近砂埋上升速度有明显高值。根据灰色关联分析结果，影响井壁坍塌/储层出泥砂失稳的生产因素敏感排序为：含水率、油层中深、裸眼直径、产液量、生产段方位角、生产压差、生产段井斜角、静压降幅。

（3）根据井壁失稳机理及主控因素分析，提出哈拉哈塘奥陶系碳酸盐岩储层井壁失稳治理对策。对于未来新钻井，建议采取使用小井眼、优化井斜方位、套管封堵吐木休克层组、套管射孔完井方式预防井壁失稳；对于已投产井，推荐采用封堵吐木休克层组、控制生产压差和产量、控砂筛管二次完井等措施进行失稳预防及治理。

参考文献

[1] Hydrogeology; Studies from Karlsruhe Institute of Technology（KIT）Yield New Information about Hydrogeology（Global Distribution of Carbonate Rocks and Karst Water Resources）[J]. Ecology, Environment & Conservation, 2020.

[2] Nico Goldscheider, Zhao Chen, Augusto S. Auler, Michel Bakalowicz, Stefan Broda, David Drew, Jens Hartmann, Guanghui Jiang, Nils Moosdorf, Zoran Stevanovic, George Veni. Global distribution of carbonate rocks and karst water resources[J]. Hydrogeology Journal, 2020（prepublish）.

[3] 王大鹏. 全球古生界海相碳酸盐岩油气富集规律研究[D]. 北京：中国石油大学（北京），2016.

[4] 王大鹏，白国平，徐艳，等. 盐岩大油气田特征及油气分布[J]. 古地理学报，2016，18（1）：80-92.

[5] 张宁宁，何登发，孙衍鹏，等. 全球碳酸盐岩大油气田分布特征及其控制因素[J]. 中国石油勘探，2014，19（6）：54-65.

[6] 刘武明，张志鹏，司树杰，等. XXX 碳酸盐岩储层完井方式选择探究[J]. 化工管理，2018，(2)：240.

[7] 文敏，朱磊，王平双，等. 中东地区碳酸盐岩地层水平井完井方式优化 [J]. 长江大学学报（自然科学版），2015，12（11）：52-56.

[8] Nico Goldscheider，Zhao Chen，Augusto S. Auler，Michel Bakalowicz，Stefan Broda，David Drew，Jens Hartmann，Guanghui Jiang，Nils Moosdorf，Zoran Stevanovic，George Veni. Global distribution of carbonate rocks and karst water resources[J]. Hydrogeology Journal，2020（prepublish）.

[9] Xianzhu Wu，Fulei Wan，Zuo Chen，et al. Drilling and completion technologies for deep carbonate rocks in the Sichuan Basin：Practices and prospects[J]. Natural Gas Industry B，2020.

[10] 伍贤柱，万夫磊，陈作，等. 四川盆地深层碳酸盐岩钻完井技术实践与展望[J]. 天然气工业，2020，40（2）：97-105.

[11] 唐庚，陆林峰，王汉，等. 深层碳酸盐岩完井方式优化研究——以安岳气田灯影组X井为例[J]. 钻采工艺，2020，43（S1）：108-112.

[12] 胡勇科，李丹，邱元瑞，等. 南堡3号构造井壁失稳问题分析与对策[J]. 石油地质与工程，2014，28（6）：101-103.

[13] 刘之的，牛林林，汤小燕. 复杂碳酸盐岩地层井壁失稳机理分析[J]. 西部探矿工程，2005（12）：189-191.

[14] 汤超，谢水祥，邓皓，等. 塔里木油田群库恰克地区井壁失稳机理研究[J]. 吐哈油气，2011，16（2）：185-188.

[15] 梁利喜. 深部应力场系统评价与油气井井壁稳定性分析研究[D]. 成都：成都理工大学，2008.

[16] 李启翠. MS油田复杂地层井壁稳定性研究[D]. 武汉：长江大学，2014.

[17] 蒲军宏，张成，马金凯，等. 碳酸盐岩地层井壁稳定性研究[J]. 西部探矿工程，2015，27（12）：31-34.

[18] 韩旭. 碳酸盐岩地层井壁垮塌机理及主控因素研究[D]. 成都：西南石油大学，2019.

[19] Silva C，Rabe C，Fontoura S. Geomechanical Model and Wellbore Stability Analysis of Brazil's Pre-Salt Carbonates，a Case Study in Block BMS-8[C]//OTC Brasil. Offshore Technology Conference，2017.

[20] 陶杉，余星，宋海，等. 大数据方法寻找顺北碳酸盐岩储层开采过程中井壁坍塌主控因素[J]. 石油钻采工艺，2020，42（5）：627-631.

[21] Al-Nutaifi A M，Abdulraheem A，Khan K. Wellbore Instability Analysis for Highly Fractured Carbonate Gas Reservoir from Geomechanics Prospective，Saudi Arabia Case Study[C]//International Petroleum Technology Conference. International Petroleum Technology Conference，2014.

[22] Khan K，Abdulaziz A A，Ahmed S，et al. Managing Wellbore Instability in Horizontal Wells Through Integrated Geomechanics Solutions：A Case Study From a Carbonate Reservoir[C]//SPE Middle East Oil & Gas Show and Conference. Society of Petroleum Engineers，2015.

[23] 牛永斌. 塔河油田奥陶系碳酸盐岩储集体特征及主控因素[M]. 北京：煤炭工业出版社，2019.

[24] 钟建华，毛毳，李阳，等. 塔里木盆地奥陶系碳酸盐岩储集空间特征[M]. 北京：石油工业出版社，2014.

[25] 刘志远，陈勉，金衍，等. 裂缝性储层裸眼井壁失稳影响因素分析[J]. 石油钻采工艺，2013，35（2）：39-43.

[26] 王治国，高启国，曹力元. 塔河油田碳酸盐岩坍塌机理及处理措施的探索[J]. 石化技术，2016，23（8）：276-277.

[27] 杨敬源. 井壁稳定性若干力学问题的研究[D]. 哈尔滨：哈尔滨工程大学，2009.

[28] 刘建全. 宝南区块井壁失稳机理及对策研究[D]. 西安：西安石油大学，2013.

[29] 杨文明，吕伦杰，朱铁，等. 哈拉哈塘油田生产井井壁垮塌原因分析[J]. 石油钻采工艺，2017，39（4）：424-428.

[30] 刘锋报，邵海波，周志世，等. 哈拉哈塘油田硬脆性泥页岩井壁失稳机理及对策[J]. 钻井液与完井液，2015，32（1）：38-41+100.

高温高压凝析气藏压裂防蜡工艺研究及应用
——以博孜 1 区块凝析气藏为例

姚茂堂[1] 冯觉勇[1] 黄龙藏[1] 袁学芳[1] 彭 芬[1] 刘豇瑜[1] 谢向威[2]

（1. 中国石油塔里木油田分公司油气工程研究院 新疆库尔勒 841000;
2. 中国石油塔里木油田分公司勘探事业部 新疆库尔勒 841000）

摘 要：塔里木油田孜 1 区块凝析气藏普遍存在井筒结蜡，严重影响油气正常生产。本次研究根据博孜 1 区块储层特征，开展新型固体防蜡剂性能评价和压裂防蜡工艺研究，并进行现场压裂防蜡试验。现场施工时，新型防蜡剂直接混入支撑剂中，一起注入人造裂缝，结果表明，新型防蜡剂防可使原油的凝固点降低 60%左右。博孜 1-A 井应用压裂防蜡后，已平稳生产约 180 天，原油凝固点 0 ~ 8℃；而西部相邻 2km 的博孜 1-B 原油凝固最高达到 44℃，2014 年仅生产 3 个月因井筒结蜡堵塞关井至今。博孜 1-A 井应用效果较好，不仅为塔里木油田和国内其他油田提供新型压裂防蜡的工艺，而且为化学防垢工艺优选提供了新的思路，应用前景广阔。

关键词：井筒结蜡；防蜡工艺；固体防蜡剂；凝析气藏；博孜 1 区块

蜡堵是国内各大油田普遍存在和密切关注的问题，国内在结蜡机理、结蜡预测、清防蜡剂、清防蜡工艺等方面进行了大量的研究，防蜡技术主要有化学防蜡。物理防蜡（例如磁防蜡、声波防蜡）、加热防蜡等。其中，化学防蜡是目前最常用的防蜡技术，主要有液体防蜡和固体防蜡，液体防蜡技术主要是从油套环形空间周期性或连续性注入聚合型、表面活性型、稠环芳香烃型等防蜡剂，存在防蜡剂在井筒内分布不均匀、无法达到高动液面油井的井底、作业次数多（或连续作业）等问题；固体防蜡主要是把稳定剂、防蜡剂等材料经过模具压制成一定形状，例如方块或圆柱形，然后投入井底，逐渐溶解、释放出药剂并溶于油中，存在容易造成生产管柱底部节流、更换防蜡剂需要动生产管柱、作业成本高等问题[1-10]。国外在 20 世纪 80 年代开始研发固体防蜡剂，在 21 世纪初开始在美国阿拉斯加陆上油田（Alaslcan）和得克萨斯州油田（Eagle Ford）、加拿大萨斯喀彻温省南部油田（Viking）、北海的挪威荷英区块（Valhall 油田和 Scott 油田）及巴肯油田大规模应用[11-17]。本次研究通过引入一种国外应用成熟的新型固体防蜡剂，该防蜡剂可在水力压裂直接混合支撑剂中，具有作业简单、有效期长、成本低等优点，联合博孜 1 区块储层特征开展室内评价和压裂防蜡工艺论证，并且进行了现场试验，取得较好的防蜡效果。

1 博孜 1 区块凝析气藏概况

博孜 1 区块是塔里木盆地库车山前的高温、高压、裂缝性、致密砂岩凝析气藏。目的层为白垩系巴什基奇克组和巴西改组，岩性以岩屑长石砂岩为主，属于特低孔特低渗储层（渗透率峰值为 0.05 ~ 0.1mD、平均孔隙度 6.3%）。地层温度 123 ~ 132℃，地层压力 115.93 ~ 125.72MPa，压力系数 1.67 ~ 1.80，为常温高压气藏。原油平均相对密度（20℃）为 0.7964，黏度（50℃）为

收稿日期：2021-08-06

第一作者简介：姚茂堂（1988—），男，贵州省江口人，硕士，2015 年毕业于中国石油大学（北京）油气田开发专业，工程师，现从事储层改造与保护方面研究。
E-mail：yaomaotang@126.com Tel：0996-2138053

1.141mPa·s，含蜡量为 16.91%，具有低密度、低黏度、高含蜡的特征。博孜 1 区块单井生产期间井口温度为 20～58.6℃，而原油析蜡点平均为 38.7℃，容易出现井筒结蜡堵塞。新井投入生产后，一般半年左右都会出现井筒结蜡堵塞，其中，已有 3 井次因为蜡堵关井无法生产。目前，该区块已试验了连续油管/小油管疏通、化学注入、电加热三种清防蜡工艺，虽然取得一定效果，但是存在安全风险较大、作业维护成本较高、应用受限、生产周期短等问题[18-20]。储层改造一方面能降低生产压差和提高单井产量，从而提高井口温度，降低结蜡风险，另一方面，在水力压裂时如果加入固体防蜡剂,可以从源头上预防井筒结蜡，但固体防蜡剂需要耐高温（>120℃）、耐高压（有效闭合压力>40MPa）。

2 固体防蜡剂性能评价

2.1 主要药剂及仪器

（1）固体防蜡剂，粒径 30/50 目，体积密度 0.5g/cm^3。

（2）交联压裂液，配方：0.4%超级瓜尔胶+1%助排剂+1%破乳剂+1%黏土稳定剂+0.5%温度稳定剂（交联比 100：0.8）。

（3）支撑剂，粒径 40/70 目，体积密度 1.77g/cm^3。

（4）导流仪，型号 FCES-100。

（5）高温高压循环驱替装置，自主设计、组装。

2.2 固体防蜡剂悬浮性能测定

博孜 1 区块加砂压裂中最高加砂浓度为 400kg/m^3 左右，固体防蜡剂最高加量为支撑剂的 2%（质量比），计算得到固体防蜡剂最高浓度为 8kg/ m^3，室内把 8g 固体防蜡剂与 1L 交联瓜尔胶压裂液在量筒中混合均匀后，在 95℃下恒温静止 4h 后观察现象。实验结果表明，4h 后固体防蜡剂仍然均匀分散在交联压裂液中，无明显沉降现象，即防蜡剂在该压裂液中的分散性和悬浮性很好，压裂液能够顺利把防蜡剂带入人造裂缝内。

2.3 固体防蜡剂动态防蜡效果评价

利用自主设计的高温高压循环驱替装置[21]（图 1），把陶粒支撑剂和防蜡剂均匀混合后充填在橡胶筒内，在温度 120℃、闭合压力 45MPa、排量 10mL/min 下循环驱替（流速约 139.4m/d），每循环驱替一次原油与防蜡剂的接触时间约为 0.5min,取与防蜡剂接触不同时间后的原油测量凝固点，因为含蜡量越高，凝固点越高，可通过凝固点的变化来间接反映防蜡剂的防蜡效果[22]。实验结果表明，博孜 1-X 井原油凝固点最大下降速率可达到 60%，下降速率随防蜡剂加量的增加而增加（图 2），当防蜡剂加量分别为 0.5%、1.0%、2%时，原油凝固点下降 40%以上需要与防蜡剂接触的时间分别为 6min、4min、2min，原油凝固点下降 60%需要与防蜡剂接触的时间分别为 18min、12min、8min，结合防蜡剂生产厂家建议的最大加量（2%）和不同防蜡剂加量下凝固点下降幅度，

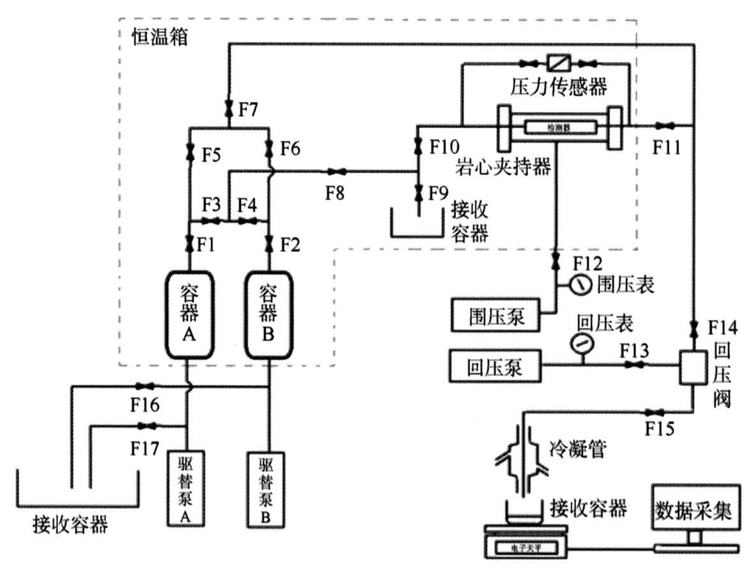

图 1 高温高压循环驱替装置

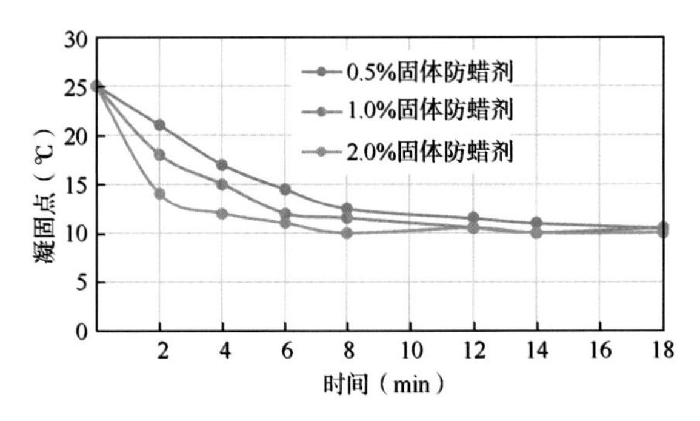

图2　博孜1-X井原油凝固点随防蜡剂加量、接触时间变化曲线

推荐防蜡剂加量为1%～2%。

2.4 固体防蜡剂对支撑剂导流能力影响测定

参考Q/SY125-2007《压裂支撑剂性能指标及评价测试方法》[23]，把博孜1-A井岩心加工成长椭圆型平行岩板（长×宽×高=177.8mm×38.1mm×25.4mm），用2%KCl溶液测量未添加防蜡剂和添加2%（质量比）防蜡剂的加砂裂缝在不同铺砂浓度（3kg/m^2、4kg/m^2）、不同闭合压力（15MPa、25MPa、35MPa、45MPa）下的短期导流能力。实验结果表明，添加2%固体防蜡剂后，在45MPa闭合压力内，加砂裂缝导流能力下降幅度小于7.5%（图3），即对人造裂缝导流能力影响较小。

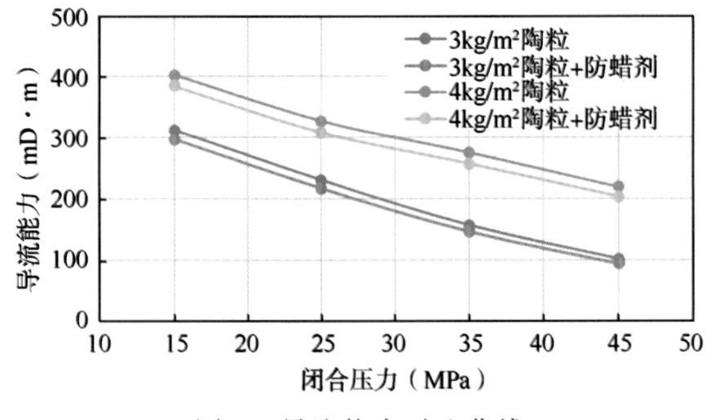

图3　导流能力对比曲线

3 压裂防蜡可行性论证

3.1 防蜡剂性能

实验结果表明，防蜡剂可均匀悬浮在压裂液中，4h内没有明显沉降，压裂液可把防蜡剂顺利携带到人造裂缝内；储层高温高压下，当防蜡剂加量为2%，原油与防蜡剂动态接触2min后，凝固点降低了40%，接触8min后，凝固点降低了60%，防蜡剂防蜡效果较好；加2%防蜡剂后，在闭合压力45MPa内（生产过程中人造裂缝有效闭合压力一般小于45MPa），加砂裂缝导流能力下降幅度小于7.5%，即对人造裂缝导流能力影响较小，对油气流动能力影响较小。综上所述，防蜡剂可携入人造裂缝，防蜡效果好，对油气产能影响小。

3.2 压裂防蜡施工工艺

现场施工时，只需把防蜡剂与支撑剂在砂罐按照设计比例均匀混合后，通过压裂液随支撑剂一起携带入人造裂缝内，不需增加地面设备和施工工序，不会额外造成任何施工困难，所以压裂防蜡现场施工简单、可操作性强。根据国外油田现场应用情况，固体防蜡剂有效期可达3年左右，经济效益较好[11-17]。

4 压裂防蜡工艺现场应用及效果评价

4.1 现场应用

博孜1-A井改造井段共2层：巴西改组7078～7089m、巴什基奇克组6813～6961m，采用机械分层改造。其中，巴西改组7078～7089m测井解释油气层3.5m/1层，孔隙度9.7%，差油气层2m/2层，孔隙度3.8%～5.8%，成像测井识别天然裂缝9条，温度125℃，压力121MPa；巴什基奇克组6813～6961m测井解释油气同层95m/19层，孔隙度5.9%~13.4%，差油气层15m/8层，孔隙度3.7%~5.8%，成像测井识别天然裂缝58条，温度123℃，压力120.6MPa。

博孜1-A井于2020年12月施工加砂压裂改造，巴什基奇克组改造规模1167 m^3，人造裂缝主体支撑剂陶粒共103.9t，固体防蜡剂加量1.0t（按照1%加量），主体施工排量5m^3/min，泵压110MPa，最高砂浓度400kg/ m^3。巴西改组改造规模526m^3，人造裂缝主体支撑剂陶粒51.7t，固体防蜡剂加量0.52t（按照1%加量），主体施工排量4m^3/min，泵压110MPa，最高砂浓度400kg/m^3。

4.2 应用效果

博孜1-A井于2021年2月8日自喷投产，7mm油嘴，油压90MPa，日产气33.7×10^{4}m^3，日产油39.1t，截至2021年8月4日，7mm油嘴，油压87MPa，日产气30.7×10^{4}m^3，日产油27.4t，累计产气0.49×10^8 m^3，累计产油0.44×10^{4}t，共取原油8样次进行分析化验，原油凝固点0～8℃。距离博孜1-A西部2km的博孜1-B井加砂压裂改造后，于2014年7月28日投产（日产气$16\times10^4m^3$、日产油17.9t），2014年10月28井筒结蜡堵塞关井至今，原油凝固点最高达到44℃。博孜1-A井实施压裂防蜡后，原油凝固点最高为8℃，目前已平稳生产约180天，而未添加防蜡剂的邻井博孜1-B井原油凝固点最高为44℃，2014年仅生产90天就因为井筒结蜡堵塞关井至今，表明博孜1-A井压裂防蜡效果显著。

5 结 论

（1）开展了新型固体防蜡剂性能实验和压裂防蜡工艺研究。实验结果表明，固体防蜡剂最高加量为支撑剂的2%（质量比），压裂液能够顺利把防蜡剂带入人造裂缝内；注入新型防蜡剂导致支撑剂导流能力下降幅度小于7.5%，可使原油的凝固点降低60%左右。

（2）博孜1-A井试裂防蜡后，目前已平稳生产约180天，累计产气$0.49\times10^8m^3$，累计产油0.44×10^4t，相比邻井博孜1-B（原油最高凝点44℃，2014年仅生产90天关井至今），防蜡效果明显。

（3）压裂防蜡工艺在国外是一种非常成熟的工艺，压裂防蜡现场施工时不需增加地面设备和施工工序，不会额外造成任何施工困难，现场施工简单、可操作，经济成本低。博孜1-A井压裂防蜡试验不仅为库车山前其他区块和国内其他油田提供了一种新型压裂防蜡的工艺，而且为化学防垢工艺优选提供了新的思路，应用前景广阔。

参考文献

[1] 王毛毛，董颖女，熊青昀，等. 油井清防蜡剂的国内研究进展[J]. 石油化工应用，2014，33（12）：6-8.

[2] 刘忠运，陆晓锋，汤超，等. 油田清防蜡剂的研究进展及发展趋势[J]. 当代化工，2009，38（5）：479-483.

[3] 杨红静，杨树章，马廷丽，等. 清防蜡技术的研究及应用[J]. 表面技术，2017，46（3）：130-137.

[4] 苑新红. 化学清防蜡技术研究与应用[J]. 化学工程与装备，2014，25（4）：174-175.

[5] 李雪松，周远喆，许剑，等. 油井清防蜡技术研究与应用进展[J]. 天然气与石油，2017，35（6）：66-70.

[6] 刘生旭. 油井结蜡影响因素及防蜡技术研究[J]. 中国化工贸易，2015，7（27）：250.

[7] 关喆，吴明，贾冯睿，等. 井筒防蜡技术的研究[J]. 当代化工，2014，1（12）：2615-2617.

[8] 王成杰. 井下固体防蜡防垢技术探讨[J]. 石化技术，2016，23（6）：260.

[9] 何治武，刘爱华，杨会丽，等. 缓释型固体防蜡剂PY-1的研制与现场应用[J]. 油田化学，2009（1）：21-23.

[10] 吕文凯，周贵军，吕丽萍. 井下固体防蜡降凝技术的应用效果分析[J]. 石油石化节能，2011，1（9）：30-31.

[11] Cenegy L M，McAfee C M，Kalfayan L J. Field study of the physical and chemical factors affecting downhole scale deposition in the north dakota bakken formation[Z]. SPE 140977，2011：3-9.

[12] Wilde J J，Slayer J L，Frehlick B. An exhaustive study of scaling in the canadian bakken：Failure mechanisms and innovative mitigation strategies from over 400 wells[Z]. SPE 153005，2012：1-8.

[13] Steve Szymczak，Shen Dong，Rocky Higgins， et al. Minimizing environmental and economic risks with a proppant-sized solid-scale-inhibitor additive in the bakken formation. Society of petroleum engineers[J]. SPE 159701，2014：14-20.

[14] Leonard J Kalfayan，Clyde A Macfee，Lawrence M Cenegy，et al. Field wide implementation proppant-based scale control technology in the bakken field[Z]. SPE 165201，2013：1-9.

[15] Spicka K J，Holding L Eagle，Littlenhales I，et al. Squeezing the bakken：Successful squeeze programs lead to shift in bakken scale control[Z]. SPE 184565，2017：1-14.

[16] V. Wornstaff，Scott Hagen，T. Ignacz，et al. Solid Paraffin Inhibitors Pumped in Hydraulic Fractures Increase Oil Recovery in Viking Wells[C]. SPE International Symposium and Exhibition on Formation Damage Control，26-28 February，Lafayette，Louisiana，USA. SPE-168147，2014：1-8.

[17] Stephen Szymczak，D V Satya Gupta，William Steiner，et al. Well Stimulation Using a Solid，Proppant-Sized，Paraffin Inhibitor to Reduce Costs and Increase Production for a South Texas，Eagle Ford Shale Oil Operator[C]. SPE International Symposium and Exhibition on Formation Damage Control，26-28 February，Lafayette，Louisiana，USA. SPE-168169，2014：1-10.

[18] 柳燕丽. 博孜区块高温高压凝析气藏清防蜡剂研究与应用[J]. 天然气技术与经济，2019，76（4）：46-51.

[19] 左洁，李雅飞，钟诚，等. 塔里木油田博孜区块深层凝析气结蜡现象的实验研究[J]. 钻采工艺，2019，42（6）：37-40.

[20] 邵洋，曾努，张宝，等. 针对博孜区块高压凝析气井清蜡防蜡工艺的适用性分析[J]. 中国石油石化，2016，22（51）：99-100.

[21] 王茜，姚茂堂，袁学芳，等. 循环驱替装置：CN208330347U[P]. 2019.

[22] 姚茂堂，王茜，潘昭才，等. 固体颗粒防蜡剂PI-400的室内性能评价[J]. 油田化学，2019，142（4）：168-171.

[23] Q/SY125-2007《压裂支撑剂性能指标及评价测试方法》[S].

超深裂缝性气藏重复压裂砂堵原因及对策

刘　辉　黄　锟　刘　举　黄龙藏　冯觉勇　范文同　彭　芬　姚茂堂

（中国石油塔里木油田分公司油气工程研究院　新疆库尔勒　841000）

摘　要：针对库车山前裂缝性气藏单井在大修或二次完井后再次压裂出现砂堵的问题，结合储层、完井、修井作业的特点分析砂堵原因，得出修井液泥浆堵塞、泥浆浸泡后岩石力学性质及储层应力场的变化是导致加砂压裂困难，乃至砂堵的主要原因。为此提出了选用无固相有机盐修井液工艺、完井管柱采用丢手+可溶筛管+打孔筛管组合的“清洁”完井工艺、大跨度井采用机械分段工艺及加重压裂液工艺等措施，以降低压裂砂堵风险。

关键词：裂缝性砂岩；泥浆污染；重复压裂；砂堵；对策；库车山前

塔里木盆地库车山前白垩系砂岩储层属于超深（平均 6800mm）、高压（105～136MPa）、高温（150～186℃）致密裂缝性气藏，储层纵向跨度大（120～300m）、非均质性强，孔隙度主要分布在 5%～7%之间，渗透率在 0.01～0.1mD 之间，发育一定天然裂缝，单井自然产能低，需经储层改造后投产。随着开发的逐步深入，井筒堵塞现象越来越严重，部分井出现油套串通及管柱断裂等的事故，需要修井或二次完井作业来恢复产能，而在重复压裂的过程中出现不同程度的砂堵现象，影响作业周期及产能的恢复，因此有必要分析其中的原因，提出针对性措施。

1　砂堵原因分析

统计库车山前白垩系砂岩储层前期改造施工困难井 11 口，梳理出储层自身原因造成施工困难井 8 口（表 1）。其储层特点表现为储层裂缝不发育，裂缝密度 0～0.22 条/m，裂缝延伸压力梯度 2.45～2.85MPa/100m，该类储层单井虽施工困难，但未出现砂堵；梳理出储层受到重泥浆污染，重复改造砂堵井 3 口，储层裂缝密度平均 0.73 条/m，延伸压力平均 2.2MPa/100m。需要研究的问题是：同样是储层物性差、延伸压力高的井，为什么只是受到泥浆污染的井出现砂堵。分析砂堵原因，认为该类井砂堵原因与修井作业泥浆给储层天裂缝及岩石力学性质带来的影响密切相关，同时和重复压裂前地应力变化有关。

1.1　泥浆污染对裂缝性储层的影响

库车山前白垩系砂岩裂缝性储层属于裂缝—孔隙—喉道结构特征[1]，有效储层裂缝、孔隙及喉道结构差异不大。构造裂缝开度主要在 25～150μm 之间，其中构造核部裂缝开度一般为 50～250μm，翼部裂缝开度小于 100μm；基质粒间孔半径主要为 5～160μm，其中中孔占 20%～50%，细孔占 50%～80%，微孔半径主要为 0.5～5μm，以黏土矿物晶间孔及粒内溶孔为主；其基质孔隙不发育，基质孔隙平均喉道半径主要为 0.01～0.1μm，以微细喉为主；天然裂缝的存在改善了储层渗透率，起到主要渗流介质作用，对油气运移、聚集成藏有重要作用；而大于 100μm 天然裂缝可成为致漏裂缝[2]，漏失的修井液固相在裂缝中滤失脱水固化，或形成强静止结构失去流动性，并长时间在高温高压、正压差条件下失水、失油，发生固相沉淀，形成胶结堵塞滤饼。泥浆固相优先充填与井筒沟通良好渗流通道并堵塞缝面孔喉，

收稿日期：2021-06-29

第一作者简介：刘辉（1972—），男，新疆库尔勒人，硕士，2010 年毕业于西南石油大学油气田开发专业，高级工程师，主要从事油气田储层改造与保护研究工作。
E-mail：liuhui1-tlm@petrochina.com.cn　　Tel：0996-2173314

表 1 库车山前白垩系砂岩储层难压井井施工效果统计

序号	井名	改造井段（m）	裂缝密度（条/m）	储层分类	改造工艺	延伸应力梯度（MPa/100m）	改造求产效果			
							求产方式、油嘴（mm）	油压（MPa）	日产油（m^3）	日产气（10^4m^3）
1	K2	5830 ~ 5855	0.20	Ⅲ类	常规压裂	2.76	气举	—	0	0
2	T201	4647 ~ 4693	0			2.74	8	8.30	15.10	3.70
3	K5	5640 ~ 5815	0.22			2.70	气举	—	油花	—
4	DB6	6873 ~ 6915	0.18		酸压/酸化	2.80	气举	0	0	0
5	GT1	6477 ~ 6534	0			2.55	气举	—	0	见气
6	B21	6392 ~ 6445	0.04			2.85	—	—	—	—
7	B9	7830 ~ 7842	0			2.45	4	8.00	1.27	0.58
8	D02	6275 ~ 6285	0			2.74	—	—	—	—
9	D301	6930 ~ 6988	—	Ⅱ类	常规压裂	近井砂堵，无法计算	7	60.90	0	43.40
10	B01	6757 ~ 6850	2.00				6	56.00	15.70	34.90
11	K11	6180 ~ 6365	0.19	Ⅱ、Ⅲ类	机械分层压裂		6	65.80	—	34.40

再堵塞射孔孔眼（图 1）。因此改造效果越好的井，储层裂缝泥浆固相充填越多，储层裂缝伤害越严重，泥饼在较大负压差条件下也不容易解除[3]。如图 2 所示，不同措施下两个典型井油压和产能的恢复情况对比，可以看出在修井作业泥浆污染后，即使通过多种措施，难以恢复原始渗流能力和产能，该类井在重复压裂过程中原先已压开的优势裂缝通道被泥浆固相堵塞，必须寻找下一较高应力储层，因此施工起裂难度加大，砂堵风险增加。

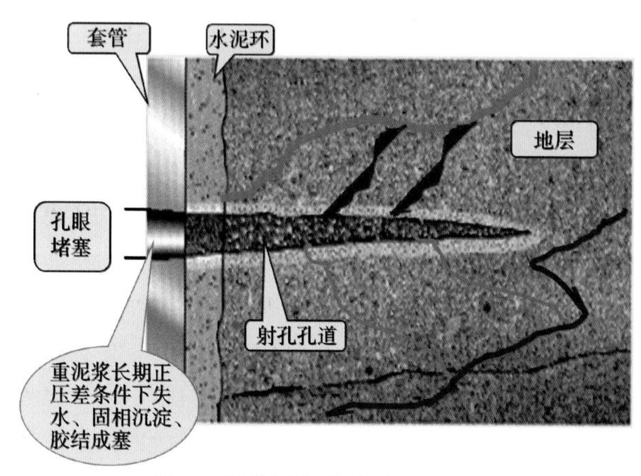

图 1 泥浆固相堵塞过程示意图

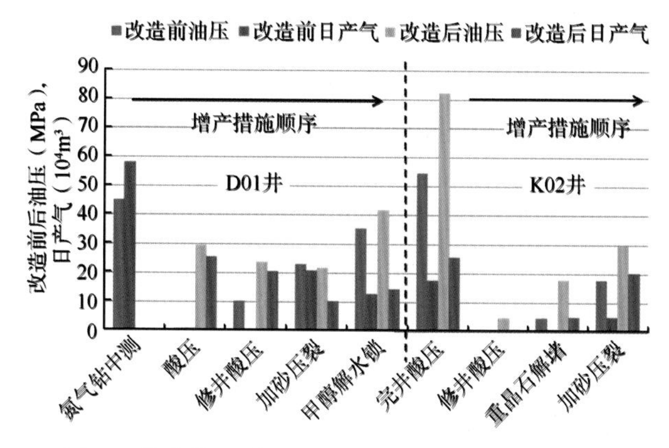

图 2 修井作业前后不同措施下产能的恢复对比

1.2 泥浆污染对岩石力学性质的影响

钻井泥浆对近井地带的长期浸泡以及完井工作液与储层接触的过程中，其中固相颗粒会侵入油气储层。库车山前储层裂缝发育，钻井过程中泥浆漏失严重，这些固相颗粒充填到储层发育的裂缝中，对储层渗流通道堵塞污染严重。图 3 是岩心在钻井液污染前后，岩石力学实验结果对比图[4]。从图中可以看出，岩样在浸泡压力为 50MPa，浸泡时间为 5 ~ 10d 条件下，岩石杨氏模量显著下降，而泊松比增大，岩样经泥浆处理后脆性降低，塑性增加，表明钻井液污染会增大岩石塑性或泊松比，增加了岩石抵抗变形的能力，造成人工裂缝缝宽不足，主裂缝形成困难，导致压裂压力对砂浓度敏感，增加了砂堵的风险[4, 5]。

以 B01 井为例，该井 2020 年 1—5 月该井因井下事故进行大修，共历时 107 天，压井作业过程中挤入 1.56g/cm^3 油基泥浆 13m^3，其中重晶石含量达 10.92t。修井后重复压裂注入井筒总液量 495.5m^3、陶粒 28.8m^3，最高泵压 131.7MPa，施工排量 3.56m^3/min，最高砂浓度 370kg/m^3；图 4 为 B01 井修井后重复压裂施工曲线，施工初期油压

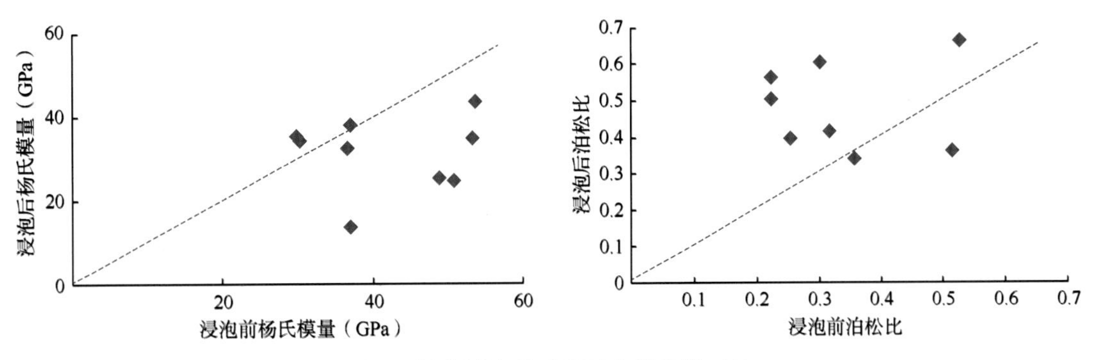

图 3　泥浆浸泡前后岩石力学参数对比

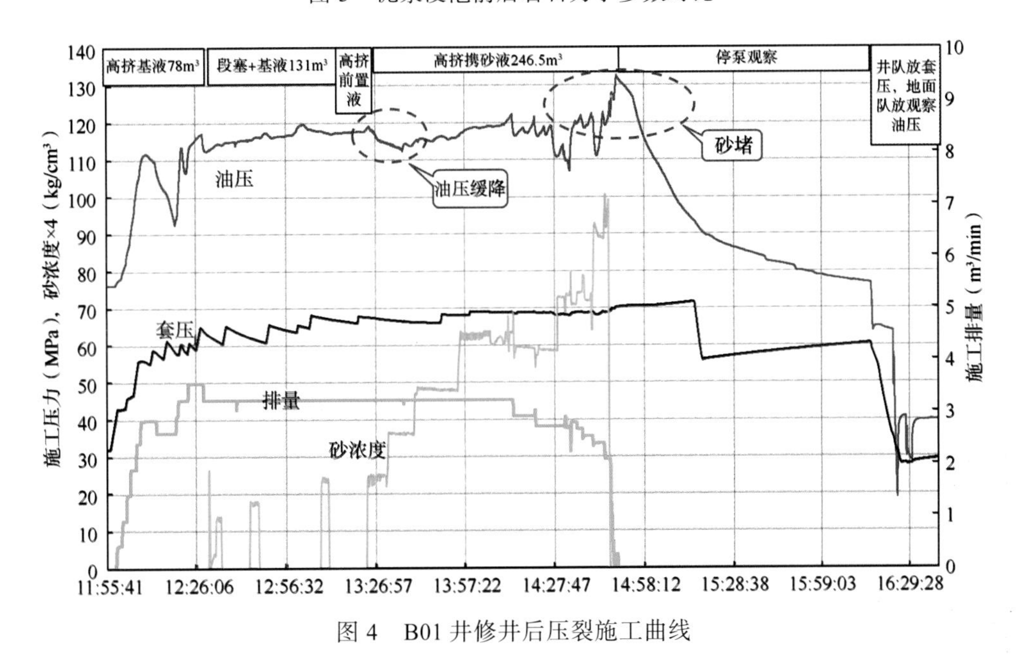

图 4　B01 井修井后压裂施工曲线

一直缓慢升高，段塞进入地层后，油压出现较大波动，说明地层对砂浓度较敏感，缝宽较窄，支撑剂通过困难，在连续加砂阶段随着携砂液加砂浓度的增加，油压缓降后又逐渐抬升，说明裂缝加砂困难，最终在砂浓度达到 352kg/m^3 时发生砂堵。

1.3 重复压裂前地应力变化的影响

对于重复压裂井而言，由于存在初次支撑裂缝和天然裂缝的应力场分布以及生产活动引起的孔隙压力变化，从而导致了井眼附近应力的变化，产生了诱导应力场；与此同时，气田在不断的开发过程中，在不进行注水开发的前提下，地层压力将持续下降，导致总地应力随之下降，地层有效地应力却会增加，则增加了重复压裂启裂难度[6, 7]。如果在井筒和初始裂缝周围，原最小水平主应力与最大诱导应力之和大于原最大水平主应力与最小诱导应力之和，二次裂缝将重新定向，裂缝启裂的方位将垂直于初次裂缝方位，并随着离井眼距离的增大，最大主应力逐渐恢复为原始地应力状态，那么裂缝将再次发生转向，转为平行于初次压裂支撑裂缝的方向[8, 9]，考虑到弯曲裂缝的摩阻较大，限制了携砂压裂液在其中的流动，重复压裂则增加了砂堵风险。以 B01 井为例：该井产层中深 6803.5m，投产初期地层压力系数 1.67，已生产两年半时间，累计产油 19452t，产气 5.228×10^{8}m^3，产水 2063t，重复改造前测得地层孔隙压力 104.3MPa，降低约 10MPa，导致有效应力增大，也将导致重复压裂难度加大。事实上，相比于该井初次压裂施工参数，施工最高排量由 5.3m^3/min 下降至 3.56m^3/min，施工最高泵压由 105.6MPa 上升到 131.7MPa，第二次施工困难加剧，施工后期出现砂堵。

2 预防砂堵措施

针对以上砂堵原因分析，结合库车山前储层特征及完井、修井工艺的特点，提出了砂堵预防措施。

2.1 采用无固相完井液

无固相完井液正常情况下无固相沉淀，对储层伤害小，具备一定的携带和悬浮能力，满足套铣、钻磨作业需要，其密度最高可达 1.80g/cm^3；漏斗黏度 48～60s；屈服值为 4.5～7MPa，近期在库车山前进行了两井次修井试用，效果较好。D201和井 D204 井修井作业井深分别为 5646.9m 和5954m，修井施工周期分别为 87 天和 54 天，无固相修井液使用密度 1.34～1.46g/cm^3，漏斗黏度45～60s，屈服值 YP：4～7MPa。无固相修井液性能稳定，携带能力良好，铁屑、胶皮、杂垢能够正常携带出井筒，在处理原完井管柱中倒扣、钻磨、打捞等作业顺利。

2.2 优化完井管柱，做到“清洁完井”

根据上述砂堵原因分析，修井作业过程中，泥浆损害的首要通道是裂缝，保护裂缝介质是保护气层落脚点，为此在改造前尽可能井修井作业泥浆替“干净”，优化完井管柱并下入射孔底界以下，封隔器以下采用丢手+可溶筛管+打孔筛管。可溶筛管由筛管和可溶孔塞组成，完井时“筛管变油管”替出射孔段重浆，全井筒变为无固相完井液，再挤入酸性液体将可溶孔塞全部溶解“油管变筛管”；射孔段对应位置采用可溶筛管替代压裂滑套，解决后期井筒疏通问题，可溶解筛管柱结构如图 5 所示。

2.3 选择针对性的分段改造工具

对于裂缝纵向发育厚、差异大的井，修井过程容易污染好储层，造成产能大幅降低，采用机械分层压裂工艺，对各段独立改造以降低砂堵风险。K11 井改造井段 6180～6365m，储层跨度大，基质平均孔隙度 9.6%。储层上部裂缝不发育（裂缝密度 0.19 条/m），为Ⅲ类储层；下部较发育（裂缝密度 0.54 条/m），为Ⅱ类储层，裂缝以微小缝为主。该井二次完井作业过程中，挤入地层 5m³ 重泥浆，堵塞了储层优势裂缝通道，后续进行了更换管柱的大修作业，采用机械分层分两段加砂压裂重复改造，第 1 段（6315～6365m）施工规模512m^3，加砂规模 29.4m^3，最高施工排量5.2m^3/min，最高砂浓度 320kg/m^3；第 2 段（6180～6275m）施工规模液体 503m^3，加砂规模 15.1m^3，最高施工排量 4.03m^3/min，最高砂浓度 240kg/m^3。两段施工表现不同储层的改造特征，分段工艺针对性明显；两段总体施工难度较高，施工后期虽然出现砂堵迹象，但并不严重，两段施工曲线如图 6 所示。改造后采用 6mm 油嘴放喷求产，油压65.8MPa，日产气 34.4×10^{4}m^3，产量有较大幅度提高，改造后无阻流量是前期酸压改造后产能的5.7 倍。

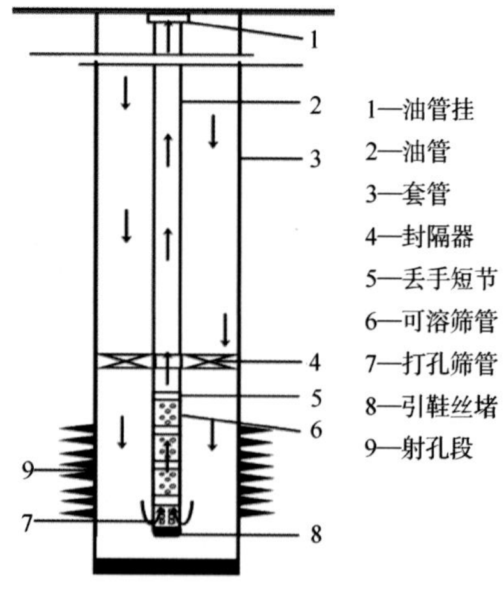

图 5 可溶解筛管柱结构

2.4 采用加重压裂液

加重液体是指在压裂液或者酸液中加入加重剂无机盐，通过增加液体密度来增大液柱的压力，进而降低井口作业时的施工压力。对于异常施工压力地层，裂缝延伸压力梯度较高，采用增加液体密度的方式，可保持或提高施工排量，有利于突破近井高摩阻区域，降低压裂砂堵风险。在保证液体摩阻特性不变的情况下，液体密度从1.0g/cm^3 加重到 1.3g/cm^3，对于 6000m 井深，井口施工压力可降低 20MPa 左右（图 7）。

2.5 现场施工适时调控

对压裂施工曲线进行实时分析，针对曲线的异常变化，要及时作出判断和调整。在提高加砂质量浓度的过程中，应对携砂液及时取样调试，并时刻注意施工压力的变化，如果压力上升比较快，不要继续增加砂质量浓度。如 B01 井在施工后期如果压力比较平稳或缓慢下降，则继续提高砂质量浓度直到达到设计的加砂量，但该井在加砂阶段压力波动升高的情况下仍继续提高砂浓度，使得砂堵风险大大增加。

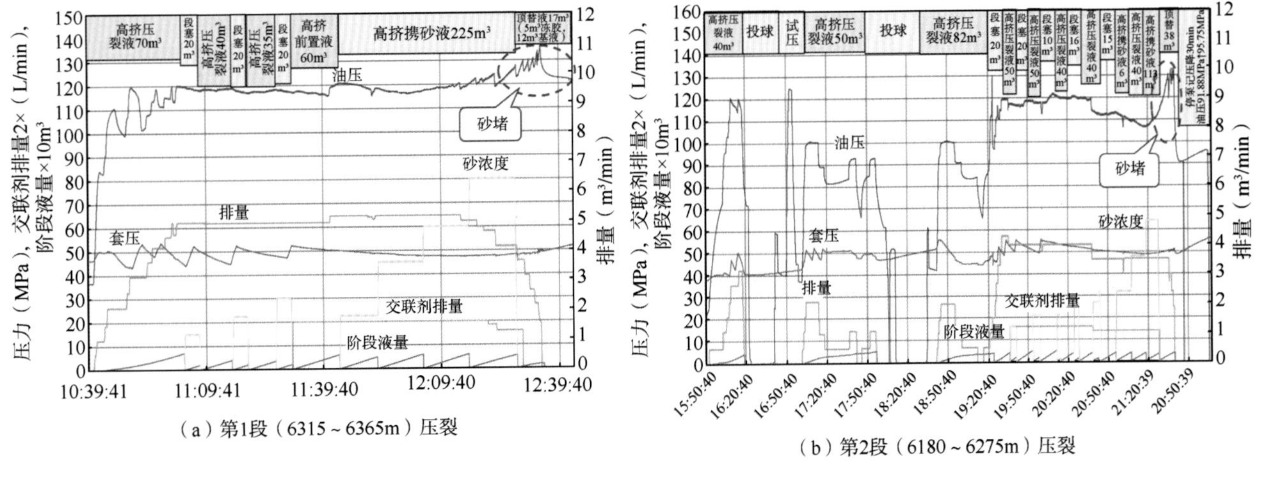

（a）第1段（6315～6365m）压裂

（b）第2段（6180～6275m）压裂

图 6　K11 井修井后机械分段压裂施工曲线

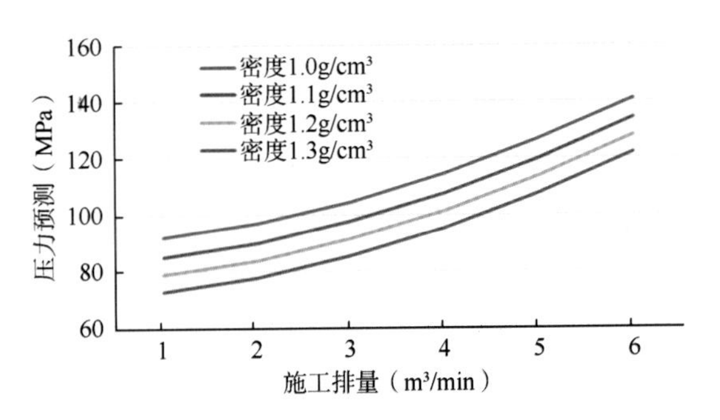

图 7　6000m 井深不同密度压裂液施工井口压力预测

3 结论与认识

（1）库车山前白垩系致密裂缝性砂岩气藏天然裂缝的存在对油气运移、聚集成藏有重要作用；修井作业泥浆固相对储层天裂缝的堵塞，泥浆浸泡增大岩石塑性及地应力场的变化，是导致重复压裂砂堵的主要原因。

（2）针对砂堵原因，结合超深裂缝性气藏完井、修井作业工艺特点，提出了采用无固相完井、可溶式筛管清洁完井等降低伤害措施；对储层裂缝发育差异较大的井，采用机械封隔器进行针对性分段改造，对各段独立改造以降低砂堵风险。

（3）对于异常施工压力地层，采用有效加重压裂液体系，可保持或提高施工排量，有利于突破近井高摩阻区域，降低压裂砂堵风险；同时加强现场施工适时调控，保障施工工艺安全。

参考文献

[1] 张荣虎，王珂，王俊鹏，等. 塔里木盆地库车坳陷克深构造带克深 8 区块裂缝性低孔砂岩储层地质模型[J]. 天然气地球科学，2018，9（10）：1264-1273.

[2] 汪伟英，张顺元，王玺，等. 钻井过程中裂缝性储层伤害机理及试验评价方法[J]. 石油天然气学报（江汉石油学院学报），2011，10（33）：108-111.

[3] DiJiao，MukulM. Sharma，徐梅. 裂缝性油藏中泥浆引发的地层伤害[J]. 国外油田工程，1997，10（5）：34-38.

[4] 高艳霞，单钰铭，刘维国，等. 川西坳陷深层岩石力学特征及其影响因素[J]. 油气地质与采收率，2007（6）：23-25.

[5] 袁士义. 裂缝性油藏开发技术[M]. 北京：石油工业出版社，2004：221-227.

[6] 周文，闫长辉，王世泽，等. 油气藏现今地应力场评价方法及应用[M]. 北京：地质出版社，2007：7-5，102-175.

[7] 孟召平，蓝强，刘翠丽，等. 鄂尔多斯盆地东南缘地应力、储层压力及其耦合关系[J]. 煤炭学报，2013，38（1）：122-128.

[8] 张汝生，王强，张祖国，等. 水力压裂裂缝三维扩展 ABAQUS 数值模拟研究[J]. 石油钻采工艺，2012，34（6）：69-72.

[9] 连志龙，张劲，王秀喜，等. 水力压裂扩展特性的数值模拟研究[J]. 岩土力学，2009，30（1）：169-174.

抗钙钻井液配方探索

赛亚尔·库西马克　杨　川　黄　倩　刘锋报

（中国石油塔里木油田分公司实验检测研究院 新疆库尔勒 841000）

摘　要：塔里木盆地库车山前区块地层存在高含钙高压盐水层。在高压盐水层钻进过程中，钻井液易被侵入的含高钙盐水污染，导致钻井液性能失控，进而导致复杂情况发生，给该区块的钻井作业带来较大的困难。针对现场工况，通过实验研究优选了主要配方，并提高了钻井液的抗钙污染能力；该体系抗温达 180℃，抗钙离子污染能力达 3000mg/L，滤失量小于 2mL，高温高压滤失量小于 19mL，具有良好的流变性，虑失性和沉降稳定性。在塔里木盆地库车山前区块博孜段的现场试验表明，该钻井液体系在钻巨厚盐膏层特别是厚石膏层时具备优异的流变性能和滤失性能，现场钻井过程顺利。

关键词：塔里木盆地；高压盐水层；抗钙钻井液；除钙剂

塔里木盆地库车山前区块位于塔里木盆地北部库车坳陷，主要包括克深段、大北段、博孜段、阿瓦特段，地质构造复杂，存在多个区域性不整合面和多种类型圈闭[1-3]。各区块普遍发育复合盐膏层、异常高含钙高压盐水层，且分布无规律，压力系数高，钻遇率 40% ~ 80%。

近三年库车山前油气区钻井平均单井漏失量 887m^3，盐层漏失量最大，漏失占比 57%，其次为白垩系舒善河组目的层，占比 29%。膏岩层、目的层地层承压能力低，固井、钻井漏失量大，严重影响固井质量和成本控制。

库车山前区块高含钙高压盐水层在古近系库姆格列木群上泥岩段、盐岩段、中泥岩段、膏盐岩段均有钻遇[3]。以博孜、大北区块盐层为例，古近系库姆格列木群发育巨厚盐膏层，自西向东埋深和厚度增大（埋深最深超过 6000m，部分井盐膏层厚度超过 4000m），且盐间普遍发育高含钙高压盐水（最高压力系数超过 2.60）和低压薄弱层，部分区块发育逆掩推覆体存在两套盐。溢流、井漏等事故复杂频繁，井控风险大，常规钻井液体系难以应对如此复杂地层的钻完井作业[4, 5]。

该地区盐膏层间高含钙高压盐水矿化度高达 23×10^4mg/L，高压盐水层钙离子含量高达 46800mg/L。一旦钻遇，在井下高温、高压环境下，钙离子的侵入将严重影响钻井液的流变性和失水造壁性，此时要求钻井液不仅具有良好的抗温、抗盐能力，而且具有较强的抗钙能力[5]。

若要提高钻井液抗钙离子污染能力，将钻井液转化为钙处理钻井液体系是一种有效的解决办法[6]。通过对钻井液进行钙处理，使钻井液中的钠土颗粒转化为钙土颗粒，优化钻井液配方性能，使钻井液配方在一定量钙离子存在条件下能发挥作用，降低钻井液体系对钙离子的敏感性，进而形成具有良好虑失性能、流变性和抗钙污染能力的抗钙钻井液体系，对于安全钻进盐膏层和高含钙高压盐水层，减少井下复杂情况，提高钻井效率具有重要意义。

1 高钙盐水侵钻井液技术难点及对策分析

普通钻井液钙离子含量一般为 0 ~ 1500mg/L，适度的钙离子有利于控制钻井液体系的稳定性，但钙离子含量大于 5000mg/L，常规钻井液体系就会失去钻井液正常的流变性和胶体稳定性[7]。

收稿日期：2021-02-22

第一作者简介：赛亚尔·库西马克（1993—），女，新疆阿图什市人，硕士，2019 年毕业于新疆大学分析化学专业，助理工程师，从事钻完井实验分析与科研试验工作。

E-mail：syekxmk-tlm@petrochina.com.cn　　Tel：15026087703

库车山前古近系库姆格列木群以巨厚层状泥岩、盐岩、膏岩及三者的交互为特征。高压盐水层压力系数高，发生盐水溢流后，维持更高钻井液或压井液密度，加剧了薄弱夹层的漏失。

高压盐水层中盐水的钙离子含量高，涌出量大（010 井和 010A 井井涌时盐水涌出量最大 240m^3/h），易对钻井液性能造成严重污染，所以对钻井液抗钙污染能力要求高。

高压盐水层同时也是漏层，环空压力高易导致漏失，漏失严重时井口不返钻井液，井漏后常伴随井涌、安全密度窗口窄、防漏及堵漏难度大等技术难题。

因此，针对类似复杂地层情况，要求抗钙钻井液体系具备如下条件：（1）优选钻井液配方，使其在二价金属钙离子浓度较高时，钻井液性能仍然保持稳定。（2）钻井液具有较高的固相容量，为克服异常高压盐水层压力系数高的问题，需要钻井液密度可在较大的范围内调整，尤其是高密度钻井液状态下，钻井液流动性仍然很好。（3）试验并优选能够抗高浓度的二价金属钙离子的降滤失剂及其处理剂。（4）制订钻遇高压高钙盐水层钻井液处理及预防技术方案，为处理类似钻井工作提供技术储备。同时，与施工现场保持密切配合与联系，争取在紧急时刻快速采取安全可靠的工艺措施，确保安全顺利完成钻井施工任务。

2 抗高钙盐水侵钻井液配方的确定

2.1 除钙剂的优选实验

钻井液钙污染作用机理：钻井液属于黏土适度分散的胶体—悬浮体分散体系，高含钙盐水侵对钻井液性能的影响主要是通过压缩黏土颗粒表面的扩散双电层和水化膜从而影响黏土的分散度（导致黏土颗粒絮凝），导致钻井液性能失控。针对 BZ-11 井持续高钙盐水侵问题，本研究选取 Na_2SO_4、K_2SO_4、Na_2SiO_3 作为除钙剂，对其井浆配方进行了除钙实验，优选除钙剂以优化钻井液性能，以控制 BZ-11 井钻井液体系的稳定性。

随着 Na_2SO_4、K_2SO_4 的加入，BZ-11 井井浆中的钙离子浓度逐渐降低。通过对比体系中除钙剂的加量以及钻井液性能，当加入 4.8%的 Na_2SO_4 和 K_2SO_4 时，钻井液黏切、滤失性等性能较为稳定，其除钙性能较好（图 1、表 1）。

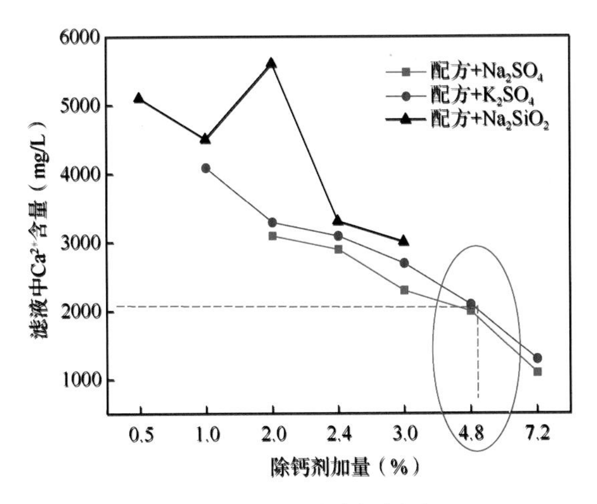

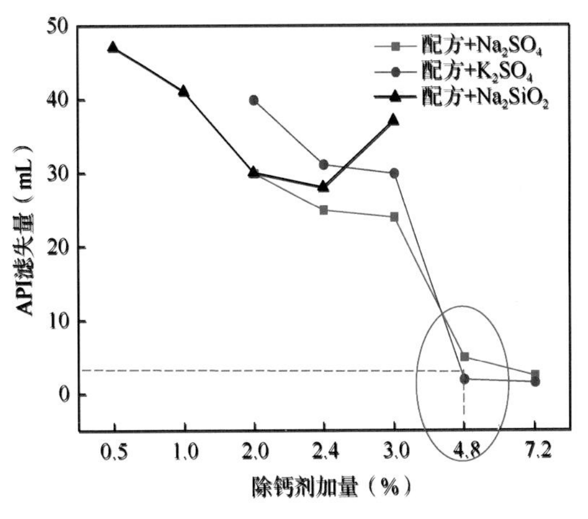

图 1　不同含量三种除钙剂（Na_2SO_4、K_2SO_4、Na_2SiO_3）对 BZ-11 井井浆的除钙效果

表 1　除钙剂含量对 BZ-11 井钻井液体系性能的影响

K_2SO_4（%）	密度（g/cm^3）	AV（mPa・s）	PV（mPa・s）	YP（mPa・s）	静切力 初切/终切（Pa/Pa）	FL/h（mL/mm）	Ca^{2+}（mg/L）
1.0	1.66	38.0	31	7.2	3.8/6.2	38.5/6.0	4.1×10^3
2.0	1.66	55.0	40	14.4	6.2/9.1	40.0/7.0	3.3×10^3
2.4	1.66	37.5	30	7.2	3.4/7.7	31.2/4.0	3.1×10^3
4.8	1.66	35.0	26	8.6	3.4/9.1	2.0/1.0	2.1×10^3
7.2	1.66	45.0	34	10.6	1.9/8.2	1.6/2.0	1.3×10^3

2.2 抗高含钙高压盐水侵钻井液配方研究

2.2.1 降虑失性能优选

对不同厂家降虑失剂的降虑失性能进行了优选试验，通过实验发现，不同厂家提供的降虑失剂性能差别较大，实验数据表明，1#降虑失剂性能较好，在高钙下仍具有较好的降虑失性能（表 2）。

2.2.2 抗钙钻井液配方优选

抗钙污染钻井液作用机理：对钻井液进行钙处理，将钻井液转化为钙处理钻井液体系，钻井液中的钠土颗粒转化为钙土颗粒，优化钻井液配方性能，使钻井液配方在一定量钙离子存在条件下能发挥作用，降低钻井液体系对钙离子的敏感性。针对高含钙高压盐水层，通过室内实验确定了抗钙钻井液体系，该体系具有极强的抑制性、较好的润滑性与良好的流变性。

配方中 KCI 有防塌、防堵和对土相的含量和分散性进行有效控制；SMP-3 和 SPNH 有降滤失和降黏的作用；PRH-1 有润滑作用；FI-IA 和 DYFT-2 为沥青类，用于降低高温高压滤失量、稳定井壁。

实验结果表明，通过钻井液配方优选 2#配方性能较好，能够实现 1.8g/cm^3 密度条件下的各项性能要求，并具有切力与高温高压滤失量低、流动性好等特点。同时控制体系内 3000mg/L 二价金属钙离子和高温共同作用下，抗钙钻井液体系仍保持较好的性能，能够解决高密度条件下钻井液钻遇大段石膏层或遇到氯化钙盐水时的钙污染问题（表 3）。

表 2 抗钙钻井液配方降虑失剂优选

CMC-LV	密度（g/cm^3）	pH	AV（mPa·s）	PV（mPa·s）	YP（mPa·s）	静切力 初切/终切（Pa/Pa）	FL/h（mL/mm）	HTHP 滤失量(mL)	Ca^{2+}（mg/L）
1#	1.8	8.0	31.5	29	2.4	0.5/3.8	1.9/1.0	19	3×10^3
2#	1.8	8.0	42.0	38	3.8	0.5/6.7	1.8/0.5	100	3×10^3

表 3 抗钙钻井液配方优选（150℃、16h、1.8g/cm^3）

配方号	pH	AV（mPa·s）	PV（mPa·s）	YP（mPa·s）	静切力 初切/终切（Pa/Pa）	FL/h（mL/mm）	HTHP 滤失量（mL）	Ca^{2+}（mg/L）
1#	8.5	32.0	29	2.9	0.5/1.4	1.8/1.0	7	2×10^3
2#	8.0	31.5	29	2.4	0.5/3.8	1.9/1.0	19	3×10^3
3#	8.0	37.0	34	2.9	1.0/5.8	2.5/0.5	36	3×10^3
4#	8.0	71.0	59	11.5	1.0/4.8	1.0/1.0	8	3×10^3
5#	8.0	33.0	26	6.7	9.1/22.1	2.6/0.5	20	3×10^3

2.2.3 钻井液 pH 值的控制

维持钻井液在合理的 pH 值范围之内，以便更好的控制钻井液流变性。通过实验证明，抗钙钻井液配方可在中酸碱度下使用，需将 pH 值控制在 8～10 之间的弱碱性环境（表 4），既能保持钻井液强化学抑制能力，又能维持固相颗粒粗分散，可部分减少强分散类处理剂的使用，更有助于流变性稳定。从表 4 的结果看出，烧碱的加入可提高钻井液的 pH 值，且终切有较大幅度增加。因此，需要将 pH 值控制在 8～10 范围是比较合适的。

2.2.4 钻井液抗岩屑污染性能

在抗钙钻井液（密度为 1.8g/cm^3）体系配方中

表 4 抗钙钻井液 pH 值的控制

NaOH（%）	pH	AV（mPa·s）	PV（mPa·s）	YP（mPa·s）	静切力 初切/终切（Pa/Pa）	FL/h（mL/mm）	HTHP 滤失量（mL）	Ca^{2+}（mg/L）
0.5	8	34.5	30	4.3	1.0/12.5	2.4/0.5	52	3×10^3
0.8	8	31.5	29	2.4	0.5/3.8	1.9/1.0	19	3×10^3
1.0	9	34.5	30	4.3	0.5/5.3	2.0/0.5	39	3×10^3
1.5	10	32.5	33	−0.5	0.5/2.9	1.9/0.5	7	3×10^3

备注：配方中 NaOH 含量为 1.5%时，重晶石粉无法正常加入。

加入粒径不大于 0.15mm 的钻屑（库车山前岩屑），在 150℃温度下热滚 16h，测其抗污染能力。实验结果表明，在上述试验条件下，钻井液中混入 3%～5%的钻屑，钻井液仍具有较好的流变性和失水性能（表 5）。

2.2.5 钻井液腐蚀性能

参照 SY/T 5390-91 标准，把质量 11.012g 的 ^{13}Cr 试片，于抗钙钻井液中，在 150℃条件下浸泡 16h 后质量变为 10.994g，该体系对金属的腐蚀速率为 14.07g/m^2。把质量为 0.7070g 的橡胶，在抗钙钻井液中浸泡 16h 后，其质量变为 0.7071g，增多了 0.1mg。实验表明，尽管未使用任何防腐剂，该体系对橡胶附件与钻具的腐蚀性都在标准规定范围内。

2.2.6 抗温性能

钻井液在 120、150、180℃温度下老化前后性能变化见表 6。在不同温度下老化 16h 后，钻井液塑性黏度为 31～45mPa·s，动切力为 1.0～5.8Pa，钻井液性能稳定，具有很好的抗温性能。

表 5　抗钙钻井液抗岩屑污染性能

钻屑（%）	AV（mPa·s）	PV（mPa·s）	YP（mPa·s）	静切力 初切/终切（Pa/Pa）	FL/h（mL/mm）	HTHP 滤失量（mL）
0	31.5	29	2.4	0.5/3.8	1.9/1.0	19
1	40.0	30	9.6	0.5/11.0	1.8/0.5	27
3	47.5	41	6.2	1.0/10.6	1.4/0.5	10
5	63.5	65	7.2	0.5/8.6	2.0/0.5	11

表 6　抗钙钻井液抗温性能

密度（g/cm^3）	实验条件	AV（mPa·s）	PV（mPa·s）	YP（mPa·s）	静切力 初切/终切（Pa/Pa）	FL/h（mL/mm）	HTHP 滤失量（mL）
1.8	120℃、16 h	45.0	39	5.8	0.5/8.2	1.9/1.0	6
	150℃、16 h	31.5	29	2.4	0.5/3.8	1.9/1.0	19
	180℃、16 h	31.0	30	1.0	0.5/3.4	1.9/1.0	21

2.2.7 现场施工效果

针对 BZ-11 井工况，通过加入除钙剂，对 BZ-11 井钻井液配方进行了除钙剂的优选实验。在加入除钙剂之前的 BZ-11 井井浆性能较差、全滤失，滤液中二价钙离子浓度为 8000mg/L，通过加入除钙剂后，钻井液滤液钙离子降低为 2100mg/L，流变性稳定，能保证 BZ-11 井该开次中完钻井任务成功下入套管，为下一步钻井作业提供了良好的作业条件。

3 结　论

通过实验研究优选了一种性能良好的除钙剂以及抗钙钻井液配方。在抗钙钻井液体系中二价钙离子含量达到 3000mg/L，同时能保证钻井液性能稳定。抗钙钻井液密度为 1.8g/cm^3，有利于平衡高压地层压力，在 150℃条件下具有良好的流变性和虑失性，API 滤失量小于 2mL，高温高压滤失量小于 19mL，合适 pH 值在 8～10 范围内使用，同时具有较强的抗岩屑污染能力和防腐蚀性能，体系抗温高达 180℃。

参考文献

[1] 李宁，李龙，王涛，等. 库车山前盐膏层与目的层漏失机理分析与治漏措施研究[J]. 广州化工，2020，48（11）：101-103.
[2] 陆灯云，王春生，邓柯，等. 塔里木博孜区块巨厚砾石层气体钻井实践与认识[J]. 钻才工艺，2020，43（4）：8-11.
[3] 尹达，刘锋报，康毅力，等. 库车山前盐膏层钻井液漏失成因类型判定[J]. 钻采工艺，2019，42（5）：121-123.
[4] 李军伟，赵景芳，杨鸿波，等. Missan 油田盐膏层钻井技术[J]. 长江大学学报（自然科学版），2013，16（7）：92-94.
[5] 柴龙，商森，史东军. 抗盐钙钻井液技术研究与应用[J]. 科技创新与应用，2018，（13）：168-169.
[6] 王树永. 一种低土相高密度抗钙钻井液体系[J]. 钻井液与完井液，2016，33（5）：41-44.
[7] 王杰东，杨立，郑宁，等. 玛北 1 井四开抗高钙盐水侵钻井液技术[J]. 钻井液与完井液，2013（6）：88-90.

塔里木油田动圈检波器应用技术

邓建峰　郭念民　黄有晖　徐凯驰　裴广平　崔永福

（中国石油塔里木油田分公司勘探开发研究院 新疆库尔勒 841000）

摘　要：地震采集中合理应用检波器来保证采集质量。笔者结合塔里木油田应用经验文指出动圈检波器在选型和使用中存在的问题，指出当前一些检波器所标注动态范围、灵敏度的不合理和错误导向，欠缺最小响应位移及其对应输出值，容易使用户做不正确的选择。按检波器灵敏度、拾取范围、失真度、稳定耐用等指标选择合适的动圈检波器，从塔里木油田应用实际效果看，自然频率 10Hz 的动圈检波器基本满足目前需求，探区无法选择统一灵敏度度，塔中地区设计单道灵敏度为 80V/（m · s）时满足接收弱有效信号需要。

关键词：塔里木油田；动圈检波器；动态范围；灵敏度；失真度；地震勘探

塔里木探区地貌有沙漠、戈壁、农田、山地，环境噪声差异大，表层低降带速厚度从 1m 到数百米，这对地震采集中选用性能匹配的检波器提出高要求。依据这些要求，结合实际应用中发现的问题分析当前动圈检波器的哪些性能指标是影响采集质量的关键指标，从而在地震采集中合理应用检波器来保证地震采集质量。

1 概　述

地震勘探野外采集程中，检波器是把人工地震波信号转换成电信号的机电设备。对检波器主要的要求是[1]：

（1）灵敏：能拾取到需要的微弱有效信号；

（2）拾取范围广：能拾取宽频率、宽振幅的有效信号；

（3）失真小：拾取的信号与到达的地震波信号尽量一致；

（4）稳定耐用：使用环境范围广，使用周期长，一致性好，生产中耐用可靠。

随着用户对检波器性能要求提高，厂商产品说明中的指标越来越详细，目前所列的指标已有 40 项左右[2]，并还在增加，这些指标描述检波器物理结构、电工参数、制作工艺、输出性能。对用户来说，要把这么多指标参数所代表含义和作用都搞明白比较难。分析各类参数含义后，抓住根本上关系采集质量的指标，方能合理选择和质控检波器。核心参数如阻尼系数等尽管未在下文描述之列，但它们密切关联灵敏度、畸变、动态范围等表现指标，因此考虑其表现指标就包含有对核心指标的要求。

塔里木探区近年开展高覆盖、大连片三维地震采集，检波器需求量在迅速增加。2019 年施工季检波器使用多达 40 万串（约 400 万只）以上。除了一些专项试验外，绝大多时候二维、三维采集都用的是速度型动圈检波器。使用量最大的几种型号是：按串使用的主要有 30DX-10、20DX-10、SG-10、SN7C-10；单点使用的有 GTDS-10、SN5-5、SmartSolo-16HR-10、HardvoxH9-10（节点仪的检波器芯是动圈式）。下文主要讨论动圈检波器。

2 从施工要求的指标选检波器

2.1 灵敏度

灵敏度是指检波器机电转换的效率，效率越高灵敏度也越高，同样的介质振动下其输出电压越大。

收稿日期：2021-06-15

第一作者简介：邓建峰（1968—），男，陕西渭南人，1990 年毕业于石油大学(华东)物探专业，高级工程师，主要从事地震采集设计工作。

E-mail：jfdeng-tlm@petrochina.com.cn　　Tel：0996-2174194

动圈检波器单个灵敏度在 20 ~ 90[V/（m·s）]，经过串联组合可以把灵敏度值提高到数百。合理灵敏度选择取决于两个方面：一是工区的目标层最弱有效反射波的能量强度；二是工区正常的环噪平均水平（因检波器和仪器的固有噪声远小此二值故不考虑）。

油田相关处理经验表明，当有效信号平均振幅小于背景噪声的 1/6 时，速度谱能量发散，无法得到近似正确的叠加速度，1000 次覆盖也很难成像，此时接收的有效波能量就是采集设计考虑所用的灵敏度上限，因为再高的灵敏度接收的有效信号也无法使用。

塔里木探区地貌复杂多样，有效波能量差异大，无法选择统一灵敏度度接收，因此实际采集设计中，根据工区需求有针对性设计不同的灵敏度。

以塔中为例，采用灵敏度为 20V/（m·s）的 30DX 单个检波器时，目的层为奥陶系内幕层系真值最低在 2 ~ 5μv 之间，环境噪声的真值在 1 ~ 2μv 之间。当通过 30DX 检波器串联 4 个以上组合，把单道灵敏度提高到 80V/（m·s）以上时，其有效信号真值可达 20μv 以上，噪声在 5 ~ 10μv 水平，可以保障良好接收弱有效信号目的，此灵敏度就是该地区合适选择。

特别指出，对按地区特征选择检波器来说，针对弱信号比较直观指标是检波器的可识别最小震动值，此值越小体现出越高的小信号识别能力，目前较优指标是 0.5μm，遗憾的是多数产品未给出此指标及其对应的输出电压真值。单纯依赖灵敏度指标来选择，是让记录的有效信号真值与仪器的噪声区别开，还不足以保住对弱小信号的接收。

2.2 频响特性和自然频率

频响特性与检波器的自然频率、阻尼系数等相关，而自然频率、阻尼系数等又与动圈质量、磁钢特性、线圈电阻等相关。自然频率低，接收低频信号能力越强，有效信号倍频程增大。

如图 1 所示自然频率低的检波器其对低频信号的响应要好。动圈式检波器的自然频率越低其弹簧片越软、惯性体质量越重，这就客观上造成其相对于常规 10Hz 检波器的耐用性低、成本高。

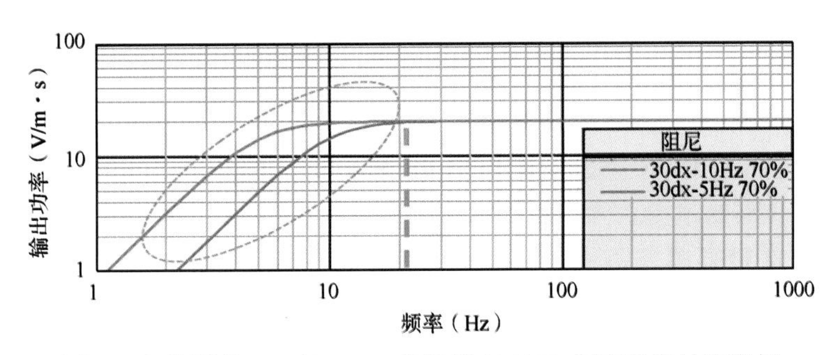

图 1　自然频率 5Hz 比 10Hz 检波器在 10Hz 以下低频的响应好

从生产应用实际效果看，主流 10Hz 检波器低频特性目前尚可满足需求，原因是地震信号本身的低频吸收衰竭比高频少数倍，尽管检波器的低频特性不如高频好，但传播同样距离后的有效信号，本身低频能量很强。比如 8Hz 的地震波，沿沉积岩传播 5km 后，其到达能量是同初始能力同路径 60Hz 地震波的大约 4 倍。这样尽管自然频率 5Hz 的检波器，其对 8Hz 波振幅响应要比自然频率是 10Hz 的检波器高 80%，但从接收数据看，自然频率 10Hz 检波器接收的信号中低频能量仍然远高于 60Hz 地震波能量，结果从检波器输出的信号看低频信号能量还不差，基本能满足目前勘探的需求。如图 2 所示，塔里木果乐工区自然频率 5Hz 比对 10Hz 的检波器，记录差异性整体不大。

2.3 失真度

失真度受阻尼系数、弹簧片刚度、振子质量、磁场均匀度和检波器埋置耦合质量等因素控制。

厂家标注的失真度是谐波失真度，指输入基波能量与其受激产生谐波总能量的百分比[3]。谐波失真度只是检波器拾取信号中失真的一部分，要结合幅频和相频特性、假频一系列指标，综合来看检波器的失真度。需要注意的此失真不是检波器的输出信号达到最大或最小是才发生，而是在整个有效频段内、输出振幅不超过最大振幅值都有发生。检波器失真度随频率的变化而变化，而

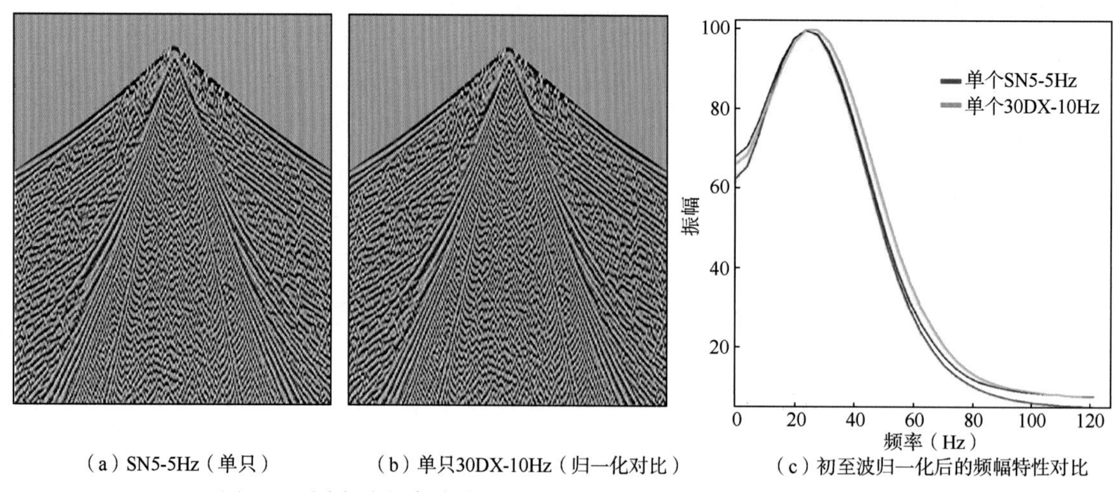

（a）SN5-5Hz（单只） （b）单只30DX-10Hz（归一化对比） （c）初至波归一化后的频幅特性对比

图 2 不同自然频率检波器的检波点道集低频段（5，8）Hz 对比

一般检波器标称的失真度仅在某个固定频率点，例如 12Hz，并非检波器工作全频带内的失真度。

常规动圈检波器一般 8～12 个串并联组合成串使用，选择检波器时且不可只关注检波器串的测试指标，要尽可能选择单只参数精度高的检波器组合成的检波器串，避免信号畸变失真的复杂化。

生产中逐个检验不方便。失真对构造类目标影响不太大，对属性提取影响大，如果着重于地震属性信息须重视此指标，生产中尚待高效可行方式来监督和控制失真度。

生产中常见失真是近道信号超调。这有两种情况常在排列近道时出现（图 3）：一是地表振动幅度超过了单只检波器动圈的最大位移值，这要通过选择位移指标大的检波器来减少发生；二是多只检波器串联后输出信号超过了采集站的最大输入值，选择合理的采集前放或匹配的仪器类型来减少发生。

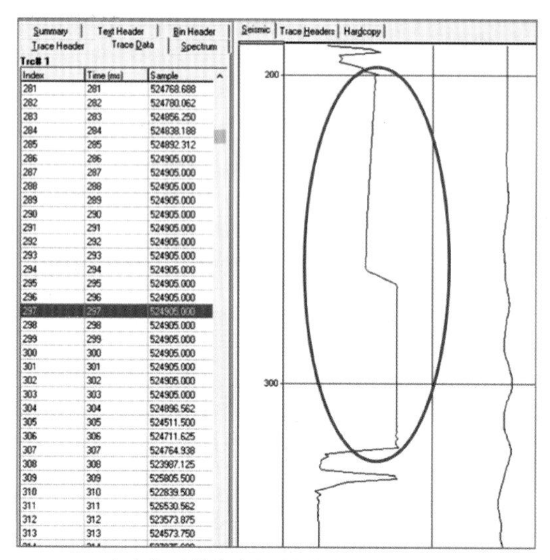

（a）超过单检波器最大位移的波形失真

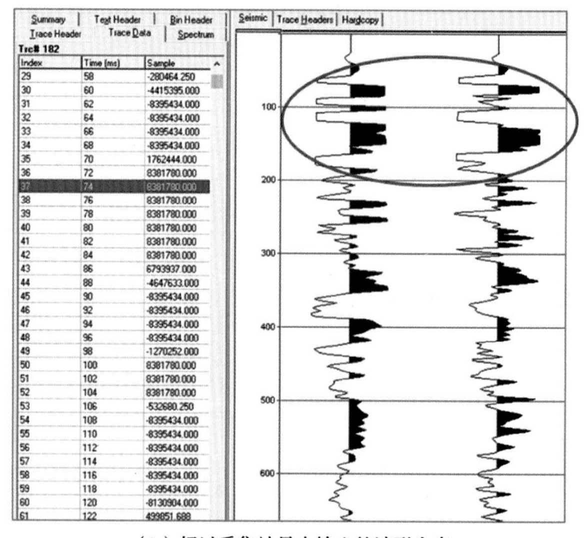

（b）超过采集站最大输入的波形失真

图 3 两种超调形成的波形失真

2.4 动态范围

当前多数检波器生产厂把动态范围与失真度等同起来[4]，所标示的动态范围，是其标示失真度的倒数换算成分贝的数值，如 30DX-10Hz 的失真度是上限为 0.1%均值 0.035%，其均值倒数是 1/0.035%，其分贝表达为 20lg(1/0.035%)=69dB。在塔里木的实践中，此指标常使技术人员产生误解，并不是需要的有效记录最大值到最小值范围的含义，无法指导技术员来选择匹配合理记录有效信号。

实际用户需要动态范围是为选择合适检波器来匹配想记录的地层传播信号和仪器模数转换信号的范围。通过此指标来了解检波器有效输出信号值最大到最小的范围，因此用输出有效信号电压的最大值与最小值之比来表达其动态范围，是直观简洁的方法。因此认为动态范围用检波器有效响应的最大振动时输出信号电压的振幅峰值（A_{max}）与有效响应的最小振动时输出信号电压振幅峰值（A_{min}）之比，更合乎用户需求。

特别指出，以塔里木使用最多的 30DX-10Hz 检波器为例，实际资料中可见（仪器零前放）记录最大的输出电压为 0.3～0.5V，最小约 0.4μV，此时表现出动态范围大于 120dB。此范围记录弱有效信号时，通过串并联组合基本满足要求了，但对大信号还不全满足，除了仪器模数转换动态范围因素外，有时近震源的检波器振动幅度会超出单个检波器的最大位移，出现方波现象。因此在其他指标不降的条件下，输出最大值高的动圈检波器其动态范围大，是较优选择。

2.5 一致性

施工中检波器大批使用，如果同时用的性能不一致性，降低地震资料的分辨能力。因此检波器的一直性问题是生产中不可忽略的因素。I/O 公司提供的检波器允差对地震数据相位的影响表明，当允差范围超过±5%时，道间相位差可以到 3ms，降低信号的分辨率[5]。

塔里木油田地震数据表明，在几百次覆盖时，各道耦合条件的差异增大，允差 2.5%的检波器高精度和超级检波器组合叠加后，未表现出比允差 5%的常规检波器的数据质量好太多[6]，综合考虑此要求以 5%比较合理。

2.6 适用性、可靠性和耐用性

适用性指检波器能保证正常使用的条件。最大倾角、工作温度范围等都是这一类指标。如沙漠地区和一些戈壁夏季地表温度会达到 70℃以上，而目前大多数检波器的标称工作温度为 −40°～70℃，决定这些地区夏季不宜施工。标称工作倾角不大于 10°，因此在陡峭山地质控点要重点关注检波器的插置情况。

可靠性和耐用性是生产中最应关注的指标。一般新出厂检波器指标都能到达行标要求，但在使用一段时间后，有些型号和批次的产品指标检测合格率明显下降，曾有检波器开箱随机抽 100 个测试，合格率 99%满足要求，两个施工季节后再检测，累计各项都合格的比例在 95%以下，达不到要求。

检波器使用条件不能太严苛，比如太高要求的轻拿轻放轻提拉，不太合乎实际施工的情况。容易坏、不耐用是施工效率和采集质量的大忌，需要投入大量人力和时间来监控筛选检波器，耽误工期影响质量。因此对与此相关指标在实际选择检波器时要高度重视，在性能接近的情况下，此类指标对检波器的选择甚至起到决定作用。

根据地区条件，油田可靠类指标提出实用较高的要求，新进检波器要求工作温度−40°～70°，绝缘电阻大于 50MΩ，跌落次数 4000 次以上，接头插拔 2000 次以上。逐步淘汰现有故障率高的类型，淘汰信誉差厂家的产品，探区更新检波器超过十万串，两年使在用检波器质量明显提升。

3 结　语

地震采集对检波器主要要求是灵敏、拾取范围广、失真小、稳定耐用。

（1）塔里木探区地貌复杂多样，有效波能量差异大，无法选择统一灵敏度度接收，根据工区需求有针对性设计不同的灵敏度。如塔中地区，单道灵敏度达到 80V/（m·s）能保证良好接收弱有效信号目的。

（2）从生产实际效果看，自然频率 5Hz 比对 10Hz 的检波器，记录差异性整体不大，基本满足目前勘探的需求。

（3）塔里木油田主要使用的 30DX 等级检波器，其有效输出值范围在 120dB 以上，在一些应用中尚有不满足生产所需之处，有些超调失真是检波器引起的。

（4）在生产中对跌落次数、插拔次数等耐用性指标严格要求，是提高采集质量和生产效率的有效措施。

鸣谢：本文源自塔里木油田勘探部黄有晖负责的检波器选型工作。未署名图件为东方公司塔里木物探处周旭制作，一些主要观点是周旭最早提出。

参考文献

[1] 袁子龙，地震勘探仪器原理[M]. 北京：石油工业出版社，2016.

[2] 范铁江，齐永飞，黄艳林，等. 浅析地震采集仪器的选择[J]. 非常规油气，2019，6（3）：114-118.

[3] 罗富龙，易碧金，罗兰兵. 地震检波器技术及应用[J]. 物探装备，2005（1）：6-14.

[4] 吕公河. 地震勘探检波器原理和特性及有关问题分析[J]. 石油物探，2009，48（6）：531-543+15.

[5] 梁运基，李桂林. 陆上高分辨率地震勘探检波器性能及参数选择分析[J]. 石油物探，2005（6）：120-124+18.

[6] 魏继东. 适用于陆上石油勘探的地震检波器[J]. 石油地球物理勘探，2017，52（6）：1127-1136+1117.

基于 BP-神经网络的黏土矿物预测模型研究

李鑫羽　聂　彬　欧阳传湘　赵鸿楠　曾羽佳

（长江大学石油工程学院 武汉 430100）

摘　要：目前通过测井资料确定黏土矿物类型和含量的方法判断不够准确。本次研究选用样本来源为塔里木油田库车北部构造带侏罗系，提出分别利用自然伽马能谱测井参数和阳离子交换能力（CEC）、含氢指数（HI）、光电吸收截面（PE）组合参数构建基于 BP-神经网络的黏土矿物预测的测井参数模型和组合参数模型。对所构建的不同黏土模型进行精度检验，得到组合参数模型相较于测井参数模型对伊蒙混层、伊利石、高岭石、绿泥石的相对含量预测结果平均绝对误差分别下降了 2.22%、4.33%、4.26%、1.04%。将构建好的两种不同黏土模型应用于库北地区 YN5 井的黏土矿物的纵向分布规律预测，利用 YN5 井黏土 X 射线衍射资料与不同黏土模型的预测结果进行对比分析并客观评价。根据预测结果对 YN5 井黏土矿物的纵向分布特征进行推断，并提出现场相关指导建议。

关键词：黏土矿物；自然伽马能谱测井；BP 神经网络；阳离子交换能力；含氢指数；光电吸收截面

目前通过测井资料确定黏土矿物类型和含量的方法常见钍—钾（TH-K）交会图版法、阳离子交换能力—含氢指数（CEC-HI）交会图法、逐步多元回归法[1]。TH-K 交会图版参数易于收集，但只能对黏土矿物类型定性评价。鉴于此有学者[2]提出改进的 TH-K 交会图版能够较为准确的判断黏土矿物的含量及类型，但由于高岭石和伊利石都表现出较高的 TH 含量，该方法对其判断不够准确[3]。CEC-HI 交会图法能够将蒙脱石、伊利石归类到图版上两个特定区间，但绿泥石和高岭石被归类在剩余的同一个区间，不宜定量区分。逐步多元回归法解释精度较高，但数学模型的选用受人为因素干扰大，难以确保其为最优解释。

为此，笔者提出基于改进的 BP-神经网络并分别建立自然伽马能谱测井参数模型和 CEC、HI、PE 组合参数模型进行黏土矿物的预测对比研究，评价出最优模型[4]。充分利用 BP-神经网络解决多元无约束非线性问题的能力，并对其收敛速度和泛化能力进行优化解决短板，从而精确和高效的对研究区域内黏土矿物进行预测判断，为后续确定研究区域内黏土矿物的整体分布特征及开发生产提供参考和指导。

1 黏土矿物评价指标的确定

通过对塔里木油田库车北部构造带侏罗系阿合组岩性资料调研和分析化验结果进行研究分析，研究区段以岩屑砂岩为主，少数为长石岩屑砂岩，石英组分平均含量 40%。黏土矿物绝对含量平均 14%；黏土矿物类型主要分为四种：伊蒙混层、伊利石、高岭石、绿泥石，伊利石在研究区段各个小层中绝对含量最多。

1.1 测井资料评价指标集确定

不同类型黏土矿物对应的自然伽马能谱测井曲线参数响应区间值不同[5-7]，区间值的高低反应黏土矿物的含量和类型。通过对研究区域内测井及 X 射线衍射资料进行深度归位，选取易收集且关联性较强的 8 种测井响应参数自然伽马（GR）、钍（TH）、铀（U）、钾（K）、密度（DEN）、中子（CN）、声波时差（DT）、光电吸收截面（PE）作为参考指标，建立黏土矿物相对含量与测井响应

收稿日期：2021-04-19
第一作者简介：李鑫羽（1997—），男，湖北钟祥人，长江大学石油工程学院在读研究生，研究方向致密储层开发。
E-mail：958379803@qq.com　　Tel：13164604530

参数之间的关联数据总集。结合地质资料整理出不同类型黏土矿物对应的测井曲线参数响应区间值（表 1）。

采用单相关性分析法对 8 种测井响应参数进行检验，结果见表 2。单相关性系数代表测井响应参数与黏土矿物之间的相关程度。由此可以确定不同类型的黏土矿物测井响应参数评价指标。选取与不同黏土矿物单相关性强的测井参数建立测井参数评价指标集，数据集中包含 568 组数据，共计 8 口井，选取结果见表 3。

表 1　黏土矿物的相关参数响应值

黏土矿物类型	GR（API）	TH（%）	U（%）	K（%）	DEN（g/cm³）	CN（%）	DT（μs/m）	PE（b/电子）	CEC [mmol/（100g）]	HI（%）
伊蒙混层	157 ~ 205	2.6 ~ 5.8	4.7 ~ 8	0.53 ~ 2.40	2.00 ~ 2.44	40	318.00	2.15	65 ~ 126	11
伊利石	250 ~ 300	10 ~ 25	8.7 ~ 12.4	3.51 ~ 8.30	2.70 ~ 2.90	30	172.41	3.45	10 ~ 40	12
高岭石	90 ~ 130	6 ~ 19	4.4 ~ 7.0	0 ~ 0.50	2.40 ~ 2.70	37	217.39	1.83	3 ~ 25	36
绿泥石	180 ~ 250	0 ~ 8	17.4 ~ 36.0	0 ~ 0.30	2.60 ~ 2.96	52	179.86	6.30	10 ~ 40	36

表 2　黏土矿物与测井响应参数的单相关分析结果

测井参数	GR	TH	U	K	DEN	CN	DT	PE
伊蒙混层	0.462411	0.593694	0.355720	0.864177	−0.481080	0.635797	0.351985	0.713458
伊利石	0.044324	−0.280650	0.054223	0.084854	0.009193	−0.036590	0.237212	−0.796520
高岭石	0.132899	−0.594180	−0.742100	−0.477960	0.740724	−0.367240	−0.618100	0.503768
绿泥石	−0.516980	−0.120110	−0.343340	−0.679010	0.341856	−0.507070	−0.553780	0.513732

表 3　不同黏土矿物的相关测井参数选用结果

黏土矿物类型	测井参数								参数个数
伊蒙混层	GR	TH	U	K	DEN	CN	DT	PE	8
伊利石	TH	DT	PE						3
高岭石	TH	U	K	DEN	CN	DT	PE		7
绿泥石	GR	U	K	DEN	CN	DT	PE		7

1.2 CEC 和 HI 及 PE 的组合参数评价指标集的确定

CEC、HI 与不同类型黏土矿物之间的响应关系见表 1，从表中数据可以看出，伊利石与绿泥石具有同样的 CEC 响应区间值[8]，但绿泥石的 HI 响应值为伊利石的三倍；伊利石与高岭石 CEC 区间值相似，但高岭石 HI 响应值为伊利石的三倍；伊利石与伊蒙混层具有相同的 HI 值，但 CEC 区间响应值差异很大；伊蒙混层与高岭石、绿泥石分别比较，CEC、HI 区间响应范围和取值差异都很大。以上的组合对比类型都能让不同的黏土矿物得到很好地区分，但高岭石与绿泥石对比结果表现出 HI 值相同，CEC 值相差不大。至此，四种类型的黏土矿物相互比较的六种组合全部检验完毕，除了高岭石和绿泥石，不同类型的黏土矿物都能够得到很好的区分。所以引入 PE 测井参数作为补充，PE 对绿泥石和高岭石含量具有很好的区分性。

由于 CEC、HI 不属于常规测井参数，此处提供一种利用相关测井资料及地质实验计算 CEC、HI 的方法[9]。

1.2.1 确定黏土点的 ϕ_{Dc} 和 ϕ_{Nc} 的含量

$$\phi=\frac{\left|\phi_{Dc}\phi_{D}-\phi_{Nc}\phi_{N}\right|}{\left|\phi_{Dc}-\phi_{Nc}\right|} \tag{1}$$

$$C_{C}=\frac{\left|\phi_{D}-\phi_{N}\right|}{\left|\phi_{Dc}-\phi_{Nc}\right|} \tag{2}$$

式中，ϕ 为对应深度点的孔隙度；C_C 为对应深度点的黏土含量；ϕ_D、ϕ_N 为对应深度点的密度、中子孔隙度；ϕ_{Dc}、ϕ_{Nc} 为对应深度黏土点的密度、中子孔隙度。

1.2.2 确定黏土点的束缚水含量 $S_{w_{Ci}}$

$$S_{w_{Ci}}=\frac{\rho-\phi_{Dc}}{\rho-1} \tag{3}$$

式中，ρ 为干黏土密度，取固定值 2.91g/cm^3。

1.2.3 确定阳离子交换能力 *CEC*

$$CEC=\frac{100S_{\mathrm{w_{ci}}}}{\left(0.084W_{\mathrm{S}}^{-0.5}+0.22\right)\phi_{\mathrm{Dc}}\left(1-\phi\right)} \tag{4}$$

该经验公式的适用条件是地层水含盐量稳定的情况下[5]。式中 W_{S} 为地层水矿化度，通过实验测试获得。

1.2.4 确定含氢指数 HI

$$\mathrm{HI}=\phi_{\mathrm{Nc}}-S_{\mathrm{w_{ci}}} \tag{5}$$

通过将计算所得的 CEC、HI 与测井资料、X 射线衍射资料进行深度归位，获得四口井共 147 组数据并建立 CEC、HI、PE 组合参数评价指标集。

2 优化 BP-神经网络的建立

2.1 BP-神经网络原理

BP-神经网络是一种通过将误差反向传播来进行算法训练的前馈性网络[10-15]。由一个输入层、任意个隐含层、一个输出层构成。设神经网络结构中第 k 层和 k+1 层节点个数分别为 m 和 n，第 i 个节点与第 j 个节点间的权重为 w_{ij}，节点 j 的阈值为 b_j。第 i 个节点的输入值为 x_i，第 j 个节点的输出值为 x_j。正向传播时输入与输出之间的关系见公式（6），选用 sigmoid 激励函数见公式（7）。

$$x_j=f\left(\sum\nolimits_{i=1}^{m}w_{ij}x_i+b_j\right) \tag{6}$$

$$f(x)=\frac{1}{1+\mathrm{e}^{-z}} \tag{7}$$

反向误差传播过程中采用梯度下降法，假设输出层为 k+1 层，标签值为 y_j，损失函数期望 E 的计算公式见公式（8）。根据梯度下降法，权值 w_{ij} 和阈值 b_j 的修正量正比于损失函数 E 对该节点的梯度。设权值修正量为Δw_{ij}，阈值修正量为Δb_j，修正后的权值矢量为 W_{ij}，阈值为 B_j，计算过程见公式（10）。其中η_1、η_2分别为权值和阈值的学习率。

$$E=\frac{1}{n}\sum\nolimits_{j=1}^{n}\left(x_j-y_j\right)^2 \tag{8}$$

$$\Delta w_{ij}=-\eta_1\frac{\partial E}{\partial w_{ij}}$$

$$\Delta b_j=-\eta_2\frac{\partial E}{\partial b_j} \tag{9}$$

$$W_{ij}=w_{ij}+\Delta w_{ij}$$

$$B_j=b_j+\Delta b_j \tag{10}$$

2.2 结构参数的设定

Robert Hecht-Nielsen（1989）验证三层结构的 BP-神经网络即可进行（输入层×输出层）维的映射关系，映射结果可以无穷逼近一个存在闭区间里的任何连续性函数，本此研究即选用一个三层结构的 BP-神经络来建立评价参数与黏土矿物含量之间的关系。

网络隐含层节点的确定选用经验公式如公式（11）。

$$S=\sqrt{M+N}+A \tag{11}$$

其中 S 为隐含层节点数，M、N 分别为输入层和输出层节点个数，A 为 1～10 之间任意常数。S 一般大于 M、N；A 的选取要适度，S 过多对网络的计算效率、精度提升不大。

2.3 BP-神经网络的优化

2.3.1 参数的归一化处理

由于不同数据参数之间存在大小和量纲上的差异，会影响网络的收敛速度。在数据集训练前需对数据集进行归一化预处理，使数据差异落在小范围区间之内。本文采用最大最小值法见公式（8）。

$$f(x_i)=\frac{x_i-x_{\mathrm{min}}}{x_{\mathrm{max}}-x_{\mathrm{min}}} \tag{12}$$

式中，x_i 为数据集任选列中的某一参数，x_{max}、x_{min} 分别为 x_i 所在列的中的最大值、最小值。

2.3.2 添加动量项

由于每一次的梯度下降都是对于当前位置重新完成，未曾结合上一次的梯度下降程度，导致收敛过程易产生震荡。考虑在权值和阈值的调整基础上引入动量项，动量项由动量因子和上一次修正量组成。设动量因子为γ，上一次权值修正量为Δw，本次实际权值修正量为Δr 则有公式（13）。

$$\Delta r=-\eta\nabla E+\gamma\Delta w \tag{13}$$

2.3.3 自适应学习因子

在网络训练前期增大η来减少学习所用时间；当网络到训练后期减小η利于寻找最优值。设经过第 t 次权值调整后，学习率为$\eta(t)$，误差为 $E(t)$，则有公式（14），其中α、β为调节参数。

$$\begin{aligned}&\eta(t)=\alpha\cdot\eta(t-1)(\alpha>1)\quad E(t)<E(t-1)\\&\eta(t)=\beta\cdot\eta(t-1)(\alpha<1)\quad E(t)>E(t-1)\end{aligned} \tag{14}$$

3 基于 BP-神经网络的不同模型训练和对比评价

将测井参数评价指标集与组合参数评价指标集分别导入针对研究区域基于 C++编译的 BP-优

化神经网络，网络结构参数的选取见表 4。依次对不同黏土矿物类型选取的评价参数数据集进行训练得到测井参数模型；训练组合参数模型时由于不同黏土矿物选取参数一致，可以直接进行。

表 4　不同评价指标集的网络结构参数选取结果

评价指标集	网络层数	黏土矿物类型	输入层节点个数	隐含层节点个数	输出层节点个数
测井参数评价集	3	伊蒙混层	8	13	1
		伊利石	3	5	1
		高岭石	7	11	1
		绿泥石	7	11	1
组合参数评价集	3	—	3	9	4

测井参数评价指标集共 569 组数据，随机剔除 30%的数据组不参与训练作为最终检验数据组；组合参数评价指标集共 147 组数据，随机剔除 20%的数据组不参与训练作为最终检验数据；针对随机剔除样本的检验更能反应出所构建模型对整个库北地区黏土预测的普遍适应性。

两组剩余数据分别都作为训练组。对训练组采取滚动训练规则：首先将训练组的数据组随机打乱，再分成若干个小组（组数适中为宜），每个小组依次作为检验测试组且不参与训练，除检验测试组外的其他小组参与训练。全部小组依次测试检验完毕后，选取其中测试所得最佳检验结果的模型。滚动训练法可以尽可能避免一次性随机选取检验数据所造成的构建模型不为优解的情况，提高最终预测模型的泛化能力。

用训练好的两种不同的模型对预先剔除的最终检验数据进行预测，不同模型的不同黏土矿物类型预测结果检验如图 1、图 2 所示，其中 W_R 为

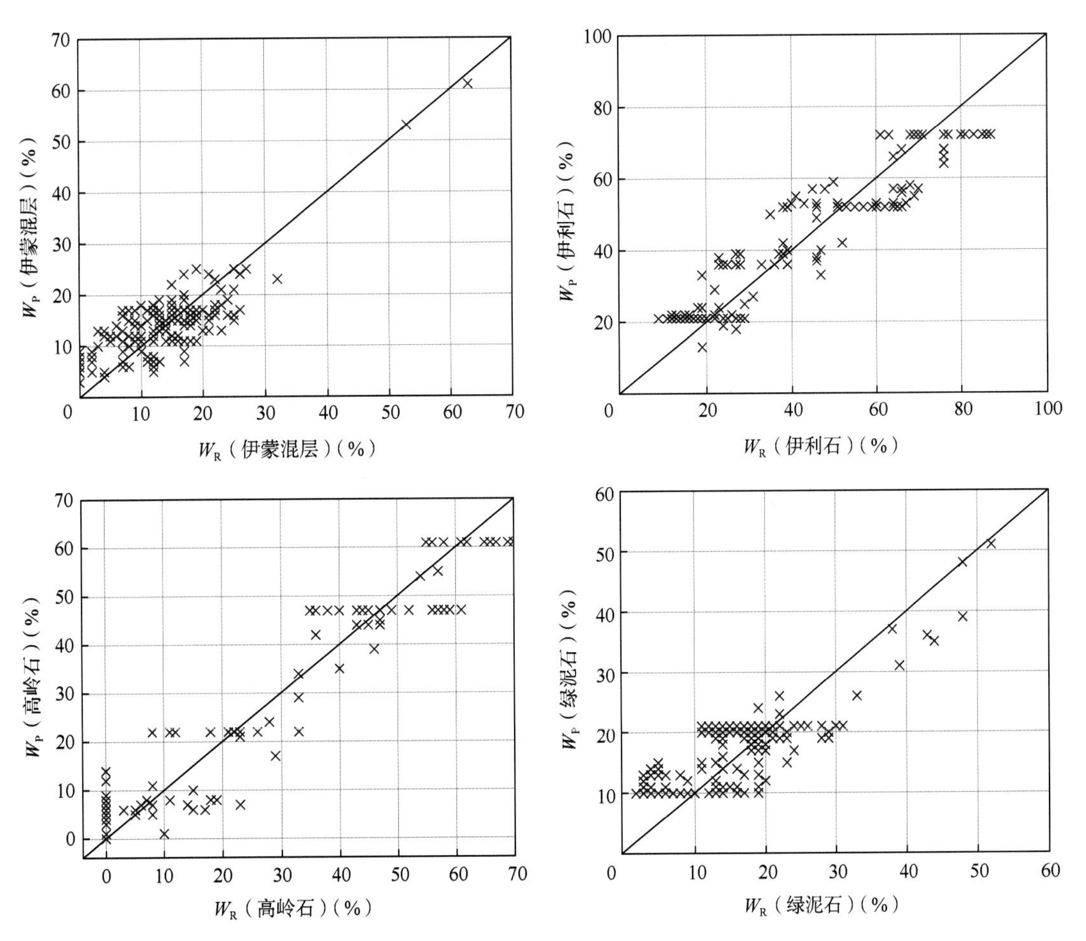

图 1　库车侏罗系测井参数模型预测结果检验

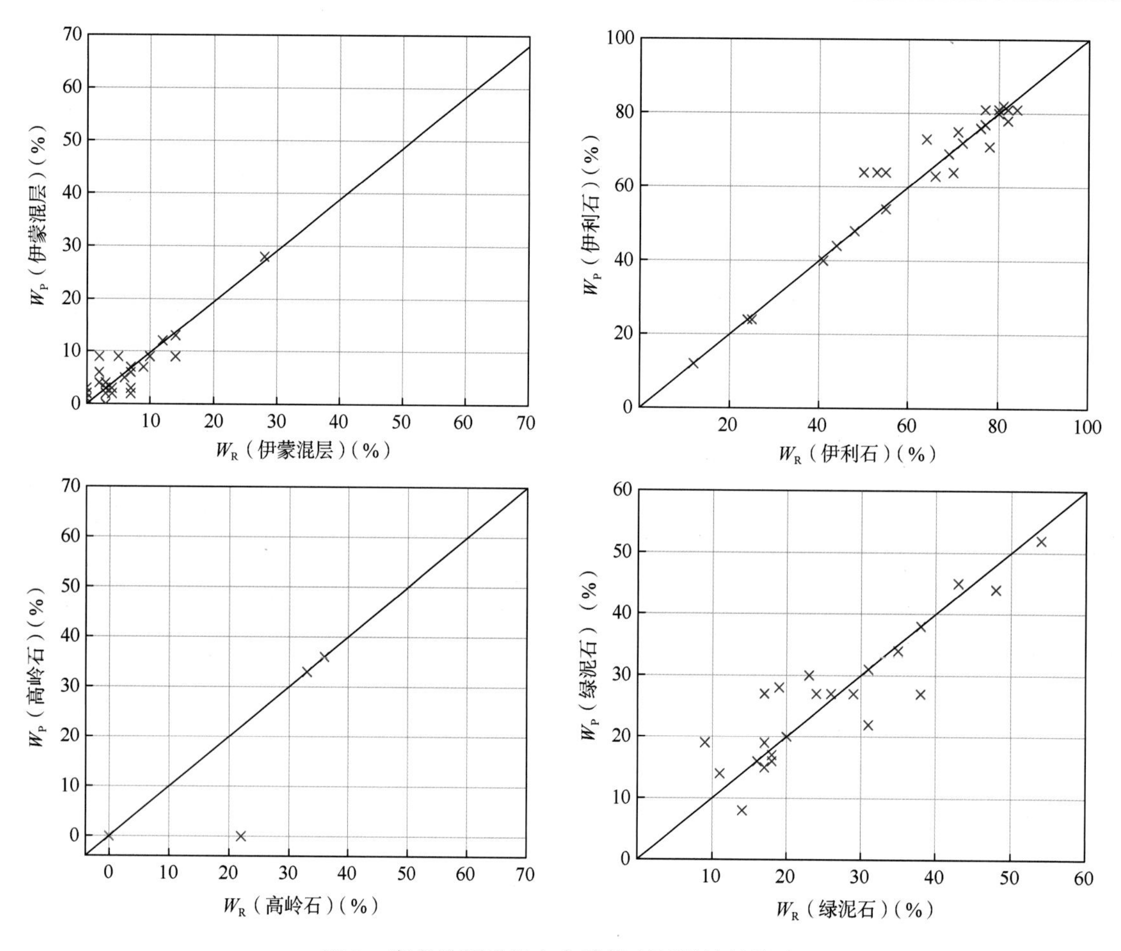

图 2　库车侏罗系组合参数模型预测结果检验

分析化验黏土含量，W_P 为模型预测值。对不同模型的预测结果进行平均绝对误差、Pearson 相关系数、均方根误差函数进行分析比较（RMSE）（表 5）。

表 5　库车侏罗系不同模型的预测精度对比检验结果

黏土矿物类型	伊蒙混层		伊利石		高岭石		绿泥石	
选用模型	测井模型	组合模型	测井模型	组合模型	测井模型	组合模型	测井模型	组合模型
平均绝对误差（%）	4.2600	2.0400	7.4100	3.0800	4.9500	0.6900	4.7500	3.7100
均方根误差	5.1316	2.6659	8.5252	4.9459	6.1372	3.8891	5.5821	5.1357
Pearson 相关系数	0.8089	0.9004	0.9313	0.9695	0.9679	0.9060	0.7969	0.8989

从检验表可以得到组合参数模型伊蒙混层、伊利石、高岭石、绿泥石的相对含量预测结果平均绝对误差依次为 2.04%、3.08%、0.69%、3.71%，测井参数模型伊蒙混层、伊利石、高岭石、绿泥石的相对含量预测结果平均绝对误差为 4.26%、7.41%、4.95%、4.75%。通过误差计算分析得到组合参数模型的不同黏土矿物的均方根误差要小于测井参数模型、Pearson 相关系数普遍大于测井参数模型。

从预测结果中可以分析出组合参数模型预测伊蒙混层、伊利石、高岭石、绿泥石的预测精度、稳定性、相关性均优于测井参数模型。高岭石预测结果有极少差异较大的点导致 Pearson 相关系数相对略低，分析认为组合参数评价指标集中训练井存在高岭石相对含量为 0 的数据点占比较大，非 0 数据点与 0 值点间跳度大导致预测结果出现较大的瞬时波动性差异，除去个别差异的预测精度依旧保持极高水准。参见图 2 中红色重合 0 值数据点。

4 结　论

（1）本次研究提出的组合参数模型相较于测井参数模型对伊蒙混层、伊利石、高岭石、绿泥石的相对含量预测结果平均绝对误差分别下降了 2.22%、4.33%、4.26%、1.04%。

（2）组合参数模型在 YN5 井的现场的应用中相较于组合参数模型取得了更好的预测效果，特别是在高岭石相对含量的预测以及偏大值的预测结果上。

（3）通过预测结果分析得到 YN5 井中黏土矿物相对含量分布特征表现为：伊利石>绿泥石>伊蒙混层>高岭石。

（4）通过预测结果分析得到 YN5 井中伊利石的相对平均含量在 70%左右，绿泥石的相对平均含量在 20%左右。因此 YN5 井在生产和开发中应当注重对储层的保护，特别是速敏和酸敏造成的储层伤害。

参考文献

[1] 刘菁华，王祝文，易清平. 利用自然 γ 能谱测井资料确定黏土矿物的含量及其应用[J]. 吉林大学学报（地球科学版），2010，40（1）：215-221.

[2] 杨大超. 自然伽马能谱曲线在大牛地气田黏土岩类型分析中的应用[J]. 石油天然气学报，2007（3）：400-402.

[3] Walter H Fertl，Geprge V Chilingarian. Type and distribution models of clay minerals from well logging data[J]. Journal of Petroleum Science and Engineering，1990，3（4）：321-332.

[4] 于聪灵，蔡忠贤，杨海军，等. 基于 BP 神经网络预测轮古油田奥陶系碳酸盐岩油藏洞穴充填程度[J]. 新疆石油地质，2018，39（5）：614-621.

[5] 张丽霞，石彦，梁成钢，等. 砂岩黏土矿物相对含量分析中存在的问题[J]. 新疆石油地质，2014，35（3）：365-368.

[6] 黎盼，孙卫，李长政. 鄂尔多斯盆地华庆油田长 6-3 储集层成岩相特征[J]. 新疆石油地质，2018，39（5）：517-523.

[7] 尤源，梁晓伟，冯胜斌，等. 鄂尔多斯盆地长 7 段致密储层主要黏土矿物特征及其地质意义[J]. 天然气地球科学，2019，30（8）：1233-1241.

[8] Fertlw H，Chilingariang V. Type and distribu-tion modes of clay minerals from well logging data[J]. Journal of Petroleum Science & Engineering，1989，3（4）：321-332.

[9] 邢培俊，孙建孟，王克文，等. 利用测井资料确定黏土矿物的方法对比[J]. 中国石油大学学报（自然科学版），2008（2）：53-57.

[10] 张鹏，吴通，李中，等. BP 神经网络法预测顺北超深碳酸盐岩储层应力敏感程度[J]. 石油钻采工艺，2020，42（5）：622-626.

[11] 刘通，田苗，孟祥宾，等. 基于地震相纹理属性和 BP 神经网络的储层预测方法[A]. 中国石油学会石油物探专业委员会（SPG）、国际勘探地球物理学家学会（SEG）. SPG/SEG 南京 2020 年国际地球物理会议论文集（中文）[C]. 中国石油学会石油物探专业委员会（SPG）、国际勘探地球物理学家学会（SEG）：石油地球物理勘探编辑部，2020：4.

[12] 于聪灵，蔡忠贤，杨海军，等. 基于 BP 神经网络预测轮古油田奥陶系碳酸盐岩油藏洞穴充填程度[J]. 新疆石油地质，2018，39（5）：614-621.

[13] 佟秀秀，康志宏. 基于多元线性回归和 BP 神经网络的单井能力预测[J]. 科学技术与工程，2019，19（29）：96-102.

[14] 连承波，李汉林，渠芳，等. 基于测井资料的 BP 神经网络模型在孔隙度定量预测中的应用[J]. 天然气地球科学，2006（3）：382-384.

[15] 杨柳青，查蓓，陈伟. 基于深度神经网络的砂岩储层孔隙度预测方法[J]. 中国科技论文，2020，15（1）：73-80.

中古 43 井区碳酸盐岩岩石物理研究

陈　强　成　锁　冯　磊　赵光亮　袁　源　谭　杨

（中国石油塔里木油田分公司勘探开发研究院 新疆库尔勒 841000）

摘　要：碳酸盐岩储层通常具有复杂的储集空间结构，发育洞穴型、孔洞型、裂缝孔洞型、孔隙型、裂缝孔隙型、裂缝型储层，在不同储层类型中进行有效地震储层预测难度极大，这严重制约着碳酸盐岩储层的高效开发，国内很少系统开展针对碳酸盐岩储层的岩石物理学研究。本文进行了 Xu-Payne 模型在多孔介质碳酸盐岩中适用性和声波预测效果研究，孔隙类型反演情况研究，以及微裂缝对正演结果造成误差的校正研究等。以塔里木盆地中古 43 井区为例，利用多元线性拟合进行曲线校正，综合运用核磁、成像资料和最优化算法，定量计算了孔洞和微裂缝的孔隙度，然后估算孔隙结构参数（AR）、矿物参数并代入 Xu-Payne 模型，然后通过模型正演弹性曲线，建立岩石物理量版。通过岩石物理研究，为该区储层预测提供了基础资料，也为其方法参数选择提供了有力依据。

关键词：岩石物理；横波正演；曲线校正；碳酸盐岩；储层预测

碳酸盐岩储层空间复杂，既包括原生的粒间孔、粒内孔，又包括次生的晶间孔、角砾孔、溶蚀孔及裂缝，并且这些类型还可以根据矿物、成因、结构等因素再分。塔里木盆地中古 43 井区就是碳酸盐岩复杂储集空间的集中体现，区块内发育Ⅰ级油源断裂——中古 10 走滑断裂，钻遇的奥陶系分为桑塔木组、良里塔格组和鹰山组，其中良里塔格组和鹰山组为主力产层，地层为台缘及台内沉积，另外良里塔格组有泥质发育，鹰山组为纯净石灰岩，储层受风化溶蚀改造，形成洞穴型储层与孔洞型、裂缝孔洞型、孔隙型、裂缝孔隙型、裂缝型等储层[1]。

为了利用地震信息更加准确地预测储层，建立精确的合成地震记录、低频模型以及时深关系，需要开展面向储层预测的岩石物理学研究，建立岩石物理模型，进行弹性曲线预测，以及建立岩石物理量版。国内外很多专家从岩石物理的角度对储层弹性曲线的预测进行研究，Wood[2]（1941）建立的声波—孔隙度关系只适合于疏松岩性，尤其适合于黏土含量较多的地层；Wyllie 等[3]（1956）建立的声波预测关系不适合于压实后的含泥岩地层；Raymer 等[4]（1980）的声波预测模型只适合于声波速度较快的硬地层；1974 年，Kuster 和 Toksöz[5]引入了孔隙结构参数（Aspect Ratio，下文简称 AR，符号用 α 表示）来研究孔隙度与纵横波速度的关系，但是未考虑岩石孔隙之间的互相影响；后来，Han[6]（1986）通过与实验结合的方式，使预测精度有所提高；Marion 等[7]（1992）也通过研究使纵横波速度预测达到了相对较高的精度，但需要测量高压下的纯砂岩和纯泥岩的纵波和横波速度，具有局限性。后来 Xu 和 White[8]（1995）通过结合 Kuster-Toksöz 模型、有效介质理论和 Gassmann 模型，把面向地震储层预测的岩石物理研究划分为固体岩石、干岩石、混合流体、流体替换四步，从此开创了声波预测与岩石物理的新局面，其后的主流岩石物理方法，几乎都是在这个基础上改进和再创造的。如 Xu 和 Payne[9]（2009）在模型中基于石灰岩引入了适用于石灰岩的岩性、孔隙类型、各向异性；欧阳明华[10]（2010）把该类模型应用到了四川广安地区的叠

收稿日期：2021-06-01

第一作者简介：陈强（1988—），男，四川遂宁人，硕士，2014 年毕业于西南石油大学地球探测信息与技术，工程师，现从事地震解释和储集层评价与描述工作。

E-mail：chqiang-tlm@petrochina.com.cn　　Tel：0996-2172035

前储层预测；刘欣欣等[11]（2013）对 Xu-Payne 模型加入了适用于裂缝—孔洞型碳酸盐岩的孔隙分类方法并分析矿物组分进行了弹性模量反演，从而计算横波速度；姜仁等[12]（2014）利用多元迭代的方法对影响岩石物理建模过程中的重要参数孔隙结构参数进行优选；张秉铭等[13]（2018）把有机质（干酪根）引入了岩石物理模型，实现对富含有机质泥页岩的预测；陈双全等[14]（2020）建立了适合水平层理缝的岩石物理模型。纵观国内外，对碳酸盐岩岩石物理建模过程中的孔隙类型反演、孔隙度分类计算以及碳酸盐岩分孔隙类型岩石物理图版建立等方面研究还是太少。

本文分析对比了传统速度预测模型（包括 Wyllie 模型和 Raymer 模型等）与 Xu-Payne 模型在声波预测精度方面的差异，对 Xu-Payne 模型进行了一些简单优化。如在简化储层类型的基础上，利用孔隙度—纵波速度交会图反演孔隙类型并估算孔隙结构参数，利用常规和非常规测井资料对划分的孔隙类型进行计算以及分储层类型建模和定制岩石物理图版等。以塔里木油田中古 43 井区为例，首先利用多元线性回归对测井曲线进行预处理，用交会图、综合柱状图以及井震标定的方法对其进行了质控；然后利用最优化方法进行了面向储层预测的测井评价，进行了储层类型反演和分类别孔隙度计算；最后在矿物参数估算的基础上，建立了适合研究区的岩石物理正演模型，用质控后的正演弹性曲线，建立了岩石物理量版，厘清了储层类型、裂缝孔隙度、孔洞孔隙度等地质因素与纵波阻抗、纵横波速度比等弹性参数的关系，为后续储层预测、地质解释提供了有效的基础资料。

1 方法原理

1.1 多孔介质碳酸盐岩岩石物理建模

目前针对碳酸盐岩广泛使用的地震岩石物理模型是 Xu-Payne 模型[9]，它是 Xu-White 模型[8]的扩展，分为固体岩石混合骨架特性计算、干岩石骨架特性计算、混合流体特性计算、饱和岩石特性计算等步骤。

（1）计算固体岩石混合骨架特性常用的混合法则有 Reuss-Voigt-Hill[15-17]公式、Wyllie 时间—平均公式[3]、Voigt 公式、Kuster-Toksöz 球体公式[5]、Hashin-Shtrikman 公式[18]、Reuss 公式[16]等。Wang 和 Nur（1992）描述了这几种方法的相互关系[19]，如图 1 所示，Voigt 线形成了上边界，而 Reuss 线形成了下边界，Kuster-Toksöz 线与 Hashin-Shtrikman 上边线相当，Wyllie 时间—平均线与 Hashin-Shtrikman 下边线相当，Voigt-Reuss-Hill 线和 Hashin-Shtrikman 平均线则介于 Kuster- Toksoz 线与 Wyllie 时间—平均线之间（有的线几乎重叠在一起，为了不影响查看，有的线图中并未画出）。

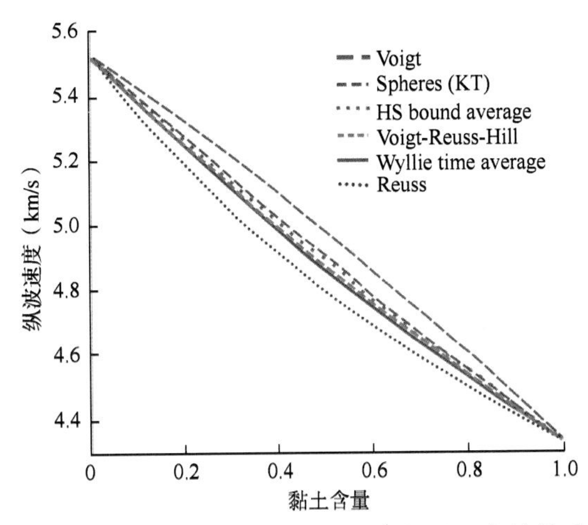

图 1　用多种方法建立的纵波速度与黏土含量关系（据 Wang，1992）

（2）加入束缚水孔隙及其束缚水，计算弹性特性。常用的方法有微分等效介质理论[20]（缩写为 DEM；Zimmerman，1991）和自洽理论[21]（缩写为 SCA；Wu，1966），对比两种方法，DEM 更适用于小孔隙，SCA 则适用于稍大的孔隙。

（3）加入非束缚水孔隙，计算干岩石骨架弹性特性。方法同第（2）步相似，在第（2）步的基础上，再加上微裂缝、粒间孔、溶蚀孔等各类润湿和非润湿孔隙并计算其弹性特性参数。

（4）混合油、气、水等流体，计算其特性。通过 Wood 模型或 Brie 模型，把可动水同碳氢化合物（油或/和水）进行混合，计算其弹性特性参数。

（5）把混合流体加入孔隙系统，求饱和岩石弹性特性。常用方法是适用于各向同性的原始 Gassmann 模型[22]和适用于各向异性的改进 Gassmann 模型、Brown-Korringa 模型等。

1.2 纵波、横波的速度预测

传统的纵波或横波速度（或声波慢度）预测

步骤依次为：估算孔隙度，估算泥质含量，估算砂岩含量，估算砂岩颗粒和泥岩微粒混合基质（不含孔隙）的声波时差。它们的共同特点是考虑了孔隙度对声波速度的影响，却没有考虑黏土含量、胶结程度、地层压力等其他多种因素对其造成的影响。其造成的直接结果为，声波预测结果与实测数据相关性不高，并且随着深度的变化，预测精度时好时坏。

利用第 1.1 节所述的模型来进行声波速度预测时，加入了孔隙结构参数 AR 这个概念，AR 与泥质含量、胶结指数、地层压力等因素密切相关，在不同泥质含量、胶结指数及地层压力条件下，AR 是不同的，因此能更好还原地层环境。

在纵波预测方面，采用相同的数据及实验条件，用 Xu-White 模型与常规的经验公式 Wyllie 模型[2]和 Raymer 模型[23]进行对比，检验预测纵波与实测纵波的相关程度。从图 2 可以看出，Wyllie 模型和 Raymer 模型所指示的关系在图像上高度分散，而 Xu-White 模型所指示的关系在图像上比较集中。

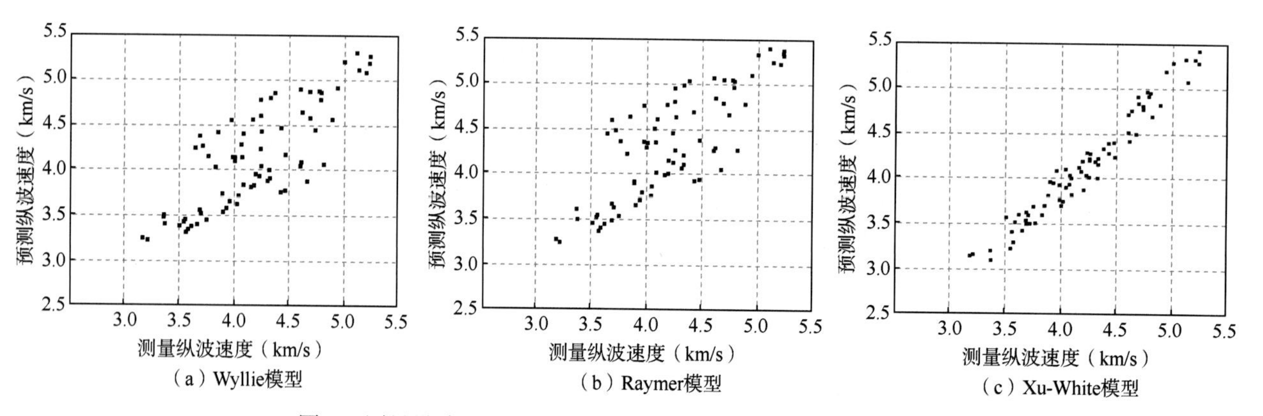

图 2 测量纵波速度与预测纵波速度交会图（据 S. Xu，1995）

在横波预测方面，如果用 Xu-White 模型或 Xu-Payne 模型，有两种输入方式可供选择，它们分别是：（1）把孔隙度和黏土含量作为输入参数；（2）把纵波速度和黏土含量作为输入参数。通过两种方法的实验数据和模拟数据进行对比，可以得到横波速度与纵波速度、泥质含量关系，比横波速度与孔隙度、泥质含量关系更好，点分布更为集中，因此在模型中把纵波速度和黏土含量作为输入参数，预测的横波与实际更相符。

1.3 孔隙类型反演

施密特麦克唐纳（Schmidt，1979）认为，碎屑岩有 5 种储集空间类型，且以原生的粒间孔为主，相比碎屑岩，碳酸盐岩储层空间更为复杂，既包括原生的粒间孔、粒内孔，又包括次生的晶间孔、角砾孔、溶蚀孔及裂缝，而这些类型还可以根据矿物、成因、结构等因素再分。在塔里木这样的超深地层中，孔隙形状和成因是相关的：由于受地层上覆压力影响，原生孔多为压扁的椭圆状，次生孔多为圆状。为方便起见，按照孔隙结构属性（主要是 AR 值），把碳酸盐岩储集空间划分为 4 类：孔洞型Ⅰ类、孔洞型Ⅱ类、裂缝型、巨洞型。

孔洞型Ⅰ类：孔隙形状近似椭圆，受地层上覆压力影响，粒间孔等原生孔隙易形成此类型，它们的特点是 AR 值中等，分布在图 3 中部红线附近；

孔洞型Ⅱ类：孔隙形状近似等轴圆状，受地层上覆压力影响较小的次生孔易形成此类型，它们的特点是AR值偏大，分布在图3上部粉线附近；

裂缝型：把 AR 值小于 0.1 的归为裂缝型，形态为细长状、针状，分布在图 3 下部蓝线附近；

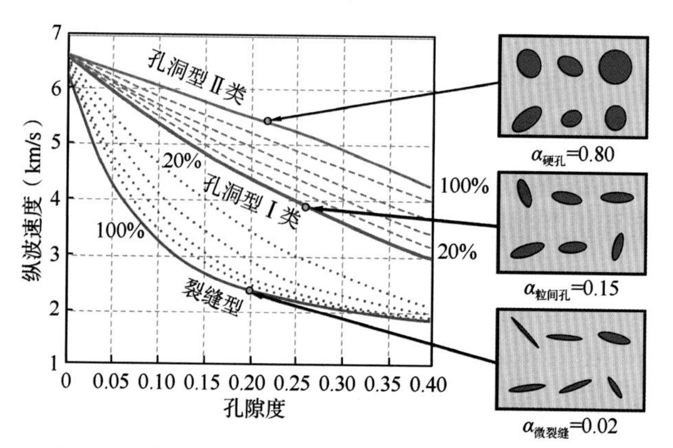

图 3 碳酸盐岩的三种孔隙类型（据 S. Xu，2009）

巨洞型：单个空隙直径大于或等于 100mm，归为巨洞型，其弹性参数超出常规岩石物理图版范围，但可通过井径扩径、三孔隙度曲线（特别是密度）异常、电阻率变低、自然伽马无响应的测井特征以及钻井过程中放空、漏失等情况综合判定。除巨洞型外，其他几类储集空间类型直径均小于 100mm。

利用 Xu-Payne 模型，通过孔隙度、纵波速度、AR 等参数，可以实现对孔隙类型反演，判断其类型以及定量计算其含量。图 3 给出了纯石灰岩的情况下，定量计算孔隙类型的图版，当特征点靠近孔洞型 Ⅰ 类红色实线上时，孔隙类型主要为 AR 值偏小的孔洞型；当特征点靠近孔洞型 Ⅱ 类粉红色实线时，孔隙类型主要为 AR 值偏大的孔洞型；当特征点靠近裂缝型蓝色实线时，孔隙类型主要以微裂缝为主。通常，如果岩性为纯石灰岩，那么特征点不会超过图版的上、下边界。

孔隙类型反演的其中一个用途，是通过找出微裂缝并对其进行非均质性处理，从而提高最终声波速度计算的准确性。如果对所有样本都用常规 Gassmann 流体替换公式进行计算，那么预测结果偏离“最佳预测线”，而如果用上述方法，先反演出微裂缝，然后对微裂缝用改进后的 Gassmann 公式计算，则计算结果与“最佳预测线”更加相符。

2 实例应用

以塔里木盆地中古 43 井区为实例，对缝洞型碳酸盐岩进行岩石物理实例分析。

该区位于塔中低凸起中部塔中 Ⅱ 区，中古 10 走滑断裂为 Ⅰ 级油源断裂，断穿塔中 Ⅰ 号断裂，向坡下延伸，平面长度约 300km；钻遇的奥套系分为桑塔木组、良里塔格组和鹰山组，其中良里塔格组和鹰山组为主力产层。良里塔格组与鹰山组为台缘及台内沉积，其中良里塔格组有泥质发育，鹰山组为纯净石灰岩；储层主要受风化溶蚀改造，形成洞穴型储层与孔洞型、裂缝孔洞型、孔隙型、裂缝孔隙型、裂缝型储层。

2.1 曲线预处理及测井评价

对测井资料进行分析前，需要检查这些测井曲线是否符合研究需求。本区桑塔木组存在扩径导致三孔隙度曲线异常、密度曲线缺失等问题，致使井震标定效果差。采取的主要手段为多元线性回归，通过校正，声波、密度和中子等曲线的奇异值都得到了消除。图 4 显示了校正前后井震标定情况，从图中可以看出，校正之后井震相关性明显提高。

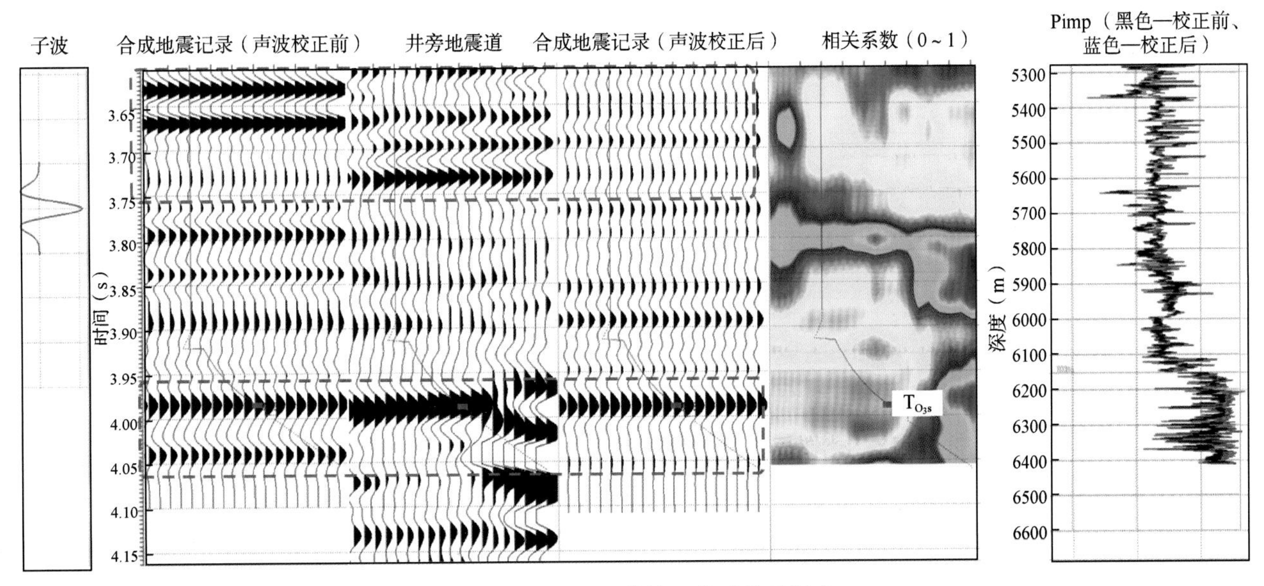

图 4　ZG102-5X 井校正前后井震标定

通过本文第 1.3 节所述的孔隙类型反演，再结合成像资料、核磁资料，以及常规测井的三孔隙度测井曲线、双侧向曲线等资料，对每一深度段的孔隙类型进行了划分，利用最优化计算方法，分别计算孔洞型孔隙度（按两类分别计算）、裂缝孔隙度和总孔隙度。计算得到的各个孔隙度大小同储层类型基本一致，保证了各个类型孔隙体积的有效性。

2.2 岩石物理建模

岩石物理建模致力于弄清地震属性与岩石及流体属性之间的关系，即测井、地质与地震之间的关系，帮助地震资料实现定量解释，减小地震解释的不确定性。按照第 1.1 节的步骤，首先需要估计的是各个矿物的弹性性质。

研究区目的层主要矿物为方解石和黏土矿物。对于方解石矿物，利用纯净、致密石灰岩段实测纵波速度、横波速度数据分布，推算方解石纵波速度为 6500m/s、横波速度为 3350m/s，略低于理论值（6639m/s、3436m/s）。对于黏土矿物，则利用声波—密度交会图版，推算黏土矿物纵波速度为 4262m/s，按照纵横波速度比约为 2.0，横波速度为 2131m/s。

按照已划分的孔隙类型以及孔隙度、纵波速度测量值，估算孔隙结构参数 AR，在 v_p 随孔隙度变化量版上，AR 动态范围在 0.003～0.9 之间，接近于裂缝型储层孔隙结构参数（AR 值为 0.003）与孔洞型储层孔隙结构参数（AR 值最大为 0.9），由于残留原生孔隙及裂缝发育，裂缝—孔洞型储层与孔洞型储层的孔隙结构参数 AR 值主要集中在 0.015～0.2 之间。

基于面向多孔介质的 Xu-Payne 模型，将测井体积模型（矿物含量、孔隙度、饱和度）作为输入，模型参数来源包括理论值、各类分析化验报告以及统计估算值（表 1），实现多孔介质的弹性参数正演。通过建立的岩石物理模型能够正演出 Den、v_p、v_s 等弹性曲线，同实测曲线进行对比，相关性较好，满足精度要求。

表 1　模型参数选择

类别	模型参数	值/表达式	备注
环境参数	地层温度（Temperature）	150℃	试油试采资料、PVT 报告
	地层压力（Pressure）	68MPa	
流体参数	气比重（Gas gravity）	0.69	试油试采资料、PVT 报告
	原油密度（Oil density）	0.78g/cm^3	
	气油比（GOR）	800	
	地层水矿化度（Salinity）	8000μg/g	
骨架矿物参数	方解石矿物密度（Quartz Density）	2.73g/cm^3	估算值
	方解石矿物纵波速度（Quartz p-velocity）	6500m/s	估算值
	方解石矿物纵横波速度比（ Quartz V_pV_s）	1.94	估算值
黏土矿物参数	黏土矿物密度（Clay Density）	2.78g/cm^3	估算值
	黏土矿物纵波速度（Clay p-velocity）	4305 m/s	估算值
	黏土矿物纵横波速度比（Clay V_pV_s）	2.0	估算值
孔隙结构参数	原生孔隙长宽比（Primar Aspect ratio）	0.2	估算值
	次生孔隙长宽比（Secondary Aspect ratio）	0.9	估算值
	裂缝孔隙长宽比（Microcrack Aspect ratio）	0.003	估算值

在岩石物理建模的基础上，通过敏感弹性参数分析，得到利用纵横波速度比—纵波阻抗交会图能够较好区分岩性与储层类型，建立了研究区岩石物理量版（图 5）。从图 5 可以看出，（1）随孔洞孔隙度增加，岩石由致密储层过渡为孔洞储层，呈纵波阻抗、纵横波速度比降低“双降低趋势”；（2）随裂缝孔隙度增加，裂缝储层呈纵波阻抗降低、纵横波速度比增加的“剪刀差趋势”，显著区别于孔洞储层。该量版为叠前反演预测储层，提供了基础资料和岩石物理技术支撑。

3 结　论

（1）Xu-Payne 模型在多孔介质碳酸盐岩中的适用性较好，能够较好地预测纵波速度和横波速度。

（2）结合 AR、声波速度、孔隙度等参数能够对孔隙类型进行反演，基于此结果，能够校正微裂缝对正演结果造成的误差。

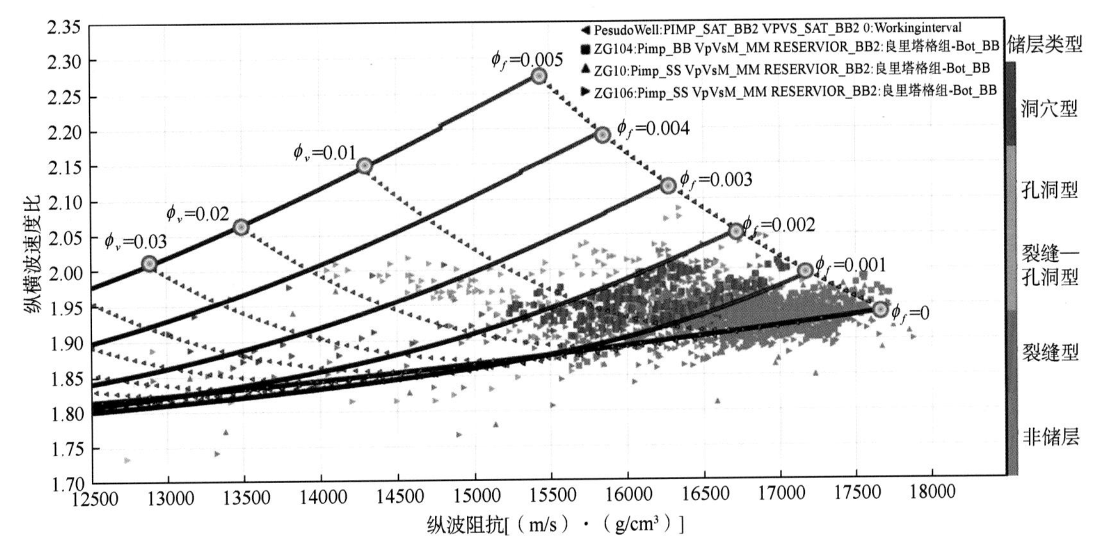

图 5　实测纵波阻抗—正演纵横波速度比交会图

（3）在中古 43 井区，利用多元线性拟合进行曲线校正，能够满足井震标定要求，综合运用核磁、成像资料和最优化算法，能够分别计算孔洞型孔隙度（按两类分别计算）、裂缝孔隙度和总孔隙度。

（4）在中古 43 井区，通过估算 AR 值、矿物参数等，代入 Xu-Payne 模型，正演得到的曲线与实测曲线相比，相关性较高。

（5）建立的纵横波速度比—纵波阻抗交会图版能够区分岩性和储层类型，为中古 43 井区储层预测提供有力支撑。

参考文献

[1] 吕修祥，陈佩佩，陈坤，等. 深层碳酸盐岩差异成岩作用对油气分层聚集的影响[J]. 石油与天然气，2019，40(5)：957-971.

[2] Wood A W. A Textbook of Sound[M]. New York：The Macmillan Publishing Company，1941.

[3] Wyllie M R J，Gregory A R，Gardner L W. Elastic wave velocities in heterogeneous and porous media[J]. Geophys，1956，21：41-70.

[4] Raymer L L，Hunt E R，Gardner J S. An improved sonic transit time to porosity transform[P]. Trans Soc Prof Well Log Analysts，21st Annual Logging Symposium，1980.

[5] Kuster G T，Toksöz M N. Velocity and attenuation of seismic waves in two-phase media[J]. Geophys，1974（39）：587-618.

[6] Han D H. Effects of porosity and clay content on acoustic properties of sandstones and unconsolidated sediments[D]. Ph D dissertation，Stanford University，1986.

[7] Marion D，Nur A，Yin H，et al. Compressional velocity and porosity in sand-clay mixtrues[J]. Geophys，1992，57：554-563.

[8] Xu S Y，White R E. A new velocity model for clay-sand mixtures[J]. Geophysical Prospecting，1995，43（1），91-118.

[9] Xu S Y，Payne M A. Modeling elastic properties in carbonate rocks[J]. The Leading Edge，2009，80（1）：66-74.

[10] 欧阳明华，熊艳，王玉雪，等. 广安地区须四段气藏叠前地震反演研究[J]. 钻采工艺，2010，33（增）：79-82.

[11] 刘欣欣，印兴耀，张峰，等. 一种碳酸盐岩储层横波速度估算方法[J]. 中国石油大学学报(自然科学版)，2013 37(1)：42-49.

[12] 姜仁，曾庆才，黄家强，等. 岩石物理分析在叠前储层预测中的应用[J]. 石油地球物理勘探，2014，49（2）：322-328.

[13] 张秉铭，刘致水，刘俊州，等. 富有机质泥页岩岩石物理横波速度预测方法研究[J]. 石油物探，2018，57（5）：658-667.

[14] 陈双全，钟庆良，李忠平，等. 水平层理缝岩石物理建模及其地震响应特征[J]. 石油与天然气地质，2020，41（6）：1273-1287.

[15] Hill R. The elastic behavior of crystalline aggregate[J]. Proc Physical Soc，London，1952，65（A）：349-354.

[16] Hill R. Elastic properties of reinforced solids：Some theoretical principles[J]. Mech Phys Solids，1963（11）：357-372.

[17] Reuss A. Berechnung der Fliessgrenzen von Mischkristallen auf Grund der Plastizitatsbedingung fur Einkristalle[J]. Zeitschrift fur angewandte mathematic und mechanic，1929（9）：49-58.

[18] Hashin Z，Shtrikman S. A variational approach to the elastic behavior of multiphase materials[J]. Mech Phys Solids，1963（11）：127-140.

[19] Wang Z，Nur A. Elastic wave velocities in porous media：a theoretical recipe[J]//Seismic and Acoustic Velocities in Reservoir Rocks，Vol. 2，Theoretical and Model Studies，S.E.G.，Tulsa，1992：1-35.

[20] Zimmerman R W. Compressibility of sandstones[M]. New York：Elsevier，1991：173.

[21] Wu T T. The effect of inclusion shape on the elastic moduli of a two-phase material[J]. Int J Solids Structures，1966，2：1-8.

[22] Gassmann F. Über die elastizität poröser Medien[J]. Vierteljahrsschrift der Naturforschenden Gesellschaft in Zürich，1951，96：1-23.

[23] Raymer L L，Hunt E R，Gardner J S. An improved sonic transit time to porosity transform[P]. Trans Soc Prof Well Log Analysts，21st Annual Logging Symposium，1980.

基于梦想云的勘探开发协同研究平台的建设实践

曹　瑜[1]　李建军[1]　董　杰[2]　胡金涛[1]　吴美珍[1]　王春和[1]

（1. 中国石油塔里木油田分公司勘探开发研究院 新疆库尔勒 841000；2. 昆仑数智科技有限责任公司 北京 100010）

摘　要：油田勘探开发业务涉及多学科、多类型数据及多专业研究成果，勘探开发一体化协同研究成为必然趋势。为了给科研人员提供一体化协同共享的勘探开发研究工作环境，基于梦想云平台，在盆地级区域湖建设的基础上，完成了包括地球物理、石油地质、圈闭与井位、规划与部署 4 个业务主题 15 个业务场景搭建，以及研究项目数据组织与快速查询、专业软件集成应用、在线辅助工具开发及项目全过程管理，并应用于塔里木盆地风险勘探项目的研究与管理。基于梦想云勘探开发协同研究环境的构建，实现了勘探板块研究数据、软件、成果之间的科研协同，支撑了油气田勘探业务工作，大幅提升了科研工作的质量。

关键词：梦想云；协同研究环境；专业软件；开发工具；塔里木油田

十二五期间，塔里木油田勘探开发研究院按照“数据采集、历史资源建设、项目数据库建设、专业基本应用”四位一体的建设原则，以勘探与生产技术数据管理系统（A1）、油气水井生产数据管理系统（A2）为基础，分步建设了勘探、开发项目研究数据库以及专业研究软件应用集成平台，初步实现了传统单机研究模式向协同研究模式的转变。即用 OpenWorks R5000 软件平台，建立了塔中、塔北、库车区块以及全盆地 4 个勘探项目库，为全盆地和区块地震地质综合研究提供了协同研究环境数据支撑；使用 Petrel Studio 平台，建立了轮南、克拉、哈得等 31 个油气藏的项目研究数据库，实现了开发油藏项目研究数据与研究成果的实时共享，支撑了地质建模、数值模拟等一体化开发油藏研究；基于斯伦贝谢 LiveQuest 软件建成专业研究软件集成平台，在数据中心集中部署和统一发布了 Petrel、OpenWorks、GeoEast 等 12 款主流研究软件，实现了软件二维、三维图形远程可视化应用，日常在线研究人员达 150 人以上。通过项目数据库的建设与应用，初步形成勘探开发专业研究集中统一的应用，基本满足日常科研的需求。但随着勘探开发研究对象的复杂、建设大油气田工作节奏不断加快，协同研究在数据、应用、功能等方面都需改进：（1）数据方面：数据种类不全，规范数据标准化差，数据准确率较低；专业项目数据库数据孤立，中间成果、研究成果缺乏继承和共享；（2）应用方面：各部门各专业独立开展工作，缺少部门、专业间的协同合作，缺乏支持线上审核和论证工作等决策工作的应用环境；（3）功能方面：研究主题不足，涉及业务面少，难以满足日常勘探开发协同研究需求，图形可视化、专业软件接口、常用工具等应用功能存在不足，难以支持勘探开发研究线上工作。

近年来，为满足石油领域勘探开发协同研究的需求，国内外各大石油公司积极采用物联网、大数据、云计算、人工智能等先进技术[1]，先后开展了一系列智能化云平台的建设与研究工作，共享、协同、一体、智能成为勘探开发业务领域的主流。十三五期间，中国石油信息化建设以统一数据库、统一技术平台为基础，开展勘探生产、开发生产、协同研究、经营管理等综合应用，全面提升勘探开发业务运营能力，中国石油勘探开发协同研究与应用平台（A6 梦想云）建设与推广

收稿日期：2021-09-24

第一作者简介：曹瑜（1970—），男，陕西长安人，本科，2008 年毕业于中国石油大学（华东）远程与继续教育学院计算机科学与技术专业，高级工程师，从事信息化管理工作。

E-mail：caoyu-tlm@petrochina.com.cn　Tel：0669-2171804

为上游业务相关项目建设提供统一的云平台。塔里木油田信息化建设按照“信息采集系统、信息传输系统、信息存储系统、办公系统、工控系统、交流平台”六大系统进行规划。其中“办公系统”中，协同研究环境建设成为支撑勘探、开发、工程等领域研究的重点工作平台。

1 协同研究主要建设内容

勘探开发协同研究平台在油田数字银行、云环境的基础上，构建勘探开发一体化的协同研究环境，实现跨部门、跨学科的一体化协同研究。以项目管理、数据推送、研究应用、成果归档为主线构建协同研究平台，建设满足地球物理、石油地质、油藏工程、圈闭与井位、油藏与方案、规划部署六类业务的研究环境，实现基于业务的协同与共享，开发专业软件接口并集中部署主流专业软件，实现软件云化应用；开发常用工具，提供数据查看、一键成图和高速计算能力；与专业库进行对接，实现快速获取研究资料，高效开展日常研究工作（图 1）。

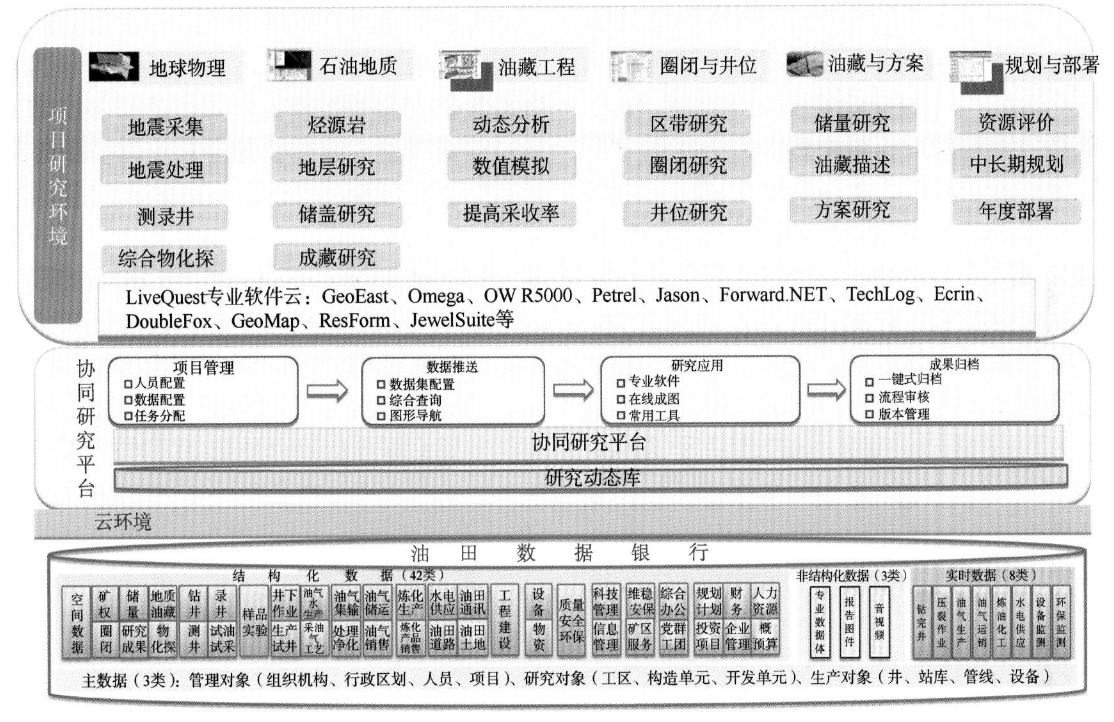

图 1　协同研究平台功能框架

1.1 研究数据获取

根据勘探开发研究院业务需求，分析所需数据格式及数据来源，新增圈闭研究业务、油藏描述研究业务、规划部署研究业务等 16 个研究方向的 88 个数据集，通过数据湖查询、专业库关联、研究项目共享等多种途径获取数据，支持研究工作。梦想云平台通过数据银行发布的 API 接口同步与专业数据库获取，利用数据管理工具及主数据管理机制，为业务应用提供有效的数据支撑。通过数据发布质控平台，实现了梦想云平台协同研究项目与塔中、塔北、库车、全盆地 4 个 OpenWorks、GeoEast 专业库的无缝对接，实现了 OpenWorks、GeoEast 地震工区一键式发布，为全盆地和各区块地震地质综合研究提供了协同研究环境数据支撑；应用专业软件接口，实现 GeoWorkings 平台和梦想云平台的无缝连接（系统直连），网页端可以访问 GeoWorkings 平台，支持在线预览地质图件和下载两种操作模式；Petrel 开发项目库与梦想云平台的互联，实现了轮南、哈得、东河等 31 个油气藏的开发油藏项目研究数据与研究成果的实时共享，支撑了构造解释、地质建模、数值模拟等一体化开发油藏研究，做到了研究人员可实时访问项目库，可以推送梦想云数据到软件项目库，也可以将项目数据归档至梦想云平台；通过数据接口实现与 GPT 老油田综合治理项目库对接，实现了基于梦想云平台的老油田综合治理研究工作成果图形数据、模型数据、文档数据流转共享；通过云平台数据访问权限与审核流程引擎控制；实现了数字档案馆的科学技术研究类成果报告与油气勘探开发类综合成果、单井成果、物探成果的归档数据综合查询与共享，为勘探开发研究业务提供重要参考资料，满足协同研究需求。

1.2 软件接口及专业工具开发

1.2.1 软件接口

油田勘探开发研究业务人员需要针对自己的科研目标，耗费大量的精力来搜集、整理数据，手段原始，时间成本人力成本消耗巨大，迫切需要统一管理调用多部门、多系统各类核心成果数据。专业软件接口主要提供各个勘探开发专业软件、勘探开发数据集成平台之间的数据交换功能，数据范围包括井数据、地震数据、地震解释成果数据等。项目通过调研，先期完成八款勘探开发主流专业软件接口开发工作（表1），实现数据提取、格式转换、数据推送、简化数据收集、整理、加载和归档的过程，使跨专业协作能力更强。基于专业软件接口，建立了与梦想云项目研究环境的数据交互高速通道，提升了研究人员数据准备效率、提升了数据的规范性、提升了成果共享的便捷性；通过软件试用，取得良好应用成效，满足了规划与部署、基础地质研究、开发地质研究、测井和地震反演等协同研究业务场景需求应用；实现了井基本信息、单井地层分层方案、录井地质分层数据表、岩屑基础数据、岩屑描述记录、录井解释结论、测井解释结论、测井数据体、岩性数据、井轨迹、录井解释、射孔数据、地化解释结论等结构化数据的获取；实现了地层厚度图、沉积相平面图、单井柱状图、砂岩厚度图和油气藏剖面图、解释层位、断层、地震数据体、地质模型等成果数据的“一键归档”。

表1 专业软件接口

序号	软件名称	获取数据	归档成果
1	GeoMap	井基本信息、单井地层分层方案、录井地质分层数据表、岩屑基础数据、岩屑描述记录、钻井取心筒次数据、钻井取心描述记录、测斜作业数据表、井斜数据解释成果表、测井曲线	勘探部署图、地层厚度图、沉积相平面图、单井柱状图、砂岩厚度图、油气藏剖面图
2	GPT	井基本信息、单井地层分层方案、录井地质分层数据表、岩屑基础数据、岩屑描述记录、钻井取心筒次数据、钻井取心描述记录、测斜作业数据表、井斜数据解释成果表、测井曲线、测井解释基础信息、气水相对渗透率测定、地质模型数据体、气藏流体性质数据表、水相高压物性数据、气相高压物性数据、地震数据体	地层厚度图、沉积相平面图、单井柱状图、砂岩厚度图、油气藏剖面图
3	SMI	井基本信息、单井地层分层方案、录井地质分层数据表、岩屑基础数据、岩屑描述记录、钻井取心筒次数据、钻井取心描述记录、测斜作业数据表、井斜数据解释成果表、测井曲线、解释层位、断层多边形	解释层位、解释断层
4	Petrel	井基本信息、单井地层分层方案、录井地质分层数据表、测斜作业数据表、井斜数据解释成果表、测井曲线、地质模型数据体、气藏流体性质数据表、采出井产量月数据、采出井生产日数据、数值模型、解释层位、解释断层	数值模型、解释层位、解释断层、录井地质分层数据表
5	TechLog	井基本信息、单井地层分层方案、录井地质分层数据表、测井曲线	测井数据体（解释）
6	Forward	项目信息、井基本信息、岩屑描述、测井曲线	单井柱状图、测井数据体（解释）
7	Gxplorer	井基本信息、录井地质分层数据表、岩屑基础数据、岩屑描述记录、钻井取心描述记录、测斜作业数据表、井斜数据解释成果表、测井曲线、录井解释信息、岩性剖面、试油数据、射孔数据	地层厚度图、沉积相平面图、单井柱状图、砂岩厚度图、油气藏剖面图
8	SimTools	井基本信息、测斜作业数据表、射孔数据、生产数据	剩余油平面图、三维填充图

1.2.2 专业工具

为方便用户开展日常勘探业务分析工作，油田以梦想云平台为基础，开发和完善常用工具，来支持勘探研究线上工作，增加Arps递减分析，童氏图版分析，砂岩碎屑成分分类三角图，碳酸盐岩三角图版，毛管压力分析，C-M图版，初始孔隙度渗透率恢复图、井综合开采曲线等常用工具（图2）。支持功能包括：（1）地质图件原样展现；（2）放大、缩小、漫游等查看功能；（3）导航应用（井、测线、工区等）；（4）标注编辑等。常用工具用于支持项目团队的协同，基于业务流程、数据组织、软件工具三个层面的结合，为研究用户构建了桌面化的工作平台。

1.3 业务主题建设

勘探开发梦想云平台实现跨地域、跨部门、

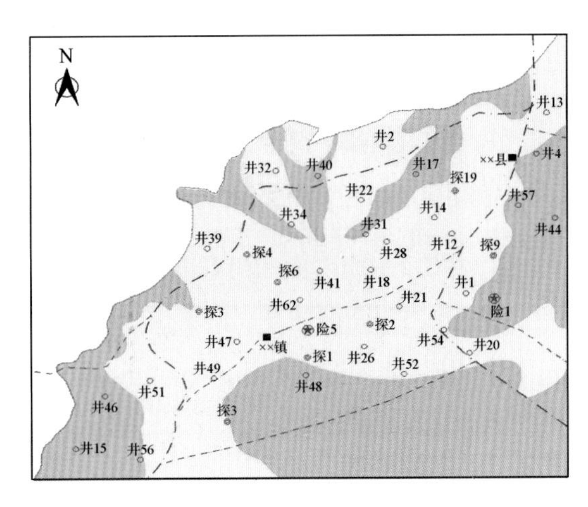

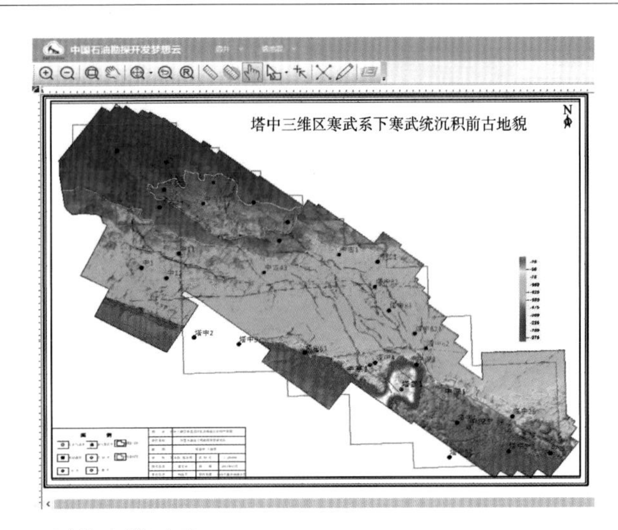

图 2　EMF、GDB 图件在线显示

跨学科工作协同[2]和数据共享，构建了地球物理、石油地质、圈闭与井位、规划与部署四大研究主题模块。

1.3.1 地球物理

通过业务梳理，搞清了各业务主题基础数据、业务流程、常用软件及成果数据之间的关系，构建了实现科研协同的业务主题。

1.3.1.1 地震采集设计

地震采集设计主要是结合地震部署的地质任务和技术要求，开展工区地表、地下地震地质条件分析，利用以往地震资料和采集试验数据，进行详细分析评价和参数论证，设计观测系统和激发接收参数，提供采集技术方案。通过设计《线束地震采集技术设计》《三维地震采集技术设计》《二维地震采集技术设计》3 个文档模板（图 3），实现地震采集设计报告在线生成；通过将报告中共性描述内容固定为模板，以下拉框、单选和多选等方式实现数据录入，从而避免不必要失误，减少不必要重复；开发地震采集报告线上审核功能，根据业务需求灵活配置报告审核节点，支持报告流程化管理，可支持生成包含领导签字的审核表单，实现报告编写、审核、归档全流程线上运行。

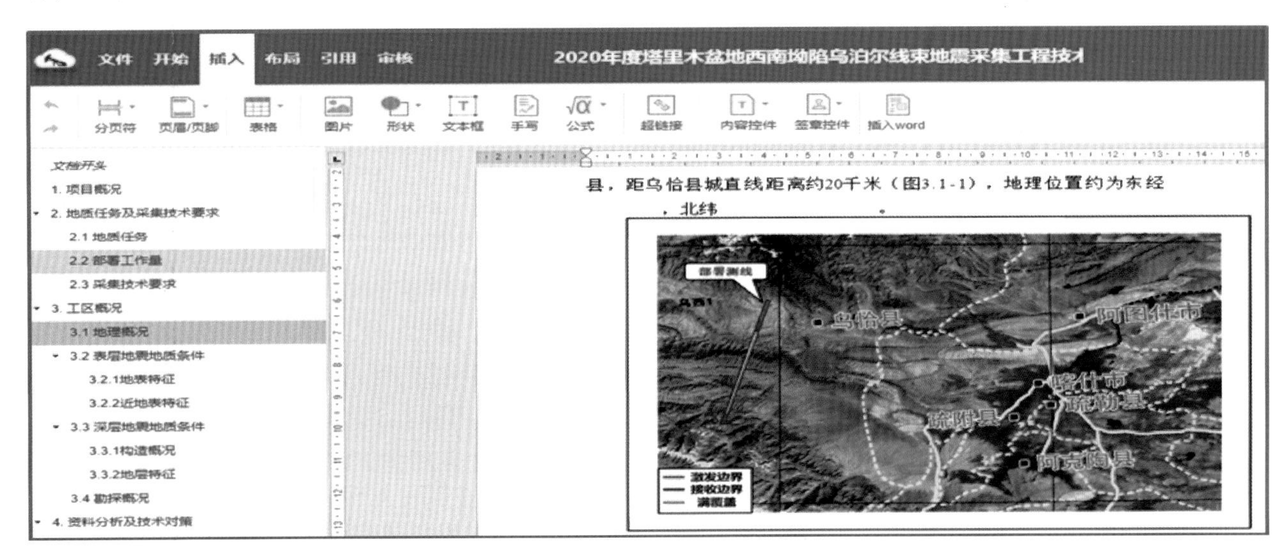

图 3　地震采集工程设计模块化生成

1.3.1.2 地震资料处理

地震资料处理研究是通过表层建模及静校正对地震勘探资料进行处理，对信号进行噪声压制和速度叠加分析，对地震资料进行速度建模并进行偏移成像处理。通过二维地震资料处理、三维地震资料处理、线束地震资料处理设计报告模块开发，实现处理报告在线生成功能；开发地震资料处理报告高级检索功能，可按照构造单元、区带、基准面、替换速度等文档属性精确检索文档，并可查看文档更新时间、完成进度等信息；开发地震数据体云端三维展示功能（图4），实现三维展示剖面显示井轨迹信息，并叠加测井曲线及地震处理四道工序线上初级质控、地震解释方案跨科室共享。

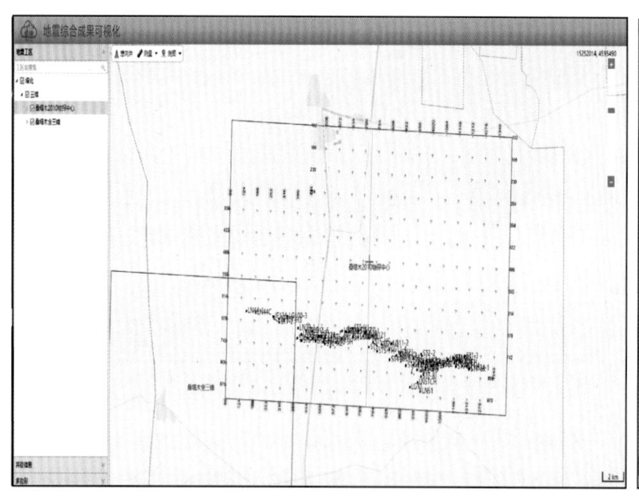

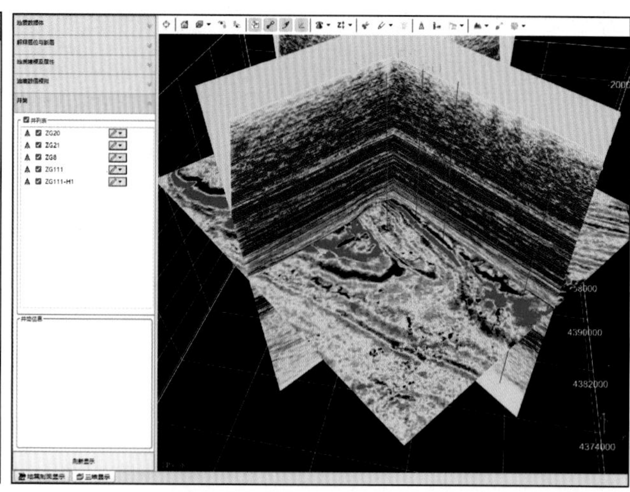

图4 地图投影与三维展示

1.3.1.3 油藏地球物理

首先是梳理油藏地球物理业务大表，搭架科室业务三级目录树；其次是理清础数据、业务流程、常用软件及成果数据之间；最后建立研究成果库，实现资源共享、提升科研效率。按照四级项目的划分，通过制订项目规范命名标准，解决管理难、检索难、调用难、区分难的问题，目前已实现油藏地球物理项目线上运行。

1.3.1.4 测录试井

根据不同测井系列资料特征进行处理，参考邻井前期解释成果和生产动态，对测井资料进行解释，提供单井解释报告、储层参数模型、四性关系、流体识别图版等成果。通过录井数据分析，进行敏感参数优选、派生参数计算，建立派生参数图版，结合三维核磁分析结果、岩心观察、邻井分析等手段，判断储层流体性质，生成解释成果表，为试油方案提供依据。对钻井完井后的新井，下入测试仪器，研究地层温度、压力系统；油井投产后定期监测井间连通情况、储层污染状况等动态数据，对油气井产能进行评价。目前，测录试井研究实现了以井筒为中心的钻、录、测、试和地质力学等成果数据的一键成图展示，可根据研究需求切换不同模板样式，目前模板样式主要有：测井资料综合解释评价成果图、综合解释图和四性关系图。

1.3.1.5 地质力学

通过综合岩石力学实验、测井解释成果、地震波阻抗信息，对研究区进行地应力分析，预测最大主应力方向、地应力场模式、裂缝分布规律等，为钻井设计、压裂施工提供依据。根据用户使用习惯，增加了按地质单元、组织机构科室、专业领域、上传文件时间范围等多维度检索方式，提高了用户的检索效率和检索范围，使用户缩短搜索时间、提高搜索准确率和有效率，使分散在各用户手中的研究成果实现高效的继承与共享。

1.3.1.6 综合物探

首先是井中地震，通过开展井中地震采集技术设计方案编制，对获得资料进行处理解释，并对工序进行质控；其次是非地震勘探，包括除地震之外的重力、磁力、电法、遥感、时频电磁法和井地电磁等物探方法。业务类型多、基础数据及中间成果复杂，通过标准业务研究场景搭建，在统建协同研究环境基础上，新增加3个数据集，部署31个数据集；设计了《VSP采集梳理解释技术设计》文档模板，实现VSP设计报告在线生成；提供了综合物探文档高级检索功能，可查看文档编写人、更新时间、完成进度、预览文档内容。

1.3.2 石油地质

石油地质研究涉及业务包括：烃源岩研究、地层研究、储盖层研究、成藏研究四大方面。烃源岩研究主要通过有机地球化学方法，对有机质的丰度、类型、成熟度进行评价，并通过生物标志物特征进行地球化学特征分析，最终对烃源岩分布范围进行预测；地层研究是根据钻井、野外剖面数据库选取所需重点井、野外剖面，利用钻井、测井、录井、地震资料综合分析，进行地层划分对比工作；储盖层研究包括沉积相研究和储盖层研究两大部分，沉积相研究是通过录井、测井、岩心、野外露头资料，识别沉积相类型，研究其纵横向展布规律并编制沉积相图件，储盖层研究通过钻井、岩心、野外露头资料和分析化验资料，对工区储层、盖层特征进行研究，明确储盖层特征及展布规律，并对其储集和封盖能量进行评价；成藏研究是利用基础地质资料和地震资料开展单一要素研究和成藏期次分析，进而对成藏要素进行评价，分析运移期与构造演化匹配，最终建立成藏模式。通过业务梳理及模块开发，搭建了烃源岩、地层研究、储盖研究、成藏研究协同研究环境，建立了基础地质成果项目库（图 5），为跨科室、跨研究方向协同开展工作提供数据支撑，增加成果文件、图件查询工具，研究人员可通过模糊搜索、构造单元、开发单元等多个维度，快速搜寻研究上传成果，为后续研究提供数据支撑。

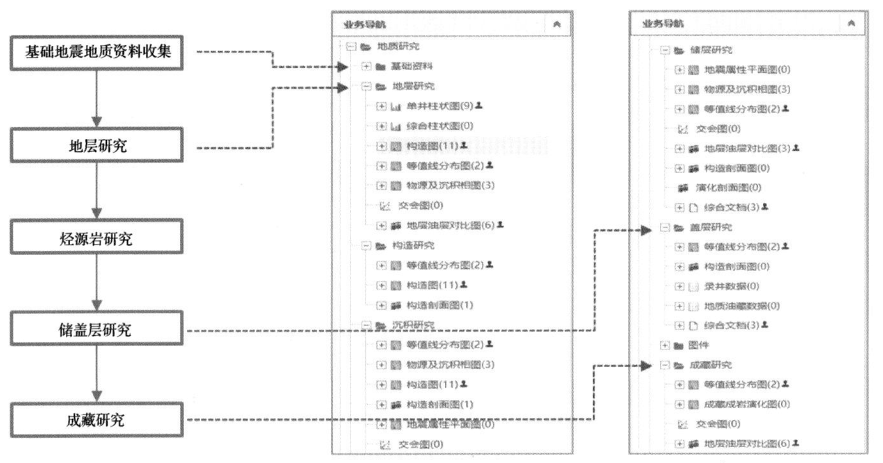

图 5　石油地质成果项目库

1.3.3 圈闭与井位

1.3.3.1 区带研究

以现代油气成藏地质理论为指导，综合应用物探、化探，以及钻井、录井、测井、测试和分析化验等多种资料和信息，详细分析区带的基本特征、油气成藏条件，建立区带地质模型，动态模拟（物理模拟和数学模拟）油气成藏过程。并在此基础上较准确计算区带油气资源量及其三维空间分布，落实有利的圈闭发育带，进行勘探投资组合、勘探风险和决策（部署）分析与评价过程。通过工作流程的梳理、标准研究业务场景完善与升级及云端三维系统升级，建立区带的研究项目库（图 6），为后期圈闭、井位、储量等研究工作提供基础数据支撑，确保研究成果共享。

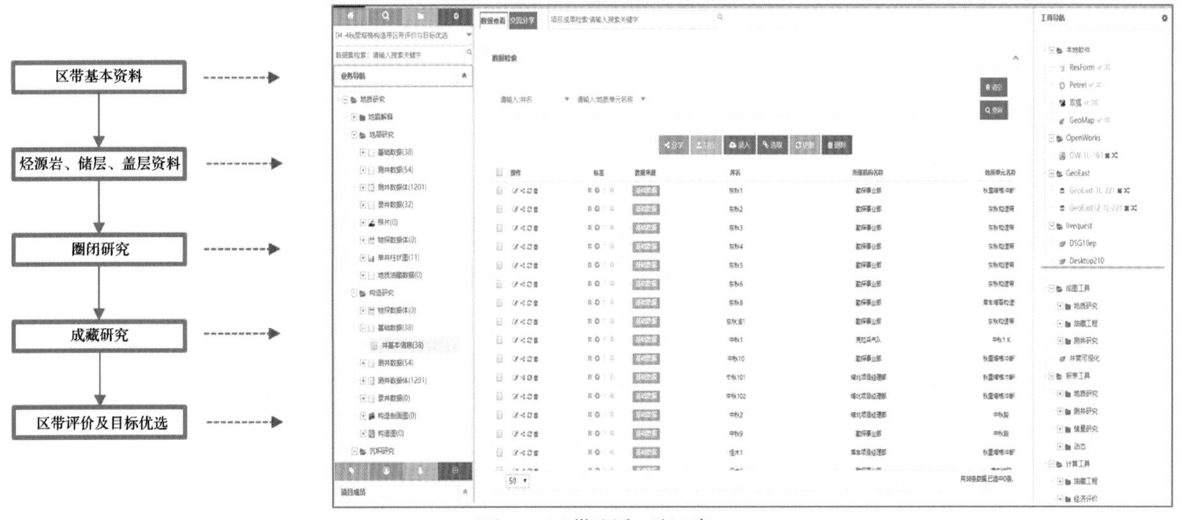

图 6　区带研究项目库

1.3.3.2 圈闭研究

以油气成藏理论为依据，以石油天然气勘探数据库为支持，采用综合性勘探评价方法，充分利用不断增加的地面物探、化探资料及井筒资料和综合研究资料，对识别出的圈闭进行石油地质综合评价、资源量估算、圈闭优选、预探井井位设计。通过数据集的创建、标准研究业务场景搭建及圈闭管理系统开发应用，梳理出了标准研究标准流程、研究内容、圈闭质控表及圈闭报告模板，最终实现圈闭管理系统的发布（图 7），研究人员可通过圈闭管理系统，查看圈闭分布情况及相关信息，时刻掌握圈闭研究动态；通过圈闭研究、圈闭质控模块上线，实现了圈闭线上流程式研究、节点式质控、报告一键式生成等功能，减少了低水平重复与低级失误；对接了坦途门户，研究人员提交审批后，相应的审核人员将通过消息中心接收到审核通知，同时用户还可以根据应用需要，进入圈闭协同研究、圈闭质控、圈闭管理等界面，自由配置个人中心。

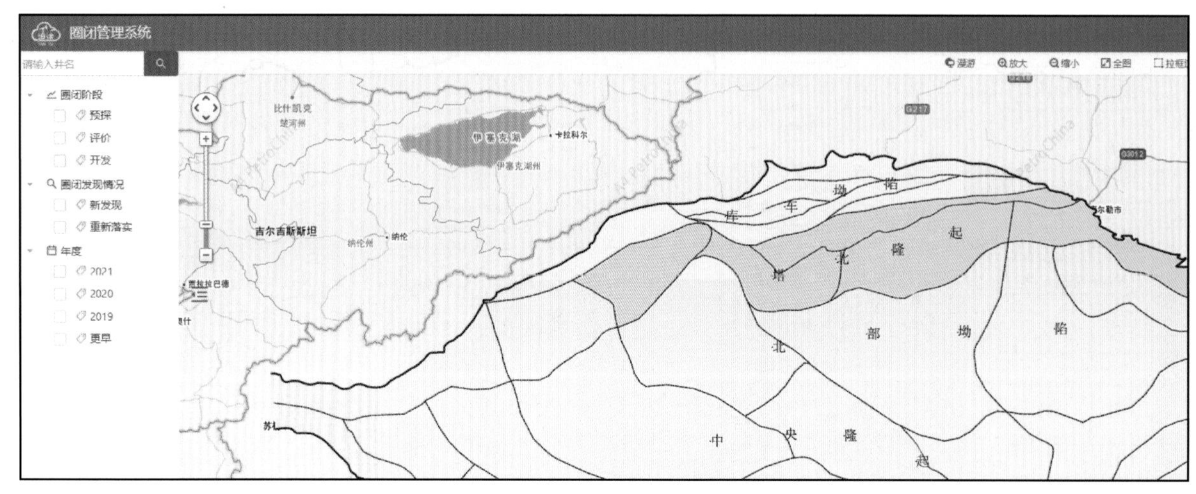

图 7　圈闭管理系统

1.3.3.3 井位研究

根据研究区已有的地质认识（钻井、露头、地震、测井），优选出有利区带和目的层位，对区带内地质结构研究基础上确定目标区位置，结合地面踏勘情况确定井轨迹设计方案，最终形成井位设计。将井位研究与梦想云结合起来，主要开展工作流程的梳理和标准研究业务场景搭建工作。现阶段依托梦想云协同研究环境，进行了井位研究数据集的扩展定制，建立了标准的研究业务流程（图 8），现已有 21 个项目上线，提交各类成果 756 个，通过梦想云平台，实现了项目之间的数据共享应用。

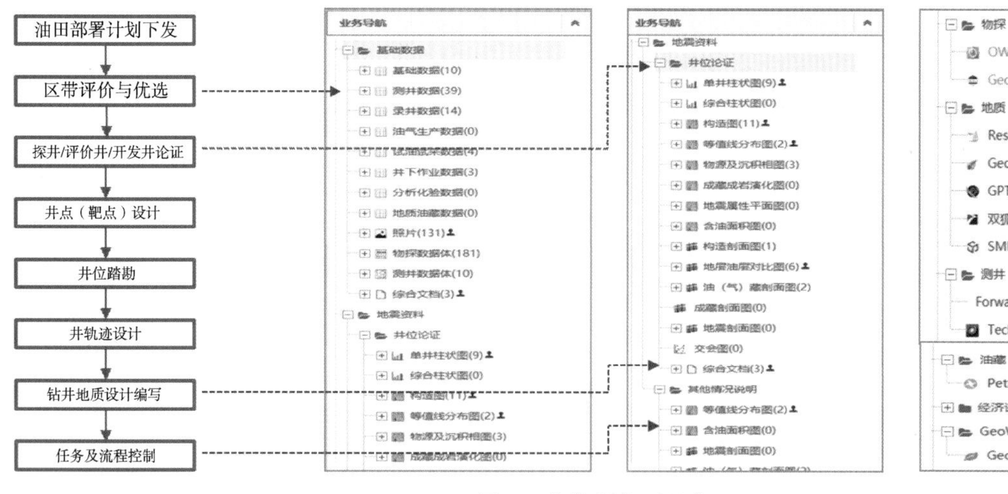

图 8　井位研究项目库

1.3.4 规划与部署

规划与部署工作是根据历年勘探开发生产成效、资源潜力、区块油藏潜力及目前生产情况分析，明确勘探开发不同阶段指标并进行分解，制订、完善勘探开发规划编制流程及方法，此次研究主要包含中长期规划、年度部署、资源评价三项工作。中长期规划根据业务部门工作场景，开发中长期规划报表协同编制功能，支持模板版本管理、编制任务下发、在线沟通、各开发单元报表整合等功能；根据年度部署业务与资源评价需求，增加了相关数据集，通过与 Geomapserver 平台连接，支持勘探部署图编制工作，用户从 Geomapserver 平台获取图册模板，利用 Geomap 软件完成编辑工作后，可一键归档至对应的数据集。

2 应用效果

在统一数据库和平台基础上，针对研究院业务工作现状，通过对标准业务研究流程梳理，扩展了地球物理、石油地质、圈闭与井位、规划与部署 4 个研究主题 15 项研究场景，实现跨学科、跨领域，多人线上协同研究工作；通过专业软件接口及常用工具的开发，实现数据的快速获取，一键式成果归档入湖；通过 16 项专业数据集扩充和专业库的对接，可快速获取研究所需资料，顺利开展日常研究工作；通过协同研究环境建设为勘探研究及决策人员构建一体化的工作平台，覆盖主要勘探业务节点，有效促进科研效率的提升。

协同研究平台在塔里木油田建设应用以来，按勘探开发研究人员提出“多做选择、少做填空”的设计思路；以“最小化”单元的设计理念，优化各业务流程；以“切实减轻参与人员的工作强度，实现模块化输出、自动化纠错、工业化制图”为目标，最终达到帮助研究人员避免低级失误、低水平重复、低效率组织的“三低”问题。

2.1 实现与平台融合

打通 Xmanager、LiveQuest 数据连接通道，主流应用软件无缝集成、统一共享，即实现了远程登录又实现了与研究院 LiveQuest 平台融合，研究人员可随时随地调用平台的集成软件进行研究工作。此功能的实现，在日常办公及各类型的汇报都起至关重要的作用，达到便捷登录、快速切换、高效协同的效果。

2.2 实现井位论证多媒体汇报与成果数据交互联动功能

实现 PPT 汇报大纲，采用超链接的方式调用梦想云平台数据，使用云端三维和 LiveQuest 展示地震解释成果、关键矢量图，保证汇报的系统性、流畅性，真正发挥梦想云平台的协同研究、即时决策功能，实现从“我汇报什么，领导就只能看什么”到“领导想看什么，我们就展示什么”的转变。

2.3 实现井位论证多媒体汇报与成果数据交互联动功能

数据集私人订制，建立项目父子关系，展现包容性、连续性，管理更科学；合并重复任务，减少数据冗余，真正实现开放共享；搭建风险研究项目，实现风险井位研究全部上平台（图 9），搭建了风险勘探 7 大课题，23 个一级、65 个二级、197 个三级研究项目，基本实现全过程线上协同研究。

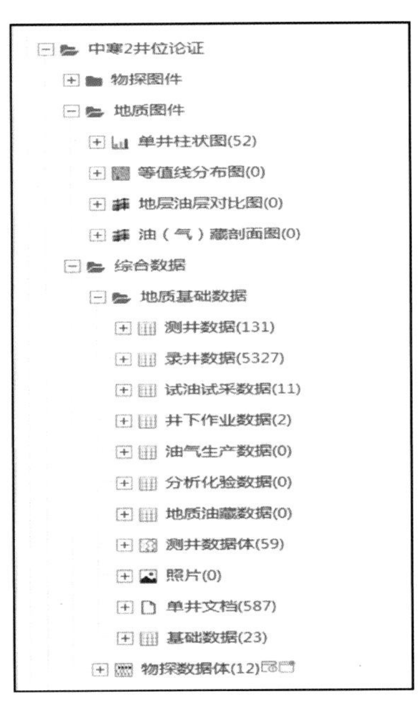

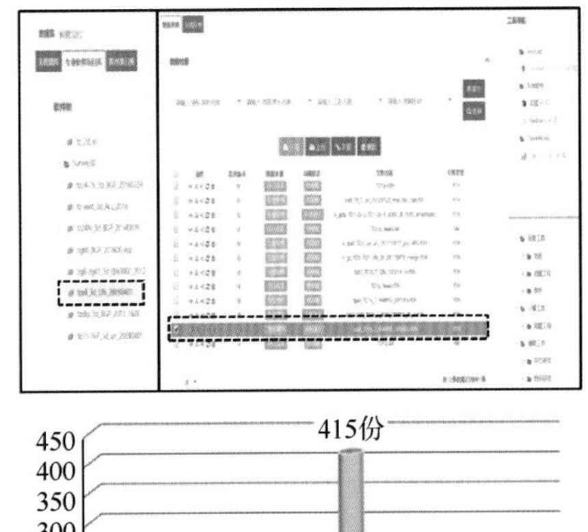
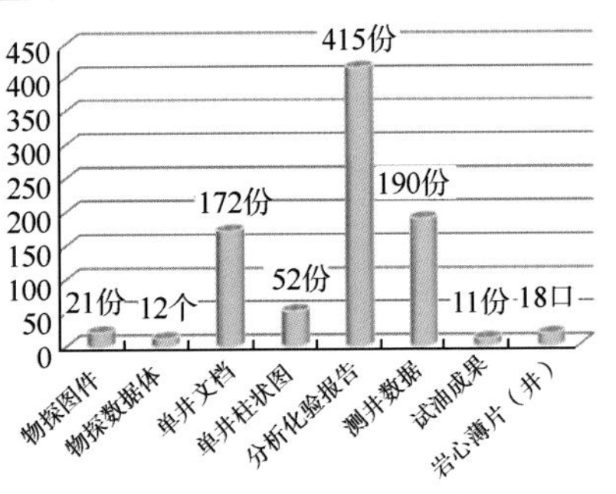

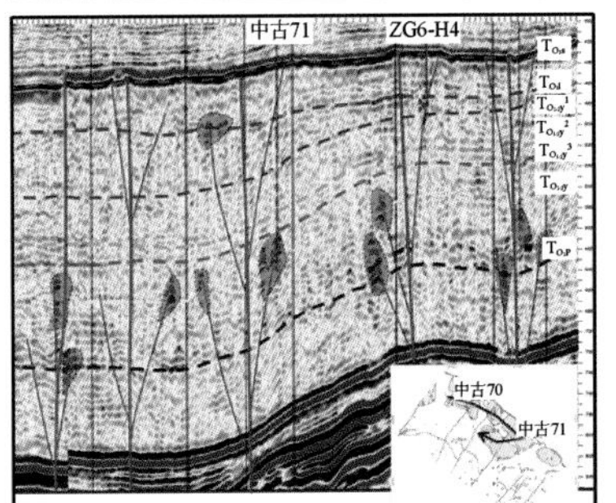

图 9　梦想云开展风险井位论证

2.4 实现跨学科、跨部门、跨地域的科研协同

勘探开发研究院基于云平台实现中国石油网内领导和质控部门对项目的异地督促指导、前后方一体化异地协同、甲乙方一体化质控、处理解释一体化，实现异地协同的生产组织新模式。圈闭研究方面，通过协同研究平台，可线上开展研究、多级质控、报告编写等工作，目前已在勘探开发研究院全面应用，顺利完成了 70 个圈闭的申报工作（图 10）。地质研究方面，基于基础研究工作环境，用户已初步实现快速从数据湖获取研究所需的基础数据，并将数据推送至专业软件开展作图等工作，成果图件也可归档至协同研究平台，实现成果的继承与共享；基于协同研究环境，研究人员已建立 4 个基础地质成果项目库，为其他研究领域工作提供数据支撑。地球物理方面，用户可以以井筒为中心的钻、录、测、试和地质力学等成果数据的一键成图；同时开展编写报告工作，可按照构造单元、面元尺寸等文档属性，精确查找以往文档进行参考，以下拉框、单选和多选等方式实现数据录入，将完成编写的报告提交领导线上审核，实现报告编写、审核、归档全流程线上运行。中长期规划方面，用户可实现线上发布报表统计任务，分发统计报表模板，业务人员可在任务主题下进行线上交流，根据任务要求填写所负责的区块信息填并上报，用户可随时查看各业务人员任务进展，进行分区块报表的单独或汇总下载，提取各区块的产量、进尺等信息，实现中长期规划报表统计工作线上进行。

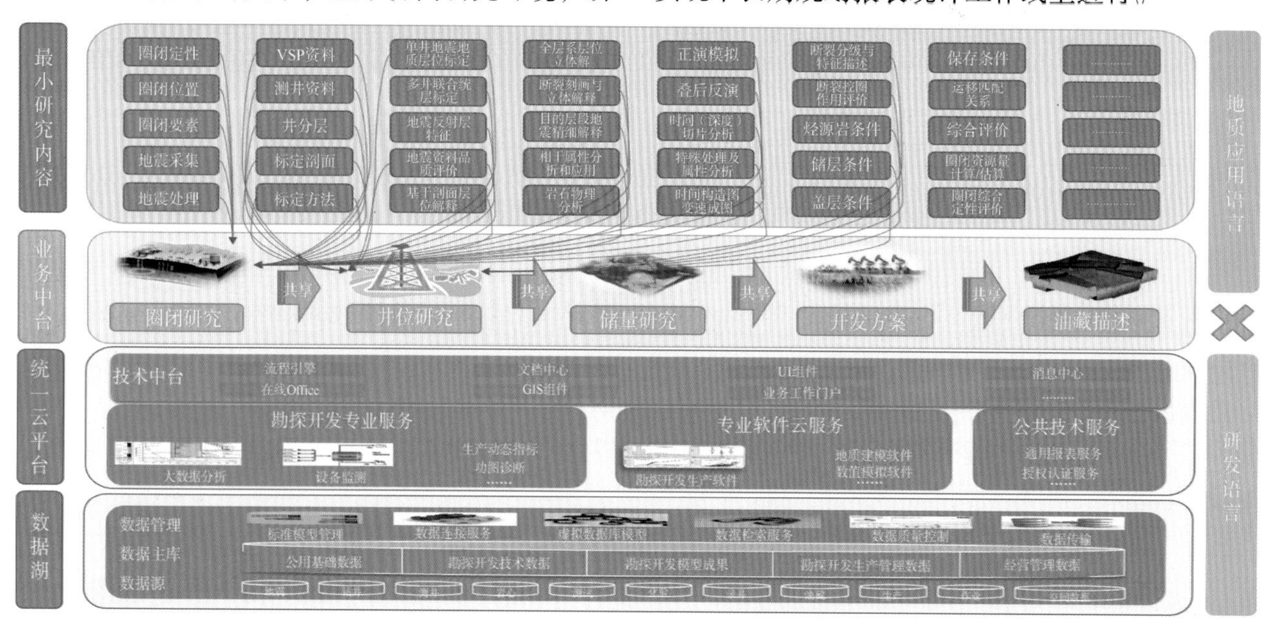

图 10 圈闭线上研究、多级质控、报告编制工作流程

3 结束语

经过两年多的建设与应用，已建成包含基础数据服务、业务线上研究、审核流程质控、知识成果共享、辅助决策和管理融为一体的综合应用服务平台，也是勘探开发协同研究唯一的工作平台，面向地球物理、石油地质、圈闭与井位、规划与部署等业务场景相关的模块和功能已在科研工作中发挥积极作用，但基于“最小研究单元”的功能模块，只在圈闭研究及质控 App 进行了实现和应用。下一步，按照油田公司信息化建设要求，协同研究平台建设将延伸到前后方精细油藏描述一体化、地质工程井位一体化研究领域，同时将围绕圈闭—井位—储量—方案四个业务对象主线，以“最小研究单元”建设思路，深入开展需求调研，不断完善优化协同研究平台功能，同时开发新应用模块及相关工具，最终实现油气勘探开发全业务链资源共享、数据互联、技术互通、业务协同与智能化发展，构建共建、共享、共赢的信息化新生态，为全面建成现代化大油气田提供全面支撑。

参考文献

[1] 杨金华，邱茂鑫，郝宏娜，等. 智能化——油气工业发展大趋势[J]. 石油科技论坛，2016，35（6）：36-42.

[2] 于会松. 勘探协同研究云平台的设计及应用[J]. 计算机仿真，2014，31（6）：155-157+163.

ABSTRACTS

1 Fault distribution and evolution in the Tarim intracratonic basin

Zhu Yongfeng[1], Xie Zhou[2], Wu Guanghui[2], Zheng Duoming[1], Huang Shaoying[1]

(1. *Exploration and Development Research Institute of PetroChina Tarim Oilfield Company, Korla, Xinjiang* 841000;
2. *Southwest Petroleum University, Chengdu* 610500)

Abstract: The evolution of fault system in Tarim intracratonic basin is comprehensively analyzed by fault structure mapping and regional tectonic background. The results show that there are six stages of varied fault evolution in the lower Paleozoic under the different regional tectonic background: the late Neoproterozoic strong extensional-weak compressional faulting stage, the Cambrian-Ordovician localised weak extensional-strong compressional faulting stage, the late Ordovician-middle Devonian strike-slip fault stage, the Carboniferous-Permian northern transpressional fault stage, the Indosinian-Yanshanian northeastern transpressional fault stage, and Himalayan peripheral and Bachu fault stage, which are throughout the Tarim and different from the typical cratonic basins. The fault evolution in the Tarim intracratonic basin is characterized by the inheritance of multi-stage fault development, and remodification of fault geometry and migration of fault distribution. The evolution of multiple fault system provides the insights for the study of the paleotectonic restoration and oil/gas accumulation.
Key words: fault; evolution; restoration; tectonic setting; Tarim Basin

11 Extensional Fault in Triassic in Tazhong Uplift and Significance of Petroleum Exploration

Shen Yinmin, Zhang Haizu, Shi Lei, Jiang Jun, Liu Xin, Xia Weijie, Kang Tingting

(*Exploration and Development Research Institute of PetroChina Tarim Oilfield Company, Korla, Xinjiang* 841000)

Abstract: Triassic in Tazhong Uplift is regarded as non-exploration target layer for long time and is lacked systematic and in-depth research. Based on the analysis with 3D seismic data, it is discussed about the characteristics and origin of the typical extensional fault in Triassic in Tazhong Uplift. The research finds that there are many extensional faults in Triassic in Tazhong Uplift. The typical extensional fault has symmetry or near symmetry "Y" shape on the profile. The fault breaks through the bottom of Triassic, and up to the top of Triassic. The development of extensional fault is positively related to the Caledonian-Hercynian fault and Permian volcanic apparatus. Permian magma is erupted along Caledonian-Hercynian fault and form large volcanic cone, which was then draped over by the Triassic. While structure stress is loose in Indosinian in Tazhong area, it cause that the pre-exit fault blocks are dropped and Permian volcanic apparatus are collapsed, and then the Triassic extensional fault is formed. These different periods faults compose a fault system, secondary multiphase complex fault system, which breaks through from Cambrian to paleo-surface (pre Cretaceous deposition). The fault system cause that there are great petroleum adjustment and reservoir damage in deep, and migrate or even loss in Tazhong area in Indosinian period. But, on the other hand, it laid a good foundation for formation of reservoir in Triassic in Himalayan period, because it can form migration pathway for oil and gas, and form traps related with extensional fault. So Triassic has the conditions for hydrocarbon accumulation and will become a new field for fine exploration in Tazhong Uplift.
Key words: extensional fault; secondary fault; fault system; volcanic apparatus; exploration new field; triassic; tazhong uplift

16 Analysis of Differential Controlling Effect of F_I17 Strike-slip Fault on Reservoir Development and Hydrocarbon-accumulation in A'man Transition Zone, Tarim Basin

Yang Fengying, Li Shiyin, Guan Bazozhu, Zhao Longfei, Wu Jiangyong, Wang Peng,
Shen Chunguang, Liu Ruidong, Ding Zhaoyuan, Liu Bo

(*Exploration and Development of Research Institute PetroChina Tarim Oilfield Company, Korla, Xinjiang* 841000)

Abstract: Exploration practice of Tarim Basin has confirmed that strike-slip faults have an impact on the distribution of Ordovician

fractured-vuggy carbonate reservoirs and hydrocarbon migration and accumulation. The F_I17 strike-slip is a typical intracratonic strike-slip fault, that the main body is developed in the A'man transition zone. The systematically study of F_I17 strike-slip and the controlling effect on reservoir development and hydrocarbon-accumulation are rare. Based on multiple sets of high-precision 3D seismic data, the F_I17 strike-slip fault is finely dissected in geometry and kinematics by using coherent attributes, and the sensitive attributes of fractured-vuggy reservoirs are further combined with a large amount of well data to carry out the analysis of the strike-slip fault controlling effect on reservoir development and hydrocarbon-accumulation. Studies have shown that the main active period of the F_I17 strike-slip fault is the Middle Caledonian-Early Hercynian period. It has obvious segmentation on the plane, showing a multi-segmental distribution of linear, oblique array, and braided segments. The braided segments with the large activity intensity, have large degree of damaged zone width and stratum deformation, and the fractured-vuggy reservoir is developed on a large scale in them. The middle section of the F_I17 strike-slip fault zone is a condensate gas reservoir, and the north-south section is a volatile oil reservoir. The difference in the activity intensity of strike-slip faults creates a differential distribution pattern of oil and gas along the strike-slip fault zone.
Key words: Tarim basin; strike-slip fault; Ordovician; carbonate rock; controlling effect on reservoir development and hydrocarbon-accumulation

22 Evaluation of fault sealing capacity in Dabei 3 Area

Wang Xiaoyan, Yang Fenglai, Bai Xiaojia, Fu Ying, Zhu Zhengjun, Meng Lingye, Yan Bingxu, Li Haiming

(*Exploration and Development Research Institute of PetroChina Tarim Oilfield Company, Korla, Xinjiang* 841000)

Abstract: Dabei 3 Area is characterized by large productivity difference of single well, in order to determine the control effect of faults on hydrocarbon distribution, an analysis by the available data of Dabei 3 Area faults was carried out. Based on the study of relationship between the mechanism of fault growth and its control effect on the difference of hydrocarbon distribution, with the Qualitative evaluation of Dabei 3Area faults, it can be concluded that the fault sealing of F5 and F8 are the best. With further quantitative evaluation of faults of Dabei 3Area, the mud ratio of Mudstone fault can be calculated as well as the sealing hydrocarbon height. The studies shows that the fault blocks controlled by the faults F5 and F6 have stronger hydrocarbon sealing ability, it is suitable for the next step of optimization development area of Dabei 3 Area.
Key words: Dabei 3 Area; fault sealing; shale smear factor; mud ratio of Mudstone fault; sealing hydrocarbon height

28 An application study of fault detection technology for carbonate rocks based on disorder search

Li Pengfei, Xiao Wen

(*Exploration and Development Research Institute of PetroChina Tarim Oilfield Company, Korla, Xinjiang* 841000)

Abstract: For carbonate reservoirs in the Tarim Basin of China, faults, fractures, caves and their combinations are the main reservoir space. Faults and accompanied rifts effectively rebuild carbonate reservoirs. Therefore, effective fault detection is very important for the exploration and development of carbonate reservoir. Traditional geometric attributes are sensitive to structural information such as faults and strata, as well as sequence features such as riverway. These messages are often mixed together, making it difficult to distinguish faults separately. Usually the fault interpretation based on traditional geometric attributes is performed on horizontal or strata slices, and the interpretability on vertical sections is poor. The fault detection technology based on the disorder of the amplitude gradient vector assumes that the fault is a plane in a local area of the three-dimensional space. By searching for the disorder of the seismic amplitude gradient vector along all directions in the three-dimensional space, we can find the fault plane associated with the strongest disorder. This technology eliminates noise and the influence of strata, and is only sensitive to faults. It can also improve the fault clarity. The vertical section of the result of the measure is also very useful for fault interpretation. This method can achieve multi-scale fault prediction, and provide a data basis for high-precision 3D fault interpretation.
Key words: carbonate reservoir; amplitude gradient vector disorder searching multi-scale fault prediction; Central tarim area

34 Sequence Characteristics and Filling Pattern of Donghe Sandstone Section - Breccia Section in East Slope of Lunnan Area

Yi Zhenli[1], Zhang Qiao[2], Liu Yan[1], Gao Dengkuan[1], Cui Wei[3], Wang Yupeng[2], Liu Yan[2], Shi Yang[1]

(1. *Exploration and Development Research Institute of PetroChina Tarim Oilfield Company, Korla, Xinjiang* 841000;
2. *Yingmai Oil and Gas Development Department of PetroChina Tarim Oilfield Company, Korla, Xinjiang* 841000;
3. *Oil and Gas Venture and Cooperation Division of PetroChina Tarim Oilfield Company, Korla, Xinjiang* 841000)

Abstract: The stratigraphic relationship and filling pattern are not very clear between Donghe sandstone seciton and Breccia section in eastern slope of Lunnan area. In order to solve these problems, sequence framework on third and fourth level for Devonian upper system to Carboniferous System are respectively built, after application of method of sequence stratigraphy , based on data of cores, logging and seismic. Combined with study of sedimentary micro-facies and sedimentary evolution, sequences filling pattern is made for Donghe sandstone section - Breccia seciton. It is considered that the Donghe sandstone section-Breccia section corresponds to a complete sequence named SQC-1A on fourth level, which can be divided into transgressive system tract and highstand system tract. The lithostratigraphic unit interface between Donghe sandstone seciton and Breccia section do not corresponded to the conversion surface of sedimentary transgressive and regressive. No matter fine sandstone, pebbly sandstone, which representing lithologic stratigraphic units of Donghe sandstone section, or breccia, which representing lithologic stratigraphic units of Breccia sandstone section, they are all deposited in transgressive system tract and highstand system tract. The distribution of fine sandstone and breccia is described as a trend of gradient changing mode. The sand bodies of foreshore and littoral sub-facies in wave controlled shore facies are the main fillings in transgressive system tracts. Massive breccias of alluvial fan facies begin filling the basin at the early age of highstand system tract. The distribution of wave controlled shore facies is gradually forced to move towards the direction of basin. At the end of the highstand system tract, the alluvial fan facies and gravel beach microfacies finally covers the most areas of the east slope of Lunnan area.

Key words: Lunnan Area; Carboniferous System; Donghe Sandstone Section; Breccia Section; Sequence Stratigraphy; Filling Pattern; Sedimentary Microfacies

40 The Relationship of the TOC of Oil Source Rock of YUERTUS FORMATION with Stratigraphic Sequence on Ultradeep Wells, Western Tabei

Zhang Bo[1], Jing Bin[1], Zhang Zexin[3], Yang Bengfei[1], Guo Xiaoyan[1], Yuan Jiaxiang[2]

(1. *Exploration and development Research Institute of PetroChina Tarim Oilfield Company, Korla, Xinjiang* 841000;
2. *The Kela field developed department of PetroChina Tarim Oilfield Company, Korla, Xinjiang* 841000;
3. *Mechanical and Storage Engineering School of China University of Petroleum* (*Beijing*), *Beijing* 102249)

Abstract: A great discovery has not gotten in the exploration on the interval under the salt strata in Cambrian, Tarim basin yet. The one of the key reasons is it is difficult to identify the distribution of hydrocarbon kitchen because of the poor quality of TOC from experiment resulted by too little, triturated, polluted cutting to identify to select in deep-ultradeep wells. Although the cores to some degree can give believable data,few cores have been taken and it is too difficult to get proven TOC on wells. U sing the ways of Δlg and U,the TOCs on ultradeep wells for Lower Cambrian gotten are verified by data from core test. The conclusions are the TOC of oil source rock is connected with systems tract, especially for LST， the correlation of wells in western Tabei shows high TOC with enormous genetic potential distributing in large area being a hydrocarbon kitchen showing hopeful exploration prospect.

Key words: western Tabei; ultradeep wells; Δlg; stratigraphic sequence; Cambrian; Yuertuse formation; oil source rock TOC

46 Oil-Source Correlation and Accumulation Evolution in Wushi-Wensu Area of Tarim Basin

Zhang Huifang[1], Wang Xiang[1], Zhang Ke[1], Shi Chaoqun[1], Fan Shan[1], Lou Hong[1], Wang Xiaoxue[1], Li Gang[2]

(1. *Exploration and Development Research Institute of PetroChina Tarim Oilfield Company, Korla, Xinjiang* 841000;
2. *Resources Survey Office of PetroChina Tarim Oilfield Company, Korla, Xinjiang* 841000)

Abstract: The understanding of oil source and accumulation evolution in Wushi-Wensu area have been controversial for many years , which restricts the area evaluation and favorable target optimization. Firstly, through the fine comparison of biomarker compounds and carbon isotopes, the overall evaluation of outcrop and downhole source rocks and the comparison of thermal evolution degree of source rocks with oil and gas maturity, it is clear that the oil in Wushi-Wensu area mainly comes from the Triassic Huangshanjie formation in the neighboring area of Awate, mixed with Jurassic sources. Afterwards, the analysis of hydrocarbon source rock burial history, fluid inclusion, thermal evolution history of single well and regional structural evolution shows that early reservoirs were formed in The Pliocene period of Wushi 1 and Shenmu 1. In the late Pliocene, Wushi 1 was transformed into the current condensate gas reservoir by a large amount of natural gas injection, while Shenmu 1 remained oil reservoir due to the structural difference. Because of the poor capping condition, the reservoirs on Wensu uplift suffered serious biodegradation and formed heavy oil reservoirs.

Key words: Wushi sag; Wensu uplift; oil source correlation; hydrocarbon accumulation; condensate gas reservior; heavy oil reservoir

53 Simulation study on inclined oil-water contact controlled by interlayers–Hade 4CIII reservoir

Lian Zhanggui[1], Bian Wanjiang[1], Han Tao[1], Lao Binbin[2], Zeng Jiangtao[3], Shao Guangqiang[1], Guo Lingling[4], Zhang Shuzhen[1]

(1. *Exploration and Development Research Institute of PetroChina Tarim Oilfield Company, Korla, Xinjiang* 841000;
2. *Schlumberger China, Beijing* 100015;
3. *Experimental Testing Institute of PetroChina Tarim Oilfield Company, Korla, Xinjiang* 841000;
4. CNPC Richfit, China Petroleum Bureau of Geophysica prospecting, *Korla, Xinjiang* 841000)

Abstract: Hade 4CIII field is marine sandstone reservoir with edge-bottom aquifers, there is nearly 100m steep oil-water contact, previous studies suggest that the reservoir unsteady accumulation of tectonic movement is the main factor leading to the inclined oil-water contact. According to the characteristics of the reservoir, there are many widely distributed tight but permeable interlayers, we build mechanism geological model and do reservoir simulation research of oil and gas accumulation movement in hundreds of millions of years. It is confirmed that the main controlling factors for inclined oil-water contact are the interlayers shelter effect and the oil-water gravity differentiation in the process of reservoir accumulation, but tectonic movement and unsteady accumulation are the secondary controlling factors.

Key words: Hade 4CIII reservoir; inclined oil-water contact; unsteady accumulation; interlayer; numerical simulation

58 Distribution of present-day in-situ stress field and efficient development suggestions in Bozi-1 gas reservoir of Kelasu structural belt

Xu Ke, Yang Haijun, Zhang Hui, Wang Haiying, Yuan Fang

(*Exploration and Development Research Institute of PetroChina Tarim Oilfield Company, Korla, Xinjiang* 841000)

Abstract: In order to solve the exploration and development problems caused by the complex structural background of ultra-deep reservoir in Kuqa depression in Tarim Basin, the research of present-day in-situ stress field is carried out based on the means of multi information and multi method, including one-dimensional (1D) single well interpretation and three-dimensional numerical simulation, taking Bozi-1 gas reservoir in as an example in this paper. The distribution characteristics of the present-day in-situ stress field in three-dimensional space are found out, the influence factors controlling the distribution are clarified, and suggestions for well displacement are provided. The results show that: (1) Bozi-1 gas reservoir is still a strike-slip stress field with a buried depth of more than 6500m. Present-day in-situ stress value is high, the horizontal stress difference is large, and the heterogeneity is strong. The orientation of the maximum horizontal principal stress deflects regularly in plane and depth. (2) Complex geological boundary conditions and differences in rock mechanical properties are the important reasons for the strong heterogeneity of in-situ stress field. The development of gas reservoir disturbs the in-situ stress state around the borehole obviously, and even causes 90° deflection of the in-situ stress orientation. (3) The well displacement of Bozi-1 ultra-deep reservoir should fully consider the disturbance caused by the present-day in-situ stress and the development status of adjacent wells. It is suggested that highly deviated wells should be used to cross the favorable zones as much as possible to overcome the difficulties of strong heterogeneity in reservoir and drilling.

Key words: ultra-deep reservoir; present-day in-situ stress field; geomechanics; heterogeneity; highly deviated well; Bozi gas reservoir

67 Research and application on EOR by hydrocarbon gas injection in deep clastic reservoir in Tarim Basin

Xu Yongqiang, Zhou Daiyu, Wu Zangyuan, Yan Gengping, Shao Guangqiang, Li Yang

(*PetroChina Tarim Oilfield Company, Korla, Xinjiang* 841000)

Abstract: The clastic reservoir in Tarim Oilfield has entered the middle and late stage of development as a whole, EOR is facing great challenges, and gas injection flooding is the practical technical direction of EOR in this kind of reservoir. This paper summarizes the research and practice of hydrocarbon gas injection to enhance oil recovery in deep clastic rock reservoirs in Tarim in recent years.Laboratory experiments show that hydrocarbon gas injection can expand crud oil and reduce the viscosity in each deep clastic rock reservoir in Tarim, but most reservoirs can not be miscible with crude oil under the current formation pressure, and some reservoirs can be nearly miscible; It is more reasonable to carry out water gas alternative displacement after water drive. With the help of the miscibility of light hydrocarbon and crude oil, light hydrocarbon drive after water drive and natural gas drive can finally greatly improve oil recovery. Donghe 1CIII and Tazhong 402CIII reservoirs are developed by different gas drive modes, especially the implementation of gas injection scheme in Donghe 1CIII reservoir has achieved good application results. Its experience and enlightenment can be used as a reference for the research and practice of gas injection EOR technology in deep clastic rock reservoirs.

Key words: Tarim Oilfield; deep clastic reservoir; EOR; hydrocarbon gas flooding; gravity drainage

76 Study and practice of EOR technology by gas injection in Dong 1CIII reservoir

Fan Jiawei[1], Zhou Daiyu[1], Yuan Ye[2], Wang Yanqiu[2], Tao Zhengwu[1], Zhang Liang[1]

(1. *Exploration and Development Research Institute of PetroChina Tarim Oilfield Company, Korla, Xinjiang* 841000;
2. *Oil and gas field production capacity construction business unit of PetroChina Tarim Oilfield Company, Korla, Xinjiang*, 841000)

Abstract: Clastic oil fields are usually developed by water injection, which usually results in rapid rise of water cut due to severe reservoir heterogeneity and high crude oil viscosity, resulting in low water drive recovery factor. Moreover, due to high water injection development cost, economic benefit contradiction is prominent in the international environment of low oil price. Therefore, it is very important to explore economic development mode and realize EOR of clastic oil field. East river oil field of tarim basin east 1 cIII reservoir well conditions is relatively complex, generally with well depth (> 5000 m), high temperature (> 140℃), high salt (> 20×10^4mg/l) and other characteristics, the main waterflooding, the early adjusted twice in 2001 and 2006, perfected the injection-production well spacing, get better maintain formation pressure, but with the increase of the water injection, the reservoir water rate is on the decline, the whole water drive index is low, and the water consumption index exceeds 2.0, shows that invalid injected water circulation degree increase, resulting in a large number of remaining oil cannot be produced, water flooding situation become worse. In order to further improve the oil recovery of Donghe 1CIII reservoir, the characteristics of gas injection in clastic rock reservoir were analyzed and demonstrated systematically, and laboratory experiments and theoretical studies were carried out. It was pointed out that the main mechanism of gas injection to improve oil recovery in Donghe 1CIII reservoir was miscible flooding. After miscible phase interface disappeared, capillary pressure decreased and crude oil viscosity decreased. Gas injection can maintain the reservoir pressure and improve the oil displacement efficiency, and the final recovery degree is predicted to be 67.1%. In the process of implementing gas injection to enhance oil recovery, the dynamic monitoring system of deep gas injection developed reservoir is established, which plays a vital role in evaluating gas injection development effect, optimizing and adjusting timely and further enhancing oil recovery. The field test shows that the formation pressure increases obviously, the water content decreases, the natural decline slows down, and the development situation becomes better gradually. The accumulated oil increase reaches 400000 tons. The successful implementation of EOR by gas injection in Donghe Oilfield points out the direction for the development of the old clastic oil field in Talimu Oilfield.

Key words: water injection; gas injection; enhanced oil recovery; miscible flooding; clastic reservoir; Donghe Oilfield

82 Production characteristics and influencing factors of tertiary recovery stage ASP flooding: A case study of secondary bottom water reservoir in Xingshugang oilfield

Lyu Duanchuan[1,2], Lin Chengyan[1,2], Ren Lihua[1,2], Song Jinpeng[3]

(1. *Exploration and Development Research Institute of PetroChina Tarim Oilfield Company, Korla, Xinjiang* 841000;
2. *School of Geosciences, China University of Petroleum (East China), Qingdao, Shandong* 266580;
3. *Exploration Department of PetroChina Tarim Oilfield Company, Korla, Xinjiang* 841000)

Abstract: After long-term water-flooding extraction, primary integrated reservoir gradually evolves into secondary bottom water reservoir, and its remaining oil can be categorized as the weakly movable remaining oil with in the upper-middle part, the by-passed movable remaining oil in the lower middle part, and the residual oil after water flooding in the high water flooded area. The tapping potential of such oil reservoir is exploited with ASP flooding. Based on the production data, the ASP flooding history is divided into three stages, namely the pre-effective stage, sustained effective stage, and the post-effective stage, and the time span of sustained effective stage is calculated. With quantified displacement characteristic curve, displacement capacities of wells in the sustained effective stage are calculated. Also, engineering, geographical, and chemical factors that affect the displacement effect are analyzed. The results show that the development characteristics of APS flooding in secondary bottom water reservoir differ considerably from those of conventional bottom water reservoirs, while the engineering and geographical factors have similar effects on these two reservoirs. The polymer components in oil displacement agents play an important part in oil-water seepage throughout the development history.

Key words: Secondary bottom water reservoir; ASP flooding; Displacement characteristic curve; Chemical plugging; Remaining oil; Xing Shu Gang Oil Field

89 Research of water-invasion characteristics and water control measures in Hetianhe gas field

Liu Lei, Luo Ji, Feng Xinluo, Rao Huawen, Zhou Tingya, Yuan Mingliang, Wang Na

(*Exploration and Development Research Institute of PetroChina Tarim Oilfield Company, Korla, Xinjiang* 841000)

Abstract: In the process of development of the CIII+O gas reservoir of Hetianhe gas field, there are the increase of the water-breakthrough wells, the declining of the gas well productivities and controlled reserves, the stop of the natural flow of water flooded wells have no condition for stable gas production. Water control has become the most urgent problem to be solved to keep the stable gas production. Hence, based on the full integration of static and dynamic data, this article analyzes water invasion characteristics and modes, calculates water-invasion parameters and evaluates waterbody energy in different development units. It is believed that the main type of water invasion is water breakthrough in fractures, there are some significant differences of waterbody energy in the different water breakthrough development units and there are some characteristics of the inactive and the second active waterbody and the low-intensity and moderate-intensity water drive degree in the gas reservoir. Aiming to the different water-invasion characteristics of gas reservoirs, three types of countermeasures for water controlling such as controlling the production pressure difference, gas-water production and drainage gas recovery are proposed for decreasing the water-invasion effect of gas reservoir development and keeping the stable gas production. After implementation of measures for water controlling, one gas-water production well could produce smoothly and steadily, three waterflooded wells could resume production, formation pressure of one waterflooded well could be smooth and steady and the increasing of gas production of waterflooded wells is $2520\times10^4 m^3$. Practices show that measures for water controlling can restore gas production of water flooded wells effectively and the results are satisfactory. The above studies of water-invasion characteristics and water control measures will be taken as a reference for keeping the stable gas production of other similar gas fields.

Key words: Hetianhe gas field; fracture channeling; water-invasion characteristics; water control measure

95 Reasonable productivity evaluation study of fault-karst reservoir in Fuman area, Tarim Basin

Liu Zhiliang, Yao Chao, Deng Xingliang, Yuan Anyi, Niu Ge, Zhou Fei

(1. *Exploration and Development Research Institute of PetroChina Tarim Oilfield Company, Korla, Xinjiang* 841000;
2. *Development Management Department of Hade, PetroChina Tarim Oilfield Company, Korla, Xinjiang* 841000)

Abstract: Due to strong heterogeneity of the Ordovician carbonate reservoirs in Fuman oilfield in the Tarim Basin, pore structures and oil-water distributions were very complicated. Fluid flow does not conform to Darcy's law. So the productivity evaluation of this special type reservoir is difficult to learn from clastic rock oil reserves developing theory and practice. Productivity evaluation of new

drilling wells were based on old wells statistical data in the past development program. Based on analysises of production and dynamic monitoring dates, systematic well testing, critical water cone production pressure drop and analogies and oil production rate evaluation in different driving stages were used to evaluate the reasonable productivity of oil wells, in elastic flooding stage, the reasonable production rate is 1.7%～1.9%, and in the bottom water drive stage, the the reasonable production rate is 0.8%～1.2%, in order to optimize oilfield development plan and development technical policy for fault-karstr carbonate oil reservoir.
Key words: Fuman Oilfield; fault-karstr; carbonate oil reservoir; reasonable productivity evaluation

99 Calibration of gas flooding recovery factor in Sandstone Reservoir -- a case study of Donghe 1 carboniferous reservoir

Zhang Liang[1], Meng Xuemin[1], Fan Jin[1], Zhang Wenjing[1], Li Yang[1], Fan Jiawei[1], Zheng Weitao[2], Chen Shu[2]

(1. *Exploration and Development Research Institute of PetroChina Tarim Oilfield Company, Korla, Xinjiang* 841000;
2. *Donghe Oil and Gas Development Department of PetroChina Tarim Oilfield Company, Korla, Xinjiang* 841000)

Abstract: Conventional Water Drive Reservoir recovery factor calibration method is not suitable for gas drive development, mature water drive curve, empirical formula, water drive chart and gas drive development characteristics do not match, gas drive recovery factor can not be accurately calibrated. In view of the present situation of gas injection development in the carboniferous reservoir of Donghe 1, some calibration methods, such as laboratory experiment, numerical simulation, analogy and test well group fitting prediction, are studied on the basis of investigation and study on the related achievements at home and abroad, comprehensive calibration of gas drive recovery factor can improve the calibration accuracy of gas drive recovery factor in sandstone reservoir. Comprehensive Analysis, the final calibration Donghe 1 carboniferous reservoir gas flooding calibration recovery rate of 70%. This calibration method can be used for reference in other gas-injection development reservoirs, and can effectively guide oilfield development.
Key words: sandstone reservoir; natural gas flooding; recovery factor calibration; Donghe 1 reservoir

103 Research on Stimulation Technique of Ultra -deep Low Permeability thin interbed Reservoir

Sun Kan[1], Li Liang[1], Wang Ping[1], Wang Na[2], Zheng Long[3]

(1. *Project Department of TaZhong, PetroChina Tarim Oilfield Company, Korla, Xinjiang* 841000;
2. *Research Institute of Exploration and Development Research Institute of PetroChina Tarim Oilfield Company, Korla, Xinjiang* 841000;
3. *Development Department of PetroChina Tarim Oilfield Company, Korla, Xinjiang* 841000)

Abstract: TaZhong Silurian reservoir is characterized as ultra-deep low permeability thin interbed reservoir. The reservoir have special characteristics, such as, low porosity and ultra-low permeability, thin oil layer with a thickness of 1~5m sandstone, the interlayer and horizontal macro heterogeneity are relatively strong and ultra-high conductive zone and faults developed, which makes the geological condition a complex issue in this area and significantly affect the reservoir development. In our study, heterogeneity, sensitivity and faults are related to the stimulation result. Through comparative analysis method and geological situation, the production of different stimulation methods had been analyzed. The results showed that the large-scale multi-stage, temporary plugging and diverting fracturing technology could reach large effective stimulated effects and the fluid property, reservoir characteristics and whether there is mechanical separate layer have important influence on the productivity. This paper will provide valuable experience not only for the TaZhong Silurian reservoir but also for the ultra-deep low permeability thin interbed reservoir.
Key words: ultra-deep; low permeability thin interbed; stimulation technique; Silurian

107 Leakage Detection Technology of Deep Oil and Gas Wells and Analysis of Application Performance

Zhang Bo[1,2], Xie Junfeng[2], Xu Zhixiong[2], Fan Wei[2], Lu Nu[3], Cao Lihu[2], Zhao Mifeng[2], Gao Wenxiang[2]

(1. *Research Institute of Safety and Environment Protection Technology, CNPC, Beijing* 102206;
2. *PetroChina Tarim Oilfield Company, Korla, Xinjiang* 841000;

3. *Research Institute of Petroleum Exploration and Development, Korla, Xinjiang* 841000)

Abstract: To solve the problems of multiple failed barriers, various failure types and significant difficulty to detect in deep oil and gas well is featured, a detection method is proposed based on available detection methods, related equipment and technology, which takes acoustic and electromagnetism as the core. This method can locate and identify tubing leakage, thread leakage, casing leakage, cement sheath channeling behind casing, leakage under liquid level and multiple leakage. In the field test, some other measures are adopted, including artificial pressure difference, connecting several noise devices, measurement at fixed point and controlling device speed. Two leakage points in the production string were successfully located and identified. The maximum depth was 6,330m, the maximum temperature was 160℃, and the maximum pressure was 83MPa. The research indicates that the proposed method and technology is suitable for the integrity detection of deep oil and gas wells, which can provide technological support for the well construction, completion and integrity management. Next step, the detection efficiency should be promoted and the interpretation charts should be enriched. Also, related regulations and standards should be developed. The prediction of well life and rigless well repair should also be studied, thus ensuring the safe and efficient development of deep oil and gas resources.

Key words: deep oil and gas well; integrity detection; technology optimization; application performance; analysis and suggestion

113 Analysis of macroscopic and microscopic instability mechanism and control factors of borehole in Halahatang carbonate reservoir

Zhou Huaiguang[1], Huang Kun[1], Wang Fangzhi[1], Wang Peng[1], Zhong Ting[1], Ren Lihua[1], Liu Yingbin[2]

(1. *Research Institute of Oil and Gas Engineering, PetroChina Tarim Oilfield Company, Korla, Xinjiang* 841000;
2. *Hade Oil and Gas Development Department, PetroChina Tarim Oilfield Company, Korla, Xinjiang* 841000)

Abstract: The instability of the borehole wall in the deep carbonate reservoir of Halahatang is serious, and the outstanding performance is: borehole collapse, sand-buried wellbore and pay zone. In order to explore the mechanism of shaft wall instability, on the basis of sand washing and dredging operations, the rock block size and particle size distribution of the sand were analyzed, and the mineral composition was compared and analyzed. Analysis shows that there are two forms of wellbore instability: one is the macroscopic instability caused by the collapse of the upper unplugged non-production layer—the Tumshock layer; the other is the microscopic instability caused by the sand-carrying fluid of the main production layer. The gray correlation analysis shows that the main influencing factors that cause borehole wall instability are: pay zone depth, borehole diameter, water cut, and borehole orientation. When the production zone is selected and the water cut is not easy to control in a certain production period, optimizing the borehole diameter and the orientation is the best choice for the prevention of borehole wall instability. However, for the treatment of wellbore instability of old wells, not only the macroscopic wellbore collapse of the upper layer should be controlled, but also the production system of the pay zone itself should be strictly controlled, and various sand control methods should be adopted in the pay zone.

Key words: Halahatang Oilfield; carbonate reservoir; wellbore instability mechanism; macroscopic wellbore collapse; micro mud and sand production; instability control countermeasures

121 Study and application of fracturing wax prevention in temperature and high pressure Condensate gas reservoir of Bozi block 1

Yao Maotang[1], Feng Jueyong[1], Huang Longcang[1], Yuan Xuefang[1], Peng Fen[1], Liu Jiangyu[1], Xie Xiangwei[2]

(1. *Oil & Gas Project Research Institute of PetroChina Tarim Oilfield Company, Korla, Xinjiang* 841000;
2. *Exploration Division of PetroChina Tarim Oilfield Company, Korla, Xinjiang* 841000)

Abstract: Wellbore paraffin deposition is common in condensate gas reservoir of Bozi block 1, which seriously affects normal oil and gas production. According to the reservoir characteristics of Bozi block 1, this paper carried out the performance evaluation of new solid wax preventer and research on fracturing wax preventer technology, and carried out in-situ fracturing wax preventer test. Site construction, the new type of paraffin inhibitor mixed in the proppant directly, together into the artificial fracture, the results show that the new type of paraffin inhibitor can lower the freezing point of crude oil 60%, Bozi 1 - A well application after fracturing paraffin, have smooth production of about 180 days, 0 to 8℃, freezing point of crude oil and the adjacent 2 km west of bo transcribing 1 - B solidification crude oil up to 44℃, In 2014, the well was shut down for 3 months due to wax accumulation in the wellbore. Bozi 1-A well has a good application effect, which not only provides a new fracturing wax prevention process for Tarim

Oilfield and other domestic oil fields, but also provides A new idea for optimizing chemical scale prevention process, and has A broad application prospect.

Key words: wellbore wax deposition; wax prevention process; solid wax inhibitor; condensate gas reservoir; Bozi Block 1

125 Causes and Countermeasures of repeated fracturing sand plugging in ultra deep fractured gas reservoir

Liu Hui, Huang Kun, Liu Ju, Huang longzang, Feng Jueyong, Fan Wentong, Peng Fen, Yao Maotang

(*Oil and Gas Engineering Research Institute of PetroChina Tarim Oilfield Company, Korla, Xinjiang* 841000)

Abstract: Aiming at the problem of sand plugging in single well fracturing after overhaul or secondary completion in fractured gas reservoir in Kuqa foreland basin. Combined with the characteristics of reservoir, completion and workover operation, this paper analyzes the causes of sand plugging, and comes to the conclusion that the main causes of sand fracturing difficulty and even sand plugging are the plugging of workover fluid mud, the change of rock mechanical properties and reservoir stress field after mud immersion. Therefore, some measures are proposed to reduce the risk of fracturing sand plugging, such as the selection of solid-free organic salt workover fluid process, the "clean" completion process of release + soluble screen + perforated screen combination for completion string, the mechanical segmentation process for long-span wells and the weighting fracturing fluid process.

Key words: fractured sandstone; mud pollution; refracturing; sand plugging; countermeasure; Kuqa piedmont

130 Exploration of Anti Calcium Drilling Fluid

Sayyara Koxmak, Yang Chuan, Huang Qian, Liu Fengbao

(*Experiment Testing Research Institute of PetroChina Tarim Oilfield Company, Korla, Xinjiang* 841000)

Abstract: The strata of Kuqa Piedmont block in Tarim Basin are characterized by 1-3 sets of rock salt and gypsum rock, and there are high-pressure brine layers with high calcium content. In the drilling of this section, drilling fluid is likely to be polluted by the high calcium brine, which causes dysfunction of the drilling fluid, and then results in the occurrence of inexplicable situations, that brings grave trouble to the drilling operation of this block. According to the working state, a new type of calcium removing reagent and anti-calcium drilling fluid formulation are optimized through experimental research. The system has a temperature tolerance of 180℃; The ability of resisting calcium ion pollution is up to 3000 mg/L. The field test in Bozi of Kuqa Piedmont block in Tarim Basin shows that the drilling fluid system has excellent rheology and filtration properties when drilling super thick salt beds, especially thick gypsum layer, and the field drilling process is going smoothly.

Key words: Tarim Basin; high-pressure brine layers; Anti-calcium drilling fluid; Calcium removing reagent

134 Applied Technology of moving coil geophone in Tarim Oilfield

Deng Jianfeng, Guo Nianmin, Huang Youhui, Xu Kaichi, Pei Guangping, Cui Yongfu

(*Exploration and Development Research Institute of PetroChina Tarim Oilfield Company, Korla, Xinjiang* 841000)

Abstract: The geophone should be used reasonably in seismic acquisition to ensure the acquisition quality. Based on the application experience of Tarim Oilfield, the author points out the problems in the selection and use of moving coil geophones, some current geophones are marked with unreasonable dynamic range and sensitivity, they also have wrong orientation, lack of minimum response displacement and corresponding output value, It is easy for users to make incorrect choices. A moving-coil geophone with a natural frequency of 10 Hz basically meets the current demand; Combined with the application experience of Tarim Oilfield, it is pointed out that exploration area cannot choose the uniform sensitivity. When the designed single channel sensitivity in Tazhong area is 80V/M/s, it can meet the needs of receiving weak effective signals.

Key words: Tarim Oilfield; moving-coil geophone; dynamic range; sensitivity; distortion; seismic exploration

138 Study on clay mineral prediction model based on BP- neural network

Li Xinyu, Nie Bin, Ouyang Chuanxiang, Zhao Hongnan, Zeng Yujia

(*College of Petroleum Engineering, Yangtze University, Wuhan* 430100)

Abstract: At present, the method to determine the type and content of clay minerals by logging data is not accurate enough. This study selects the sample source the Jurassic in northern tarim oilfield kuqa, respectively using natural gamma ray spectrometry logging parameters and cation exchange capacity (CEC), hydrogen index (HI), photoelectric absorption cross section parameters (PE) composite building based on improved BP neural network of clay mineral prediction log model and combined parameter model. Before the construction of the two models, a certain proportion of sample data were randomly selected from the training data which did not participate in the network training as the test samples, and the BP-neural network constructed was used to test its accuracy. Compared with the logging parameter model, the average absolute error of the combined parameter model for predicting the relative contents of illite, kaolinite and chlorite decreased by 2.22%, 4.33%, 4.26% and 1.04%, respectively. Finally, the conclusion that the combined parameter model is better is obtained through error calculation and comparative analysis.

Key words: Clay minerals; Natural gamma ray spectrometry logging; BP neural network; Cation exchange capacity; Hydrogen index; Photoelectric absorption cross section

144 Research on Carbonate Rock Physics in Zhonggu 43 Well Block

Chen Qiang, Cheng Suo, Feng Lei, Zhao Guangliang, Yuan Yuan, Tan Yang

(*Exploration and Development Research Institute of PetroChina Tarim Oilfield Company, Korla, Xinjiang* 841000)

Abstract: Times New RomanCarbonate reservoirs usually have a complex pore structure, and develop highly heterogeneous, highly compact holey, fracture-cavity, porosity, and fracture-porous reservoirs. It is extremely difficult to make effective seismic reservoir prediction in different reservoir types, which severely restricts the efficient development of carbonate reservoirs. Few domestic systems have carried out systematic petrophysical research on seismic reservoir prediction for carbonate reservoirs. Researches on the applicability of the Xu-Payne model in multiple pore types carbonate rocks and the effect of acoustic wave prediction, the inversion of pore types, and the correction of errors caused by micro-fractures on the forward modeling results are carried out. Taking the Zhonggu 43 well block in the Tarim Basin as an example, using multiple linear fitting for curve correction, comprehensively using nuclear magnetic, imaging well logging data and optimization algorithms, the porosity of interparticle pores, hard pores and micro-fractures are quantitatively calculated, and then the aspect ratio of pore (AR) is estimated. Mineral parameters are substituted into the Xu-Payne model, and then the elastic curve is forward modeled through the model to establish the petrophysical quantity version. The study of rock physics provides basic data for reservoir prediction in this area and also provides a strong basis for the selection of method parameters.

Key words: rock physics; shear wave simulation; curve correction; carbonate; reservoir prediction

150 Construction practice of exploration and Development Collaborative Research Platform based on dream cloud

Cao Yu, Li Jianjun, Dong Jie, Hu Jintao, Wu Meizhen, Wang Chunhe

(*Exploration and Development Research Institute of PetroChina Tarim Oilfield Company, Korla, Xinjiang* 841000;
Kunlun Shuzhi Technology Co., Ltd, 100010)

Abstract: Oilfield Exploration and development business involves multi-disciplinary, multi-type data and multi-professional research results, exploration and development integration collaborative research has become an inevitable trend. In order to provide an integrated and cooperative environment for exploration, development and research, based on the dream cloud platform, and on the basis of basin-level regional lake construction, it has completed four business topics including geophysics, petroleum geology, trap and well location, planning and deployment, construction of 15 business scenarios, Data Organization and rapid query of research projects, application of professional software integration, development of online assistant tools, and overall project management, and applied to the research and management of risk exploration projects in Tarim Basin. Based on the construction of Dream Cloud Exploration and development collaborative research environment, the scientific research collaboration among exploration plate research data, software and achievements is realized, which supports oil and gas field exploration work and improves the quality of scientific research work greatly.

Key words: dream cloud; collaborative research environment; professional software; development tools; Tarim Oilfield